U0022650

目錄

1 Kubernetes 介紹

2 Docker 容器化技術入門

3 Kubernetes 十大核心模板

4 雲端上的 K8S

老師的話 & What's Next?

作者序

大容器化時代來臨，你跟上了嗎？

Kubernetes 數年來霸佔全球企業喜愛的容器化管理技術，已成為現代軟體人必學技術之一。此外，雲端時代的到臨，也震盪了傳統 Kubernetes 的部署模式，促使更多企業選擇透過 AWS、GCP、Azure 等大型雲端平台，佈置更加全面的 Kubernetes 容器管理平台。為了保持軟體人的技術競爭力，本書將專注於最核心的 10 大 K8S 部署模板，透過圖解方式帶領大家快速入門 K8S，那就跟著我透過本書一起成為 Kubernetes 雲端專家吧！

用圖片高效學程式 創辦人 Sam Tsai

1

Kubernetes 介紹

為何要學 Kubernetes ？【職缺趨勢分析】

Kubernetes 的可愛別稱：K8S

在正式介紹技術內容之前，我們先來看看 Kubernetes 的有趣背景知識。如果你將開頭的 K 與結尾的 S 字母給去掉，中間剛好會有八個字母 “uberneste”，因此大家習慣簡稱為 K8S。

K8S

KuberneteS

1 2 3 4 5 6 7 8

Kubernetes 源自於希臘文：掌舵者

Kubernetes 在希臘文原本的意思，是一個「掌舵者」的概念，這個概念其實非常符合它本身所要達成的目的功能。相信大家曾經聽過 Docker 這項容器化技術，Docker 常常被形容為一個貨櫃船上面的「貨櫃」，它所擁有的概念就是你把所有應用程式所需要的東西，全部打包成一包，也就像是打包成一整個貨櫃，然後運出去的概念一樣。而 Kubernetes 作為一個「掌舵者」的角色，就是去負責把這些貨櫃們好好的分配管理，拿取該拿到的資源，把貨櫃們給運送出去。或者換句話說把貨櫃們給「部署」出去。因此 Kubernetes 在希臘文字中的掌舵者的概念，就符合它所要達成的目的。

K8S

Kubernetes 深受大型跨國企業喜愛

那大家可以思考看看，什麼時候會需要一個統整者出現呢？也就是在請求流量非常高的時候，你才需要一個統整者的角色，把那些複雜的管理流程、管理資源的方式全部給統整起來一次管理。換句話說，這樣的需求自然出現在中、大型以上的公司，又或是在跨國企業中更常見。

因此老師才會說，學習 Kubernetes 這項技術，能讓你的職涯更上一層樓。市場上需要 Kubernetes 的人才，大多是一個大型企業以及跨國公司。而在這樣的公司之中，公司所擁有的資源是非常多的，也就直接關聯到它可以給你的薪資報酬，也會相對的比外界還要高上許多，更不用說能碰到處理百萬流量的專案經驗，可為稀有而珍貴的機會。而學會 Kubernetes 這個技能，可以讓你拿到進入這些跨國大型公司的入門磚。

CNCF 最新的年度報告指出，已有 96 % 的企業正在或評估使用 Kubernetes。並且在同一年，已有 560 萬的開發者正在使用 Kubernetes，再加上近年來雲端技術盛行，越來越多企業選擇在雲端上面，部署他們的 Kubernetes 容器平台。

VMware 同年報告也指出，企業選擇在本地建構 Kubernetes 的比例，已經從前一年的 29 % 下降到當年的 18 %。可見，在這個時代之中 Kubernetes 的部署環境已不再是本地，而是在雲端上進行部署。

CNCF 容器化年度報告

96%　企業評估使用 K8S

560萬 開發者使用 K8S

VMWare 容器化年度報告

K8S 本地建置率從 29% 下降至 18%

未來趨勢：雲端上的 K8S

Kubernetes 10 大核心模板

K8S 的架構非常龐大，對於初學者來說，最難的就是知道哪些部署模板該先學，而哪些可以之後再學。除此之外，在同一個部署模板之中，也有著許多不同的設定，很多剛剛入門 K8S 的小白會花過久的時間，去專研一個實務上用不太到的模板設定，讓整個學習 K8S 的過程不僅沒有效果、也沒有學習成就感，最後失去學習動力。

這本書中，我將挑出軟體業界中最為實用的「10 大核心模板」，帶領大家用最短的時間學習到最有用的內容。10 大核心模板將包含以下內容，我們將在後續單元逐一仔細介紹。

1. 運算模板 I：Pod
2. 運算模板 II：ReplicatSet
3. 運算模板 III：Deployment
4. 網路模板 I：Service
5. 監控模板 I：Probe
6. 運算模板 IV：Rolling Update

7. 儲存模板：PV, PVC, StorageClass
8. 資源模板：Namespace
9. 進階網路模板：Ingress
10. 進階運算模板：HPA

Kubernetes 的未來：雲端部署時代到臨

而對於我們這些開發者而言，這又代表什麼意思？種種跡象代表著，如果你正要學習 Kubernetes，在這個時代真正要學的，是學習如何利用各大雲端商：AWS、GCP、Azure，所提供的 Kubernetes 部署服務，他們將提供你所有 Kubernetes 所需要的基礎建設資源，而不需要自行建置。而我們身為開發者，就可以專注在 Kubernetes 的核心概念上的學習與管理，不再需要埋頭苦幹，在又熱又吵的機房裡忙活，讓我們能將時間用在真正重要的地方。

無論你是容器化技術的初學者，還是已經有雲端背景的開發者，這本書都將幫助你，成為未來市場上炙手可熱的 Kubernetes 技術人才。

【圖解觀念】

Kubernetes (K8S) 是什麼？【 3 大階段】

大家好，今天我們要來介紹 Kubernetes 到底是什麼，以及它的定位，那我們就開始吧！

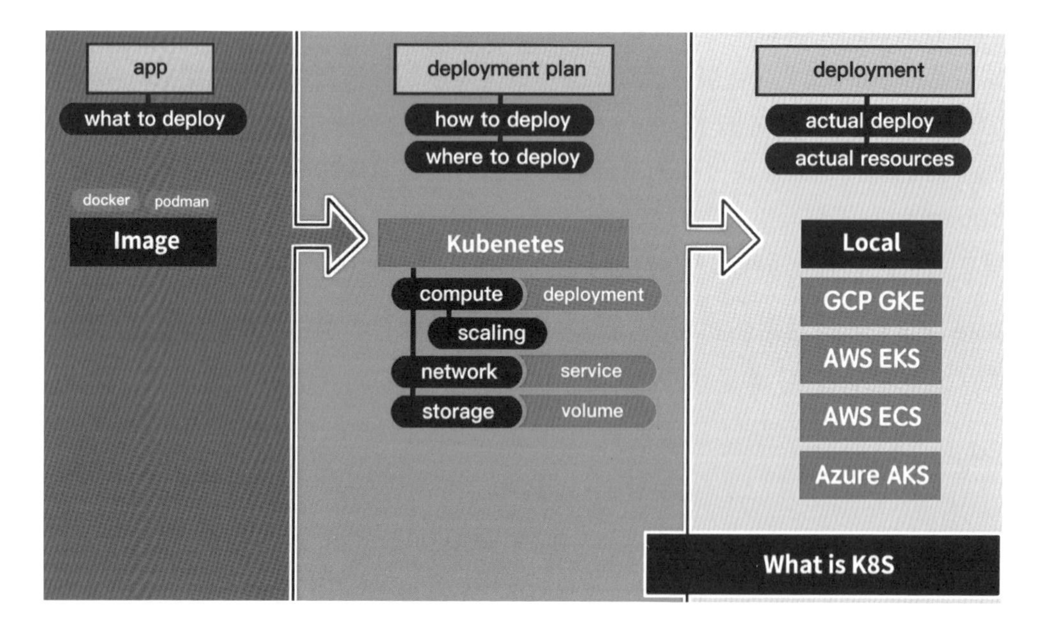

第一階段：Docker/Podman 部署包建立

首先，在我們進行部署時，第一個要拿到的就是 App （下圖 1 ），也是最後要運行起來的應用程式。而這個 App 也就代表我們要部署什麼 (what to deploy)。在 Kubernetes 的世界之中，所有要部署的東西都是一個「容器化後的應用程式」，而在這個世界這就叫做 Image （下圖 2)。在市面上最常聽到有兩種方式可以產生 Image ，第一種是透過 Docker 的方式去建立 Image（下圖 3)，第二種則是透過 Podman 的方式製作出 Image （下圖 4)。當我們有了 Image 之後，也就等於有了一個容器化過後的應用程式，也就是一個部署包，而這個部署包也將會成為我們 Kubernetes 部署計畫的一個重要來源。

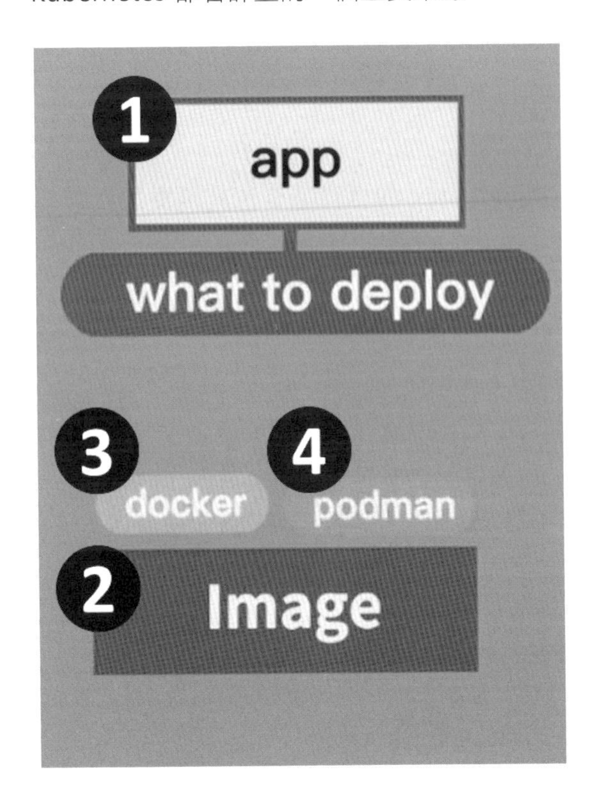

第二階段：Kubernetes (K8S) 部署計畫撰寫

在 Kubernetes 之中，我們所在的位置是屬於 deployment plan 部署計畫的階段（下圖 1）。這個階段我們要決定如何部署 (how to deploy)（下圖 2），例如要部署什麼資源、要部署多少資源、以及我們要部署到哪裡 (where to deploy)（下圖 3）。比如說，是要部署到本地還是雲端，都是在這個階段之中，要完整寫出來的。

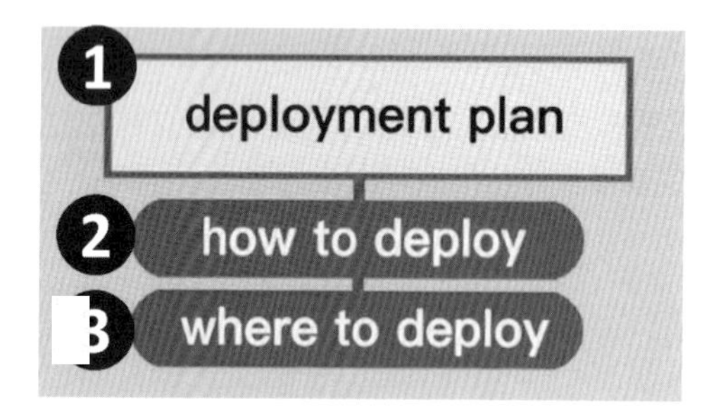

建立好 Image 之後，我們就會進到 Kubernetes 的世界。首先就是要規劃計算資源 (computing)（下圖 1），對應到 Kubernetes 之中最常見的就是一個叫做 deployment 的部署模板（下圖 2）。而在 computing 之中，有一個 Kubernetes 最強大的功能：Scaling （下圖 3），對應到 Kubernetes 中，則是一個叫做 HPA (Horizontal Path Autoscaling) 的部署模板 （下圖 4），它可以針對流量的變化對運算資源進行動態增減。而 Scaling 也是 Kubernetes 的強項之一，先前提到的 Docker 或 Podman 是無法針對動態的流量進行動態增減的。並且 Kubernetes 在 Scaling 上，有許多不同的模式，提供我們去做動態的運算資源調整以及設定。

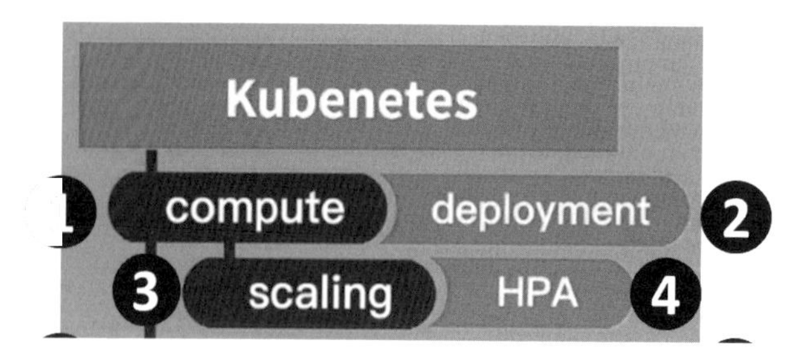

在運算資源之外，我們也會利用 Kubernetes 去掌管 Network （下圖 5），也就是網路部分的控制。對應到 Kubernetes 之中，則是一個叫做 Service 的部署模板（下圖 6）。另外，在儲存資源 Storage 的部分（下圖 7），則對應到 Kubernetes 中一個叫做 PVC (Persistent Volume Claim) 的部署模板 （下圖 8）。

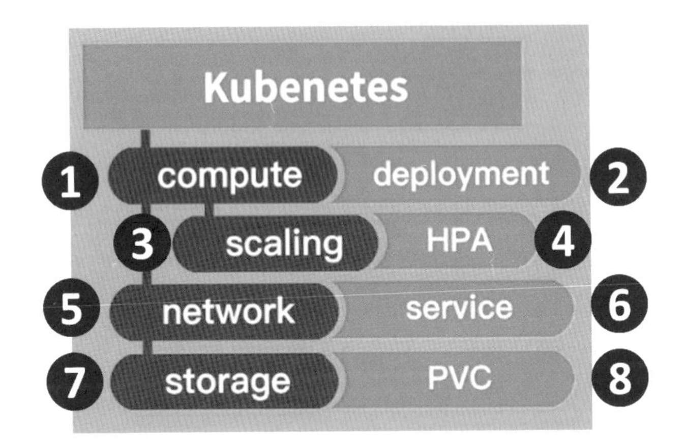

在這邊所看到的 deployment、HPA、service、PVC 這些模板，都是可以根據 Kubernetes 所提供的模板語法，去客製化設定出要怎麼部署、部署多少資源，以及資源要部署到哪個地方的整個計畫，而 Kubernetes 的定位就是這整個部署計畫的撰寫。

第三階段：Local vs AWS/GCP/Azure 資源部署

而當我們把主要的部署計畫都寫好之後，我們就要進行最後真正的部署 (deployment)。這個階段主要的目的，就是去進行實際的資源部署 (actual deploy & actual resources)（如下圖），例如啟動虛擬機運算資源、設定網路、管理進出權限以及建立儲存資源、永久保存資料等等。

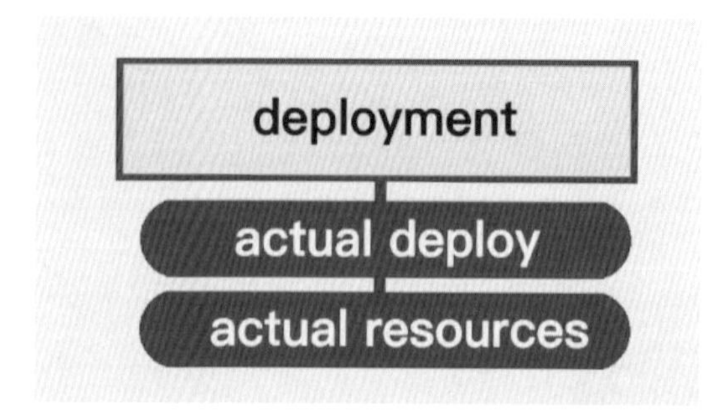

而在有 Kubernetes 以前，通常都需要在本地進行部署。然而要在本地做出所有運算資源的建立與維護，並且把主機給相互串連在一起，還要建立 Scaling 的動態資源控管功能，可以說是已經難上加難。除此之外，網路部分也是一樣，要去管理讓一台本地主機，去跟另外一台主機連線，並且還要有權限控管的機制。儲存資源的部分，可能就要自己在機房上面，買許多大型的主機硬碟來儲存資源，但是這樣又無法彈性地進行增減。所以在過往，若有人說自己知道怎麼在本地建立 Kubernetes 的基礎建設並且運行良好，那是一件非常厲害的事情。

然而，在這個雲端時代，我們更應該好好利用雲端商所提供的強大工具，而不是再繼續自己埋頭苦幹。因此，我們對 Kubernetes 的學習，可以用高效的方式把核心概念學起來，摸熟重要 Kubernetes 模板之後，就可以運用雲端商所提供的基礎建設，快速建起一個容器化的部署環境。

在各種雲端商之中，我們在 GCP 上面有 GKE (Google Kubernetes Engine) 這個服務可以選擇（下圖 1）；在 AWS 上面有 EKS (Elastic Kubernetes Service)（下圖 2），或是 AWS 自產的 ECS (Elastic Container Service)（下圖 3）；最後在 Azure 上面則有 AKS (Azure Kubernetes Service) 可供使用 （下圖 4）。

1. GCP GKE
2. AWS EKS
3. AWS ECS
4. Azure AKS

如果我們能夠善用雲端商所提供的這些基礎建設，我們對 Kubernetes 的學習就可以專注在最核心的概念上面，進而達到一個事半功倍的學習效果。在後續的單元，我們將會進一步介紹 Kubernetes 的核心圖解架構，那本單元就先到這邊結束！

【圖解觀念】

Kubernetes (K8S) 解決了什麼問題？【 4 大功用】

大家好，今天老師要來講解 Kuberenetes 的四大功用，透過這四大功用我們將會了解，為什麼這個市面上，這麼多人在學習 Kubernetes，那我們就開始吧！

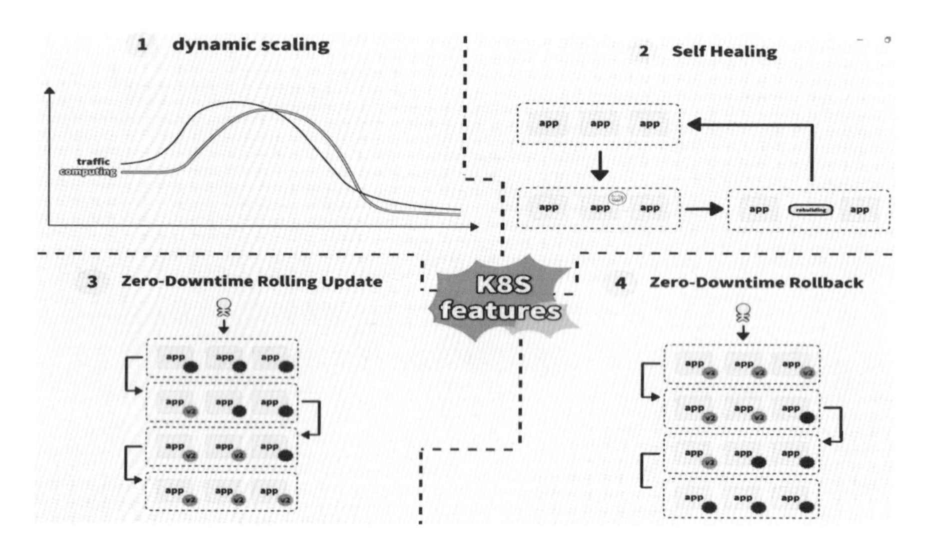

功用一：動態的資源增減

首先，第一項最重要的功能就是 dynamic Scaling。Kubernetes 可以根據當前的流量，動態地增加或減少運算資源，比如說我們這邊有一個 traffic 代表我們目前的流量（下圖 1 曲線）。而這邊的 computing 代表我們的運算資源的資源數量（下圖 2 曲線）。假設隨著時間過去我們的 traffic 慢慢的上升，Kubernetes 就會偵測到，並且動態的幫我們增加運算資源（下圖 3），也就是這邊的 computing 曲線，讓它可以跟上當前的 traffic 流量。而如果未來我們的 traffic 持續下降，Kubernetes 一樣會偵查到，然後慢慢的把 computing，也就是運算資源，調降回到一個穩定的狀態

（下圖 4），讓我們當前的運算資源可以應付當前的流量，達成一個動態的運算資源調整，這也就是我們 Kubernetes 的第一個重要功用：動態的資源增減。

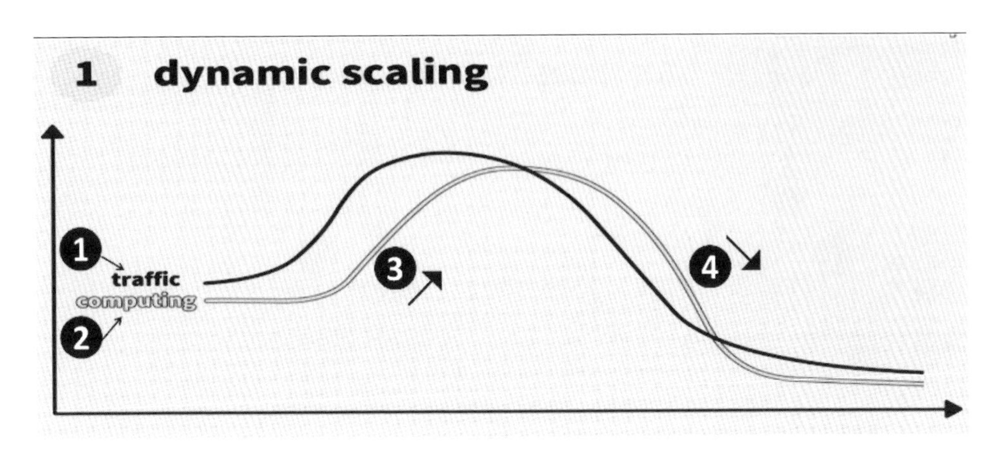

功用二：Self-Healing 自我治療

Kubernetes 的第二大功用則是 Self-Healing 自我治療，Kubernetes 會自動地幫我們把壞掉的應用程式重新啟動。比如說在一個專案之中，假設我們部署了三個 APP 應用程式，來應付外面的請求（下圖 0）。但可能過了一段時間之後，其中的一個 APP 突然壞掉不能運作（下圖 1），這個時候 Kubernetes 就會介入。Kubernetes 有個目標，是要維持專案永遠有三個 APP 來應付外面的高流量，如果有其中一個壞掉了，它就會去嘗試把它修復重新啟動。這邊老師用 Rebuilding 這個字來代表重新啟動的這個動作（下圖 2），過了一段時間，就會再次回到三個 APP 的運行狀態（下圖 3）。而這整個流程在 Kubernetes 之中就是一個 Self-Healing 自我治療的一個過程，全部自動化的復原流程，也是我們 Kubernetes 的第二大功用。

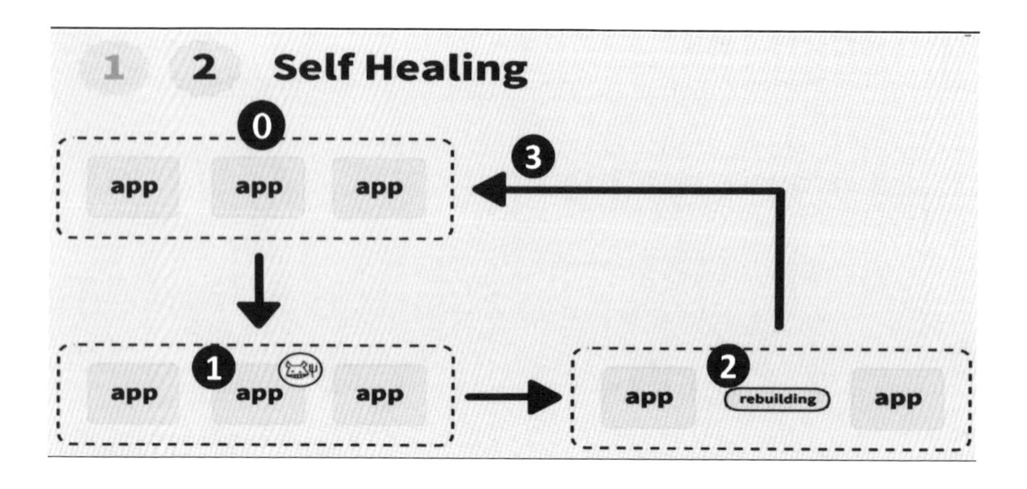

功用三：Zero Downtime Rolling Update

接著是 Kubernetes 的第三大功用：Zero Downtime Rolling Update ，沒有任何關機時間的動態版本更新。當我們部署一個新版本時，我們的整個服務，對於使用者來說將不會有任何關機的時候。

比如說有個外部使用者，對我們目前的專案進行 API 的請求送出。而在目前的專案之中，有三個 APP，並且每一個都是使用 V1 的版本（下圖 1 ）。而過了幾個月後，我們的團隊推出了一個 V2 的版本，這個時候 Kubernetes 將會根據我們的設定，一個一個的把當前的 APP 從 V1 轉成 V2，比如說我們這邊把第一個 APP 轉成 V2。後面兩個 APP 則目前維持 V1 （下圖 2)，在這個過程之中使用者的請求，是有可能透過 V2 或是 V1 的 APP 進行處理的。再繼續下去，Kubernetes 會持續的把原本 V1 的 APP 持續的都變成 V2 （下圖 3)，直到最後將所有的 APP，都更新成最新的 V2 版本（下圖 4)，這樣就完成了一次 Zero Dumb Time Rolling Update。這對於專案是一個非常強大的功能，因為使用者將不會經歷到任何服務中斷的不好的使用者體驗，而我們也同時可以將最新版本的 APP 更新上去，這就是 Kubernetes 的第三功用。

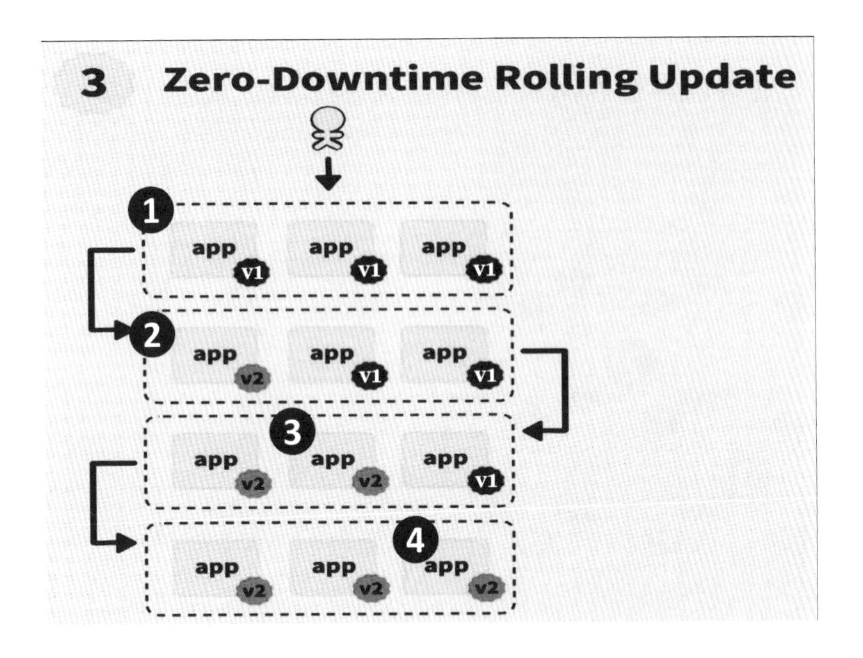

功用四：Zero Down Time Rollback

最後是第四個功用：Zero Down Time Rollback，沒有中斷時間的版本復原。舉例來說，這邊一開始為三個 V2 版本的 APP（下圖 1 ）。過了段時間後，我們發現最新版本 V2 有些問題時，Kubernetes 也可以很好的幫助我們，將目前的 V2 版本一個一個的退回 V1 （下圖 2）。過程中，也會出現有兩個版本同時存在的狀況，使用者的請求有可能被 V1 的 APP 處理，也有可能被 V2 的 APP 處理。但隨著時間過去，Kubernetes 會接著一一的把我們的最新版本 V2 還原回 V1 （下圖 3），直到最後所有的版本都退回到 V1 （下圖 4），我們也就完成了一次 Zero Down Time Rollback。這樣使用者的體驗一樣也是非常好的，因為他們將不會經歷任何服務中斷的時間，開發者也能將我們的 APP 退回到一個更穩定的版本。

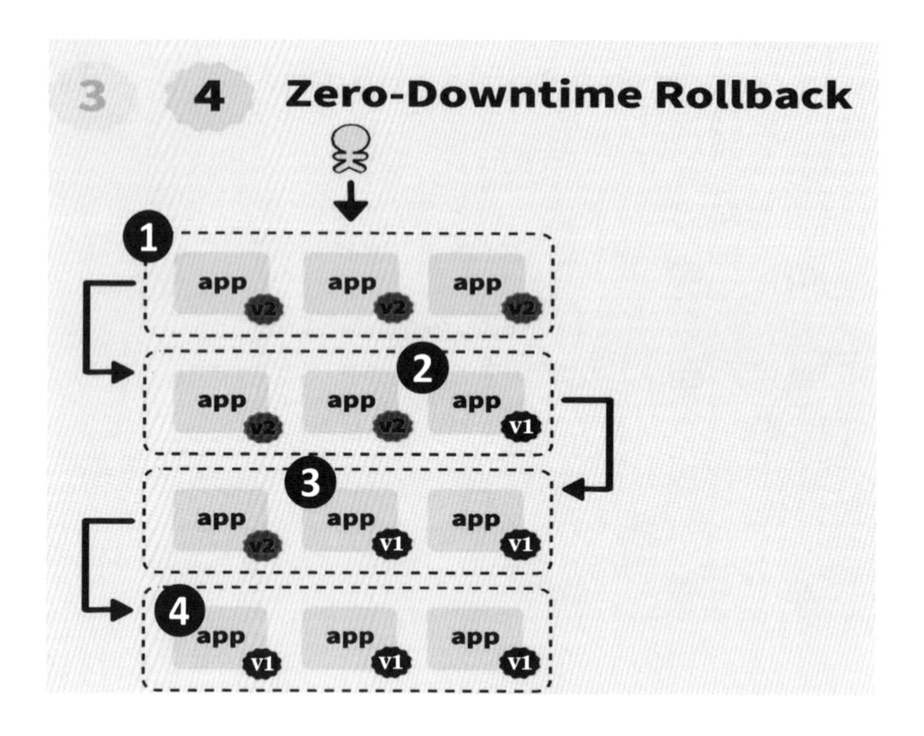

以上就是我們針對 Kubernetes 的四大功用的介紹，透過這四大功用的情境解析，我們就可以更理解，為什麼大家這麼推薦，在正式環境使用 Kubernetes 去進行一個容器化的專案部署。那麼本單元就到這邊結束，我們下次見！

2

Docker 容器化技術入門

【圖解觀念】

Docker 解決了什麼問題？【 3 大功能】

大家好，今天我們要來介紹該如何使用 Docker 這項容器化技術，那我們就開始吧！

功能一：Docker 簡化部署流程

首先，Docker 的第一個功能就是簡化部署流程。在一般的部署流程中，我們通常都會根據使用的程式語言，去挑選一個 Runtime 執行環境安裝（下圖 1 ）。之後，再根據我們所使用的程式語言，去執行相對應的啟動指令（下圖 2），比如說 Java 中的 jar 或者 Java script 之中的 npm 等等。而當我們有了執行環境，以及知道要使用什麼啟動指令之後，自然也要有一個特定功能的程式碼來部署（下圖 3），這三個東西原先都是彼此分開的，我們需要透過一個方式把他們全部集結在一起，而 Docker 的出現讓我們可以把這三個東西全部打包成一包（下圖 4）。最後， Docker 會產生一個叫做 Image 的東西，在 Image 之中就涵蓋了 Runtime、啟動指令以及你的程式碼所有東西（下圖 5），就像一個程式懶人部署包一樣。

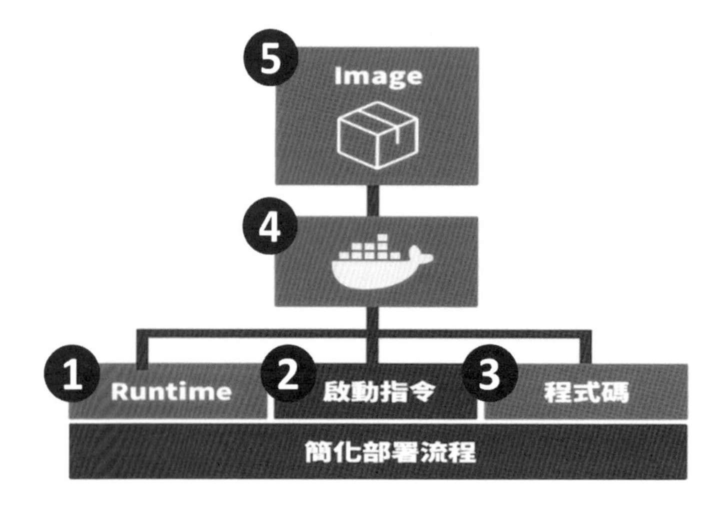

而事實上 Docker 的運用還更多元。假設我們改用資料庫的角度來看的話，我們可以在這邊選擇你想要安裝的資料庫，比如 MySQL 或者是 SQL Server 等等（下圖 1），有了一個資料庫所需要的環境之後，就可以透過啟動指令（下圖 2)，把我們所需要的測試資料給代入（下圖 3)。在 Docker 出現之前，工程師都需要自己把它們全部集合起來，而透過 Docker （下圖 4)，我們可以只去部署一個 Image（下圖 5)，就會像是一個測試資料庫的懶人部署包的概念。有了這個 Image 之後，我們就可以不斷的利用它，去容器化的世界進行部署。而在容器化世界之中，最小的單位就是 Image，它不會去管底下的資料是怎麼產生的，所謂的部署單位就是一個 Image 的概念。

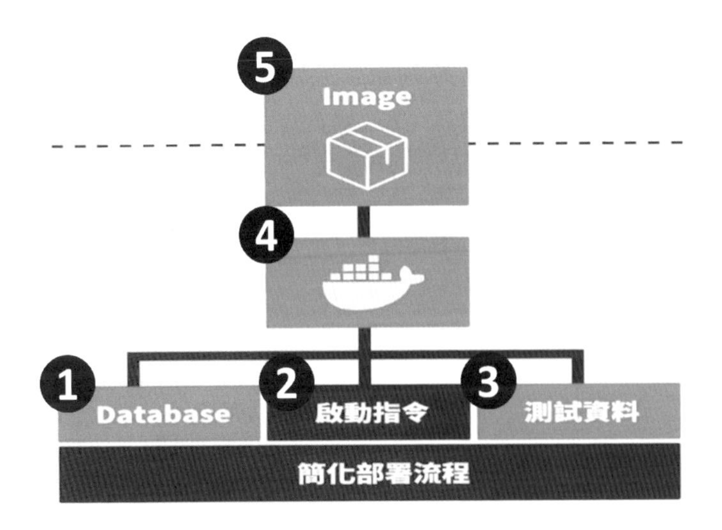

功能二：Docker 共用部署包

那我們來看看，當拿到一個 Image 部署懶人包之後，我們可以怎麼部署上去 Docker 的世界之中。我們可以透過一個叫做 Docker Hub 的雲端共享平台 / 網站（下圖 1），把我們的程式部署包 Image 放到 Docker Hub 上，在這邊就可以讓所有的人都可以下載。

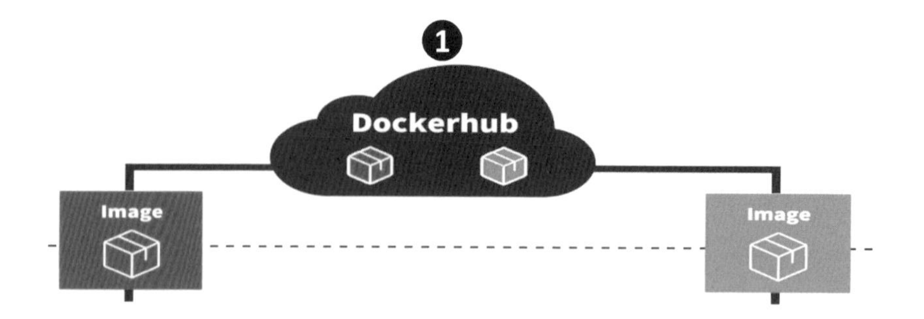

功能三：Docker & DockerHub 跨平台部署

Docker 的第三項功能就是跨平台部署。比如說在 Windows 上面，

我們安裝一個 Docker Engine 的環境的話，我們就可以從 Docker Hub 上面把別人做好的 image 給抓下來到本地環境，並且進行部署運行。也因為只要有裝上 Docker Engine 就可以運行，所以不論我們在 Windows （下圖 1 ），或者在 Mac （下圖 2)，又或是在 Linux （下圖 3) 上面，我們都可以對同一個 Image 進行跨平台的部署。

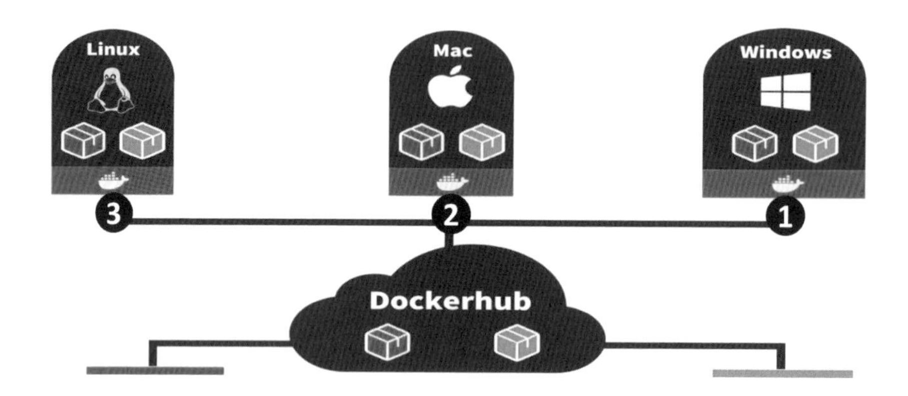

總結一下，Docker 總共有三大功能，首先就是我們可以進行一個「簡化部署流程」，讓我們的「程式部署包」或是「測試部署包」變成一個個單一的 Image（如下圖）。

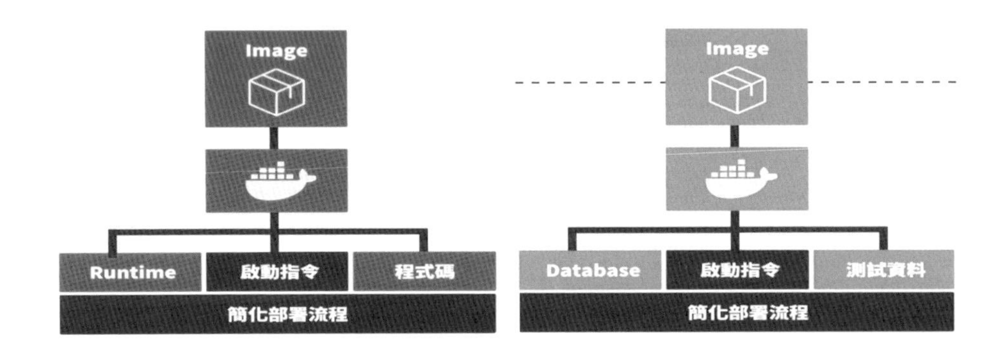

同時在此所有的 Image 都可以被上傳到 Docker Hub 上面進行分享（如下圖）。

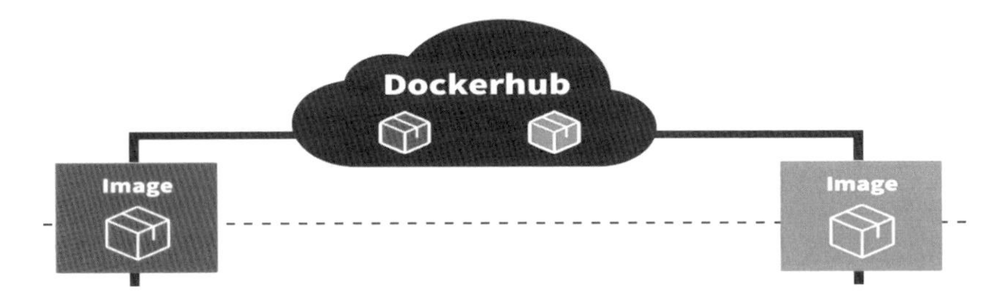

並且當我們進行部署時，可以部署到任意一個作業系統平台（如下圖），唯一的要求，就是在上面有安裝 Docker Engine。

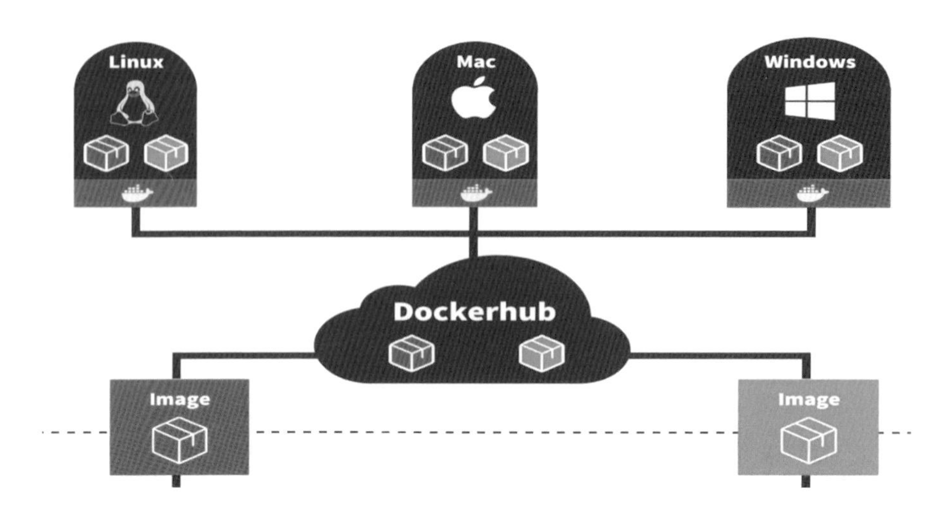

那以上就是我們針對 Docker 的三大功用的介紹，在後續我們將用圖解的方式去進一步了解 Docker 的架構是怎麼組成的，那本單元就先到這邊結束，我們下次見！

【圖解觀念】

Docker 核心架構：Dockerfile | Image | Container | Network | Volume

大家好，我們今天要來講解 Docker 在實務上，所需要了解的基本架構，那我們就開始吧！

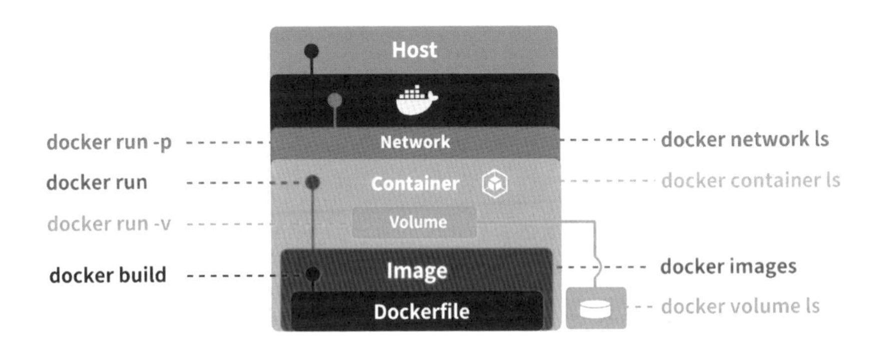

Dockerfile & Docker Image 架構圖解

首先，在 Docker 的世界之中我們會去撰寫一個 Dockerfile（下圖 1），撰寫好 Dockerfile 之後，我們就可以利用指令 Docker build（下圖 2），配上相關的參數，建立起一個完整的 Docker Image（下圖 3）。

Docker Image 就是容器化世界中的最小部署單位。而如果要查詢我們在的 Docker 環境之中有哪些 Image 的話，可以使用指令 Docker Images（下圖 4）。

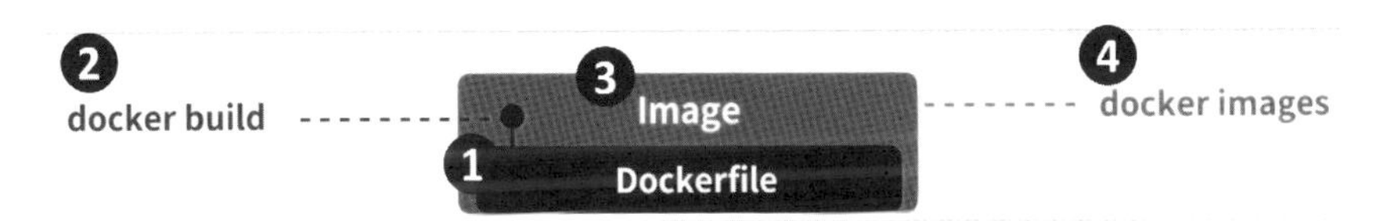

Docker Container 架構圖解

當我們有了 Docker Image 之後，就可以透過另外一個指令 docker run （下圖 1），將這個 Image 放到一個 Docker Container 之中（下圖 2）。當 Image 放到 Container 的環境之後，我們的專案也就得以運行起來了。而當我們的 Image 在 Container 之中運行的時候，可以透過指令 docker container ls （下圖 3），查看目前的 Docker 環境之中，有哪些 Container 正在運行。

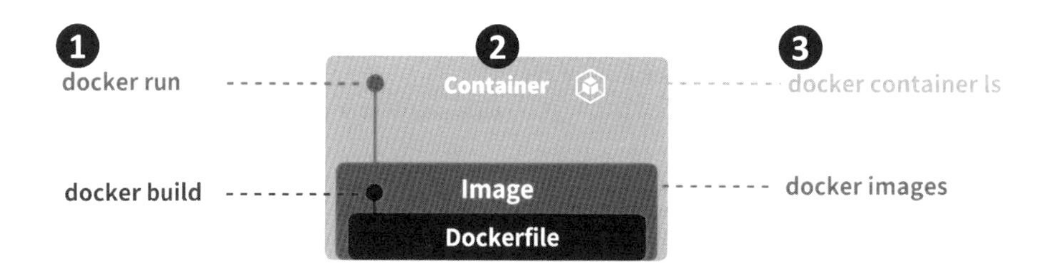

Docker Network 架構圖解

在此目前的階段中，我們的服務是沒有對外開放的，因此我們要去設定網路的部分。在這邊最常使用到的一個指令，是在 docker run 的時候

多加上一個參數 -p （下圖 1），-p 參數代表 port，也就是設定我們要開放哪些 port，讓外界透過網路（下圖 2），連到我們的 Container。

而如果想要知道，在我們的 Docker 環境之中有哪些網路設定，則可以使用指令 docker network ls （下圖 3）來查詢。

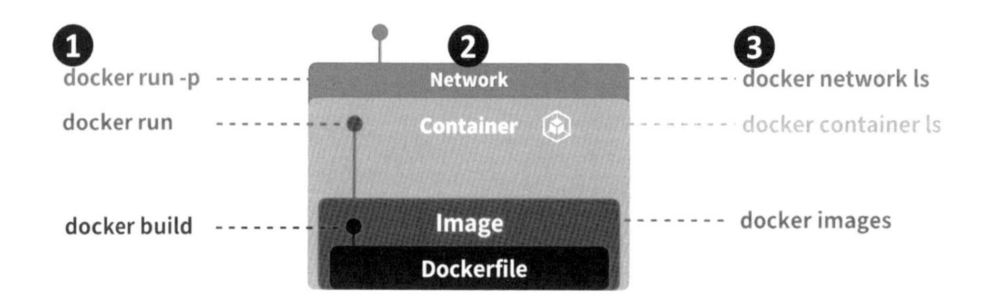

Docker Engine 與 Host 架構圖解

有了以上四個設定 Dockerfile、Image、Container 以及網路之後，Docker Engine 就會根據我們的設定，把我們這個容器化的專案開始運行（下圖 1 ）。接著，我們的 Docker Engine 也就會在我們的 Host 上面（下圖 2)，根據不同的作業系統進行運作，最後就可以實現出跨平台部署的這個功能。到這邊我們就了解，如何透過 Container 拿到運算資源的方式。

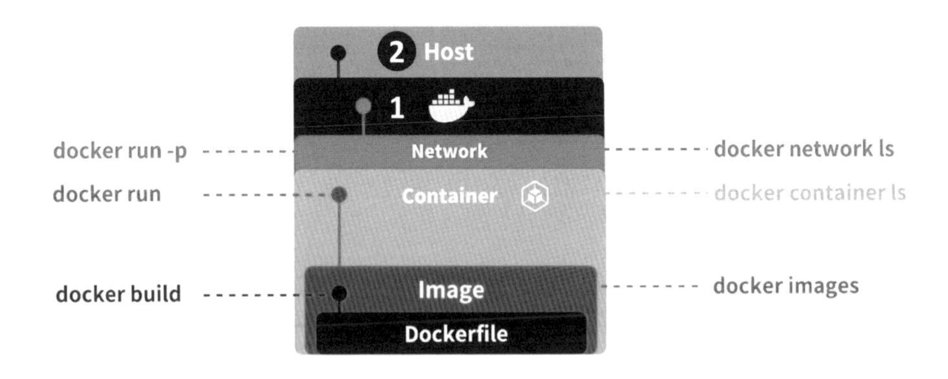

Docker Volume 架構圖解

最後，如果我們想要把資料進行永久地儲存，我們需要使用到一個叫做 Docker Volume 的功能（下圖 1 ）。這個 Docker Volume 可以配合我們的 Container 進行設定，並將資料保存在 Container 以外。因此就算 Container 不見了，我們的資料並不會因此消失。

我們可以在指令 docker run 中，加上一個 -v 代表 Volume （下圖 2)。這個參數將去指定，這個正要啟動的 Container 要運用到哪一個 Volume。而如果想要知道我們的 Docker 環境之中，有幾個 Volume 的話，就可以使用指令 docker volume ls 去找到（下圖 3)。

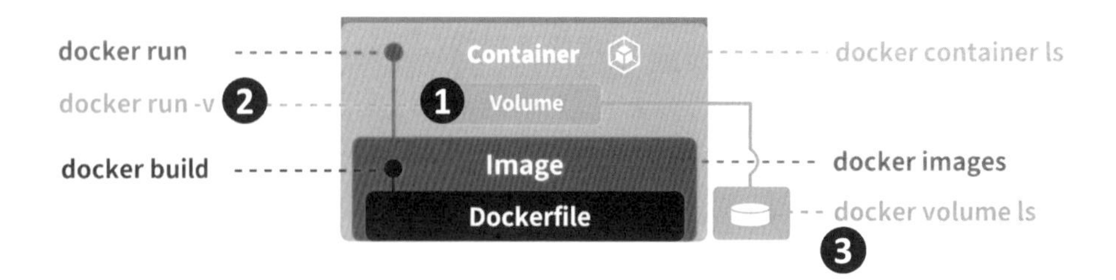

以上就是我們針對實務上，所需要了解的 Docker 架構的圖解介紹，以及相關重要指令的配對。在後續單元我們也將實際的操作一次，那本單元就先到這邊結束，我們下次見！

Docker Linux 共同環境建立

大家好，老師這次要來示範如何創建一個 Docker 的 Linux 共同使用環境。我們將持續在後續單元使用此共同環境，那我們就開始吧！

AWS EC2 頁面登入

首先我們在 Google 頁面搜尋 AWS Management Console （如下圖）。

aws management console

找到 Amazon AWS 之後點擊進去（如下圖）。

Amazon.com
https://aws.amazon.com › console

AWS Management Console - Amazon AWS

Console Overview · Discover and experiment with over 150 AWS services, many of which you can try for free. · Build your cloud-based applications in any AWS data ...

進去之後，如果還沒有帳號的同學可以創建一個新的帳號 （下圖 1 ），如果已經有帳號的同學可以直接選擇登入（下圖 2）。

2 Sign In　1 Create an AWS Account

登入之後，首先我們要確認一下畫面上方，我們的 region 是否有選到 Oregon（如下圖）。

接著我們上方搜尋 EC2（下圖 1），並點擊進去（下圖 2）。

進到 EC2 頁面之後，我們點擊左方的 Instances（下圖 1）。

▼ Instances

Instances 1

再來點擊右上方的 Launch Instance（下圖 1）。

AWS EC2 Instance 建立

接著我們就來創建一個新的 EC2 Instance，首先我們要設定一個名稱，我們這次設為 k8s-local-ec2-001（下圖 1）。

Name and tags Info

Name

k8s-local-ec2-001 1

完成之後下拉，在作業系統的部分我們使用預設的 Amazon Linux（下圖 1）即可。

Quick Start

再來 Instance Type 這邊，因為我們後續章節要安裝的 Minikube，將會要求我們至少要有兩個 vCPU，所以我們這邊要選擇高規格一點的 t2 medium（下圖 1）。

▼ **Instance type** Info

Instance type

Family: t2 2 vCPU 4 GiB Memory
Current generation: true
On-Demand SUSE base pricing: 0.1464 USD per Hour
On-Demand Linux base pricing: 0.0464 USD per Hour
On-Demand RHEL base pricing: 0.1064 USD per Hour
On-Demand Windows base pricing: 0.0644 USD per Hour

下拉 Key pair 這邊我們不需要，選擇 Proceed without a key pair（下圖 1）即可。

好了之後 Network settings 這邊，我們點擊 Edit （下圖 1 ）。

▼ **Network settings** Info 1 Edit

我們來創建一個新的 Security Group，在 AWS 上面 Security Group 的角色，就是可以去規範哪些網路流量可以進來哪些可以出去。這次我們將它的名稱設為 k8s-local-sg-001 （下圖 1 ），下方 Description 一樣即可（下圖 2）。

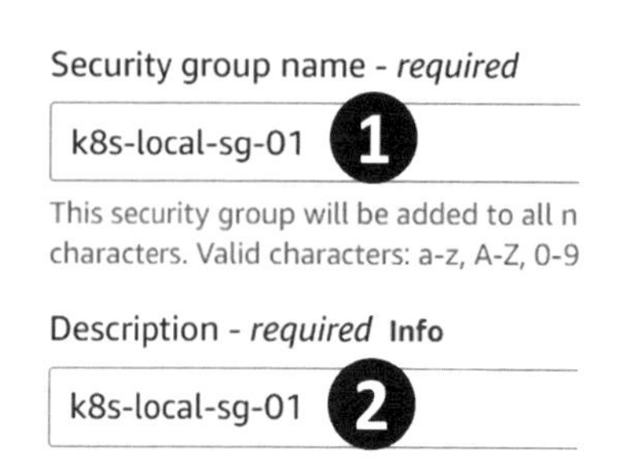

好了之後下拉，我們點擊新增一個新的 Security Group Rule （如下圖）。

Add security group rule

接下來，我們要允許所有的 All TCP（下圖 1 ），以及來自各地的 IP 來源（下圖 2），都可以進來我們這台 EC2 來簡化我們後續的實作，讓我們可以專注在 Docker 以及 Kubernetes 的觀念學習上。

Security group rule 2 (TCP, 0-65535, 0

Type Info

All TCP 1

Source type Info

Anywhere 2

完成之後，我們再下拉 Storage 這邊，我們選擇多一點的儲存空間，我們這次設為 16 GiB （下圖 1 ）。

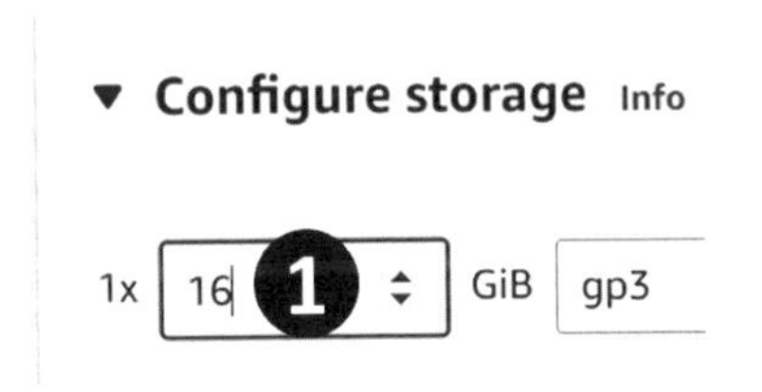

這樣我們就完成所有設定了，我們點擊右方的 Launch Instance （如下圖）。

Launch instance

完成之後，我們點擊 Instances 回到 Instance 頁面（下圖 1 ）。

就可以看到，剛剛所建立的 k8s-local-ec2-001 這台 EC2 正處於 Pending 的狀態。稍等大概過一分鐘之後，就會變為 Running 狀態了（下圖 1 ）。

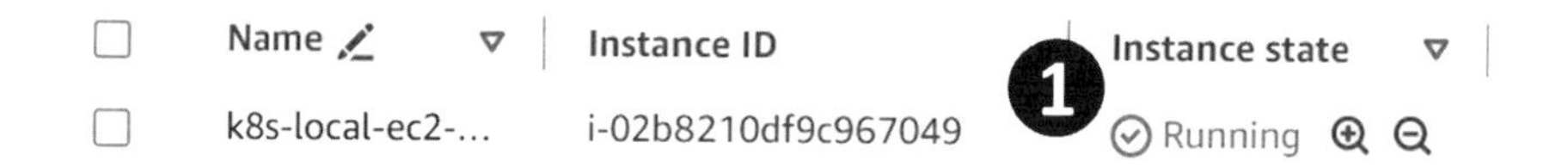

AWS EC2 連線測試

好了之後，點擊這台 Instance （下圖 1 ），再點擊上方 Connect （下圖 2)。

再點擊一次右下方 Connect （下圖 1 ）。

我們就能成功進入到這台 EC2 裡面了（如下圖）。

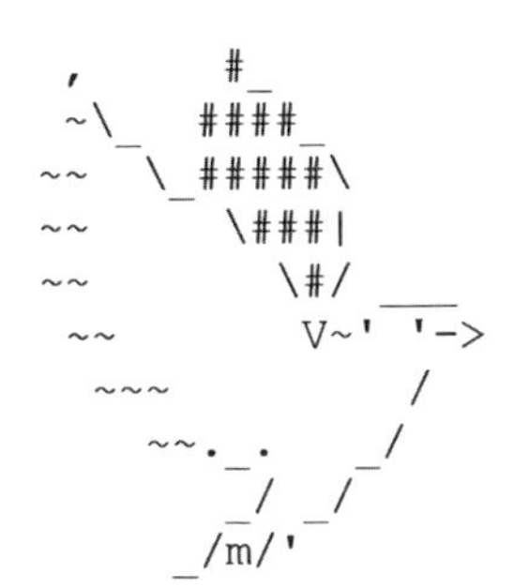

```
Amazon Linux 2023

https://aws.amazon.com/linux/amazon-linux-2023
```

到這邊我們就學會了如何創建這堂課程所需要的 EC2 Instance，也就是這堂課程所需要的一個本地的 Linux 共用環境，下堂課我們就會開始進行 Docker 的安裝，那本單元就先到這邊結束！

Docker 安裝

大家好，老師這次要來示範如何在 Linux 上面安裝 Docker，那我們就開始吧！

Docker 安裝

首先，我們先進入之前所建立的 AWS EC2 Instance 之中（如下圖）。

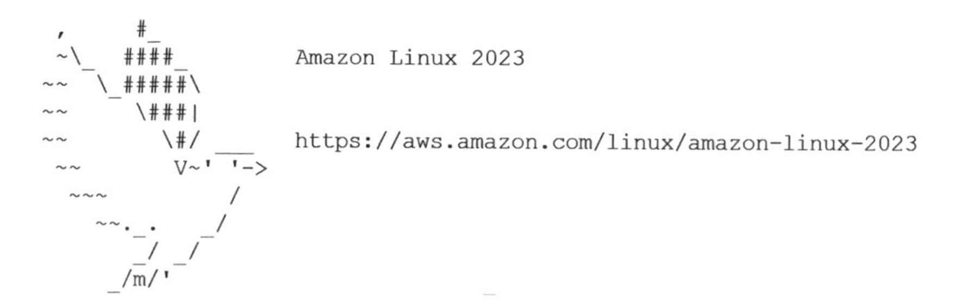

接著我們先打上指令「cat /etc/os-release」（下圖 1），便可以看到我們目前的作業系統，可以看到這邊顯示，我們目前是一個與 CentOS 相關的作業系統（下圖 2），所以我們的安裝指令要用 yum 來進行安裝。

```
[ec2-user@ip-172-31-6-89 ~]$ cat /etc/os-release ❶
NAME="Amazon Linux"
VERSION="2"
ID="amzn"
ID_LIKE="centos rhel fedora" ← ❷
VERSION_ID="2"
PRETTY_NAME="Amazon Linux 2"
ANSI_COLOR="0;33"
CPE_NAME="cpe:2.3:o:amazon:amazon_linux:2"
HOME_URL="https://amazonlinux.com/"
[ec2-user@ip-172-31-6-89 ~]$ █
```

接著我們輸入指令「sudo yum install docker -y」（下圖 1），來安裝我們的 Docker。

```
[ec2-user@ip-172-31-8-156 ~]$ sudo yum install docker -y
```

等到顯示 Complete（下圖 1）之後，就代表安裝完成。

```
Installed:
  containerd-1.7.2-1.amzn2023.0.3.x86_64      d
x86_64      iptables-nft-1.8.8-3.amzn2023.0.2.x
  libcgroup-3.0-1.amzn2023.0.1.x86_64         l
x86_64      libnftnl-1.2.2-2.amzn2023.0.2.x86_6
  pigz-2.5-1.amzn2023.0.3.x86_64              r

Complete!
```

接著我們打上指令「sudo docker --version」（下圖 1）便可以看到我們的 Docker 已經成功安裝，那我們就可以再輸入指令「sudo service docker start」（下圖 2），啟動 Docker。

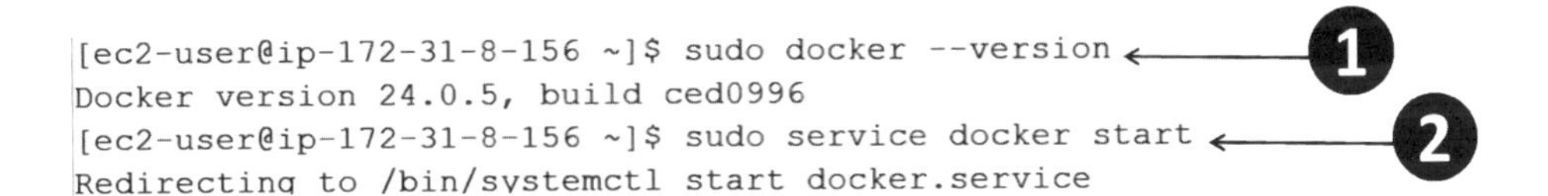

接著，我們再確認一下 Docker 是否已經成功啟動，我們輸入指令「sudo service docker status | grep Active」（下圖 1），這個指令會替我們抓取資料中的 active (running) 資訊，這樣我們就可以看到 Docker 已經在運行中了。到這個步驟，我們就完成了 Docker 的安裝。

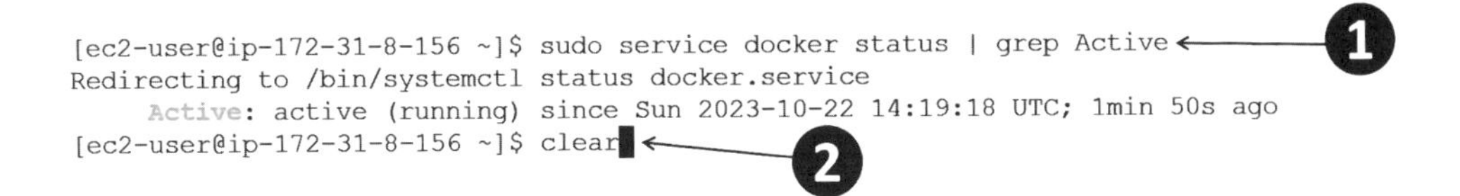

Docker 權限設定

接著，我們要來設定 Docker 的權限，否則我們會發現現在的 Docker，其實只有 sudo root 的權限才可以看到，例如我們打上指令「sudo docker ps」才可以看到正常的資訊(下圖 1)，但如果沒有加 sudo 直接打上「docker ps」(下圖 2)的話，就會看到權限不足的錯誤訊息。

所以我們要調整權限，來解決這個問題，讓我們的 EC2 user 也能使用 Docker 的指令。

```
[ec2-user@ip-172-31-8-156 ~]$ sudo docker ps  ← 1
CONTAINER ID   IMAGE    COMMAND   CREATED   STATUS   PORTS    NAMES
[ec2-user@ip-172-31-8-156 ~]$ docker ps  ← 2
permission denied while trying to connect to the Docker daemon socket
run/docker.sock: Get "http://%2Fvar%2Frun%2Fdocker.sock/v1.24/containe
unix /var/run/docker.sock: connect: permission denied
```

我們要去改變 Docker 內部的設定，首先打上指令「ls -l /var/run/docker.sock」(下圖 1)，我們會看到目前的指令在後面都是空的 (下圖 2)，代表一般使用者無法使用。

```
[ec2-user@ip-172-31-8-156 ~]$ ls -l /var/run/docker.sock  ← 1
srw-rw----. 1 root docker 0 Oct 22 14:19 /var/run/docker.sock
       ↖ 2
```

再來我們打上指令「sudo usermod -aG docker $USER && newgrp docker」(下圖 1)，將我們當下的的使用者加入到 Docker 這個 group 之中。好了之後，我們再測試一次指令「docker ps」(下圖 2)，可以看到我們已成功地執行這個指令。這是因為現在這個使用者 EC2 user，也已經隸屬於 Docker 這個 group 之中了，所以享有同樣的權限去操控我們的 Docker engine。

```
[ec2-user@ip-172-31-8-156 ~]$ sudo usermod -aG docker $USER && newgrp docker  ← 1
[ec2-user@ip-172-31-8-156 ~]$ docker ps  ← 2
CONTAINER ID   IMAGE    COMMAND   CREATED   STATUS   PORTS    NAMES
```

Docker 功能驗證

接著，我們來做一個快速的驗證，確認我們的 Docker 是否可以正常使用。我們打上指令「docker images」（下圖 1），可以看到目前的 Docker Images 是空的，那我們再打上指令「docker pull hello-world」（下圖 2），下載一個 Image 下來。

```
[ec2-user@ip-172-31-8-156 ~]$ docker images        ❶
REPOSITORY    TAG        IMAGE ID   CREATED   SIZE
[ec2-user@ip-172-31-8-156 ~]$ docker pull hello-world  ❷
Using default tag: latest
```

完成之後，我們輸入指令「docker images」（下圖 1），就會看到之中多了一個新的 hello-world Image 出來。

```
[ec2-user@ip-172-31-8-156 ~]$ docker images        ❶
REPOSITORY     TAG       IMAGE ID       CREATED         SIZE
hello-world    latest    9c7a54a9a43c   5 months ago    13.3kB
```

有了這個 Images 在本地之後，我們可以打上指令「docker run hello-world」（下圖 1），就會看到有一行寫著 "Hello from Docker"（下圖 2），代表我們的 Docker 已經完全地啟動了。透過以上步驟，我們已經有能力，去使用成千上萬個世界上被分享的 Docker Images。

```
[ec2-user@ip-172-31-8-156 ~]$ docker run hello-world   ❶

Hello from Docker!   ❷
This message shows that your installation appears to be working correctly.

To generate this message, Docker took the following steps:
 1. The Docker client contacted the Docker daemon.
 2. The Docker daemon pulled the "hello-world" image from the Docker Hub.
```

那麼當我們利用完 Docker 之後，如果要關閉 Docker 的話，只要打上指令「sudo service docker stop」即可（下圖 1）。關閉之後，我們可以再打上指令「sudo service docker status | grep Active」（下圖 2）來確認 Docker 的狀態，我們可以

看到目前變成 inactive ，就代表已經成功關閉。那如果想要再開啟 Docker，只要再輸入一次指令「sudo service docker start」就可以將它再次開啟（下圖 3）。

```
[ec2-user@ip-172-31-8-156 ~]$ sudo service docker stop
Redirecting to /bin/systemctl stop docker.service
Warning: Stopping docker.service, but it can still be activated by:
  docker.socket
[ec2-user@ip-172-31-8-156 ~]$ sudo service docker status | grep Active
Redirecting to /bin/systemctl status docker.service
     Active: inactive (dead) since Sun 2023-10-22 14:36:41 UTC; 39s ago
[ec2-user@ip-172-31-8-156 ~]$ sudo service docker start
Redirecting to /bin/systemctl start docker.service
```

到這邊，我們就學會了如何在 Linux 上安裝 Docker，以及開關 Docker 功能的方式，那本單元就先到這邊結束！

Docker 10 大常用指令快速上手

大家好，老師今天要來示範的是 Docker 常用的十大指令，在本課程的設計之中，我們將往實務的方向走來幫助我們快速上手，因此就不會太過於深入 Docker 的底層是怎麼樣運作的，並且將我們的重心放在 Kubernetes 的學習上面，那我們就開始吧！

指令 1 ：docker images

首先，我們打上指令「docker images」（下圖 1 ），看一下目前有什麼 Image，可以看到，目前只有上個章節所創建的 hello-world。

指令 2 ：docker pull

那我們再來抓一個 DockerHub 上面所擁有的 Image，我們打上指令「docker pull alpine:3.16」（下圖 2)，來抓取 alpine 這個 Image 並指定要 3.16 的版本。好了之後，我們再打上指令「docker images」（下圖 3)，就可以看到它已經被下載下來了。

```
[ec2-user@ip-172-31-30-104 ~]$ docker images      ❶
REPOSITORY     TAG       IMAGE ID       CREATED         SIZE
hello-world    latest    9c7a54a9a43c   6 months ago    13.3kB
[ec2-user@ip-172-31-30-104 ~]$ docker pull alpine:3.16      ❷
3.16: Pulling from library/alpine
659d66d51139: Pull complete
Digest: sha256:a8cbb8c69ee71561f4b69c066bad07f7e510caaa523da26fb
Status: Downloaded newer image for alpine:3.16
docker.io/library/alpine:3.16
[ec2-user@ip-172-31-30-104 ~]$ docker images      ❸
REPOSITORY     TAG       IMAGE ID       CREATED         SIZE
alpine         3.16      187eae39ad94   2 months ago    5.54MB
hello-world    latest    9c7a54a9a43c   6 months ago    13.3kB
```

指令 3 ：docker run

有了這個別人做好的 alpine Image 之後，我們就可以去使用這個 Image 的所有環境以及所有指令。其中一種用法，就是直接打上 docker run，並放上 Image 名稱。

然後，我們就可以用它的各種指令，例如我們打上指令「docker run alpine:3.16 echo "hey001"」（下圖 1 ），我們就會看到這邊出現了 "hey001"。

```
[ec2-user@ip-172-31-18-161 ~]$ docker run alpine:3.16 echo "hey001" ❶
"hey001"
```

如果需要查看硬碟空間，我們可以加上指令「df」，去看一下它的硬碟空間，完整指令為「docker run alpine df」（下圖 1 ）。

```
[ec2-user@ip-172-31-30-104 ~]$ docker run alpine df   ❶
Filesystem           1K-blocks      Used Available Use% Mounted on
overlay               16699372   1977048  14722324  12% /
tmpfs                    65536         0     65536   0% /dev
shm                      65536         0     65536   0% /dev/shm
/dev/xvda1            16699372   1977048  14722324  12% /etc/resolv.c
/dev/xvda1            16699372   1977048  14722324  12% /etc/hostname
/dev/xvda1            16699372   1977048  14722324  12% /etc/hosts
```

我們也可以加上指令「 ls /」，看一下它的目錄有哪些檔案，完整指令為「docker run alpine ls /」（下圖１）。

```
[ec2-user@ip-172-31-30-104 ~]$ docker run alpine ls /
bin
dev
etc
home
```

再來，是一個最常用的指令叫做 shell，如果我們直接打上指令「docker run alpine /bin/sh」的話，會發現沒有任何效果，我們也不能進行 shell 的操作。所以要讓這個指令可以運作，我們要在它的前面加上 - it，讓它變成互動模式 (interactive mode)，完整指令為「docker run -it alpine /bin/sh」（下圖１）。這個意思就是透過我們這個 shell 指令，讓我們進入到這個透過 alpine image 所建立的 Container 空間中。進到 Container 中後，我們就可以操作剛剛所有的相關指令，例如「echo "hey001"」（下圖 2)。

```
[ec2-user@ip-172-31-30-104 ~]$ docker run alpine /bin/sh
[ec2-user@ip-172-31-30-104 ~]$ docker run -it alpine /bin/sh
/ # echo "hey001"
hey001
```

或是輸入指令「df」查看硬碟空間（下圖１）。

```
/ # df
Filesystem           1K-blocks      Used Available Use% Mounted on
overlay               16699372   1977252  14722120  12% /
tmpfs                    65536         0     65536   0% /dev
shm                      65536         0     65536   0% /dev/shm
/dev/xvda1            16699372   1977252  14722120  12% /etc/resolv.
```

或是輸入指令「pwd」（下圖１），看現在的位置在哪裡。或是輸入指令「ls」（下圖 2)，查看所有目錄。而如果要離開這整個 container，只要打上指令「exit」就可以（下圖 3)。

```
/ # pwd
/
/ # ls
bin     dev     etc     home    lib     media   mnt     opt     proc
root    run     sbin    srv     sys     tmp     usr     var
/ # exit
```

但大家會注意到，如果以這種方式使用 Image，當下創建的 container 是不會留下來的。例如我們打上指令「docker container ls」（下圖 1），把我們現在正在運行的 container 列出來，會看到是空的，我們剛剛所建立的那個 container 是不存在的。

```
[ec2-user@ip-172-31-30-104 ~]$ docker container ls
CONTAINER ID    IMAGE       COMMAND       CREATED             STATUS
```

那如果我們想要讓一個 container 長期在背景運行的話，我們要再加上另外一個資訊。我們按兩次上看到剛剛的 shell 指令，在這邊我們前面要加上一個「-d」讓它在背景執行，完整指令為「docker run -d -it alpine /bin/sh」（下圖 1）。

好了之後，一樣打上指令「docker container ls」（下圖 2)，這時我們就可以看到一個 container 正在背景一直運作著，並顯示它的 Container ID（下圖 3) 等資料，這邊先記著此字串，待會會使用到。而在 Docker 的世界中，要讓一個 container 一直運作就必須加上 -it(interactive mode)，並且配上我們的 /bin/sh 指令，這樣這個 countainer 就會一直運行著，直到我們主動去中止它。

```
[ec2-user@ip-172-31-30-104 ~]$ docker run -d -it alpine /bin/sh
0e3a77219986fd728cde6e22036421786e35a176ea319871a24600ae188db859
[ec2-user@ip-172-31-30-104 ~]$ docker container ls
CONTAINER ID    IMAGE      COMMAND      CREATED            STATUS
0e3a77219986    alpine     "/bin/sh"    12 seconds ago     Up 11 seconds
```

指令 4 ：docker exec

那我們現在就有一個 container 在我們背景一直運行著。在這個狀態下，如果我們想要進去這個 container，我們這邊就有新的指令可以讓我們操作，打上指令「docker exec -it {container_id} /bin/sh」（下圖 1），這邊 container_id 為 0e3a77219986。透過這個方式，我們就可以進到一個現有的 container 裡面，並進行任何指令操作。比如說我們打上指令「df」（下圖 2），就可以查看硬碟空間。

```
[ec2-user@ip-172-31-30-104 ~]$ docker exec -it 0e3a77219986 /bin/sh
/ # df
Filesystem           1K-blocks      Used Available Use% Mounted on
overlay               16699372   1977424  14721948  12% /
tmpfs                    65536         0     65536   0% /dev
shm                      65536         0     65536   0% /dev/shm
/dev/xvda1            16699372   1977424  14721948  12% /etc/resolv
```

好了之後，就可以輸入指令「exit」離開（下圖 1）。

指令 5 ：docker container ls

而且儘管我們離開了，我們的 container 還是一樣會一直在背景執行著，我們可以輸入指令「docker container ls」來確認一下（下圖 2），這種方式就很適合我們去部署一個網頁程式，來長期接收使用者的請求。

```
/ # exit
[ec2-user@ip-172-31-30-104 ~]$ docker container ls
CONTAINER ID   IMAGE    COMMAND     CREATED          STATUS
0e3a77219986   alpine   "/bin/sh"   4 minutes ago    Up 4 minutes
```

指令6 ：docker container stop

那當我們的 container 都用完之後，如果要進行清理我們就可以打上指令「docker container stop {container_id}」（下圖 1），這邊 container_id 為 0e3a77219986，透過這個方式把該 container 停止運作。好了之後，你就可以打上指令「docker container ls」（下圖 2) 來確認，我們可以看到已經成功清空了。

```
[ec2-user@ip-172-31-30-104 ~]$ docker container stop 0e3a77219986   ❶
0e3a77219986
[ec2-user@ip-172-31-30-104 ~]$ docker container ls   ❷
CONTAINER ID   IMAGE   COMMAND   CREATED   STATUS   PORTS
```

但事實上，如果我們再加上一個「-a」，完整指令為「docker container ls -a」，我們還是可以看到剛剛所建立的 container，其實還是存在，只是被關掉了。

```
[ec2-user@ip-172-31-30-104 ~]$ docker container ls -a   ❶
CONTAINER ID   IMAGE    COMMAND       CREATED       STATUS
0e3a77219986   alpine   "/bin/sh"     2 hours ago   Exited (137) 2 hours ago
65524acf9fb9   alpine   "/bin/sh"     2 hours ago   Exited (0) 2 hours ago
ca21cd7069d3   alpine   "/bin/sh"     2 hours ago   Exited (0) 2 hours ago
```

指令7 ：docker container rm

如果要完整的清空 container，我們還需要執行指令「docker container rm {container_id}」（下圖 1），這邊 container_id 為 0e3a77219986。好了之後，我們再輸入指令「docker container ls -a」來確認（下圖 2)，就可以看到剛剛的 container 消失了。

```
[ec2-user@ip-172-31-30-104 ~]$ docker container rm 0e3a77219986   ❶
0e3a77219986
[ec2-user@ip-172-31-30-104 ~]$ docker container ls -a   ❷
CONTAINER ID   IMAGE    COMMAND          CREATED       STATUS
65524acf9fb9   alpine   "/bin/sh"        2 hours ago   Exited (0) 2 hours ago
ca21cd7069d3   alpine   "/bin/sh"        2 hours ago   Exited (0) 2 hours ago
341be7848517   alpine   "ls /"           2 hours ago   Exited (0) 2 hours ago
4dba436ea11d   alpine   "df"             2 hours ago   Exited (0) 2 hours ago
d5834b0cbcda   alpine   "echo hey001"    2 hours ago   Exited (0) 2 hours ago
```

再來，我們要來練習清除 Image。我們先打上指令「docker images」，來確認目前有哪些 Image。再來，我們打上「docker rmi -f {Image 名稱}:{tag}」。以我們本章節創建的 alpine 為例，完整指令為「docker rmi -f alpine:3.16」（下圖 2）。好了之後，我們一樣輸入指令「docker images」確認一下（下圖 3），就會看到我們所下載的 3.16 版本的 alpine Image 已經成功刪除了。到這邊我們就學會了如何去利用別人所做好的 Image，來進行 container 的建造、運行與刪除。

```
[ec2-user@ip-172-31-30-104 ~]$ docker images  ❶
REPOSITORY     TAG        IMAGE ID       CREATED          SIZE
alpine         latest     8ca4688f4f35   5 weeks ago      7.34MB
alpine         3.16       187eae39ad94   2 months ago     5.54MB
hello-world    latest     9c7a54a9a43c   6 months ago     13.3kB
[ec2-user@ip-172-31-30-104 ~]$ docker rmi alpine:3.16  ❷
Untagged: alpine:3.16
Untagged: alpine@sha256:a8cbb8c69ee71561f4b69c066bad07f7e510c
Deleted: sha256:187eae39ad949e24d9410fa5c4eab8cafba7edd489221
Deleted: sha256:0e182002b05f2ab123995821ef14f1cda765a0c31f7a6
[ec2-user@ip-172-31-30-104 ~]$ docker images  ❸
REPOSITORY     TAG        IMAGE ID       CREATED          SIZE
alpine         latest     8ca4688f4f35   5 weeks ago      7.34MB
hello-world    latest     9c7a54a9a43c   6 months ago     13.3kB
```

指令 8 ：docker build

接下來要示範的，是如何自己建自己的 Image。在 Docker 裡面要自己建一個 Image，會需要一個叫做 Dockerfile 的檔案。那我們就來建造一個，輸入指令「vi Dockerfile」（如下圖）。

```
[ec2-user@ip-172-31-30-104 ~]$ vi Dockerfile
```

進去之後，先按一下小寫「a」 進入編輯模式，之後第一行我們要都是用 FROM 語法開頭的，我們要放上一個基底 Image，完整指令「FROM alpine:3.16」。

接著我們打上 RUN 來執行其他的指令，這次老師要建立一個叫做 Apache 的 server，所以我們打上相關指令「RUN apk --update add apache2」（下圖 2）以及「RUN rm -rf /var/cache/apk/*」（下圖 3）。

最後，我們要打上的指令是 ENTRYPOINT，代表我們啟動整個 Image 的時候，它要永久執行的指令。這個 ENTRYPOINT 會根據想要安裝的 server 有不同的指令，這次我們就使用 httpd 這個指令，完整指令為「ENTRYPOINT ["httpd", "-D", "FOREGROUND"]」（下圖 4）。

```
FROM alpine:3.16 ← ❶
RUN apk --update add apache2 ← ❷
RUN rm -rf /var/cache/apk/* ← ❸
ENTRYPOINT ["httpd", "-D", "FOREGROUND"] ← ❹
```

接著我們按下「esc」，並打上指令「:wq」（如下圖），按下 Enter 存檔離開。

```
:wq
```

完成之後，我們輸入指令「cat Dockerfile」（下圖 1），確認一下之前的安裝是否有完成。成功看到資料後，我們就可以打上「docker build -t myimage .」（下圖 2），-t 後面放上想要命名的 Image 名稱，「.」代表我們的 Dockerfile 所在的目錄位置。

```
[ec2-user@ip-172-31-30-104 ~]$ cat Dockerfile ← ❶
FROM alpine:3.16
RUN apk --update add apache2
RUN rm -rf /var/cache/apk/*
ENTRYPOINT ["httpd", "-D", "FOREGROUND"]
[ec2-user@ip-172-31-30-104 ~]$ docker build -t myimage . ← ❷
[+] Building 3.1s (7/7) FINISHED
```

完成之後，打上指令「docker images」（下圖 1），就會看到我們所建立的 myimage 已經成功創建。

```
[ec2-user@ip-172-31-30-104 ~]$ docker images ← ❶
REPOSITORY     TAG       IMAGE ID       CREATED                SIZE
myimage        latest    4dee1f5fb2a9   About a minute ago     11.7MB
alpine         latest    8ca4688f4f35   5 weeks ago            7.34MB
hello-world    latest    9c7a54a9a43c   6 months ago           13.3kB
```

有了我們的 Image 之後，我們就可以透過它啟動 container。那我們打上「docker run -d -p 8081:80 --name c002 myimage」（下圖 1），-d 讓它在背景執行；而我們接下來要設置的是一個網頁專案，所以我們使用者需要連進去，這邊加上一個 -p 進行一個 port mapping，開放外界透過 8081 port，連到我們裡面 Apache 所監聽的 80 port；並且我們要給這個 container 一個名稱，使用 --name，我們命名為 c002；最後最重要的，就是放上 Image 名稱 myimage。

完成之後，我們輸入指令「docker container ls」確認一下（下圖 2），可以看到我們剛剛所建立的 c002 已經正在運行。而讓他持續運作的指令是一個 httpd 的指令，並且我們對外面開放 8081 port 可以連到我們裡面的 80port。

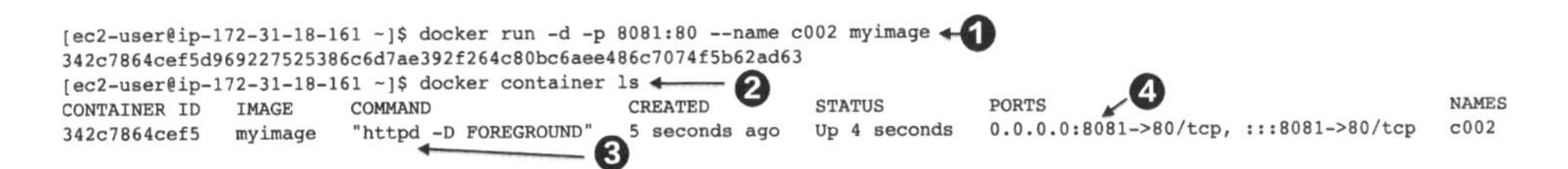

接著，我們要先回到我們的 EC2 Instance 頁面（下圖 1）。

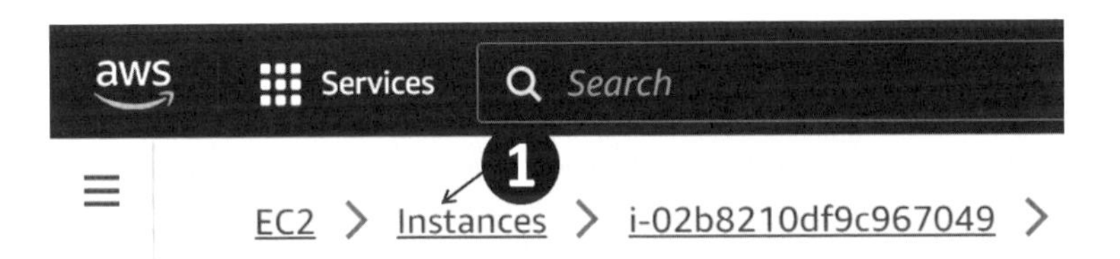

選擇我們所創建的 EC2 k8s-local-ec2-001（下圖 1）。

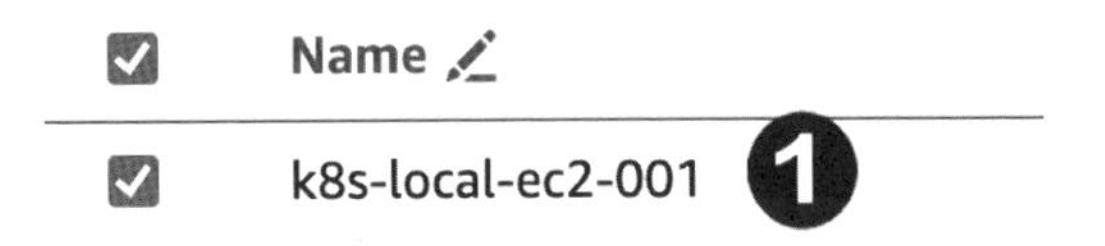

複製 public IP（下圖 1）。

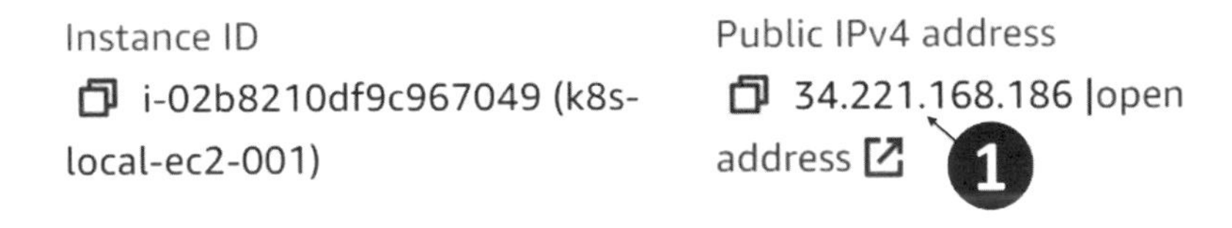

接著我們開啟一個新分頁，貼上 IP，並配上我們 Container 所開放的 8081 port（下圖 1），就會看到顯示 it works，代表我們的 container 順利啟動。

接著，我們再回到我們的 EC2 裡面。輸入指令「cat Dockerfile」（下圖 1），快速看一下我們的 Dockerfile。這個 Dockerfile 裡面這個 RUN 指令，可以讓我們做所有事情的，無論是要部署一個 apache server，或者任何我們想要客製化的一個專案，這個 Dockerfile 都可以幫我們做到。到這邊，我們就完成了藉由訂製的 Dockerfile，所建立的客製化 Image，所啟動的容器化專案。

```
[ec2-user@ip-172-31-30-104 ~]$ cat Dockerfile
FROM alpine:3.16
RUN apk --update add apache2
RUN rm -rf /var/cache/apk/*
ENTRYPOINT ["httpd", "-D", "FOREGROUND"]
```

指令 9 ：docker login

接下來，我們要練習如何把我們的 Image 分享給全世界的人用，「docker build -t {DockerHub 帳號名 }/myimage .」（如下圖）。-t 讓我們能去命名創造出來的 image，而在分享 Image 到 DockerHub 時，它有一個特別的規定，也就是在我們建立 Docker build Image 的時候，必須把我們的「帳號名稱」加在前面，比如說我的帳號名稱為 enen5412，後面在放上我們的「Image 名稱」，比如說這邊的 myimage；最後加上「.」打下去，去找當下目錄的 Dockerfile。

```
[ec2-user@ip-172-31-30-104 ~]$ docker build -t enen5412/myimage .
[+] Building 0.6s (7/7) FINISHED
```

完成之後，我們輸入指令「docker images」（下圖 1），就可以看到我們新建立的有，我們的「{DockerHub 帳號名}/myimage」。有了這個格式，我們才可以把它送上 DockerHub 上面。

```
[ec2-user@ip-172-31-30-104 ~]$ docker images  ← 1
REPOSITORY          TAG       IMAGE ID       CREATED          SIZE
enen5412/myimage    latest    4dee1f5fb2a9   44 minutes ago   11.7MB
myimage             latest    4dee1f5fb2a9   44 minutes ago   11.7MB
```

再來我們打上指令「docker logout」（下圖 1），確保我們的所有帳號都登出。好了之後，打上指令「docker login」（下圖 2），打上帳號名稱及密碼（下圖 3），都正確的話就會顯示成功登入（下圖 4）。

```
[ec2-user@ip-172-31-30-104 ~]$ docker logout  ← 1
Removing login credentials for https://index.docker.io/v1/
[ec2-user@ip-172-31-30-104 ~]$ docker login  ← 2
Login with your Docker ID to push and pull images from Doc
/hub.docker.com to create one.
Username: enen5412
Password:  ← 3
WARNING! Your password will be stored unencrypted in /home
Configure a credential helper to remove this warning. See
https://docs.docker.com/engine/reference/commandline/login

Login Succeeded  ← 4
```

指令 10：docker push

成功登入之後，執行 「docker push {DockerHub 帳號名}/myimage」，上傳 Image 至 DockerHub（下圖 1）。

```
[ec2-user@ip-172-31-30-104 ~]$ docker push enen5412/myimage
Using default tag: latest  ← 1
The push refers to repository [docker.io/enen5412/myimage]
93964a8b1ad3: Pushed
ff1c8320a3e2: Pushed
0e182002b05f: Mounted from library/alpine
latest: digest: sha256:ee1430ac0f40ee2bdf6446da8646a7c9fa58
```

完成之後，我們再到 Google 頁面搜尋 docker hub，並點擊進去（如下圖）。

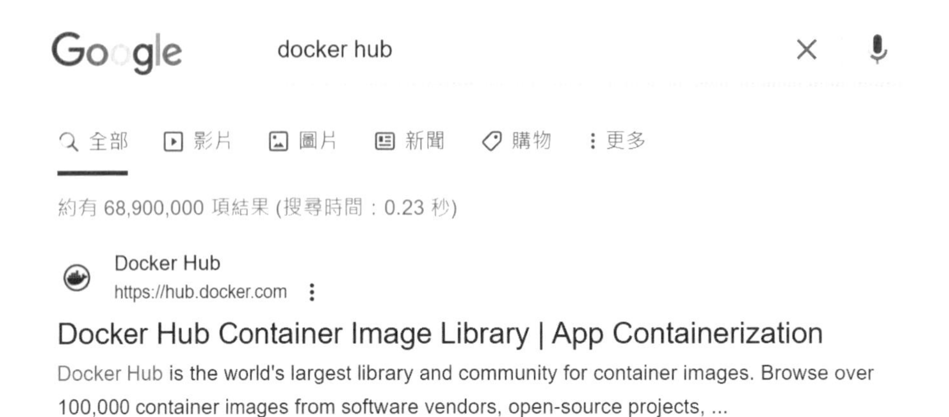

進去之後，點擊上方 Sign in （下圖 1 ）。

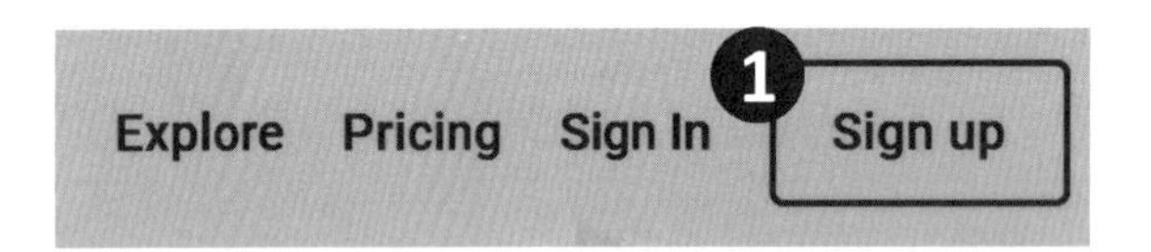

登入之後，點擊上方的 Repositories （下圖 1 ），就會看到剛剛我們所上傳的「帳號名稱 /myimage」這個 Image （下圖 2)，並且上傳時間就是稍早的時候。

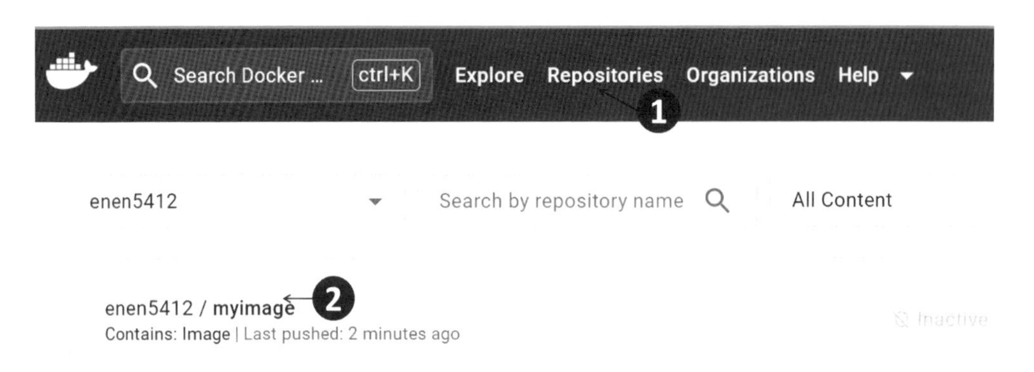

如果點擊進去，就可以看到更詳細的資料（如下圖）。

General Tags Builds Collaborators Webhooks Settings

Add a short description for this repository

The short description is used to index your content on Docker Hub and in search en

enen5412 / myimage

Description

This repository does not have a description

Last pushed: 3 minutes ago

透過這個方式，我們就可以把本地所做的客製化 Image 分享給世界上所有的人，或者分享給你的團隊使用。

那麼以上，就是我們針對 Docker 常用的十大指令的快速上手介紹，建議大家可以跟著老師的指示範動手全部試一遍，這樣會有更好的學習效果，那本單元就到這邊結束！

Docker Volume 永久資料保存

大家好，老師這次要接續之前所建立的作業環境，這次我們要來介紹，如何在 Docker 之中建立一個永久的儲存空間。容器的概念大部分都是一個可以隨丟隨創建的東西，所以對於資料而言如果容器不見了，資料通常都會跟著不見。然而，常常有的時候我們會需要把資料保存下來，在 Docker 這邊就提供了一個 volume 的方式讓我們來保存資料，那我們就開始做這次的示範吧！

Docker Voulme 創建

首先，我們來認識一個新的指令「docker volume ls」（下圖 1 ），它可以讓我們看到目前所有的 volume 有哪些，輸入之後會發現目前是空的。那我們就可以來創建一個，打上指令「docker volume create v001」（下圖 2)，創建一個叫做 v001 的 volume。

再來我們再輸入一次指令「docker volume ls」確認一下（下圖 3)，可以看到，我們新建的 volume v001 已經被創建成功。

```
[ec2-user@ip-172-31-30-104 ~]$ docker volume ls        ❶
DRIVER     VOLUME NAME
[ec2-user@ip-172-31-30-104 ~]$ docker volume create v001
v001                                                    ❷
[ec2-user@ip-172-31-30-104 ~]$ docker volume ls
DRIVER     VOLUME NAME                                  ❸
local      v001
```

再來，我們打上指令「docker volume inspect v001」（下圖 1 ），看一下 v001 的狀態。我們會看到有一個 Mountpoint 的地方（下圖 2)，這代表我們當下的 Linux 主機，把這個 folder 位置的空間給我們的 Docker 使用，所以這個地方將會永久保存著。

```
[ec2-user@ip-172-31-30-104 ~]$ docker volume inspect v001
[
    {
        "CreatedAt": "2023-11-04T15:01:51Z",
        "Driver": "local",
        "Labels": null,
        "Mountpoint": "/var/lib/docker/volumes/v001/_data",
        "Name": "v001",
        "Options": null,
        "Scope": "local"
```

我們再來要做的，就是把這個目錄空間跟 container 裡面的某個目錄給連接起來，執行「docker run -d -p 8082:80 --name c003 -v v001:/var/www/localhost/htdocs/ myimage」（下圖 1）。-d 讓容器在背景執行；-p port mapping，代表這次我們要給外界開放 8082 port，連到我們裡面 Apache 80 port；--name c003，設定 container 的名稱為 --name c003；再來，就是一個新的指令 -v 代表 volume，我們要把我們的 volume 名稱 v001 放上去配對，放上一個冒號，而後面要對到的是我們 container 裡面的目錄空間，因為我們這次的目的是要去改變 Apache 的首頁位置的檔案，所以我要放上的是這個 Apache 首頁檔案所在的目錄 /var/www/localhost/htdocs/；最後，放上我們 Image 名稱 myimage。

完成之後，我們輸入指令「docker container ls」看一下（下圖 2），就可以看到剛剛所建立的 c003 的 container，正在運作並開放的 8082 port（下圖 3）。

```
[ec2-user@ip-172-31-30-104 ~]$ docker run -d -p 8082:80 --name c003 -v v001:/var/www/localhost/htdocs/ myimage
02ef9355af124f26bcd55c880b8ec5b9c6220fc6bd1954fddca0c080b4ee7cf7
[ec2-user@ip-172-31-30-104 ~]$ docker container ls
CONTAINER ID   IMAGE     COMMAND                  CREATED          STATUS          PORTS                                   
     NAMES
02ef9355af12   myimage   "httpd -D FOREGROUND"   37 seconds ago   Up 37 seconds   0.0.0.0:8082->80/tcp, :::808
tcp    c003
7c271b85be70   myimage   "httpd -D FOREGROUND"   36 hours ago     Up 36 hours     0.0.0.0:8081->80/tcp, :::808
tcp    c002
```

那我們就切到 8082 port 的網頁，可以看到目前已經可以成功登入。

接著，我們回到 EC2 裡面，再來我們要進到這個 container 之中，打上「docker exec -it c003 /bin/sh」。-it 指定想要進入的容器名稱 c003；/bin/sh 啟動一個 shell 指令。（如下圖）

```
[ec2-user@ip-172-31-30-104 ~]$ docker exec -it c003 /bin/sh
```

進去之後，打上 cd 加上我們上面提到的首頁目錄空間，完整指令「cd /var/www/localhost/htdocs/」（如下圖）。

```
/ # cd /var/www/localhost/htdocs/
```

好了之後，輸入指令「ls」（下圖 1），會看到一個 index.html。再輸入指令「cat index.html」看一下裡面內容（下圖 2），就是我們剛剛在首頁所看到的那一行字 it works。

```
/var/www/localhost/htdocs # ls   ❶
index.html
/var/www/localhost/htdocs # cat index.html   ❷
<html><body><h1>It works!</h1></body></html>
```

現在，我們要新增第二行字放在首頁中，執行「echo "<h2>learning docker now!</h2>" >> index.html」（下圖 1）。好了之後，再輸入指令「cat index.html」看一下裡面的內容（下圖 2），就可以看到我們已經成功新增內容了。完成之後，我們就輸入指令「exit」離開（下圖 3）。

```
/var/www/localhost/htdocs # echo "<h2>learning docker now!</h2>" >> index.html   ❶
/var/www/localhost/htdocs # cat index.html   ❷
<html><body><h1>It works!</h1></body></html>
<h2>learning docker now!</h2>
/var/www/localhost/htdocs # exit   ❸
```

再回到我們的網頁之中，進行一次重新整理後，我們就可以看到第二行文字出來了，代表我們成功地把首頁進行了更動（如下圖）。

It works!

learning docker now!

Docker Voulme 功能驗證

接著我們回到 EC2 裡面，我們現在就來試著把我們 container 刪除，看看我們的資料還會不會保留著。打上指令「docker container stop c003」停止使用 c003（下圖 1）。好了之後，再打上指令「docker container rm c003」刪除 c003（下圖 2）。最後，打上指令「docker container ls -a」（下圖 3），就會看到我們 c003 的 container 已經被完全地清空了。

```
[ec2-user@ip-172-31-30-104 ~]$ docker container stop c003
c003
[ec2-user@ip-172-31-30-104 ~]$ docker container rm c003
c003
[ec2-user@ip-172-31-30-104 ~]$ docker container ls -a
CONTAINER ID   IMAGE     COMMAND                  CREATED          STATUS
              NAMES
7c271b85be70   myimage   "httpd -D FOREGROUND"    36 hours ago     Up 36 hours
081->80/tcp   c002
```

接著我們就按「上」，來找尋之前我們啟動 docker 的指令並再次執行「docker run -d -p 8082:80 --name c003 -v v001:/var/www/localhost/htdocs/ myimage」（下圖 1）。

好了之後，一樣輸入指令「docker container ls -a」確認（下圖 2），可以看到，我們另外一個 c003 的 container 被創建出來才剛啟動幾秒。

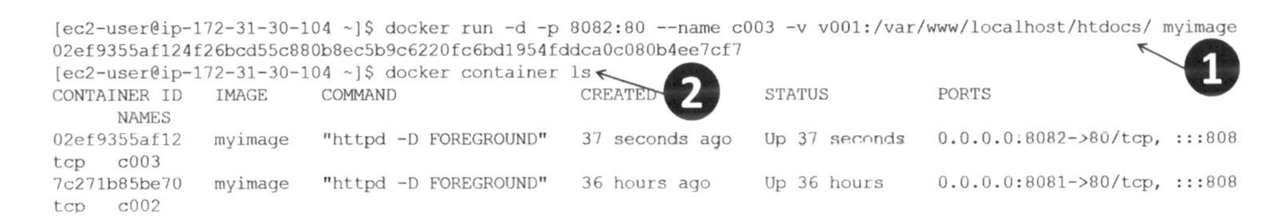

```
[ec2-user@ip-172-31-30-104 ~]$ docker run -d -p 8082:80 --name c003 -v v001:/var/www/localhost/htdocs/ myimage
02ef9355af124f26bcd55c880b8ec5b9c6220fc6bd1954fddca0c080b4ee7cf7
[ec2-user@ip-172-31-30-104 ~]$ docker container ls
CONTAINER ID   IMAGE     COMMAND                  CREATED          STATUS          PORTS
      NAMES
02ef9355af12   myimage   "httpd -D FOREGROUND"    37 seconds ago   Up 37 seconds   0.0.0.0:8082->80/tcp, :::808
tcp    c003
7c271b85be70   myimage   "httpd -D FOREGROUND"    36 hours ago     Up 36 hours     0.0.0.0:8081->80/tcp, :::808
tcp    c002
```

再來一樣，回到我們的網頁，按下重新整理，我們會看到所有的資料都還是存在著的，因為這些資料並不是存在 Image 之中而是存在於我們的 volume 之中。透過這個方式，我們就可以讓我們的資料儲存，跳脫 container 的生命週期而永久地保存著。

It works!

learning docker now!

Docker Voulme 清除

最後，當我們使用完 volume，想要進行清除時該怎麼做呢？特別記得，如果 volume 正在被使用是無法直接被刪除的，我們這邊就來做一個這樣的示範。直接打上指令「docker volume rm v001」的話（下圖 1），會顯示這個 voulume 正在被使用，因此我們要先去把 container 給刪除。因此，先打上指令「docker container stop c003」（下圖 2）。好了之後，再輸入指令「docker container rm c003」（下圖 3）。再來，我們就可以使用剛剛的刪除指令「docker volume rm v001」（下圖 4）。最後，我們再輸入指令「docker volume ls」確認一下（下圖 5），就會看到 volume 完整清空了。

```
[ec2-user@ip-172-31-30-104 ~]$ docker volume rm v001      ← 1
Error response from daemon: remove v001: volume is in use
0b4ee7cf7]
[ec2-user@ip-172-31-30-104 ~]$ docker container stop c003 ← 2
c003
[ec2-user@ip-172-31-30-104 ~]$ docker container rm c003   ← 3
c003
[ec2-user@ip-172-31-30-104 ~]$ docker volume rm v001      ← 4
v001
[ec2-user@ip-172-31-30-104 ~]$ docker volume ls           ← 5
DRIVER    VOLUME NAME
```

到這邊我們就成功示範了，如何使用 volume 來保存我們的資料，讓資料得以跳脫 container 的生命週期，那本單元就先到這邊結束！

【圖解觀念】

Docker 相較於 Kubernetes (K8S)，少了什麼？【3 面相比較】

大家好，今天老師要來介紹，Docker 相對於 Kubernetes 少了些什麼？我們將對 Docker 以及 Kubernetes 進行各方面的比較，那我們就開始吧！

	Docker	Kubernetes
定位	容器引擎	容器管理平台
	容器創建與部署	模板化容器部署
		自動化資源部署
		多台主機部署
階層關係	低階而特定	高階而全面
	輕量而易上手	複雜而強大
適用對象	個人/新創公司	中大型/跨國企業

Docker / K8S：定位面相比較

首先，我們將比較它們在定位上的差異。Docker 在容器化的世界之中，扮演的是一個「容器引擎」的角色，主要功能就是去做「容器的創建與部署」（下圖 1），比如說我們將專案打包成一個 Image，並且放上我們的 Docker Hub 讓別人使用。又或者透過 Docker Run 的方式，直接進行部署，都是 Docker 作為一個容器引擎所負責的事情。

而 Kubernetes 的定位則是一個「容器管理平台」的角色，作為一個管理平台，它所要做的是去利用像 Docker 一樣的容器引擎所創造出來的 Image 進行部署，比如說「模板化的容器部署」（下圖 2）。我們會透過一個 YAML 檔案的撰寫，讓我們每次的部署方式都是固定的，以後就能透過一個指令，去利用之前所創建好的模板，多次的進行重複部署。

另外在 Docker 的世界之中，其實有一個叫 Docker Compose 的功能（下圖 3），也可以做到模板化的容器部署，如果我們選擇使用 Docker Compose 的話，就需要去學另外一個語法，那走的就會是 Docker 這條路線來達到同樣的目的。

接著我們來從其他面向，來看看 Kubernetes 還有甚麼功能。作為一個管理平台，它還做到了「自動化的資源部署」（下圖 1 ），比如說當前的動態流量突然高漲，而需要更多的運算資源來處理當前的請求流量時，Kubernetes 就可以做到自動化地增減我們的運算資源，並且在我們進行自動化部署時，Kubernetes 可以將我們的程式部署到多台主機之中（下圖 2）。相對於 Docker 大部分所做的事情， Docker 部署多是在本地進行的。而 Docker 其實也有一個跟 Kubernetes 相似的技術叫做 Docker Swarm （下圖 3），但因為在業界之中的使用率過低，因此在挑選容器管理平台的時候，我們大部分還是使用 Kubernetes。那到這邊就是我們對 Docker 容器引擎定位的介紹，以及我們對 Kubernetes 容器管理平台的定位介紹。

	Docker	Kubernetes
定位	容器引擎	容器管理平台
3 Docker Swarm	容器創建與部署	模板化容器部署
		1 自動化資源部署
		2 多台主機部署

Docker / K8S：階層關係比較

在我們有了對於兩者定位的了解之後，我們可以說 Docker 是處於一個低階而特定的階層，它是一個更「輕量且易上手」的一個技術定位（下圖 1）；與之相反，Kubernetes 的階層則是屬於更「高階且全面」的一個技術定位（下圖 2)，換句話說，它同時隱含著 Kubernetes 是一個相對較複雜，但也較強大的一個軟體技術。

Docker / K8S：適用對象比較

在適用對象方面，通常 Docker 較適用於個人或是小型公司（下圖 1），比如說在新創公司，一開始的 PoC(Proof of Concept) 驗證想法的時候使用。而 Kubernetes 則大多用在中大型 / 跨國企業（下圖 2)，因為它們所部署的容器專案，必須要面對每時每刻不斷變化的流量，不僅要有方法可以彈性管理運算資源，以及許多網路資源 / 儲存資源，還需要有一個好的容器管理平台，幫忙處理這些複雜的狀況。更不用說在容器監測上面，需要各種數據來監控每一個容器，和每一個主機是否正常運作。如果運作異常還需要進行相對應的處理，在這種高流量複雜性又高的狀況下，就必須用到 Kubernetes，來幫我們達到一個更高階且更全面的控管。

最後老師要特別提醒，Docker 與 Kubernetes 並不是只能二選一。就如同文章中提到的，Docker 是處於一個低階的容器引擎，而 Kubernetes 作為一個容器管理平台，是需要選擇一個「容器引擎」，來幫它製造以及部署相關容器的，因此 Docker 與 Kubernetes 其實是要互相搭配起來的。當我們發現 Docker 已經無法應付公司的需求的時候，那就會是時候去看看，Kubernetes 作為一個容器管理平台，能不能幫我們解決更全面、更複雜的問題。

那麼以上就是我們針對 Docker 相較於 Kubernetes 少了些什麼的細部介紹，透過這層的了解我們就可以更明白我們學習 Kubernetes 的動機，那麼本單元就到這邊結束！

3
Kubernetes 十大核心模板

【圖解觀念】

Kubernetes (K8S) 基底結構：Master Node & Worker Node

此單元將會介紹 Kubernetes 的主要架構， 那我們開始吧！

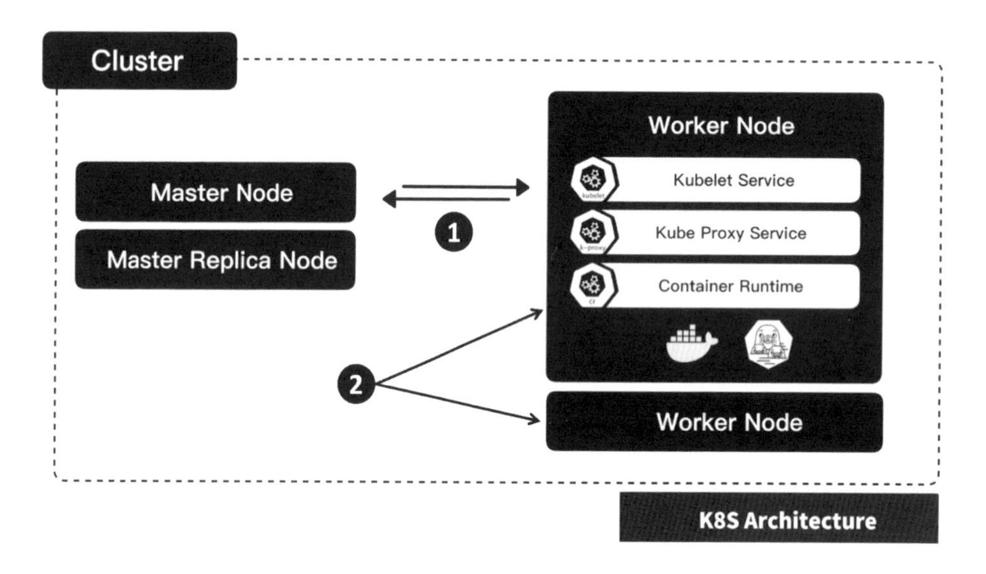

K8S Cluster 概念

首先在 Kubernetes 之中的第一層，就是一個叫做 Cluster 的東西，Cluster 為一個概念，它將包含所有這個 Kubernetes 運作所會運用到的所有資源。如下圖：

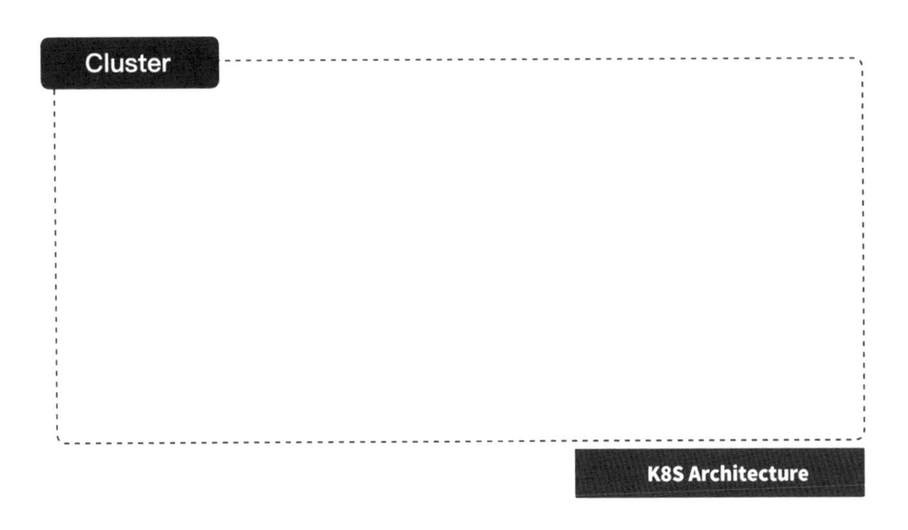

K8S Master Node 概念

Master Node 是對整個 Cluster 進行中央調控的地方，其中最重要的元件就是 API Server。API Server 作為一個 Master Node 對外界開放的一個進入點，不論是用 command line 指令的方式去呼叫它（下圖 1），或者是使用之後會學到的 YAML 模板的方式去呼叫它（下圖 2），都是透過這個 API Server 進行溝通；而除了 Kubernetes 管理員之外，在稍後會介紹到的 Worker Node（下圖 3），也是透過 API Server 的方式與 Master Node 內部進行交流。如下圖：

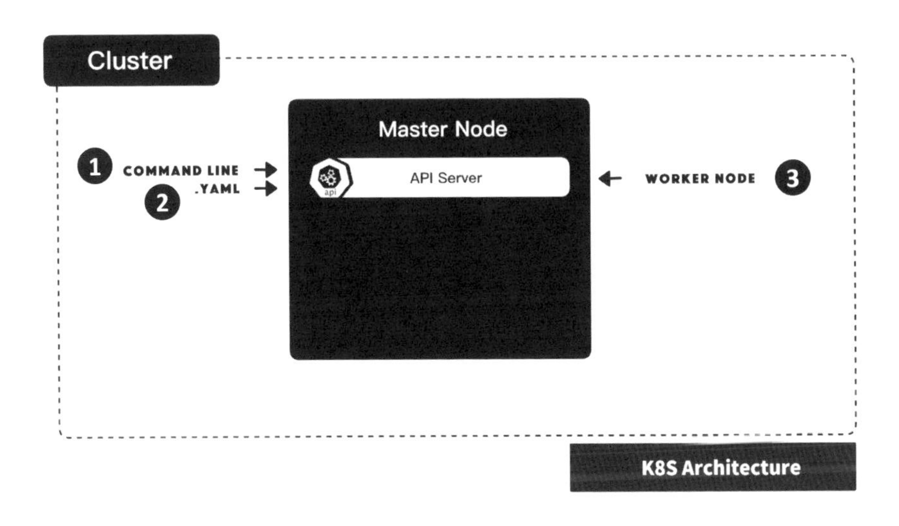

而當 API Server 收到一個相關的請求之後，它會把這個請求與 Master Node 之中的 ClusterStateStore 這個狀態管理元件進行互動（下圖 1），並把這些所有的請求的狀態給留下來；或者 API Server 會把請求送到 Cluster Controller Manager（下圖 2），它是一個 Controller，根據不同的請求給予相對應的 Controller 進行調控。而 Cluster Controller Manager，也會跟 Cluster State Store 進行溝通，把需要的狀態給保留下來。如下圖：

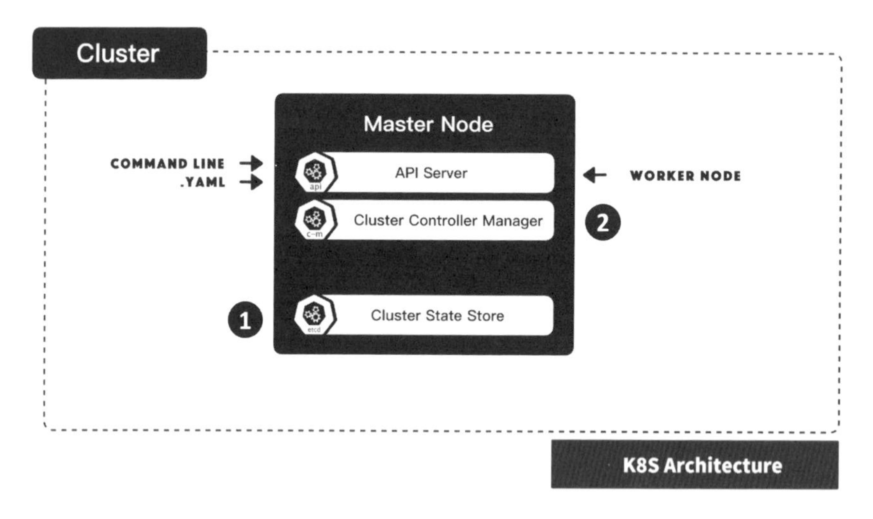

在 Master Node 之中，還有一個叫做 Scheduler 的東西（下圖 1）。其目的是根據想要達到的目標狀態，去決定要把當下哪一個 Pod（下圖 2），部署到哪一個 Worker Node 之中。關於 Pod 的概念，將在下一個單元更進一步介紹。

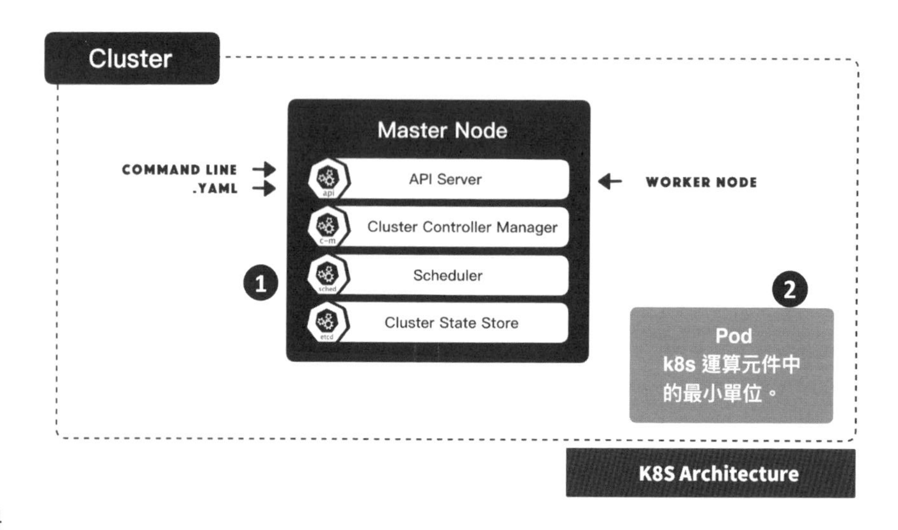

以上為 Master Node 這個中央調控的節點所擁有的四大元件：

API Server 作為進入點（下圖 1），Cluster Controller Manager 接受 API Server 的請求，根據不同請求類別進行相對應的設定（下圖 2），Scheduler 決定要將 Pod 部署到哪一台 Worker Node 之中（下圖 3），而 Cluster State Store 則去決定要把哪一些 Cluster 相關的狀態給保留下來（下圖 4）。

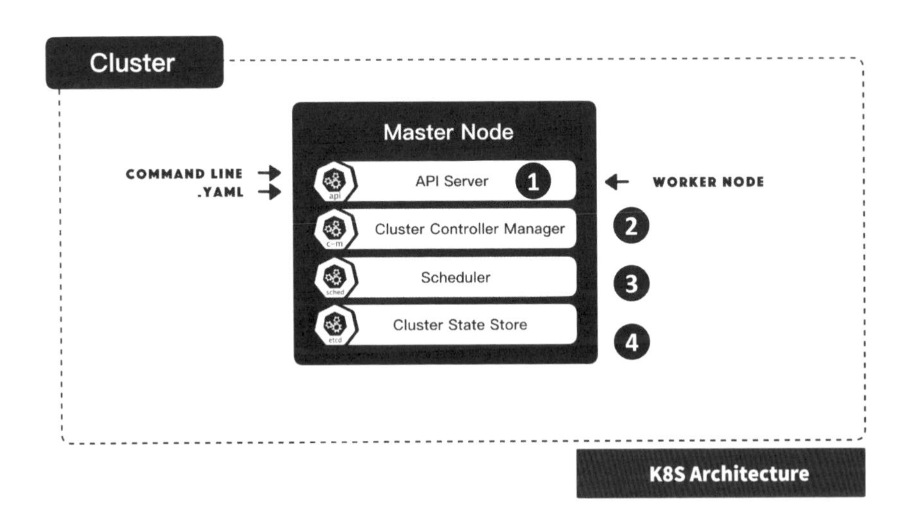

K8S Master Replicate Node 概念

通常在一個 Kubernetes 的 Cluster 之中，不會只有一個 Master Node。因為如果當這台 Node 消失或壞掉了，所有的狀態都會不見，為了預防這個意外，通常還有另外一個叫做 Master Replicate Node（下圖 1）的東西。Master Replicate Node 簡單來說，就是做一個 Master Node 的備份，用來當 Master Node 壞掉後的補救。

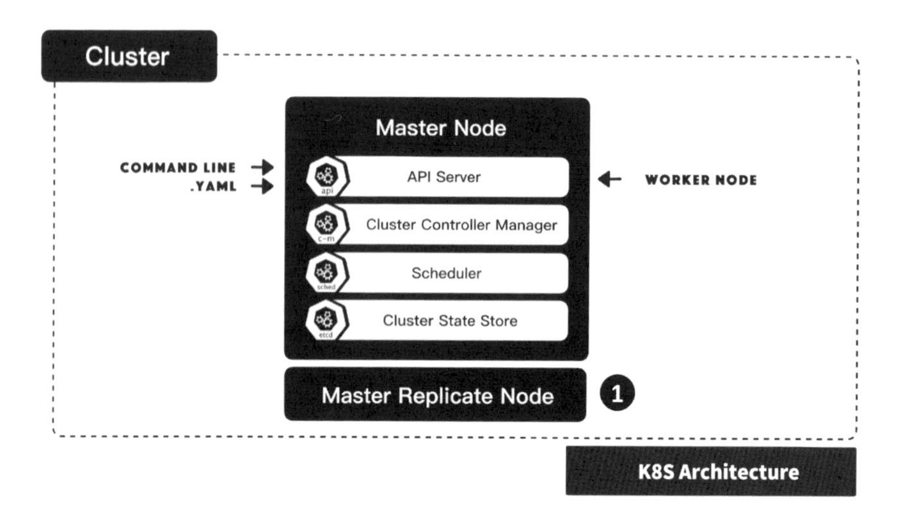

K8S Worker Node 概念

接下來介紹 Worker Node 的內部結構。當 Master Node 收到相關的請求之後，其中有一些動作，就要去與 Worker Node 進行交流。

Worker Node 之中第一個重要的要件是 Kubelet Service（下圖 1），它將會去處理所有來自 Master Node 的相關請求，來對當下的 Worker Node 進行內部的設定。此外，還有 Kube Proxy Service 則負責掌管哪些網路請求，可以進 / 出當下的 Worker Node（下圖 2）。

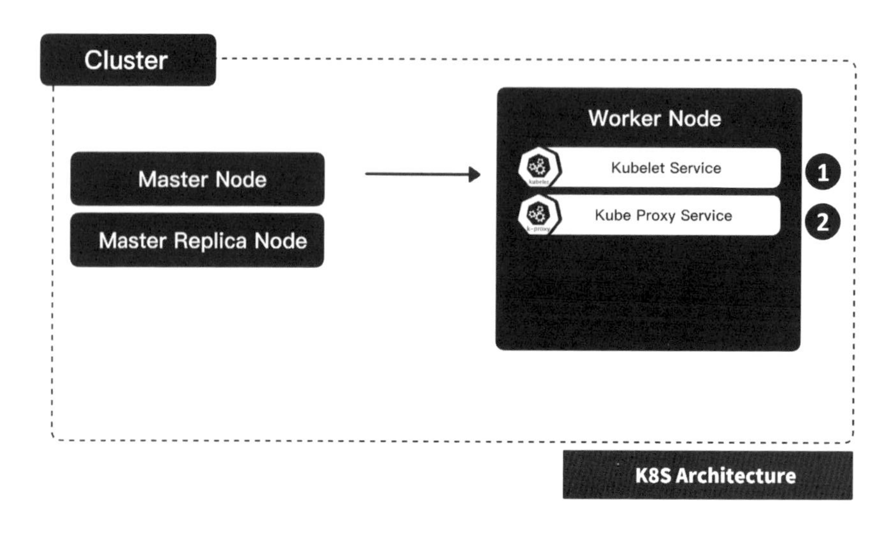

另外，還有個重要的環境元件，叫做 Container Runtime（下圖 1）。由於在 Kubernetes 之中，所有的部署專案都必須被容器化 (Containerized)，變成一個 Container Image，而為了要能達到這個目的，就要有一個 Container Runtime。

在市面上最常見的，則有 Docker Runtime（下圖 2）、Podman Runtime 等可以使用（下圖 3），只要是符合容器共同標準的，都可以被 Worker Node 所使用。

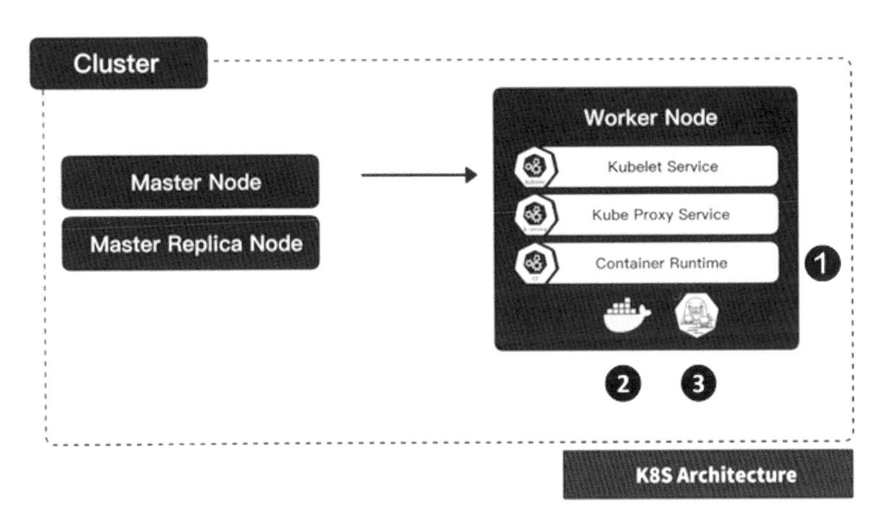

K8S Architecture

透過以上三大要件，Worker Node 就可以把 Master Node 的請求，進行完整的處理，並且將程式部署到自身上面。而當 Worker Node 完成之後，它也會進行一個回報（下圖 1），告訴 Master Node 可以把那邊的狀態進行更新了。與 Master Node 同理，Worker Node 不會只有一台，而是有多台的（下圖 2）。這也是使用 Kubernetes 一個非常好的功用，在 Scaling 的部分彈性的變得很大，也可以在不需要的時候快速縮減運算資源。

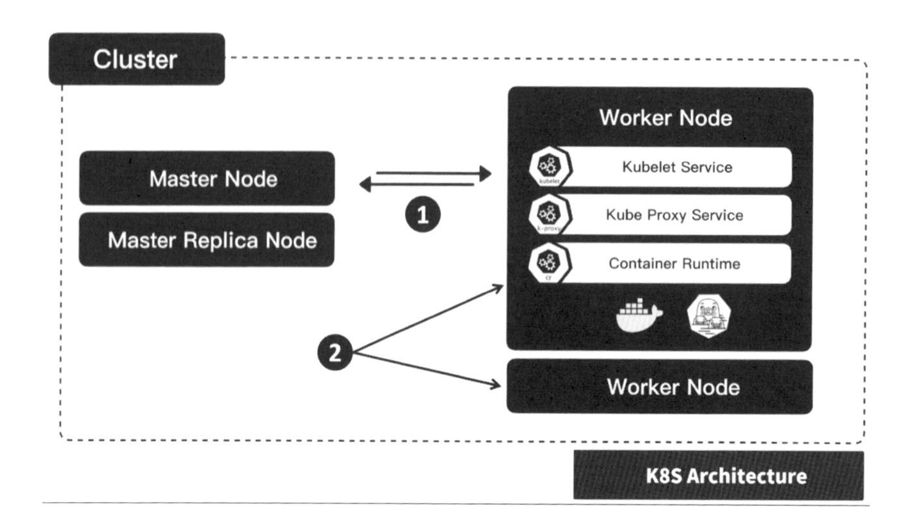

到這邊，就介紹完 Kubernetes 的基底結構、Master Node 與 Worker Node 的基本架構、Master Node 與 Worknode 各自以及互相的交流來達到的目的，以及擁有 Master Replicate Node 與多個 Worknode 的機制，是如何來提升運算資源的增減彈性，那本單元就先到這邊結束。

【圖解觀念】

什麼是 Kubernetes (K8S) Pod ？

此單元將會介紹 Kubernates 之中，pod 是什麼樣的一個概念，那我們就開始吧！

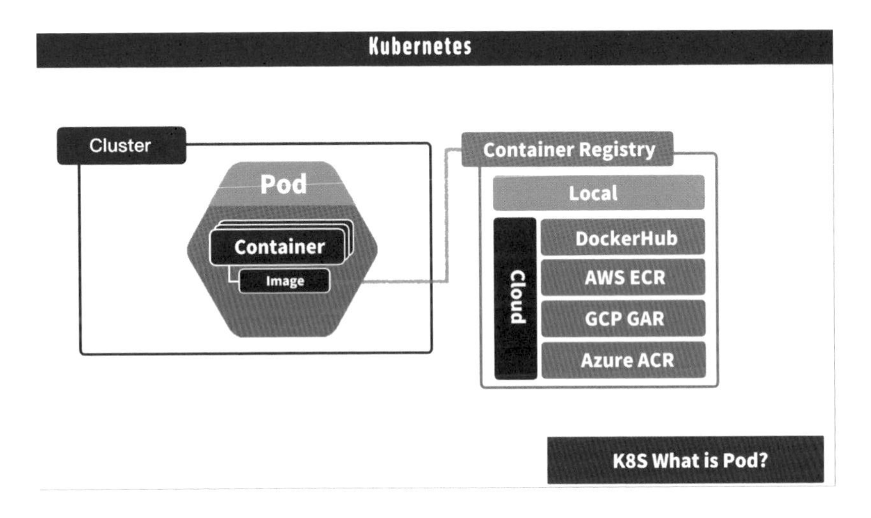

K8S Pod 是什麼？

在一個 Kubernetes 的 Cluster 之中，當談及到運算部署時，它的最小基本單位就是一個 Pod。而一個 Pod 之中涵蓋 Container 的概念（下圖 1 ）。而每個 Container 裡面，則會去連結到一個 Image（下圖 2 ），此 Image 將會根據專案，進行相關的應用程式部署。

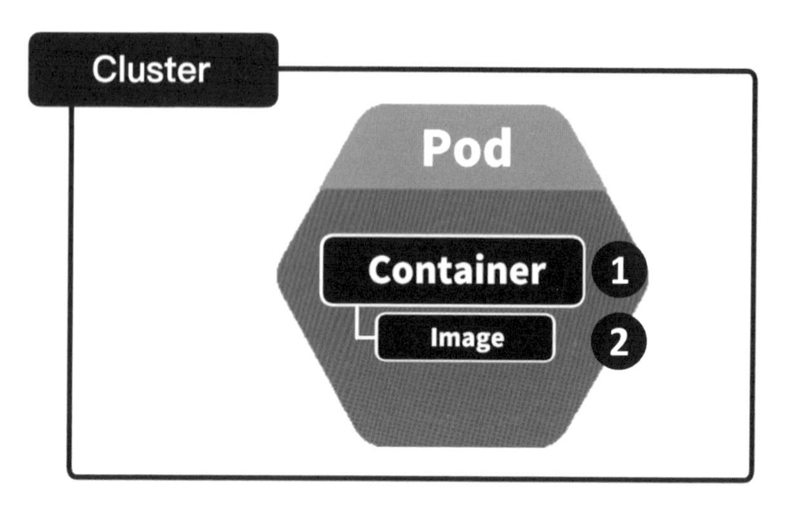

而 Pod 的不同於 Container 的是層級的概念，一個 Pod 之中可以含有多個 Container（下圖 1）。特別要注意的一點是，在 Kubernetes 的視角之中，它的最小基本單位仍然是一個 Pod（下圖 2），至於 Pod 裡面的設定方法，則屬於內部的細部設定，因此有時候在談論架構圖的時候，會把 Container 跟 Image 這層資訊給隱藏住。

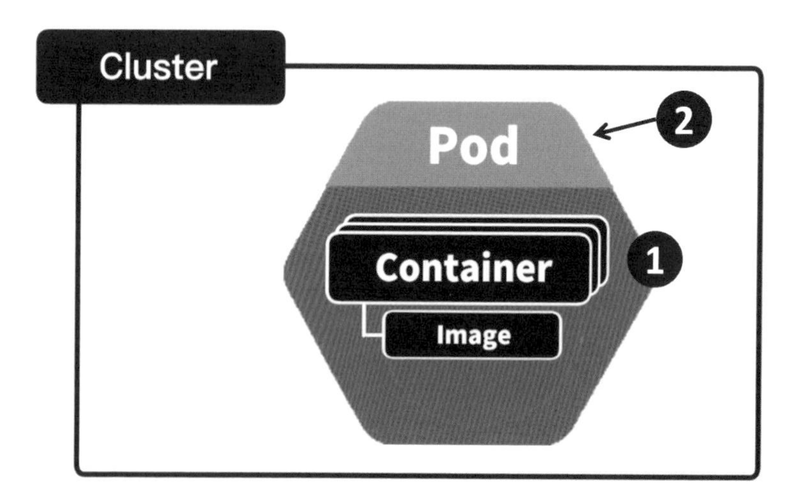

Docker Image 從哪裡來？

有了基本的 Pod 概念之後，就會開始思考 Image 到底是從哪邊拿到的？

實際上，拿到 Image 的方式有很多種。Image 都會儲存在一個叫做 Container Registry（下圖 1）的地方，可以透過在本地 (Local) 自己建立一個類似 DockerHub 的東西來進行（下圖 2）。

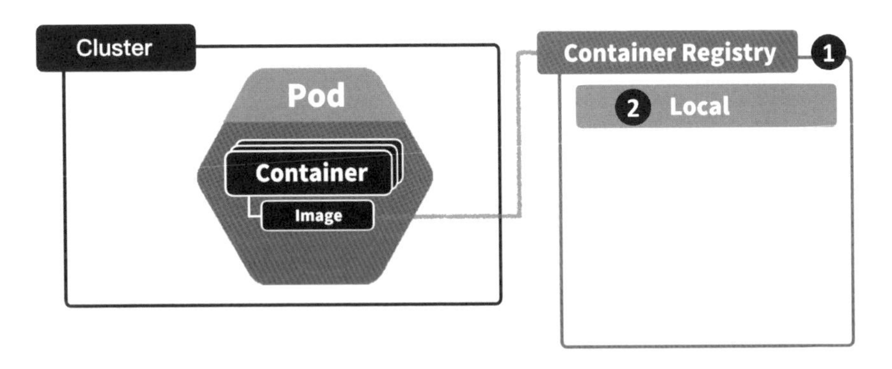

而實務上，大多會使用雲端上面的資源，比如說 DockerHub（下圖 1）上面有著許多的 Image 供你使用，也可以把你自己的 Image 放上去給別人使用。除此之外，各大雲端商如 AWS 提供了 ECR（Elastic Container Registry）服務（下圖 2），GCP 提供了 GAR（Google Artifact Registry）服務（下圖 3），Azure 提供 ACR（Azure Container Registry）服務（下圖 4）。

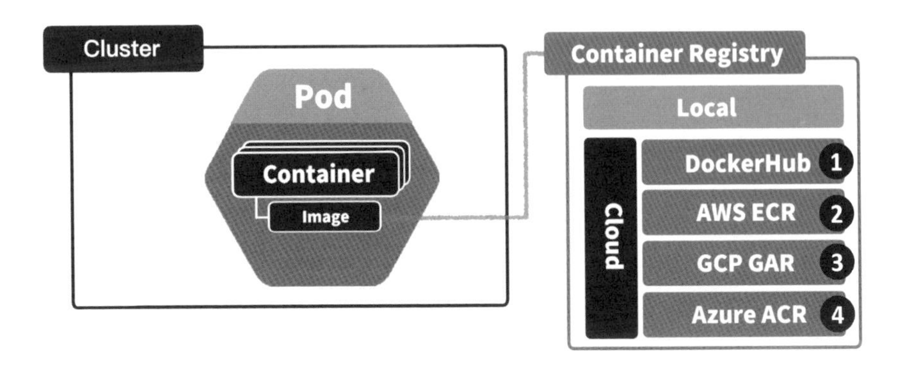

透過以上任何一個 Container Registry 的服務（下圖 1），就可以拿到你所想要的 Image，並且給特定的 Container 使用（下圖 2），再放入 Pod 之中進行部署（下圖 3）。

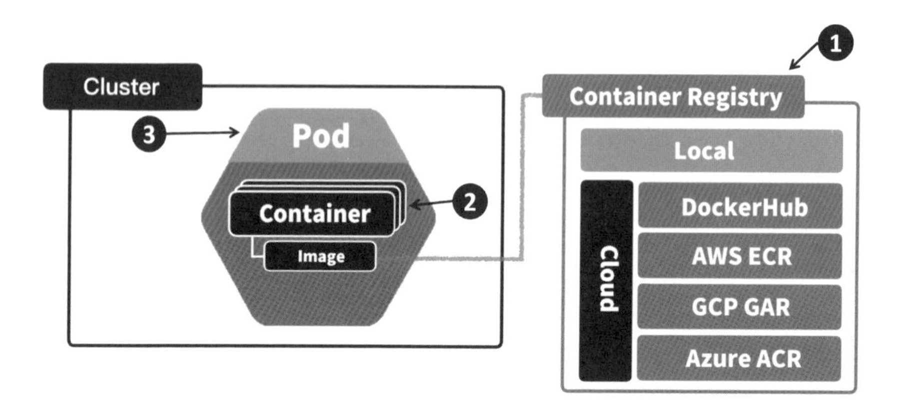

到這邊就是針對在 Kubernetes 之中，Pod 的定義說明。運算部署最小基本單位就是一個 Pod，一個 Pod 之中可涵蓋多個 Container，每個 Container 會去連結到一個 Image，去根據專案進行相關的應用程式部署。而 Image 都會儲存在 Container Registry 之中，可以透過 Local 或雲端方式建立，各大雲端商也都有提供相應的服務，那本單元就先到這邊結束。

【圖解觀念】

Kubernetes (K8S) Pod 與 Worker Node 的關係

此單元將介紹 Pod 與 Worker Node 兩者之間的關係，那我們就開始吧！

資源歸屬的概念

首先需了解 Kubernetes 觀念之中，其實有一個非常大的方向要知道，那就是要不斷的去分辨哪些資源是屬於 Kubernetes（下圖 1 ）的，哪些資源是屬於資源的提供者 (Resource Provider)（下圖 2 ）的，本單元將透過例子建立起這個大方向的概念。如下圖：

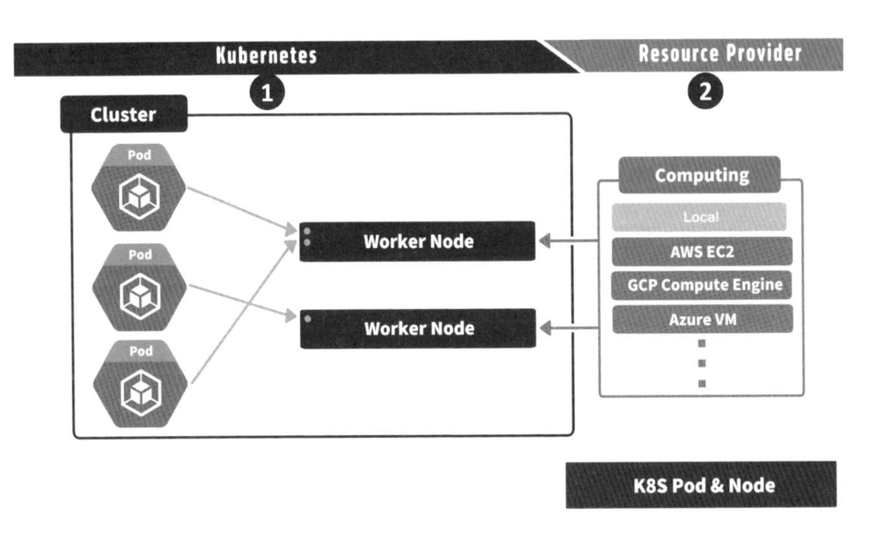

K8S Pod & Node

誰屬於 K8S 資源？

首先有一個 Kubernetes Cluster，這個 Cluster 之中有兩個 Worker Node，用來處理所有的部署請求。假設先在這邊部署了第一個 Pod，Cluster 將會去決定這個 Pod ，是要把它分布到上面，還是下面的 Worker Node（下圖 OR）。如下圖：

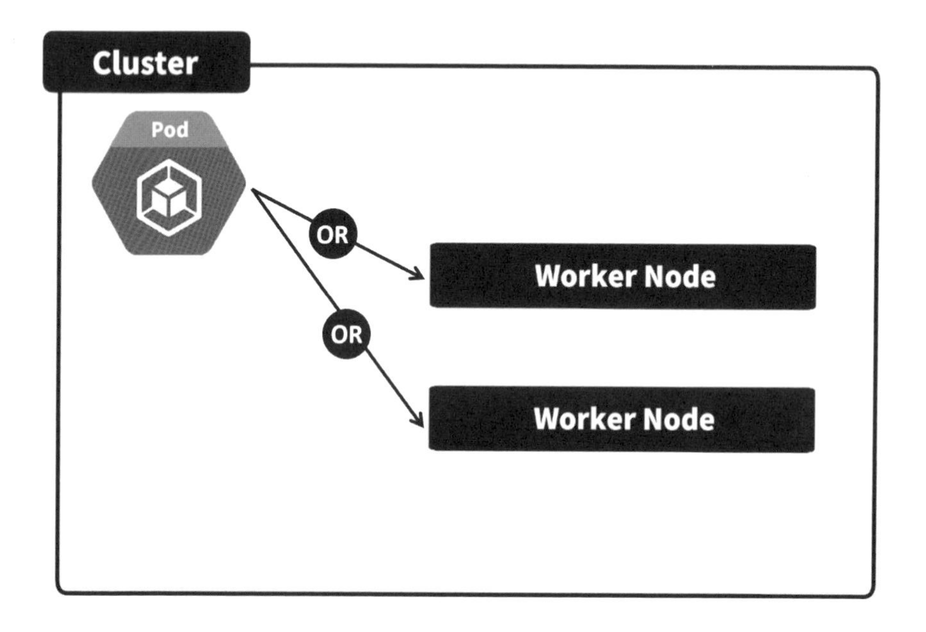

假設這個 Pod 被分配到上面這個 Worker Node，並且部署上去（下圖 1 ）。當有第二個 Pod 要進行部署，這次 Pod 被 Cluster 給分布到下面的 Worker Node，並且部署上去（下圖 2 ）。最後有第三個 Pod 被 Cluster 給分配到上面的 Worker Node，並且部署上去（下圖 3 ），到這邊就完成三個 pod 的部署。如下圖：

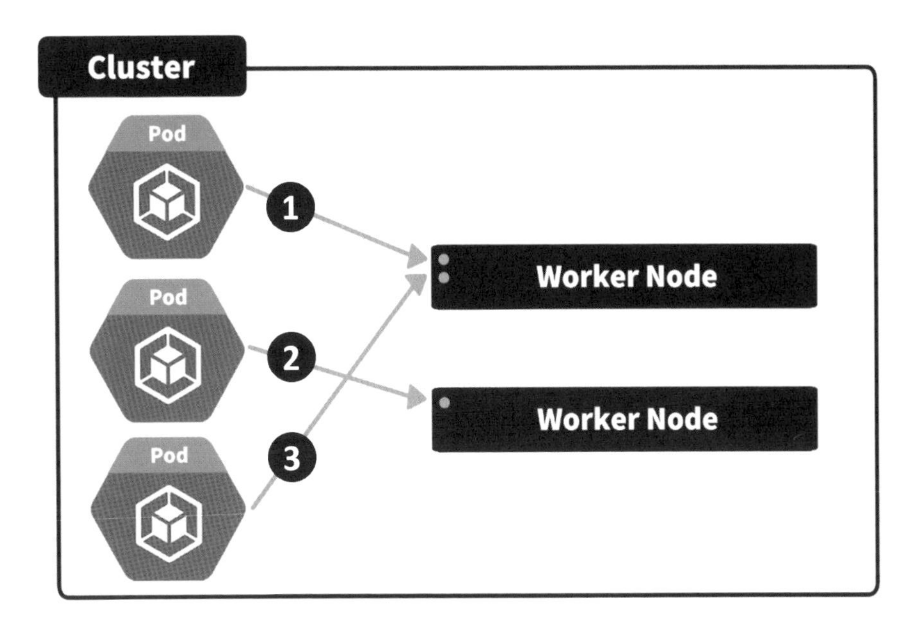

這邊可以看到，Pod 是存在 Cluster 之中的。至於每一個 Pod 最後會落在哪一個 Worker Node，也就是所謂的運算資源，是交由 Cluster 進行分配。特別要注意的是 Worker Node 是屬於 Cluster 之中的一個資源，但實際上需要提供它實際的運算資源，換言之，必須有某個地方來提供它實際的運算資源，而這邊以 Resource Provider 資源的提供者來命名這個地方，那接著來繼續介紹 Resource Provider。

又誰屬於 Resource Provider 資源？

Resource provider 資源的提供者，它是 Computing 運算資源的提供者（下圖 1 ）。它可以有很多種，其中第一個是本地 (Local) 的方式（下圖 2 ），如果你很厲害，則可以在本地建立起一個運算資源，完成所有的主機啟動、維護，並且把它註冊到 Cluster 之中。

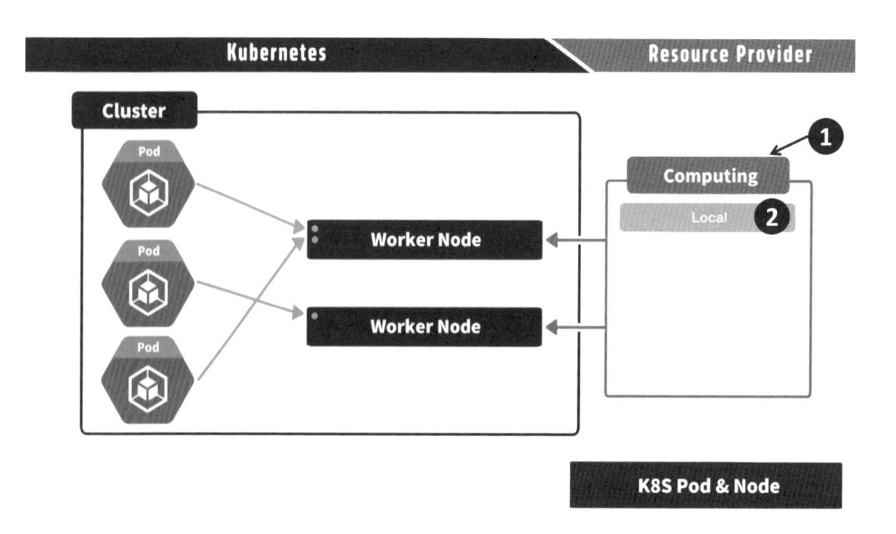

但由於從本地建立起一個運算資源過於繁雜，所以實際上傾向運用雲端商所提供給的相關服務，比如說 AWS 上面所提供的 EC2 運算服務（下圖 1），或者在 GCP 上面所提供的 Compute Engine（下圖 2），以及 Azure 上面所提供的 VM 服務（下圖 3）。透過這些方式就可以利用雲端商所提供的運算資源，快速的為 Cluster 創建出可以運作的 Worker Node。

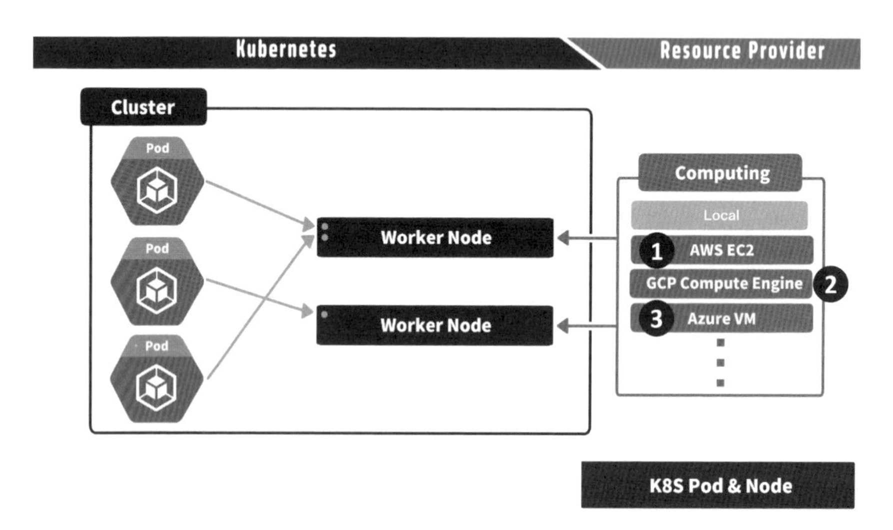

有了 Worker Node 之後，Cluster 就可以將各個 Pod，分配到其中一個 Worker Node 進行實際部署。

到這邊就是針對 Kubernetes 之中的 Pod 與 Worker Node 之間的關係介紹。Cluster 將決定 Pod 如何分布到不同的 Worker Node，而 Worker Node 是屬於 Cluster 之中的一個資源，Resource Provider 則提供它實際的運算資源。透過本地（較慢）或雲端商所提供給的相關服務（較快），為 Cluster 創建出可以運作的 Worker Node，使 Cluster 將各個 Pod，分配到其中一個 Worker Node 進行實際部署。

Minikube I：本地 Kubernetes (K8S) 的建立

此單元將介紹 Minikube 的安裝與使用，它是一個可以讓在本地建立起 Kubernetes Cluster 的一個好用工具，那我們就開始吧！

Minikube 安裝

首先使用老師所提供的 Docker 安裝指令包，打上「sudo yum install docker -y」（下圖 1 ），再打上「sudo service docker start」（下圖 2 ），完成之後打上「docker ps」或是「sudo docker ps」（下圖 3 ），如果可以正常執行就代表安裝完成，好了之後打上 「clear」（下圖 4 ），如下圖。

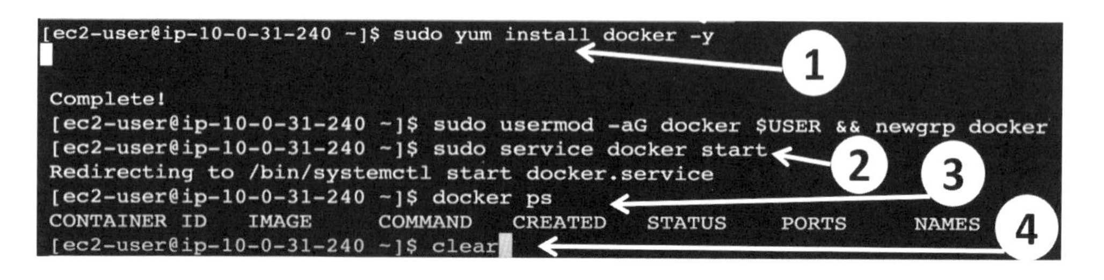

再來執行以下指令安裝 Minikube 套件（下圖 1 ）：

- wget https://storage.googleapis.com/minikube/releases/latest/minikube-linux-amd64
- chmod +x minikube-linux-amd64
- sudo mv minikube-linux-amd64 /usr/local/bin/minikube

完成之後打上「minikube version」檢查一下（下圖 2 ），就可以成功看到版本號。再來打上 「minikube status」（下圖 3 ），會看到目前沒有任何 Cluster。如果要啟動一個的話，需使用 minikube start 這個指令，而在這個 Minikube 之中有很多的 Driver 可以選擇，比如說 VirtualBox，或是剛剛所安裝的 Docker，我們在這邊使用後者。打上「minikube start --driver docker」（下圖 4 ）。

```
[ec2-user@ip-10-0-31-240 ~]$ wget https://storage.googleapis.com/minikube/releases/latest/minikube-linux-amd64
--2022-10-06 04:43:29--  https://storage.googleapis.com/minikube/releases/latest/minikube-linux-amd64
Resolving storage.googleapis.com (storage.googleapis.com)... 142.251.33.112, 142.251.211.240, 142.251.215.240, ...
Connecting to storage.googleapis.com (storage.googleapis.com)|142.251.33.112|:443... connected.
HTTP request sent, awaiting response... 200 OK
Length: 76562791 (73M) [application/octet-stream]
Saving to: 'minikube-linux-amd64'

100%[===========================================================================>] 76,562,791  41.9MB/s   in 1.7s

2022-10-06 04:43:31 (41.9 MB/s) - 'minikube-linux-amd64' saved [76562791/76562791]

[ec2-user@ip-10-0-31-240 ~]$ chmod +x minikube-linux-amd64
[ec2-user@ip-10-0-31-240 ~]$ sudo mv minikube-linux-amd64 /usr/local/bin/minikube
[ec2-user@ip-10-0-31-240 ~]$ minikube version
minikube version: v1.27.0
commit: 4243041b7a72319b9be7842a7d34b6767bbdac2b
[ec2-user@ip-10-0-31-240 ~]$ minikube status
* Profile "minikube" not found. Run "minikube profile list" to view all profiles.
  To start a cluster, run: "minikube start"
[ec2-user@ip-10-0-31-240 ~]$ minikube start --driver docker
```

更精確來說，這邊的 driver 的意思是決定要去哪裡啟動一個運算資源，把 Cluster 放上去。換句話說，就是去決定要在哪個主機運行 Master Node 以及 Worker Node。而由於在本地這個環境，Master Node 跟 Worker Node 都會在同一個地方。過一陣子後，便看到 Done! 的敘述（下圖 1），代表安裝完成。最後打上「clear」清空（下圖 2）。

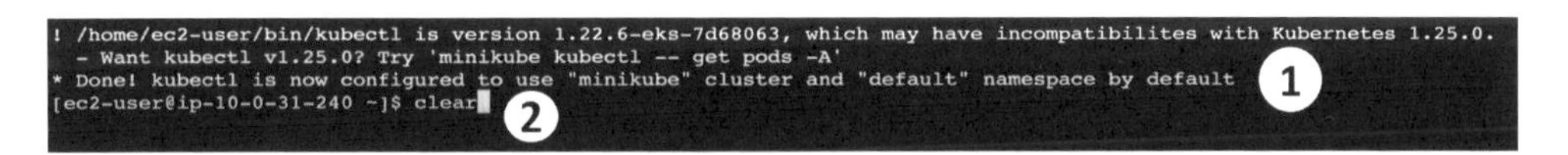

接下來打上「docker ps」檢查（下圖 1），看到實際的啟動了一個叫做 Docker Container 的資源（下圖 2）。此 Container 讓 minikube 在此 Container 中，建立一個 Kubernetes Cluster，並把所有的東西都運作在這個 Container 裡面。可以說這個 Container 現在是 Master Node，也同時是後續單元會部署程式上去的 Worker Node。

而為了要維持 Cluster 運作，會有一些現行的 Pod 已經正在運行，只要打上「minikube kubectl -- get pods -A」，就可以看到所有的 Pod。

```
[ec2-user@ip-10-0-31-240 ~]$ minikube kubectl -- get pods -A
NAMESPACE     NAME                               READY   STATUS    RESTARTS      AGE
kube-system   coredns-565d847f94-9wqwg           1/1     Running   0             81s
kube-system   etcd-minikube                      1/1     Running   0             87s
kube-system   kube-apiserver-minikube            1/1     Running   0             87s
kube-system   kube-controller-manager-minikube   1/1     Running   0             87s
kube-system   kube-proxy-qhcvw                   1/1     Running   0             81s
kube-system   kube-scheduler-minikube            1/1     Running   0             87s
kube-system   storage-provisioner                1/1     Running   1 (51s ago)   92s
```

這些 Pods 都是為了讓 Cluster 可以正常運作所啟動的，例如在之前觀念講解中所提到的，API Server（下圖 1 ）就是其中一個 Pod。而到這邊就透過 Minikube 建立起了一個 Cluster。如下圖：

```
[ec2-user@ip-10-0-31-240 ~]$ minikube kubectl -- get pods -A
NAMESPACE     NAME                               READY   STATUS    RESTARTS       AGE
kube-system   coredns-565d847f94-9wqwg           1/1     Running   0              81s
kube-system   etcd-minikube                      1/1     Running   0              87s
kube-system   kube-apiserver-minikube            1/1     Running   0              87s
kube-system   kube-controller-manager-minikube   1/1     Running   0              87s
kube-system   kube-proxy-qhcvw                   1/1     Running   0              81s
kube-system   kube-scheduler-minikube            1/1     Running   0              87s
kube-system   storage-provisioner                1/1     Running   1 (51s ago)    92s
```

Kubectl 快捷鍵建立

前面用到的 kubectl 是一個之後會非常常用的指令，它是一個可以去跟 Kubernetes Cluster 進行溝通的一個主要指令。由於這個 kubectl 的使用率非常的大，因此要建立一個快捷鍵方便使用。首先打上「vi ~/.bashrc」， 如下圖。

```
[ec2-user@ip-10-0-31-240 ~]$ vi ~/.bashrc
```

進去之後到最後一行，打上「a」 進入編輯模式，打上「alias kubectl='minikube kubectl -- '」（下圖 1 ）（下圖 2 ），好了之後按下 Esc，並打上「:wq」（下圖 3 ），存檔離開。

```
# .bashrc

# Source global definitions
if [ -f /etc/bashrc ]; then
        . /etc/bashrc
fi

# Uncomment the following line if you don't like systemctl's auto-paging feature:
# export SYSTEMD_PAGER=

# User specific aliases and functions
export PATH=$PATH:$HOME/bin
export PATH=$PATH:$HOME/bin
export PATH=$PATH:$HOME/bin
export PATH=$PATH:$HOME/bin

alias kubectl='minikube kubectl -- '
~
~
~
:wq
```

完成之後再打上 「source ~/.bashrc」來啟動快捷鍵（下圖 1 ）。為了測試是否成功，打上「kubectl get pods -A」（下圖 2 ），執行後就會看到相同的內容，就代表 kubectl 的快捷鍵成功建立，打上「 clear 」清空（下圖 3 ）。

```
[ec2-user@ip-10-0-31-240 ~]$ vi ~/.bashrc            ← 1
[ec2-user@ip-10-0-31-240 ~]$ source ~/.bashrc
[ec2-user@ip-10-0-31-240 ~]$ kubectl get pods -A     ← 2
NAMESPACE     NAME                               READY   STATUS    RESTARTS         AGE
kube-system   coredns-565d847f94-9wqwg           1/1     Running   0                3m1s
kube-system   etcd-minikube                      1/1     Running   0                3m7s
kube-system   kube-apiserver-minikube            1/1     Running   0                3m7s
kube-system   kube-controller-manager-minikube   1/1     Running   0                3m7s
kube-system   kube-proxy-qhcvw                   1/1     Running   0                3m1s
kube-system   kube-scheduler-minikube            1/1     Running   0                3m7s
kube-system   storage-provisioner                1/1     Running   1 (2m31s ago)    3m12s
[ec2-user@ip-10-0-31-240 ~]$ clear                   ← 3
```

K8S Node 運算節點查看

打上 「kubectl get nodes」（下圖 1 ），去看實際的運算資源是交由哪些節點來運作的。可以看到在 minikube 之中只會有一個運算節點，這個節點同時擔任 Master Node 以及 Worker Node。

```
[ec2-user@ip-10-0-31-240 ~]$ kubectl get nodes       ← 1
NAME       STATUS   ROLES           AGE   VERSION
minikube   Ready    control-plane   15m   v1.25.0
[ec2-user@ip-10-0-31-240 ~]$
```

如果再看更詳細的資訊，可以打上 「kubectl describe nodes minikube」， 就可以看到更詳細的資訊。如下圖：

```
[ec2-user@ip-10-0-31-240 ~]$ kubectl describe nodes minikube
```

如果往上拉，會看到下圖這一區塊，就可以知道有哪些 pods 被分到這一個 Node 運算資源之中運行。而 kube-system 一整列是為了維持 cluster 運作所需要出來的 pods 們（下圖 1 ）。

```
PodCIDR:                   10.244.0.0/24
PodCIDRs:                  10.244.0.0/24
Non-terminated Pods:       (7 in total)
  Namespace                Name                                CPU Requests  CPU Limits  Memory Requests  Memory Limits  Age
  ---------                ----                                ------------  ----------  ---------------  -------------  ---
  kube-system              coredns-565d847f94-n97sh            100m (5%)     0 (0%)      70Mi (1%)        170Mi (4%)     15m
  kube-system              etcd-minikube                       100m (5%)     0 (0%)      100Mi (2%)       0 (0%)         15m
  kube-system              kube-apiserver-minikube             250m (12%)    0 (0%)      0 (0%)           0 (0%)         15m
  kube-system              kube-controller-manager-minikube    200m (10%)    0 (0%)      0 (0%)           0 (0%)         15m
  kube-system              kube-proxy-s8hvl                    0 (0%)        0 (0%)      0 (0%)           0 (0%)         15m
  kube-system              kube-scheduler-minikube             100m (5%)     0 (0%)      0 (0%)           0 (0%)         15m
  kube-system              storage-provisioner                 0 (0%)        0 (0%)      0 (0%)           0 (0%)         15m
```

完成之後，拉到最下面打上「clear」清空。如下圖：

```
[ec2-user@ip-10-0-31-240 ~]$ clear
```

K8S 第一個專案部署

有了 cluster 之後，就可以把專案部署到 Worker Node 上面，打上「kubectl create deployment hello-minikube --image=k8s.gcr.io/echoserver:1.4」（下圖 1），hello-minikube 為這次 deployments 的命名（下圖 2），並使用官方提供的 echoserver 作為 Image（下圖 3）。執行之後，就可以看到 created 字樣表示 depolyment 創建成功（下圖 4），如下圖。

接著打上「kubectl get deployment」，就可以看到一個叫做 hello minikube 的 deployment 創建成功，並且 ready 狀態是 1/1，如下圖。

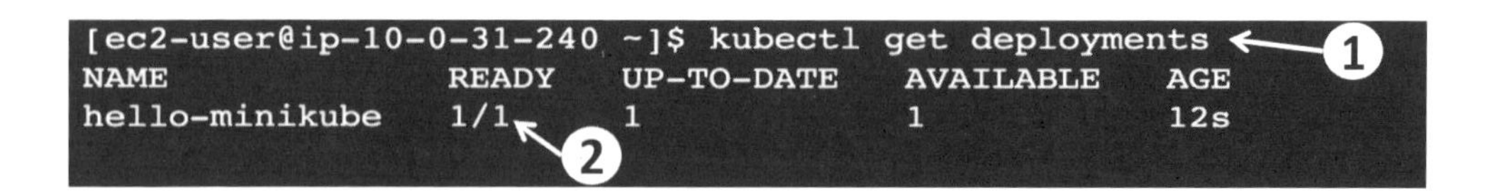

如果想要看更進一步的訊息，可以打上「kubectl describe deployment hello-minikube」（下方第一張圖），就會看到更多詳細的資訊。檢視完資訊後，打上「clear」（下圖 1）清空。如下圖：

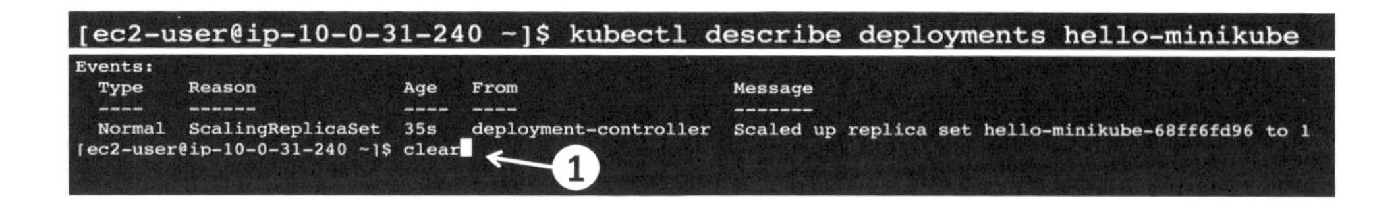

deployment 完成之後，其實還會同時創建出另外一個資源，打上「kubectl get pods」（下圖 1），會看到在那個 deployment 之中，還創造了一個由 hello-minikube 開頭的 pod，且狀態為 Running（下圖 2）。

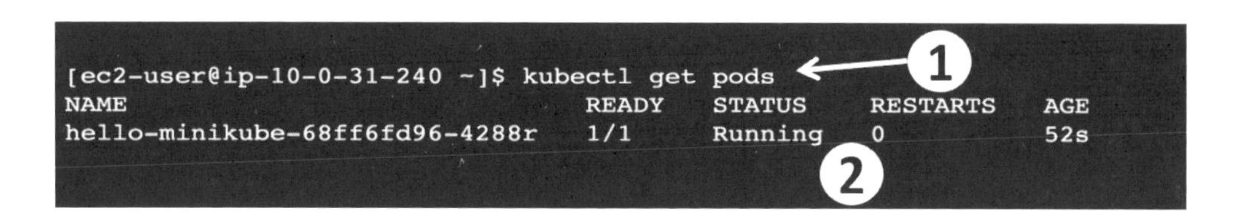

如果想要看到更進一步的資訊，可以打上 「kubectl describe pod {Pod 名稱}」（下方第一張圖），將 Pod 名稱相對應取代，比如說此處的 hello-minikube-68ff6fd96-4288r，就會看到更詳細的資訊，確認完畢後拉到最下方，打上「clear」清空。如下圖：

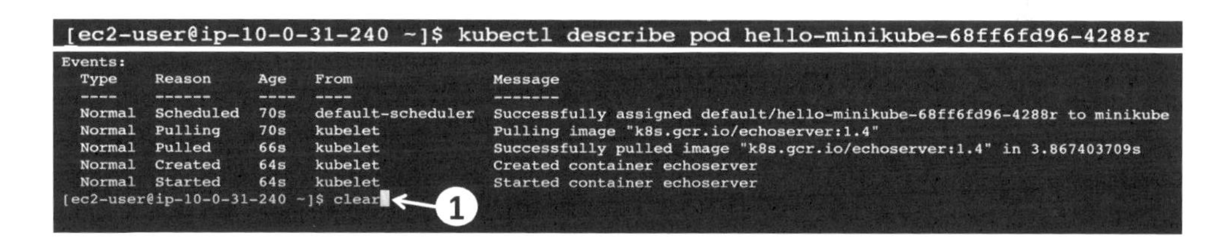

K8S Pod 與運算節點的關聯查看

在完成 deployment 的操作之後，要來看一下透過 Deployment 所創造的 Pod，是被分到哪一個 Node 上面。打上「kubectl get nodes」（下圖 1），會看到只有一個運算節點。

```
[ec2-user@ip-10-0-31-240 ~]$ kubectl get nodes
NAME       STATUS   ROLES           AGE   VERSION
minikube   Ready    control-plane   18m   v1.25.0
```

再打上「kubectl describe nodes minikube」（下方第一張圖）， minikube 為節點名稱。執行完畢後，往上拉一點，就會看到剛剛所建立的 hello-minikube Pod 就存在於這個 Node 運算資源的節點（下圖 1 ）

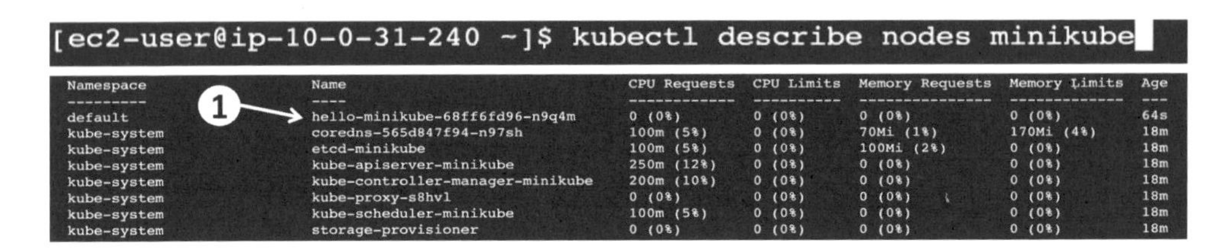

```
[ec2-user@ip-10-0-31-240 ~]$ kubectl describe nodes minikube
```

Namespace	Name	CPU Requests	CPU Limits	Memory Requests	Memory Limits	Age
default	hello-minikube-68ff6fd96-n9q4m	0 (0%)	0 (0%)	0 (0%)	0 (0%)	64s
kube-system	coredns-565d847f94-n97sh	100m (5%)	0 (0%)	70Mi (1%)	170Mi (4%)	18m
kube-system	etcd-minikube	100m (5%)	0 (0%)	100Mi (2%)	0 (0%)	18m
kube-system	kube-apiserver-minikube	250m (12%)	0 (0%)	0 (0%)	0 (0%)	18m
kube-system	kube-controller-manager-minikube	200m (10%)	0 (0%)	0 (0%)	0 (0%)	18m
kube-system	kube-proxy-s8hvl	0 (0%)	0 (0%)	0 (0%)	0 (0%)	18m
kube-system	kube-scheduler-minikube	100m (5%)	0 (0%)	0 (0%)	0 (0%)	18m
kube-system	storage-provisioner	0 (0%)	0 (0%)	0 (0%)	0 (0%)	18m

透過這種方式，就能知道未來所部署的每一個 Pod，是被分到哪一個 Node 運算節點上面。而 Node 在這邊的概念，是實際運算資源所運行的地方。結束之後下拉到最底，打上「clear」清空（下圖 1 ）。

```
  Normal   NodeHasSufficientPID       18m
  Normal   NodeAllocatableEnforced    18m
  Normal   NodeReady                  18m
  Normal   RegisteredNode             18m
[ec2-user@ip-10-0-31-240 ~]$ clear
```

K8S Service 網路資源建立

有了 Deployment 跟 Pod 之後，它們都還在 Cluster 裡面運作，沒有對外開放，因此需要去建立一個 Service 網路資源。打上「kubectl expose deployment hello-minikube --port=8080」（下圖 2 ）；hello-minikube 為 deployment 名稱（下圖 1 ），8080 為要對外開放 Port（下圖 2 ）。在這邊老師想要開放的是 8080 port，是因為前面使用的 echo server 對外開放的就是 8080 port，因此 Service 這邊也要呼應到。

```
[ec2-user@ip-10-0-31-240 ~]$ kubectl expose deployment hello-minikube --port=8080
```

再來打上「kubectl get services」（下圖 1）， 就會看到剛剛所創建的 hello-minikube 的 Service（下圖 2），其所使用的預設 Type 是 ClusterIP（下圖 3），之後還會介紹到其它的 Type。而這個 service 對外開放的 IP 是 10.96.120.2（下圖 4），對外開放 8080 port（下圖 5）。如下圖

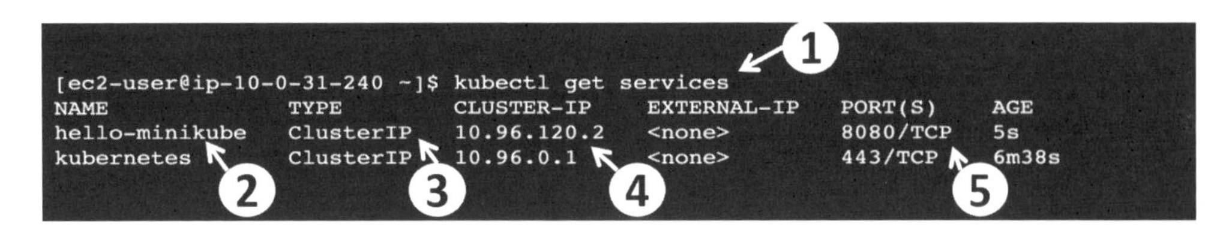

如果想要看到 Service 更進一步的資訊，一樣打上「kubectl describe services hello-minikube」，這邊的 hello-minikube 為 Service 名稱（下圖 1）， 就能看到更進一步的資訊。

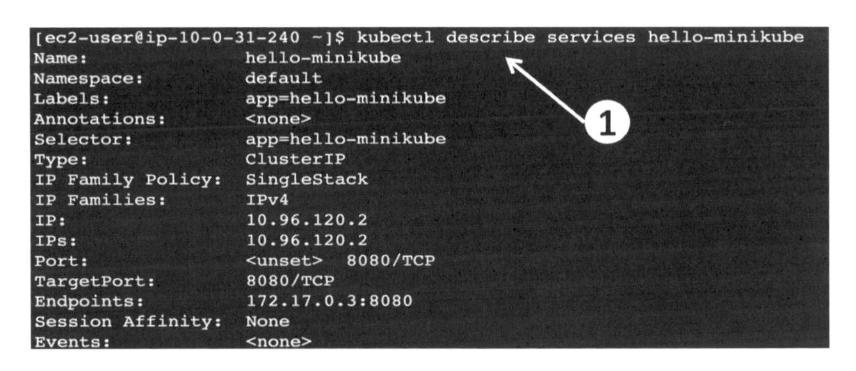

再來要實際做一個請求，來測試裡面的專案是否真的成功啟動。在進行連線的時候，我們都必須清楚現在在哪個位置。在現在這個 Service 之中，Type 使用的是 ClusterIP，代表這個 Cluster 並不會對外開放給大家使用。假如說你什麼都不做，直接在本地打上這個 IP 配上 8080 port，也就是「curl 10.96.120.2:8080」（下圖 1），這時會看到這是失敗的，永遠會卡住在這邊。按下 Control + C （下圖 2）終止。

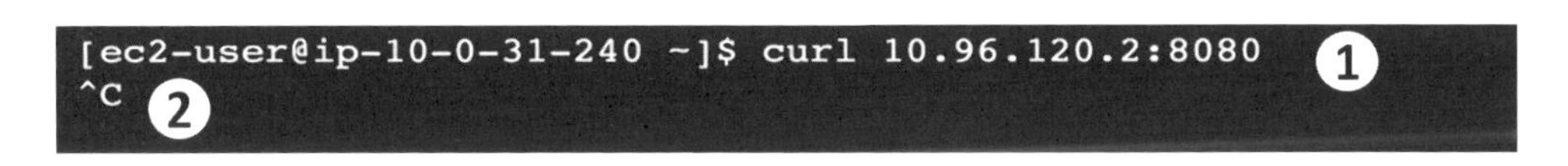

為了要連到這個東西，打上「docker ps」（下圖 1 ）。之前提過，透過 minikube 所創造的 Cluster，是在一個 Docker Container 之中的。如果要連到這個 ClusterIP 的話，在這個 Type 之中模式中，就必須在必須在 Cluster 裡面才可以連得到。

因此打上「docker exec -it minikube bash」；minikube 為 Container 名稱（下圖 2 ），就可以成功進入 Container。

```
[ec2-user@ip-10-0-31-240 ~]$ docker ps
CONTAINER ID   IMAGE                                 COMMAND                  CREATED         STATUS         PORTS
                                                                                                                    NAMES
27009d0a7d5e   gcr.io/k8s-minikube/kicbase:v0.0.34   "/usr/local/bin/entr…"   8 minutes ago   Up 8 minutes   127.0.0.1:49157->22/t
cp, 127.0.0.1:49156->2376/tcp, 127.0.0.1:49155->5000/tcp, 127.0.0.1:49154->8443/tcp, 127.0.0.1:49153->32443/tcp   minikube
[ec2-user@ip-10-0-31-240 ~]$ docker exec -it minkube bash
Error: No such container: minkube
[ec2-user@ip-10-0-31-240 ~]$ docker exec -it minikube bash
```

進去之後，打上同樣的指令，「curl {expose 出來的 IP}:{Port}」（下圖 1 ），這邊示範的 IP 如前述為 10.96.120.2，並使用 8080 port，完整指令為「curl 10.96.120.2:8080」。執行之後，就會看到成功收到 echo server 所送回來的回應。好了之後，就打上「exit」離開這個 Container（下圖 2 ），並打上「clear」清空（下圖 3 ）。

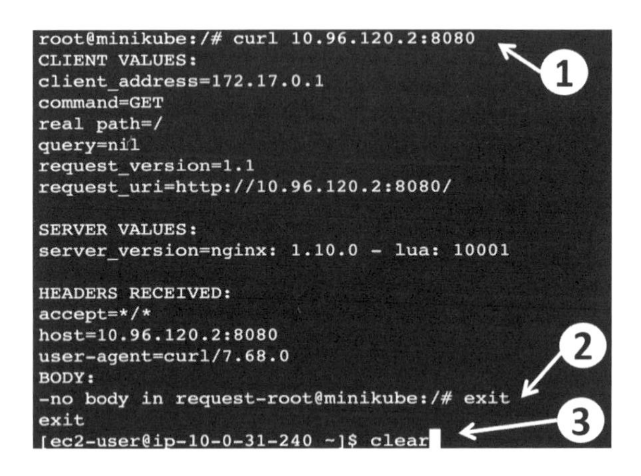
```
root@minikube:/# curl 10.96.120.2:8080
CLIENT VALUES:
client_address=172.17.0.1
command=GET
real path=/
query=nil
request_version=1.1
request_uri=http://10.96.120.2:8080/

SERVER VALUES:
server_version=nginx: 1.10.0 - lua: 10001

HEADERS RECEIVED:
accept=*/*
host=10.96.120.2:8080
user-agent=curl/7.68.0
BODY:
-no body in request-root@minikube:/# exit
exit
[ec2-user@ip-10-0-31-240 ~]$ clear
```

接著再次打上「kubectl get services」（下圖 1 ），如果不想要進到 Container 裡面才能拿到 echo server 的回應的話，這邊有另外一個方式可以讓 localhost 的本地環境跟 Cluster 進行一個連結。

打上「kubectl port-forward service/hello-minikube 8081:8080 &」；hello-minikube 為 Service 名稱，8081 為本地要去開放的 Port，8080 則為 Service 裡面已經開放

的 Port，& 則讓指令在背景永久執行，目的是讓前端的畫面可以繼續打指令（下圖 2），執行後按一次 Enter 跑到下一行。

```
[ec2-user@ip-10-0-31-240 ~]$ kubectl get services
NAME             TYPE        CLUSTER-IP     EXTERNAL-IP   PORT(S)    AGE
hello-minikube   ClusterIP   10.96.120.2    <none>        8080/TCP   3m22s
kubernetes       ClusterIP   10.96.0.1      <none>        443/TCP    9m55s
[ec2-user@ip-10-0-31-240 ~]$ kubectl port-forward service/hello-minikube 8081:8080 &
```

有了這個東西在背景執行之後，就可以打上「curl localhost:8081」（下圖 1），用來連進 Service 裡面，最終連接到 pod 裡面所執行的 echo server， 就可以成功拿到回應。如下圖：

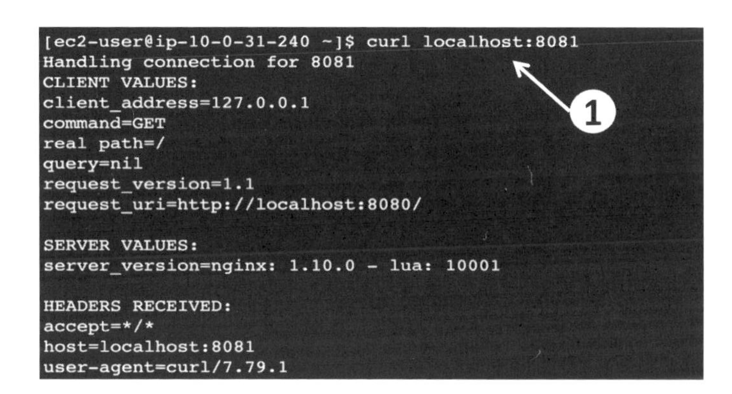

完成這次測試之後，到下一行打上「ps」看一下（下圖 1）。其中會有這個 kubectl 的背景指示進行 port-forward（下圖 2），如果要砍掉就打上「kill {它的 PID}」（下圖 3），比如說這邊的 PID 為 2277252，按兩次 Enter 跑到下一行，再打上「ps」（下圖 4），就會看到剛剛的 port forward 的指令已經消失。

```
-no body in request-[ec2-user@ip-10-0-31-240 ~]$ ps
    PID TTY          TIME CMD
2268408 pts/0    00:00:00 bash
2268483 pts/0    00:00:00 bash
2277245 pts/0    00:00:00 minikube
2277252 pts/0    00:00:00 kubectl
2277513 pts/0    00:00:00 ps
[ec2-user@ip-10-0-31-240 ~]$ kill 2277252
[ec2-user@ip-10-0-31-240 ~]$
[1]+  Exit 255                minikube kubectl -- port-forward service/hello-minikube 8081:8080
[ec2-user@ip-10-0-31-240 ~]$ ps
    PID TTY          TIME CMD
2268408 pts/0    00:00:00 bash
2268483 pts/0    00:00:00 bash
2277605 pts/0    00:00:00 ps
[ec2-user@ip-10-0-31-240 ~]$
```

到這邊就已經快速的利用 minikube 建立起一個 Kubernetes Cluster，並且再透過這個 Cluster 創造出 Kubernetes 之中的 Deployment，以及 Services。透過這兩個資源，也成功的與 echo server 專案進行溝通。好了之後就打上「clear」清空。如下圖：

```
[ec2-user@ip-10-0-31-240 ~]$ clear
```

Minikube 資源清理

首先打上「kubectl get services」（下圖 1），為了把建立的 Services 砍掉，打上「kubectl delete services hello-minikube」（下圖 2）；hello-minikube 為 Service 名稱。好了之後，打上「kubectl get services」（下圖 3），可以看到已經成功清理完畢。

```
[ec2-user@ip-10-0-31-240 ~]$ kubectl get services
NAME             TYPE        CLUSTER-IP    EXTERNAL-IP   PORT(S)    AGE
hello-minikube   ClusterIP   10.96.120.2   <none>        8080/TCP   6m23s
kubernetes       ClusterIP   10.96.0.1     <none>        443/TCP    12m
[ec2-user@ip-10-0-31-240 ~]$ kubectl delete services hello-minikube
service "hello-minikube" deleted
[ec2-user@ip-10-0-31-240 ~]$ kubectl get services
NAME         TYPE        CLUSTER-IP   EXTERNAL-IP   PORT(S)   AGE
kubernetes   ClusterIP   10.96.0.1    <none>        443/TCP   13m
```

再來打上「kubectl get deployments」（下圖 1），看到剛剛所建立的部分，再打上「kubectl delete deployments hello-minikube」（下圖 2）；hello-minikube 為 deployment 名稱。好了之後，打上「kubectl get deployments」（下圖 3），可以看到成功清空（下圖 4），最後打上「clear」（下圖 5）。如下圖：

```
[ec2-user@ip-10-0-31-240 ~]$ kubectl get deployments
NAME             READY   UP-TO-DATE   AVAILABLE   AGE
hello-minikube   1/1     1            1           8m47s
[ec2-user@ip-10-0-31-240 ~]$ kubectl delete deployments hello-minikube
deployment.apps "hello-minikube" deleted
[ec2-user@ip-10-0-31-240 ~]$ kubectl get deployments
No resources found in default namespace.
[ec2-user@ip-10-0-31-240 ~]$ clear
```

再來進行 minikube 的 Cluster 資源清理，打上「minikube status」（下圖 1），會看到剛剛所建立的都正在 Running 之中（下圖 2）。打「minikube stop」（下圖 3），好了之後，再打上「minikube delete」（下圖 4）。完成 Cluster 刪除之後，再打上「minikube status」（下圖 5）檢查一下，就會看到全部回到最初的狀態（下圖 6），也就完成這次的所有資源清理。

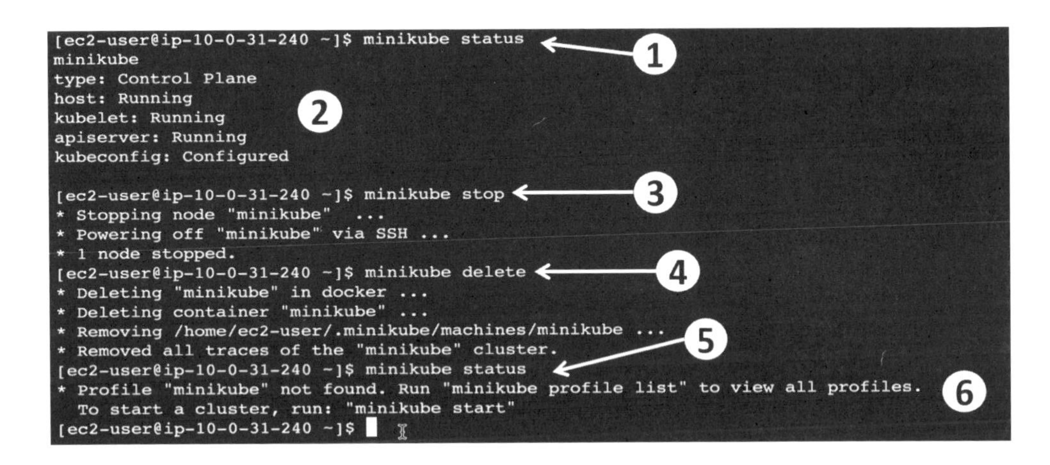

以上就是透過 minikube 去展示如何在本地快速建立起一個 Cluster，並且透過 Cluster 進行相關部署的方式。本單元到這邊結束。

Minikube II：Dockerhub 整合運用

此單元要介紹的是 MiniKube 與 Docker Hub 的整合運用，那我們就開始吧！

Docker 服務啟動

打上「sudo service docker start」（下圖 1 ），好了之後，打上「docker ps」檢查一下可以執行（下圖 2 ），沒問題之後打上「clear」（下圖 3 ）。

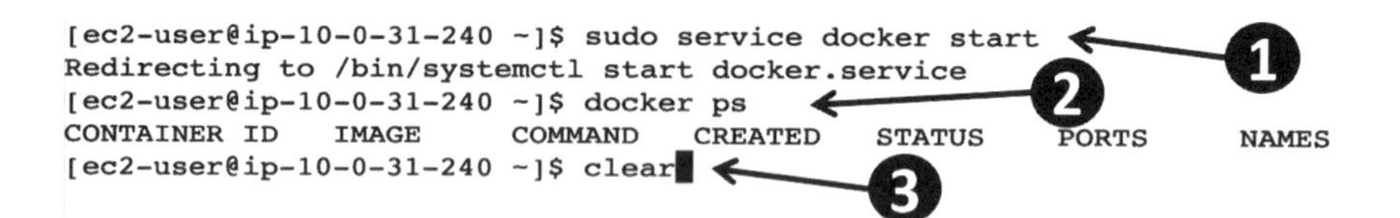

再來，來建立一個新的 Docker File，打上「vi Dockerfile」（下面第一張圖），進去之後按 a 進入編輯模式。這邊貼上下方的的 Docker File 內容，它將幫忙建立起一個 web server 做測試使用（下圖 1 ），好了之後 esc :wq（下圖 2 ）存檔離開。

```
[ec2-user@ip-10-0-31-240 ~]$ vi Dockerfile
```

```
FROM alpine:3.14
WORKDIR /var/www/localhost/htdocs
RUN apk --update add apache2
RUN rm -rf /var/cache/apk/*
RUN echo "<h1>Application on K8S Demo <h1>" >> index.html
ENTRYPOINT ["httpd","-D","FOREGROUND"]
~
~
~
~
~
~
~
~
~
~
~
~
~
:wq
```

完成之後，打上「cat Dockerfile」看一下（下圖 1 ），如果都沒問題的話，就透過這個 Docker File 來建立一個新的 Docker Image。

打上「docker build -t {DockerHub 帳號名稱}/{Image 名稱} .」，比如這邊的「docker build -t uopsdod/k8sgithub001 .」（下圖 2 ）。這邊要特別注意， 由於待會要上傳 DockerHub，所以要放上帳號名稱，再取一個 Image 名稱，並在最後打上「.」找尋當下 Dockerfile。

```
[ec2-user@ip-10-0-31-240 ~]$ cat Dockerfile        ❶
FROM alpine:3.14
WORKDIR /var/www/localhost/htdocs
RUN apk --update add apache2
RUN rm -rf /var/cache/apk/*
RUN echo "<h1>Application on K8S Demo <h1>" >> index.html        ❷
ENTRYPOINT ["httpd","-D","FOREGROUND"]
[ec2-user@ip-10-0-31-240 ~]$ docker build -t uopsdod/k8sgithub001 .
```

完成之後，打上「docker images」（下圖 1 ），就會看到剛剛所建立的新的 Image 名稱在這邊（下圖 2 ），好了之後打上「clear」清空（下圖 3 ）。

再來打上「docker run -d -p 8081:80 --name k8sgithub001 uopsdod/k8sgithub001」（下圖 1 ）；「-d」指背景執行，「-p」為 port mapping，而這邊老師使用的本地 8081 port，要連到容器裡的 80 port（下圖 2 ），而 Container 名稱建立為 k8sgithub001（下圖 3 ），Image 名稱為 uopsdod/k8xgithub001（下圖 4 ）。

完成之後，打上「docker ps」（下圖 1 ），就會看到剛剛啟動的 Container 正在運行，並且對外開放 8081 port。如此一來，就可以透過打上「curl localhost:8081」（下圖 2 ），進行測試。

```
[ec2-user@ip-10-0-31-240 ~]$ docker ps
CONTAINER ID   IMAGE                 COMMAND                  CREATED         STATUS         PORTS
  NAMES
aeb0fa536a12   uopsdod/k8sgithub001   "httpd -D FOREGROUND"   6 seconds ago   Up 5 seconds   0.0.0.0:8081->80/tcp, :::8081->80/tcp
  k8sgithub001
[ec2-user@ip-10-0-31-240 ~]$ curl localhost:8081
```

這時會收到一個回應（下圖 1），就代表成功的部署了這個 Docker Image。

```
[ec2-user@ip-10-0-31-240 ~]$ curl localhost:8081
<html><body><h1>It works!</h1></body></html>
<h1>Application on K8S Demo <h1>
```

好了之後，就把這個 Container 關掉，打上「docker stop k8sgithub001」（下圖 1），再來打上「docker rm k8sgithub001」（下圖 2），到這邊就完成清理。打上「clear」清空（下圖 3）。

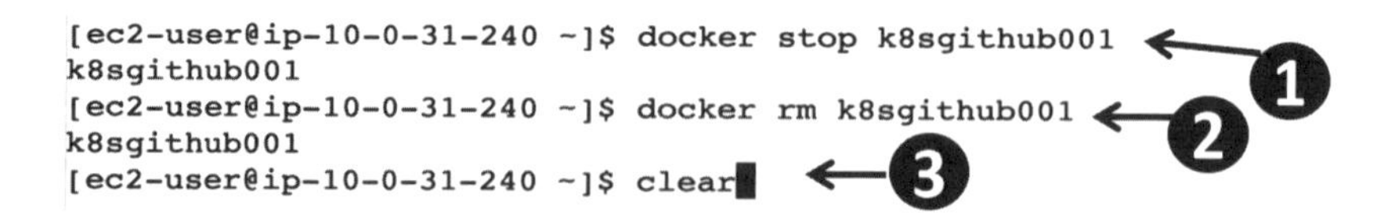
```
[ec2-user@ip-10-0-31-240 ~]$ docker stop k8sgithub001
k8sgithub001
[ec2-user@ip-10-0-31-240 ~]$ docker rm k8sgithub001
k8sgithub001
[ec2-user@ip-10-0-31-240 ~]$ clear
```

再打上「docker images」（下圖 1），在本地建立完 Image 之後，我們想要把它上傳至 Docker Hub，讓之後的 minikube 可以去載下來使用。於是這邊先打上「docker login」登入（下圖 2），打上 Docker Hub 的帳號名稱與密碼（下圖 3）。登入之後，就可以打上「docker push {Github 帳號名稱 }/{Image 名稱 }」，比如這邊的「docker push uopsdod/k8sgithub001」（下圖 4）。

```
[ec2-user@ip-10-0-31-240 ~]$ docker images
REPOSITORY                      TAG       IMAGE ID       CREATED         SIZE
uopsdod/k8sgithub001            latest    699a7b9cddfc   3 minutes ago   11.5MB
gcr.io/k8s-minikube/kicbase     v0.0.34   5f58fddaff43   4 weeks ago     1.14GB
alpine                          3.14      dd53f409bf0b   8 weeks ago     5.61MB
[ec2-user@ip-10-0-31-240 ~]$ docker login
Login with your Docker ID to push and pull images from Docker Hub. If you don't have a Docker ID, head over to https://hub.docker.c
om to create one.
Username: uopsdod
Password:
WARNING! Your password will be stored unencrypted in /home/ec2-user/.docker/config.json.
Configure a credential helper to remove this warning. See
https://docs.docker.com/engine/reference/commandline/login/#credentials-store

Login Succeeded
[ec2-user@ip-10-0-31-240 ~]$ docker push uopsdod/k8sgithub001
Using default tag: latest
The push refers to repository [docker.io/uopsdod/k8sgithub001]
d0ba049fdc20: Pushed
c36c16c79bce: Pushed
04331c793d6d: Pushed
3c1618828841: Pushed
63493a9ab2d4: Layer already exists
latest: digest: sha256:a643e5473f6fe322c5422716db34b283c65ff994f3db80df1583d510cfaa5a84 size: 1360
[ec2-user@ip-10-0-31-240 ~]$
```

完成之後，開啟一個新分頁（下圖 1 ），並且搜尋 DockerHub（下圖 2 ），登入自己的帳號（下圖 3 ）。

進入之後點擊 Repository（下圖 1 ）看到剛剛所上傳上去的 k8sgithub001 Image（下圖 2 ）。如下圖：

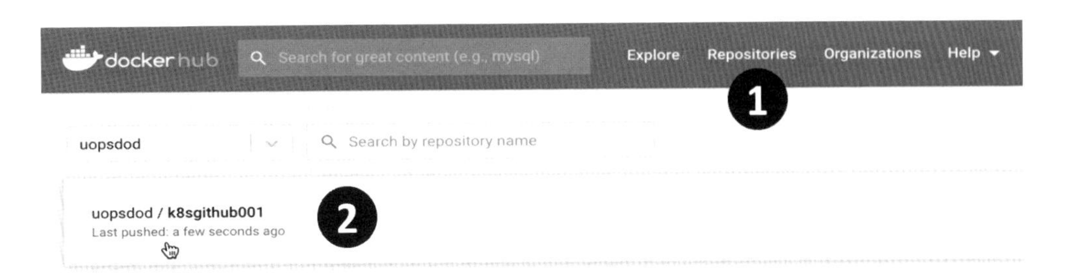

回到 EC2 Terminal，到這邊我們就快速的跑完了一次，自建一個 Image 並且放上 Docker Hub 的流程。按下「 clear」清空。如下圖：

```
[ec2-user@ip-10-0-31-240 ~]$ clear
```

K8S Cluster 建立

再來透過 minikube 來建立一個 Cluster，打上「minikube start --driver docker」，如下圖。

```
[ec2-user@ip-10-0-31-240 ~]$ minikube start --driver docker
```

好了之後，打上「minikube status」（下圖 1 ），就會看到它成功啟動。打上「clear」（下圖 2 ）清空。如下圖：

```
[ec2-user@ip-10-0-31-240 ~]$ minikube status
minikube
type: Control Plane
host: Running
kubelet: Running
apiserver: Running
kubeconfig: Configured

[ec2-user@ip-10-0-31-240 ~]$ clear
```

Dockerhub Remote Image 直接運用 Part 1

再來進行專案部署，打上「kubectl create deployment k8sgithub001 --image=uopsdod/k8sgithub001」（如下圖）；k8sgithub001 為 deployment 名稱（下圖 1 ），「uopsdod/k8sgithub001」則為「Dockerhub 帳號名稱 /Image 名稱」（下圖 2 ）。

```
[ec2-user@ip-10-0-31-240 ~]$ kubectl create deployment k8sgithub001 --image=uopsdod/k8sgithub001
```

好了之後，執行「kubectl get deployments」（下圖 1 ），就會看到成功部署上去。再來執行「kubectl get pods」（下圖 2 ），會看到成功部署上去的 Pod。

```
[ec2-user@ip-10-0-31-240 ~]$ kubectl get deployments
NAME            READY   UP-TO-DATE   AVAILABLE   AGE
k8sgithub001    1/1     1            1           12s
[ec2-user@ip-10-0-31-240 ~]$ kubectl get pods
NAME                            READY   STATUS    RESTARTS   AGE
k8sgithub001-7df64986c6-6cbtf   1/1     Running   0          23s
```

有了 Deployments 跟 Pod，再來要透過 Service 開放連線，執行「kubectl expose deployment k8sgithub001 --port=80」；

k8sgithub001 為 Deployment 名稱（下圖 1 ），80 則為之前建立的 Image 本身的 Port（下圖 2 ）。

```
[ec2-user@ip-10-0-31-240 ~]$ kubectl expose deployment k8sgithub001 --port=80
```

再打上「kubectl get services」（下圖 1 ），就會看到剛剛所部署上去的 Service 正在運行。

```
[ec2-user@ip-10-0-31-240 ~]$ kubectl get services
NAME           TYPE        CLUSTER-IP      EXTERNAL-IP   PORT(S)   AGE
k8sgithub001   ClusterIP   10.98.125.42    <none>        80/TCP    5s
kubernetes     ClusterIP   10.96.0.1       <none>        443/TCP   2m55s
```

由於使用的是 Cluster IP 的 Type，所以無法直接連到裡面的 IP，因此要透過 Pod Forward 的方式，直接跟 k8sgithub001 容器進行連結。打上「kubectl port-forward service/k8sgithub001 8081:80 &」；k8sgithub001 為 Image 名稱（下圖 1 ），8081 為本地監聽 Port，80 為 service 開放的 port（下圖 2 ），& 符號表示在背景執行，如下圖。

```
[ec2-user@ip-10-0-31-240 ~]$ kubectl port-forward service/k8sgithub001 8081:80 &
```

好了之後打上「curl localhost:8081」（下圖 1 ）進行測試，就會看到成功收到回應（下圖 2 ）。這個也就代表成功的利用 Minikube，配上對 DockerHub 遠端的 Image 進行了一次部署。完成之後，再打上「clear」（下圖 3 ）清空。如下圖：

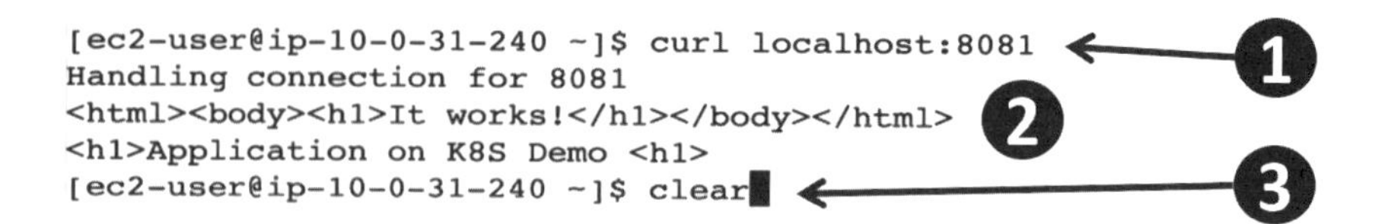

Dockerhub Remote Image 直接運用 Part 2

接著，來部署一個老師事先所準備好的 Docker Image，用來呈現目前的請求是交由哪一個 Pod 去進行處理的。打上「kubectl create deployment k8s-hostname-001 --image=uopsdod/k8s-hostname-amd64-beta」；k8s-hostname-001 為 deployment 名稱，uopsdod/k8s-hostname-amd64-beta 則為 image 名稱，如下圖。

```
[ec2-user@ip-10-0-31-240 ~]$ kubectl create deployment k8s-hostname-001 --image=uopsdod/k8s-hostname-amd64-beta
```

好了之後，打上「kubectl get deployments」（下圖 1），就會看到成功部署了一個新的，如果再打上「kubectl get pods」（下圖 2），會看到有一個 Pod 正在運作，而啟動需要時間，一開始打上會顯示 ContainerCreating （下圖 3），稍等一下再執行一次「kubectl get pods」（下圖 4），就會看到 Pod 目前狀態變為 Running。如下圖：

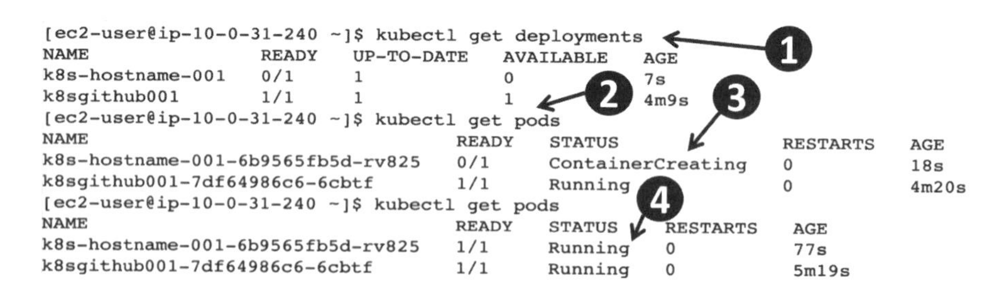

接著打上「kubectl expose deployment k8s-hostname-001 --port=80」；k8s-hostname-001 為 deplyment 名稱，80 為想要開放的 Port（下圖 1）。這邊使用 80 Port 也一樣是要去對應 Image 專案中所監聽的 80 Port。完成後打上「kubectl get services」（下圖 2），就會看到剛剛新增的 k8s-hostname-001 Service 也已經啟動。

```
[ec2-user@ip-10-0-31-240 ~]$ kubectl expose deployment k8s-hostname-001 --port=80
service/k8s-hostname-001 exposed
[ec2-user@ip-10-0-31-240 ~]$ kubectl get services
NAME               TYPE        CLUSTER-IP      EXTERNAL-IP   PORT(S)   AGE
k8s-hostname-001   ClusterIP   10.96.223.200   <none>        80/TCP    5s
k8sgithub001       ClusterIP   10.98.125.42    <none>        80/TCP    4m56s
kubernetes         ClusterIP   10.96.0.1       <none>        443/TCP   7m46s
```

接著打上「kubectl port-forward service/k8s-hostname-001 8082:80 &」（下圖 1）；這裡將 Service Port 跟本地 Localhost 進行連結，這邊的 k8s-hostname-001 為 Service 名稱，老師這邊使用 Localhost 中的 8082 Port 去連結 Service 開放的 80 port，並透過 & 使其在背景執行，如下圖。

```
[ec2-user@ip-10-0-31-240 ~]$ kubectl port-forward service/k8s-hostname-001 8082:80 &
[2] 2893825
[ec2-user@ip-10-0-31-240 ~]$ Forwarding from 127.0.0.1:8082 -> 80
Forwarding from [::1]:8082 -> 80
```

完成後，打上「curl localhost:8082」進行測試（下圖 1）， 會看到收到了一行回應，表示請求是被哪一個 Port 給進行服務（下圖 2）。如果再打上「kubectl get pods」（下圖 3），就會看到同樣的名稱對應到剛剛所建立的這個 pod 的名稱。

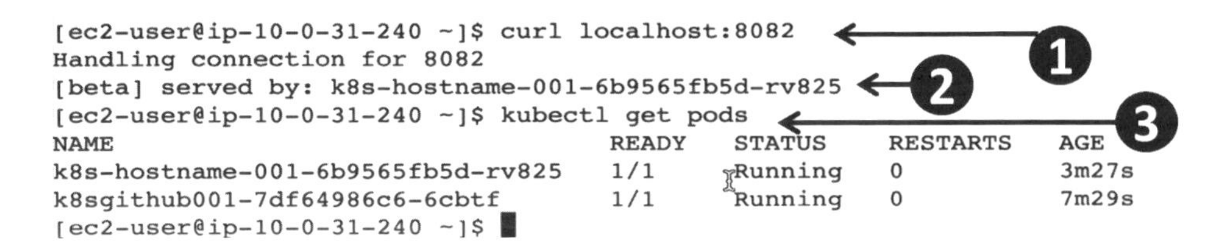

```
[ec2-user@ip-10-0-31-240 ~]$ curl localhost:8082
Handling connection for 8082
[beta] served by: k8s-hostname-001-6b9565fb5d-rv825
[ec2-user@ip-10-0-31-240 ~]$ kubectl get pods
NAME                                READY   STATUS    RESTARTS   AGE
k8s-hostname-001-6b9565fb5d-rv825   1/1     Running   0          3m27s
k8sgithub001-7df64986c6-6cbtf       1/1     Running   0          7m29s
[ec2-user@ip-10-0-31-240 ~]$
```

而到這邊就完整的示範如何透過 Minikube，去利用在 Docker Hub 上面所有 Image 的方式。

Minikube 資源清理

最後進行資源清理的部分，首先打上「ps」（下圖 1），會看到剛剛所啟動的兩個 kubectl 背景程式（下圖 2），分別擁有 PID 2891238 與 PID 2893833。打上「kill 2891238」，再打上「kill 2891238」（下圖 3）， 並打上「ps」（下圖 4）確認，就會看到成功清理，打上「clear」（下圖 5）清空。

```
[ec2-user@ip-10-0-31-240 ~]$ ps
    PID TTY          TIME CMD
2851476 pts/0    00:00:00 bash
2851689 pts/0    00:00:00 bash
2891231 pts/0    00:00:00 minikube
2891238 pts/0    00:00:00 kubectl
2893825 pts/0    00:00:00 minikube
2893833 pts/0    00:00:00 kubectl
2894425 pts/0    00:00:00 ps
[ec2-user@ip-10-0-31-240 ~]$ kill 2891238
[ec2-user@ip-10-0-31-240 ~]$ kill 2893833
[1]-  Exit 255                minikube kubectl -- port-forward service/k8sgithub001 8081:80
[ec2-user@ip-10-0-31-240 ~]$
[2]+  Exit 255                minikube kubectl -- port-forward service/k8s-hostname-001 8082:80
[ec2-user@ip-10-0-31-240 ~]$ ps
    PID TTY          TIME CMD
2851476 pts/0    00:00:00 bash
2851689 pts/0    00:00:00 bash
2894525 pts/0    00:00:00 ps
[ec2-user@ip-10-0-31-240 ~]$ clear
```

再來打上「kubectl delete services --all」（下圖 1），一次全部刪掉 services，再打上「kubectl delete deployments --all」（下圖 2），就能全部刪除 deployments。

```
[ec2-user@ip-10-0-31-240 ~]$ kubectl delete services --all
service "k8s-hostname-001" deleted
service "k8sgithub001" deleted
service "kubernetes" deleted
[ec2-user@ip-10-0-31-240 ~]$ kubectl delete deployments --all
deployment.apps "k8s-hostname-001" deleted
deployment.apps "k8sgithub001" deleted
[ec2-user@ip-10-0-31-240 ~]$
```

最後刪除 Cluster，打上「minikube stop」（下圖 1）停止，再打上「minikube delete」（下圖 2）就能完成刪除。保險起見，打上「minikube status」（下圖 3）檢查，就看到全部清空。到這邊就完成全部的清理部分。

```
[ec2-user@ip-10-0-31-240 ~]$ minikube stop
* Stopping node "minikube"  ...
* Powering off "minikube" via SSH ...
* 1 node stopped.
[ec2-user@ip-10-0-31-240 ~]$ minikube delete
* Deleting "minikube" in docker ...
* Deleting container "minikube" ...
* Removing /home/ec2-user/.minikube/machines/minikube ...
* Removed all traces of the "minikube" cluster.
[ec2-user@ip-10-0-31-240 ~]$ minikube status
* Profile "minikube" not found. Run "minikube profile list" to view all profiles.
  To start a cluster, run: "minikube start"
```

本章節最主要是示範 Docker Hub 上面所有的資源，都可以讓 Kubernetes 運用，透過 minikube 做了這次的示範使用。那本單元就到這邊結束。

【圖解觀念】

Kubernetes (K8S) 運算架構：Deployments - ReplicaSet - Pods

本單元將介紹 Kubernetes 之中的 Deployment、ReplicaSet 以及 Pod 這三個運算資源部署的概念，那我們就開始吧！

K8S Pod 使用時機

首先，如果有一個 Cluster 部署 Pod 都是用手動部署。舉例來說，部署三個 Pod，而在每個 Pod 之中的 Container 的 Image，都使用 V1 （下圖 1 ），來代表它的一個版本號。當部署完成之後，狀態就是這個 Cluster 之中有三個 Pod 正在運行，如果一切都沒事，就可以正常的運行下去，如下圖。

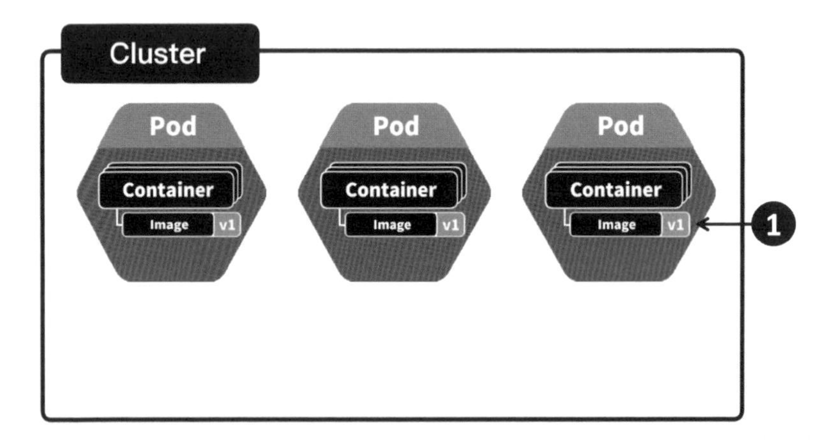

K8S Pod 使用限制

但是假設出了一個意外，第三個 Pod 壞掉了，在這個情況下如果沒有任何其它的機制，Cluster 的 Pod 的數量，就會從三個減成兩個，沒有任何自動修復的機制，如下圖。

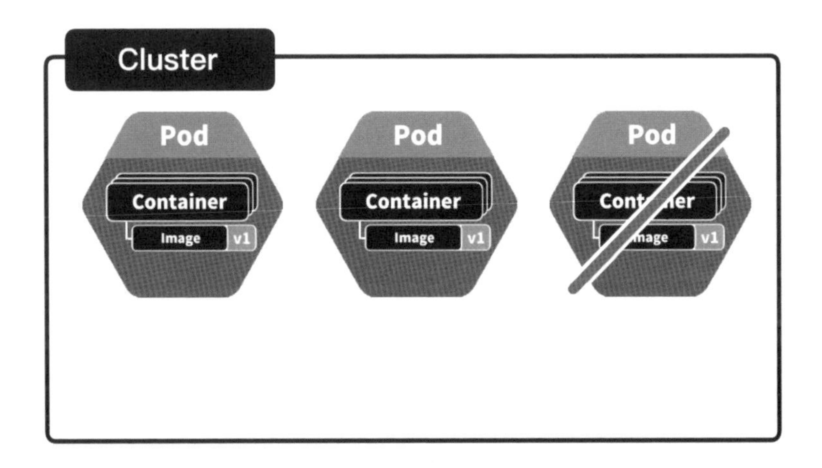

K8S ReplicaSet 使用時機

為了解決這個問題，Kubernetes 提供另外一個資源叫做 ReplicaSet。在一個 ReplicaSet 的資源之中，它將會包含對 Pod 部署的所有設定，其中最重要的是所使用的 Image。比如說這邊一樣使用 V1 這個 Image，在知道要部署的 Image 為何之後，ReplicaSet 的一個最重要的設定是想要維持幾個 Pod 一直在運行著。比如說這邊設定想要在這個 Cluster 之中一直有三個 Pod 進行運行，如下圖。

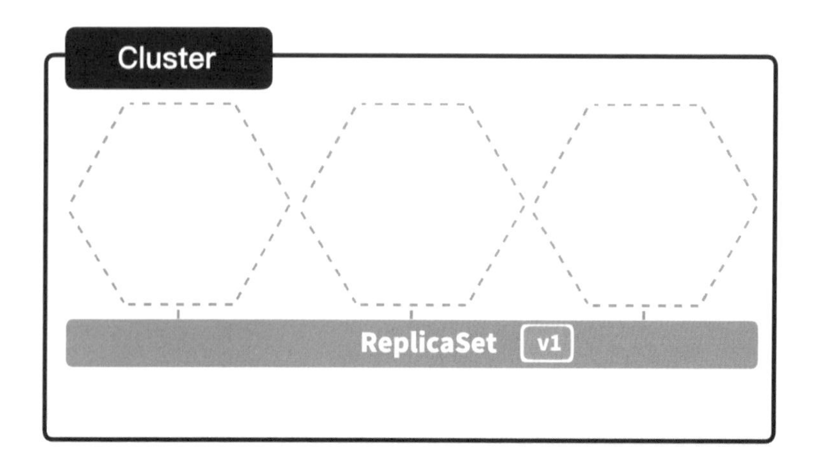

設定完成後，就能把 ReplicaSet 部署下去，過了一段時間之後，它就會自動的幫你生成三個擁有 V1 Image 的 Pod 出來，如下圖。

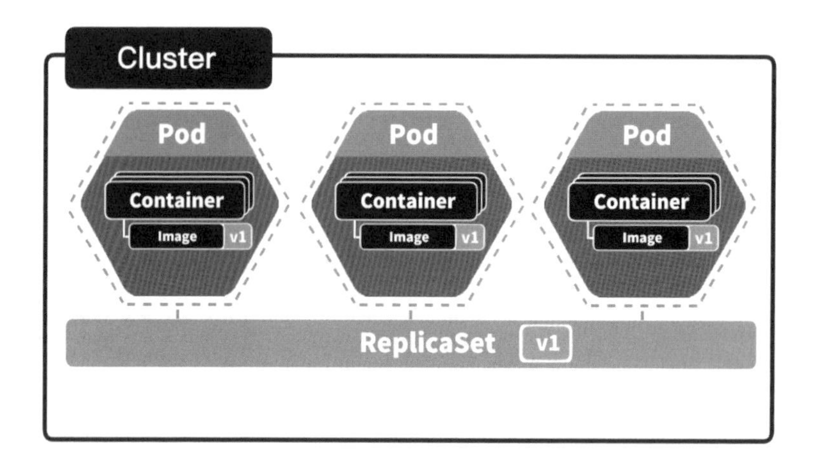

而這個 ReplicaSet 的好處是什麼呢？舉例來說，假設過了一段時間，第三個 Pod 因為某種事情壞掉而被關掉時，當它消失之後（下方第一張圖），這個 ReplicaSet 會馬上偵查到，並且自動再啟起一個全新的 Pod，讓 Cluster 永遠擁有三個 Pod 運行著（下方第二張圖），這就是 ReplicaSet 最主要的功用。

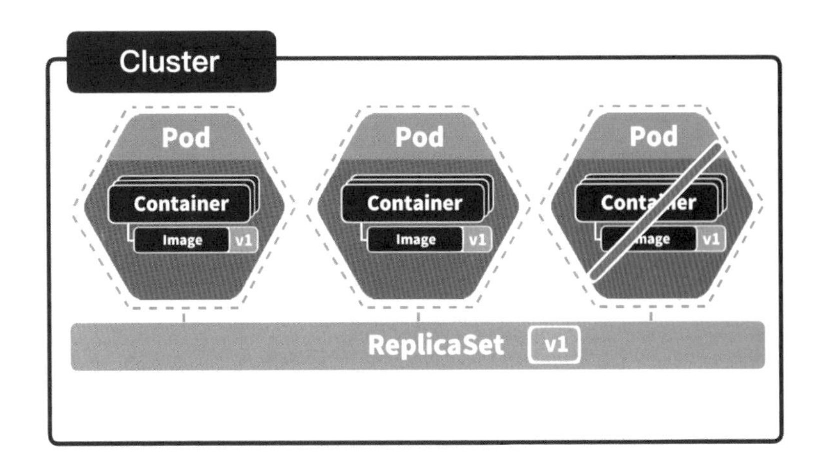

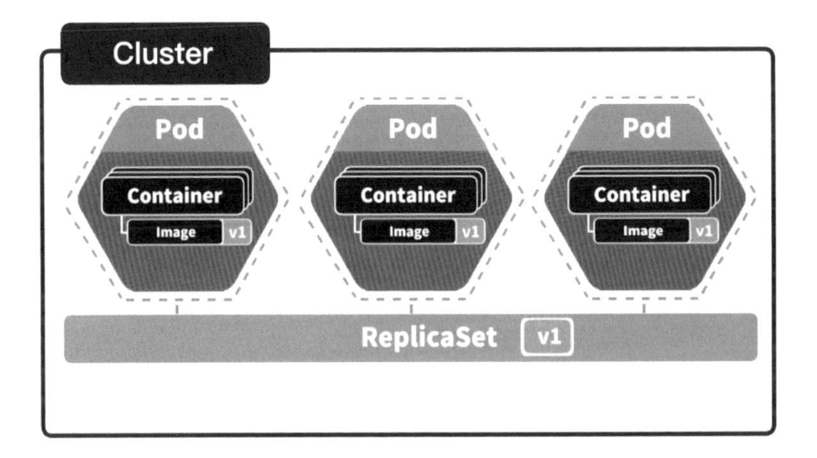

K8S ReplicaSet 使用限制

然而 ReplicaSet 也有一個問題，比如說 Image 版本更新了，想把它更新成 V2 這個版本（下圖 1 ），但問題是當 ReplicaSet 改成 V2 並且部署之後，原本在運行的 Pod 並不會被刪掉，如果沒有任何狀態改變，它們所使用的 Image 還會是前一個版本，也就是 V1 版本（下圖 2 ），如下圖。

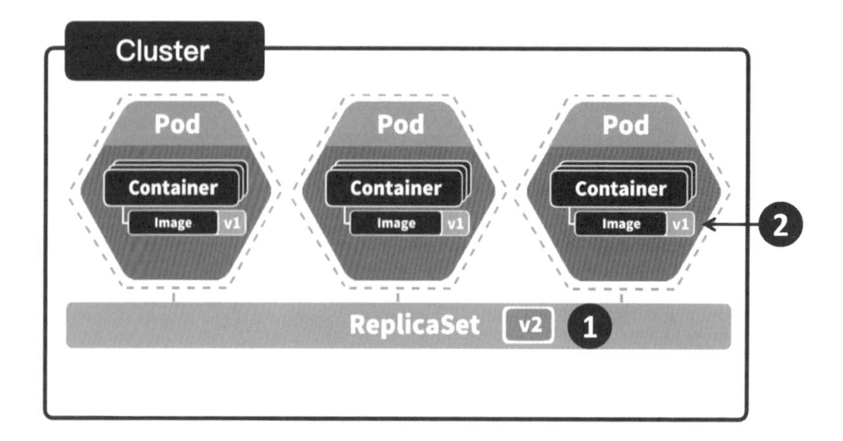

這就出現了一個問題，ReplicaSet 就算更新了，底下的 Pod 還是使用一個過期的 Image。如果想要嘗試解決這個問題，在這個目前的架構之下，唯一可以做的就是手動的把 Pod 刪除掉（下方第一張圖）。然後再過了一段時間之後，ReplicaSet 就會偵查到，並且重新的啟起三個 Pod，這一次它就會把最新的 Image V2 放上去（下圖 1）給剛產生出來的 Pod 使用。如下圖：

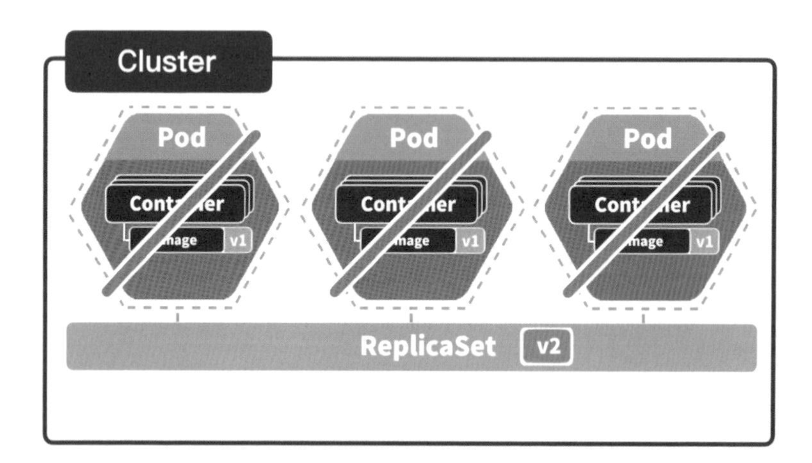

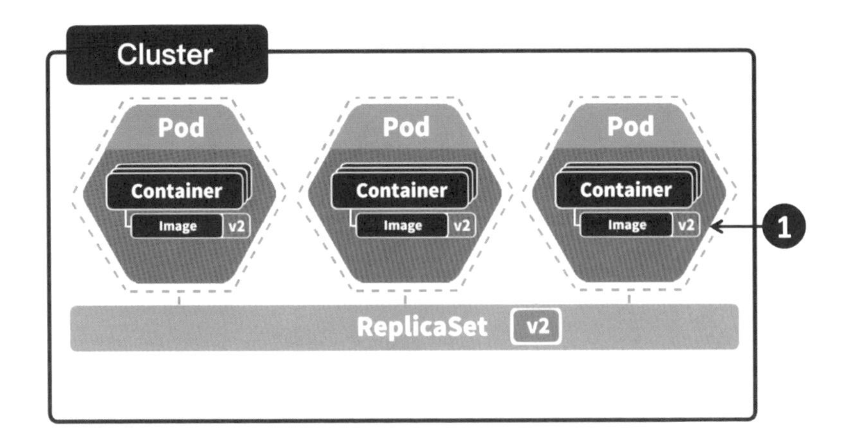

K8S Deployment 使用時機

而由於上述過程需要手動的介入，在實務的狀況下，需要的是一個自動化的版本更新，因此 Kubernetes 提供第三個好用的資源，叫做 Deployment。

Deployment 將會同時包含 ReplicaSet 以及 Pod 所有部署設定的資訊，因此首先要先去定義的是要部署的 Image，比如說要部署的是 V1 這個版本的 Image。好了之後，Deployment 會涵蓋 ReplicaSet 的所有的東西，其中要定義的是想要維持的 Pod 數量，比如說這邊一樣要維持三個 Pod，當設定好並且把 Deployment 部署到 Cluster 之中後，過了一段時間就會有三個 Pod 被啟動起來，並且所使用的是 V1 Image，如下圖。

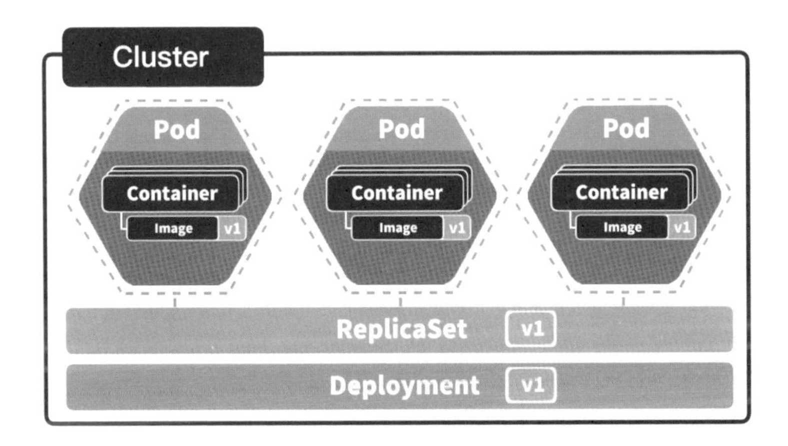

這樣持續運作一段時間之後，假設 Image 有所更新，將會把 Deployment 上面的部署模板從 V1 改成 V2（下圖 1），並且再次部署。這樣部署下去之後，Deployment 會把它當前這個 ReplicaSet 部分的 Pod 刪掉，比如說這邊刪掉其中一個 Pod（下圖 2）。如下圖：

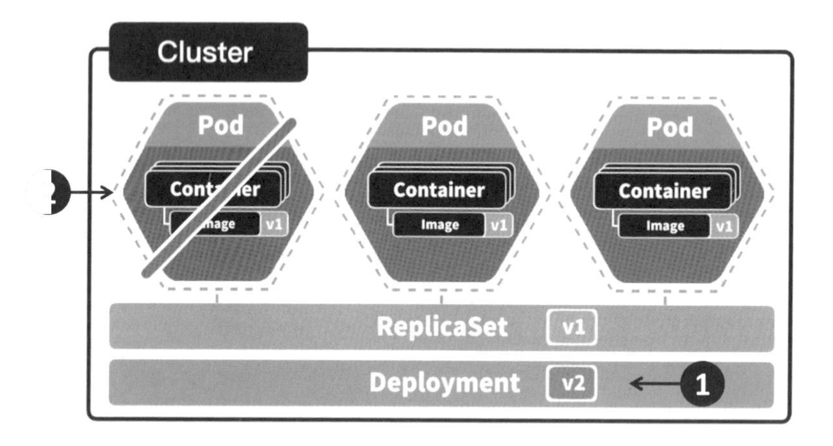

刪除之後，Deployment 會去創造一個新的 ReplicaSet，並且讓這個新的 ReplicaSet 帶有 V2 這個 Image（下圖 1）。而新的帶有 V2 的 ReplicaSet 就會創造一個新的 Pod，並且它所使用的 Image 將會是最新的版本 V2。如下圖：

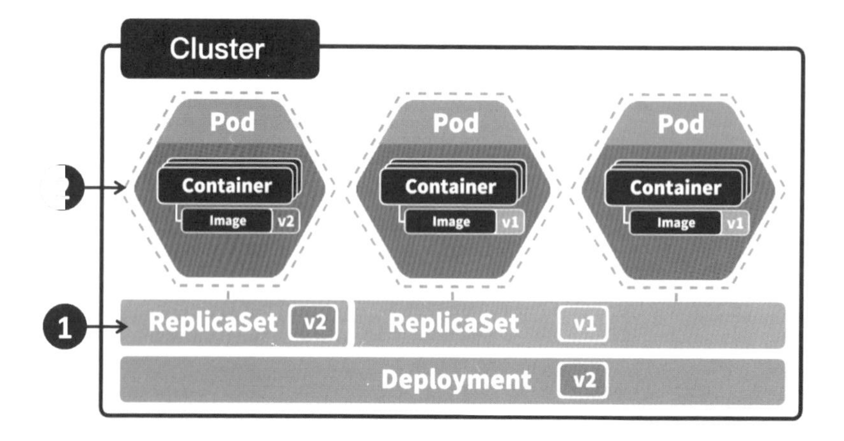

透過這個方式 Deployment 會一個個取代掉原本舊的 ReplicaSet，並改成新的 ReplicaSet，也就實現了 Kubernetes Zero Downtime Rolling Updates 的功用，一步一步的將 Pod 更新成最新的版本，並且使用者將不會體驗到任何關機或服務中止的狀況，如下圖。

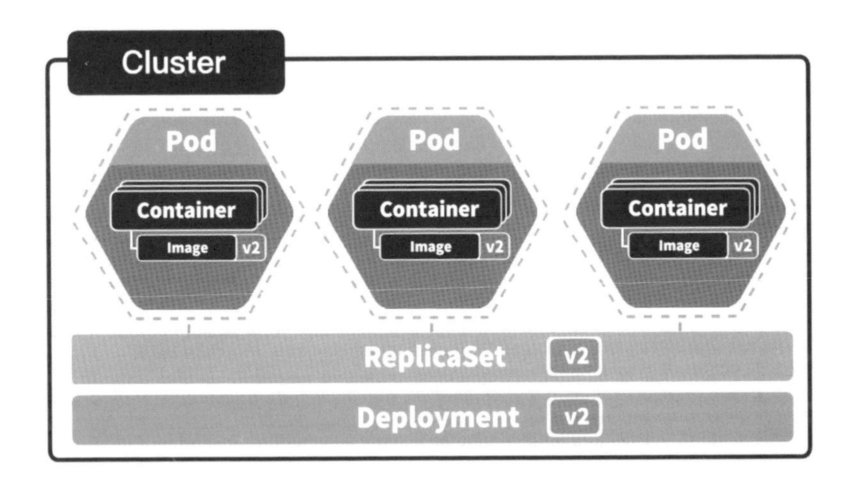

透過這個方式，Image 版本更新就可以透過 Deployment 完成全部的自動化部署，非常方便。因此在實務之中，並不會直接去撰寫 Pod 或 ReplicaSet 的模板，而是直接撰寫 Deployment 這個層級的模板，來對 Kubernetes 進行運算部署的模板計劃撰寫。

本單元介紹 Kubernetes 之中的 Deployment、ReplicaSet 以及 Pod 這三個運算資源部署的概念，並透過 Deployment 補足 ReplicaSet 在更新 Image 上遇到的限制。Deployment 的自動化部署在實務之中常常被使用，直接撰寫 Deployment，對於 Kubernetes 進行運算部署來説是非常方便的作法，那本單元就到這邊結束。

【模板 1】

Kubernetes (K8S) 運算部署 I：Pods

此單元將會介紹 Kubernetes 模板部署的方式，其優點為透過模板撰寫的方式，之前做的改變都可以在版本控制中進行記錄下來。本次將帶大家了解整個部署流程，那我們就開始吧。

Minikube 服務啟動

在這次的 Demo 中，會使用 Pod 這個種類的模板，來幫熟悉 Kubernetes 模板語法的撰寫。

首先打上「sudo service docker start」啟動 docker（下圖 1），好了之後打上「docker ps」檢查是否成功（下圖 2），若沒問題打上「clear」清空（下圖 3）。

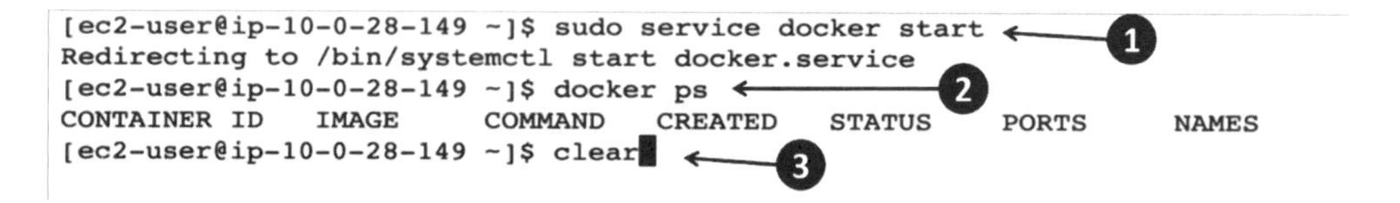

再來，透過 minikube 來啟動新的 cluster，一樣 driver 使用 docker，打上「minikube start --driver docker」（下圖 1），大概過了兩分鐘之後會啟動完成。完成後，打上「minikube status」（下圖 2）檢查一下，確認都在運行後，就可以打上「clear」清空（下圖 3）。如下圖：

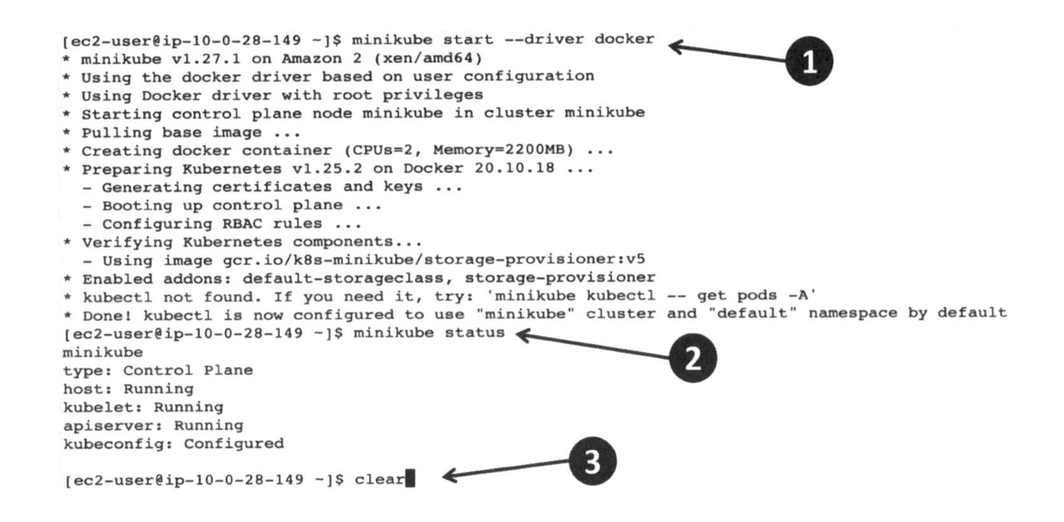

K8S Pod 模板撰寫

首先，打上 「vi simple-pod.yaml」 創建模板檔案 ，進入之後按「a」 進入編輯模式。如下圖：

```
[ec2-user@ip-10-0-28-149 ~]$ vi simple-pod.yaml
```

首先打上「apiVersion: v1」（下圖 1），代表給予 v1 這個 version。再來打上「kind: Pod」（下圖 2），此部分為模板中最重要的部分，用來定義這次的模板主要是要去創造哪個種類，而這次要示範的是 pod 這個種類。

```
apiVersion: v1   ❶
kind: Pod   ❷
```

接下來定義兩大類，第一個為 metadata，用於定義相關的輔助資訊，而實際要做真正的改變時，定義在 spec 這個大類中。首先打上「metadata:」，下一行就可以放上「name: app-pod」（下圖 1），給予這個 pod 一個名稱，在這邊定義為

app-pod。接著打上「spec:」，此部分用於實際定義這個資源要長什麼樣子，以及如何建立起來。首先， pod 底下會有一個「containers:」（下圖 2 ），可以給予這個 container 一個名稱，在此定義為 「- name: app-container」（下圖 3 ）。而此 container 的 image 也可以被定義，在此使用老師準備好的 image 名稱「image: uopsdod/k8s-hostname-amd64-beta:v1」（下圖 4 ），這個 image 可以幫助你找出，當下請求是交給哪個 pod 的 host name 進行處理的，方便後續觀測使用。

```
metadata:
  name: app-pod          ❶
spec:
  containers:            ❷
  - name: app-container  ❸
    image: uopsdod/k8s-hostname-amd64-beta:v1   ❹
```

由於上述 image 使用 80 port，因此加上「ports:」，然後再加上「- containerPort: 80」（下圖 1 ）。完成之後，確認沒問題就可以執行 Esc 後，再打上「:wq」存檔離開（下圖 2 ）。

```
spec:
  containers:
  - name: app-container
    image: uopsdod/k8s-hostname-amd64-beta:v1
    ports:
    - containerPort: 80   ❶
```

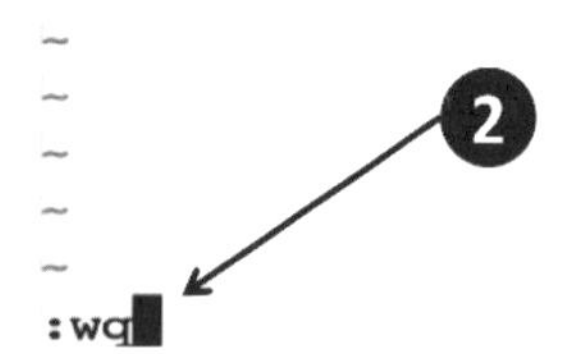

K8S Pod 資源部署

出來之後，打上「cat simple-pod.yaml」檢查一下（下圖 1），沒有問題就可以執行「kubectl apply -f simple-pod.yaml」進行 Pod 資源部署（下圖 2）。只要看到 created 字樣（下圖 3），就代表部署成功。

```
[ec2-user@ip-10-0-28-149 ~]$ vi simple-pod.yaml
[ec2-user@ip-10-0-28-149 ~]$ cat simple-pod.yaml
apiVersion: v1
kind: Pod
metadata:
  name: app-pod
spec:
  containers:
  - name: app-container
    image: uopsdod/k8s-hostname-amd64-beta:v1
    ports:
    - containerPort: 80
[ec2-user@ip-10-0-28-149 ~]$ kubectl apply -f simple-pod.yaml
pod/app-pod created
[ec2-user@ip-10-0-28-149 ~]$
```

接下來打上「 kubectl get pods」（下圖 1），便可以看到剛才建立的 pod 正在執行，如果在上面的指令，打上「kubectl get pods -w」（下圖 2），就可以持續觀察，在這次 demo 中過了 27 秒後，可以看到狀態變成 running（下圖 3），表示已經在穩定狀態，到此可以 Ctrl + C 終止。到此，我們就成功快速部署了一個 pod 的資源。

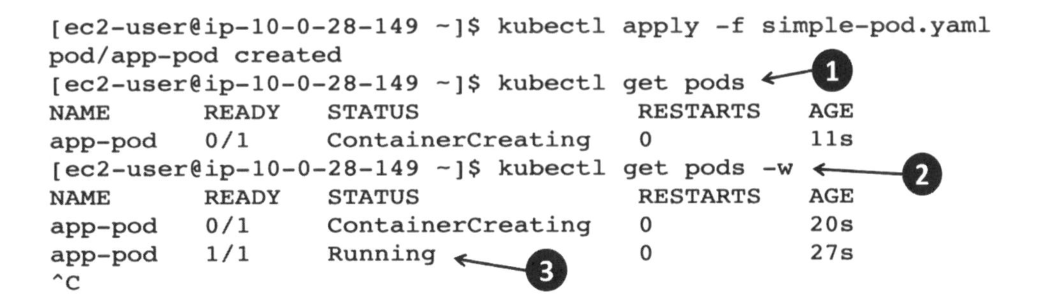

K8S Pod 資源刪除

若想刪除資源，打上 「kubectl delete pods --all」。約一分鐘後，便可以看到 pod “app-pod” deleted 字樣，代表已經成功刪除，如下圖。

```
[ec2-user@ip-10-0-28-149 ~]$ kubectl delete pods --all
pod "app-pod" deleted
```

然而在實際的部署之中，並不會直接使用 pod 這個層級的資源去部署，而是使用更上層的種類來進行實際的部署。

到這邊就完整展示如何使用 Pod 模板進行 Kubernetes 模板部署，透過 minikube 來啟動新的 cluster，並透過設定 apiVersion、kind、metadata，以及 spec 等細項設定，建立一個簡易的 Kubernetes 模板。最後，透過 delete pods --all 指令刪除資源，那本單元就到這邊結束。

【模板 2】

Kubernetes (K8S) 運算部署 II：ReplicaSets

上個單元完成 Pod 模板的撰寫之後，本單元將示範 ReplicaSet 的資源建立，那我們就直接開始吧！

K8S ReplicaSet 模板撰寫

首先打上「vi simple-replicaset.yaml」創建新模板，再打上小寫「a」進入編輯模式，如下圖。

```
[ec2-user@ip-10-0-28-149 ~]$ vi simple-replicaset.yaml
```

上方打上「apiVersion: apps/v1」（下圖 1），定義 api 使用版本。好了之後，打上「kind: ReplicaSet」（下圖 2），這次的目的是要創建一個 ReplicaSet 的資源。再來打上「metadata:」（下圖 3），接著給它一個名稱，打上「name: app-rs」（下圖 4）。

```
apiVersion: apps/v1     ← 1
kind: ReplicaSet        ← 2
metadata:               ← 3
  name: app-rs          ← 4
```

接著為 Spec 實際定義的部分，首先要去定義的是 ReplicaSet 的主要功能，它可以去維護一個 Pod 要維持在多少個數量的狀態，所以這邊打上「spec:」，再打上「replicas: 3」，維持 3 個 Pod 數量（下圖 1）。再來為非常重要的概念

Selector，打上「selector:」（下圖 2），去設定哪些資源是要套用到哪些 Pod 上面。而這邊定義想要去 match 對應到的 labels，打上「matchLabels:」（下圖 3），根據下方這邊做的所有 key-value 的配對，這邊給它一個 key 叫做「app:」，value 給它「app-pod」，結合起來為「app: app-pod」（下圖 4）。

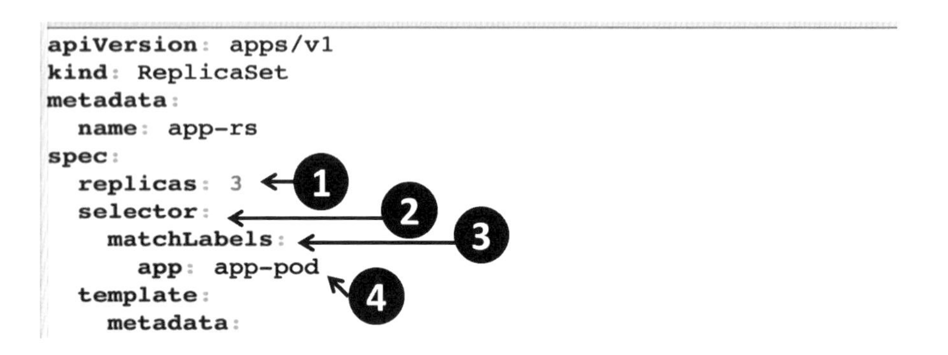

好了之後往下看，接下來這邊要填上的是「template:」（下圖 1），這邊的 Template 跟上個單元 Pod 模板非常類似，只不過透過這個 Template 的語法把 Pod 所做的東西都涵蓋在裡面。所以可以說 ReplicaSet 這個模板，是一個涵蓋 Pod 這個模板的一個更上層的好用模板。

首先，metadata 的部分定義相關輔助資源，打上「metadata:」（下圖 2），而這邊的輔助資源就非常重要了，Pod template 的定義要先把它的 Labels 給放上去，而這邊的「labels:」（下圖 3），要跟上圖 4 的「app: app-pod」全部一起對到，可以直接複製貼上（下圖 4）。換句話說，因為這邊的 Pod 有著相同的 label，它就會對應到 ReplicaSet 的上面想要套用上面規則的這個 label（下圖兩個星號），以後的狀態它都會盡它所能把它維持成三個這邊定義的 Pod。

```yaml
apiVersion: apps/v1
kind: ReplicaSet
metadata:
  name: app-rs
spec:
  replicas: 3
  selector:
    matchLabels:
      app: app-pod
  template:
    metadata:
      labels:
        app: app-pod
    spec:
      containers:
      - name: app-container
        image: uopsdod/k8s-hostname-amd64-beta:v1
        ports:
        - containerPort: 80
```

接著設定 Template 的 Spec，打上「spec:」（下圖 1 ），再打上「containers:」（下圖 2 ）來設定底下的 Containers，首先給它一個名稱，打上「- name: app-container」（下圖 3 ），這邊叫它 app-container。再打上「image: uopsdod/k8s-hostname-amd64-beta:v1」（下圖 4 ），老師這邊放上準備好的 uopsdod/k8s-hostname-amd64-beta:v1。再來定義 Port，打上「ports:」（下圖 5 ），「- containerPort: 80」（下圖 6 ），80 Port 為這個 Image 專案監聽的 Port。都完成之後，按 Esc ，打上「:wq」（下圖 7 ）存檔離開。

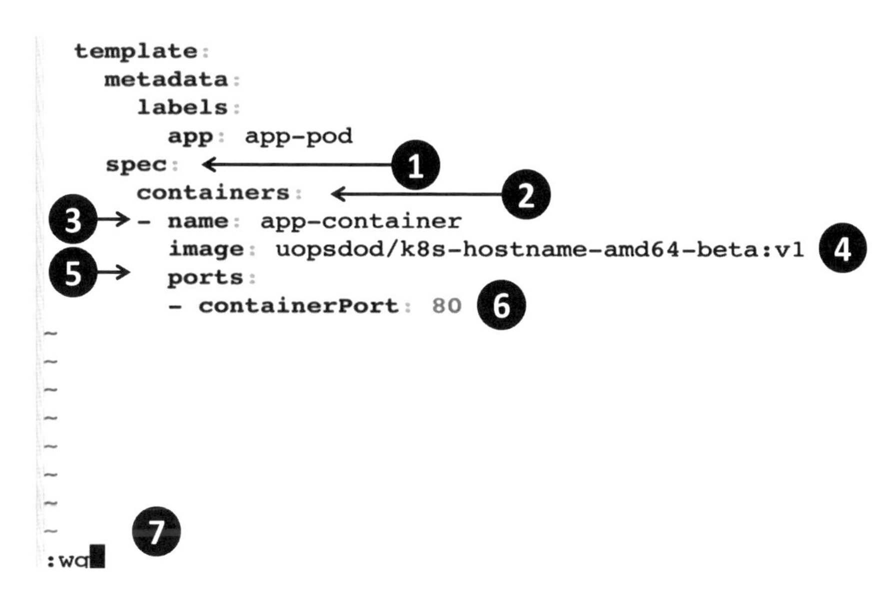

K8S ReplicaSet 資源部署

打上「cat simple-replicaset.yaml」看一下（下圖 1），看來沒問題就打上「kubectl apply -f simple-replicaset.yaml」（下圖 2）。如果都沒問題的話，就會看到 created 的字樣（下圖 3）。

```
[ec2-user@ip-10-0-28-149 ~]$ vi simple-replicaset.yaml
[ec2-user@ip-10-0-28-149 ~]$ cat simple-replicaset.yaml
apiVersion: apps/v1
kind: ReplicaSet
metadata:
  name: app-rs
spec:
  replicas: 3
  selector:
    matchLabels:
      app: app-pod
  template:
    metadata:
      labels:
        app: app-pod
    spec:
      containers:
      - name: app-container
        image: uopsdod/k8s-hostname-amd64-beta:v1
        ports:
        - containerPort: 80
[ec2-user@ip-10-0-28-149 ~]$ kubectl apply -f simple-replicaset.yaml
replicaset.apps/app-rs created
```

好了之後，打上「kubectl get rs」（下圖 1），就會看到它想要的狀態是三個（下圖 2），那目前也有三個（下圖 3），而在這三個之中的 Pod 的狀態都是 ready（下圖 4）。可以進一步再觀察，打上「kubectl get pods」（下圖 5），就會看到的確啟動了三個 Pod，並且每個狀態都在 running，已經準備好去接受請求。（下圖 6）

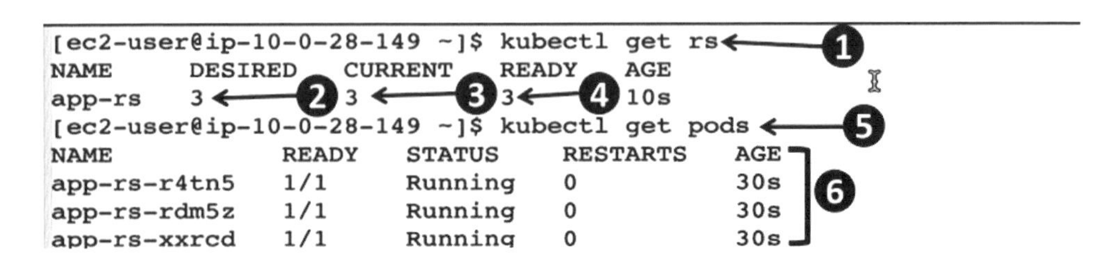

K8S ReplicaSet 運用示範：Pod 刪除

這邊來做一個有趣的測試，打上「kubectl get pods」（下圖 1），現在打上「kubectl delete pods --all」（下圖 2），把所有的 Pod 都刪掉之後會出現什麼狀況呢？大概過了一分鐘之後，會完成刪除。接著打上「kubectl get pods」（下圖 3），你會看到一樣是三個 Pod 正在運行，但它們都是全新的一批了。比如上面是 r4tn5 的 Pod Id（下圖 4），那下面全部都不一樣（下圖 5），代表 Replicaset 發揮它的功效，儘管 Pod 因為任何原因被刪掉或壞掉，它都會盡它所能繼續把 Pod 的數量維持成三個。

```
[ec2-user@ip-10-0-28-149 ~]$ kubectl get pods        ❶
NAME          ❹ READY   STATUS    RESTARTS   AGE
app-rs-r4tn5    1/1     Running   0          55s
app-rs-rdm5z    1/1     Running   0          55s
app-rs-xxrcd    1/1     Running   0          55s
[ec2-user@ip-10-0-28-149 ~]$ kubectl delete pods --all   ❷
pod "app-rs-r4tn5" deleted
pod "app-rs-rdm5z" deleted
pod "app-rs-xxrcd" deleted
[ec2-user@ip-10-0-28-149 ~]$ kubectl get pods        ❸
NAME          ❺ READY   STATUS    RESTARTS   AGE
app-rs-4nxsp    1/1     Running   0          34s
app-rs-6gw44    1/1     Running   0          34s
app-rs-dqtnj    1/1     Running   0          34s
```

K8S ReplicaSet 資源清理

那最後如果要進行清理，打上「kubectl delete rs --all」，這樣就完成清理，如下圖。

```
[ec2-user@ip-10-0-28-149 ~]$ kubectl delete rs --all
replicaset.apps "app-rs" deleted
```

到這邊就是對 Replicaset 的模板撰寫介紹，然而儘管 Replicaset 的模板是 Pod 的上一層，在實際的部署中還是不常使用 Replicaset 進行實際的部署，而是使用後續的資源進行一個更全面的部署，本單元就到這邊結束。

【模板 3】

Kubernetes (K8S) 運算部署 III：Deployments

本單元將介紹 Deployment 這個模板種類，Deployment 是一個非常常用的一個種類，也是 Kubernetes 部署之中最實用的一個模板學習部分。那我們就開始吧！

K8S Deployment 模板撰寫

首先打上「vi simple-deployment.yaml」建立模板檔案，好了之後按下「a」進入編輯模式，如下圖。

```
[ec2-user@ip-10-0-28-149 ~]$ vi simple-deployment.yaml
```

首先設定第一行打上「apiVersion: apps/v1」（下圖 1），接著打上「kind: Deployment」（下圖 2），第三行打上「metadata:」（下圖 3）來設定相關資訊，打上「name: app-deployment」（下圖 4），這邊取名為 app-deployment。

```
apiVersion: apps/v1   ❶
kind: Deployment      ❷
metadata:             ❸
  name: app-deployment   ❹
spec:
  replicas: 3
  selector:
    matchLabels:
      app: app-pod
  template:
    metadata:
      labels:
        app: app-pod
```

而 Deployment 這個種類同時涵蓋 ReplicaSet 以及 Pod 的兩個模板，所以接下來設定「spec:」（下圖 1），第一個定義 Replicaset，打上「replicas: 3」（下圖 2），老師這邊一樣定義 3 個，第二個定義 Selector，打上「selector:」（下圖 3），這邊跟在 ReplicaSet 用一模一樣的方式，放上要去對應的 Level，打上「matchLabels:」（下圖 4），再打上「app: app-pod」（下圖 5）。

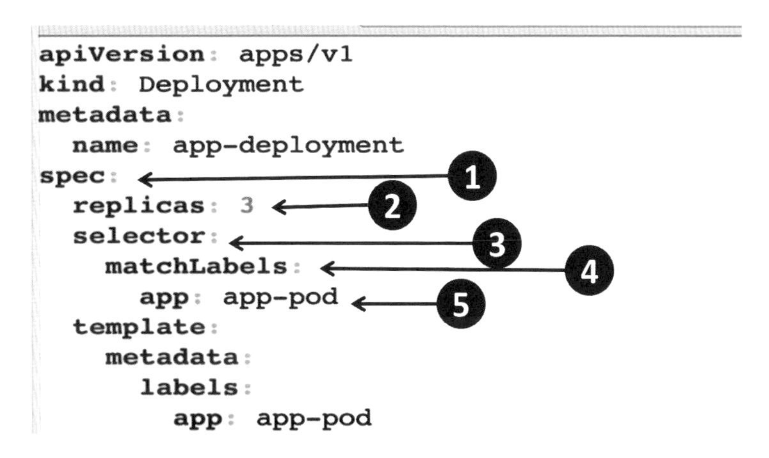

```
apiVersion: apps/v1
kind: Deployment
metadata:
  name: app-deployment
spec:
  replicas: 3
  selector:
    matchLabels:
      app: app-pod
  template:
    metadata:
      labels:
        app: app-pod
```


接著打上「template:」（下圖 1），也就是去定義底層 Pod 的地方，打上「metadata:」（下圖 2），「labels:」（下圖 3），「app: app-pod」（下圖 4），使用 app 當 key，app-pod 當 value。

```
apiVersion: apps/v1
kind: Deployment
metadata:
  name: app-deployment
spec:
  replicas: 3
  selector:
    matchLabels:
      app: app-pod
  template:
    metadata:
      labels:
        app: app-pod
```

1
2
3
4

接著設定 Template 的 Spec，打上「spec:」（下圖 1），再打上「containers:」（下圖 2）來設定底下的 Containers，首先給它一個名稱，打上「- name: app-container」（下圖 3），這邊叫它 app-container。再打上「image: uopsdod/k8s-hostname-amd64-beta:v1」（下圖 4），老師這邊放上準備好的 uopsdod/k8s-hostname-amd64-beta:v1。再來定義 Port，打上「ports:」（下圖 5），「- containerPort: 80」（下圖 6），80 Port 為這個 Image 專案監聽的 Port。都完成之後，按 Esc ，打上「:wq」（下圖 7）存檔離開。

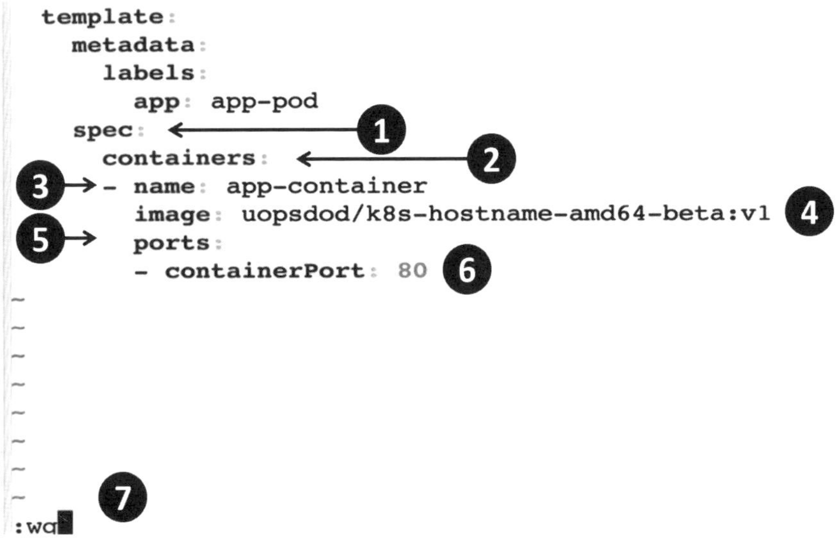

```
  template:
    metadata:
      labels:
        app: app-pod
    spec:                                              ← 1
      containers:                                      ← 2
3 →   - name: app-container
        image: uopsdod/k8s-hostname-amd64-beta:v1    4
5 →     ports:
        - containerPort: 80   6
~
~
~
~
~
~
~
~
:wq   7
```

K8S Deployment 資源部署

出來之後，打上「cat simple-deployment.yaml」（下圖 1）看一下，確定沒問題後打上「clear」清空（下圖 2）。

```
[ec2-user@ip-10-0-28-149 ~]$ cat simple-deployment.yaml
apiVersion: apps/v1
kind: Deployment
metadata:
  name: app-deployment
spec:
  replicas: 3
  selector:
    matchLabels:
      app: app-pod
  template:
    metadata:
      labels:
        app: app-pod
    spec:
      containers:
      - name: app-container
        image: uopsdod/k8s-hostname-amd64-beta:v1
        ports:
        - containerPort: 80
[ec2-user@ip-10-0-28-149 ~]$ clear
```

打上「kubectl apply -f simple-deployment.yaml」（下圖 1）， 確認，看到 created 字樣代表沒問題（下圖 2）。再來打上「kubectl get deployment」（下圖 3）， 就會看到這個 Deployment 已經是 3/3，也就是原始目的：要部署三個 Pod，現在確實有 3 個，並且呈 ready 狀態，正在運行。

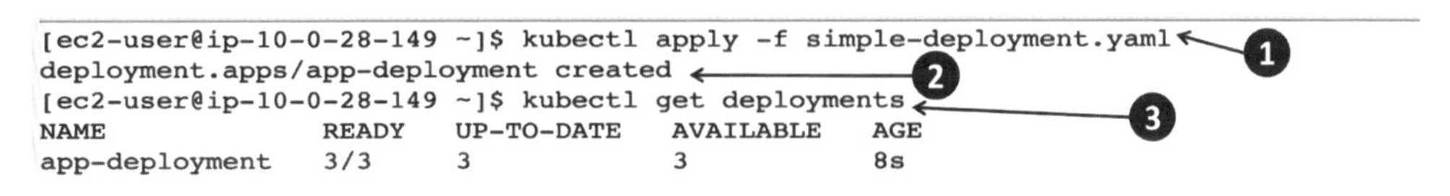

```
[ec2-user@ip-10-0-28-149 ~]$ kubectl apply -f simple-deployment.yaml
deployment.apps/app-deployment created
[ec2-user@ip-10-0-28-149 ~]$ kubectl get deployments
NAME             READY   UP-TO-DATE   AVAILABLE   AGE
app-deployment   3/3     3            3           8s
```

而由於 Deployment 涵蓋了 Replicaset 與 Pod，如果再打上「kubectl get rs」（下圖 1），也會看到相對應的啟動了一個新的 Replicaset。

```
[ec2-user@ip-10-0-28-149 ~]$ kubectl get rs
NAME                        DESIRED   CURRENT   READY   AGE
app-deployment-7b4fd5576    3         3         3       32s
```

如果打上「kubectl get pods」（下圖 1），也會看到三個 Pod 正在運作。

```
[ec2-user@ip-10-0-28-149 ~]$ kubectl get pods
NAME                              READY   STATUS    RESTARTS   AGE
app-deployment-7b4fd5576-fdb59    1/1     Running   0          42s
app-deployment-7b4fd5576-tvvvv    1/1     Running   0          42s
app-deployment-7b4fd5576-wb4m2    1/1     Running   0          42s
```

K8S Deployment 運用示範：Pod 刪除

有了這個概念之後，來做一個有趣的測試。如果在這時打上「kubectl delete pods --all」的話（下圖 1），大概過了一分鐘之後完成刪除。儘管你把所有的 Pods 都刪掉，這時再打一次「kubectl get pods」（下圖 2），一樣會看到 3 個新的 Pod 又被啟動了起來，如下圖。

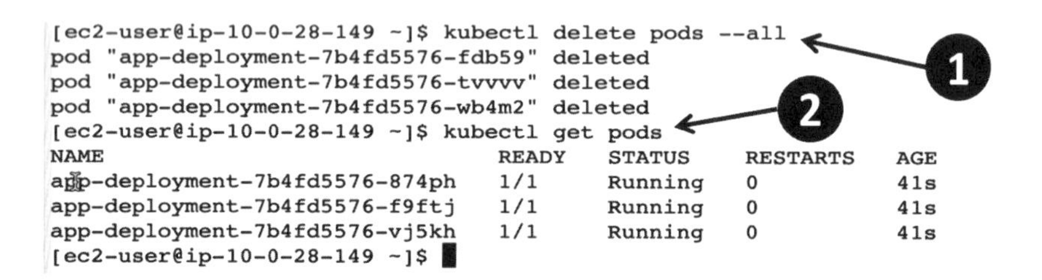

再來做一個有趣的測試。如果這邊刪除的不是 Pods 而是 rs 的話會發生什麼事情呢？打上「kubectl delete rs --all」（下圖 1），再打上「kubectl get rs」（下圖 2），會看到新的 ReplicaSet 在五秒鐘又被啟動了一個起來，繼續做它該做的事情。

這也是為何實務上更常用 Deployment 這個 Kind 的種類，它會同時兼顧 Replicaset 以及底下的 Pods 的運作。都完成之後打上「clear」清空（下圖 3）。

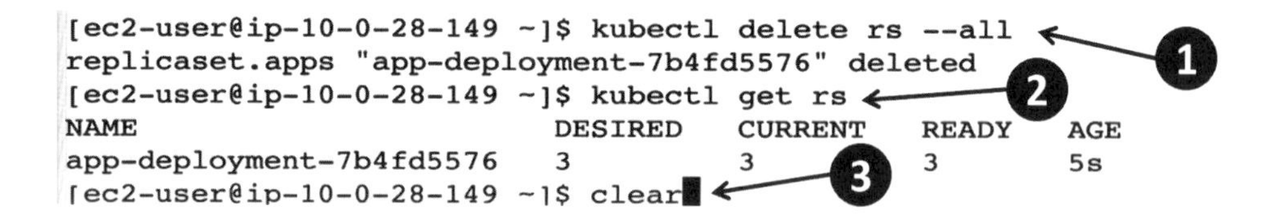

K8S Deployment 資源清理

如果要清空這個 Deployment，打上「kubectl delete deployments --all」即可完成刪除，如下圖。

```
[ec2-user@ip-10-0-28-149 ~]$ kubectl delete deployments --all
deployment.apps "app-deployment" deleted
```

本單元介紹如何建立 Deplyment 模板，且透過小實驗顯現出其實用性。不過可以注意到，儘管透過 Deployment 進行部署產生 3 個 Pod，目前還是沒有一個入口去將請求送進去，因此下一單元會介紹另外一個資源，來將請求送到 Pod 之中的 Image 專案，並給予回應，那本單元到這邊結束。

【圖解觀念】

Kubernetes (K8S) 網路架構：Service (L4)【 3 大種類】

本單元將介紹 Kubernetes Service 的這個網路部署資源，那我們就開始吧！

K8S Service：Cluster IP

Service 之中分為三個種類，首先要介紹 Cluster IP 這個種類。

下圖這邊有一個 Cluster，假設在這個 Cluster 之中部署了兩個 Pod，並想要這兩個 Pod 去進行負載平衡的處理，讓來自外面的請求，可以被分散分佈到不同的 Pod 進行處理，來應付更大的請求流量，為了上述需求，Kubernetes 就提供了 Service 這個資源。

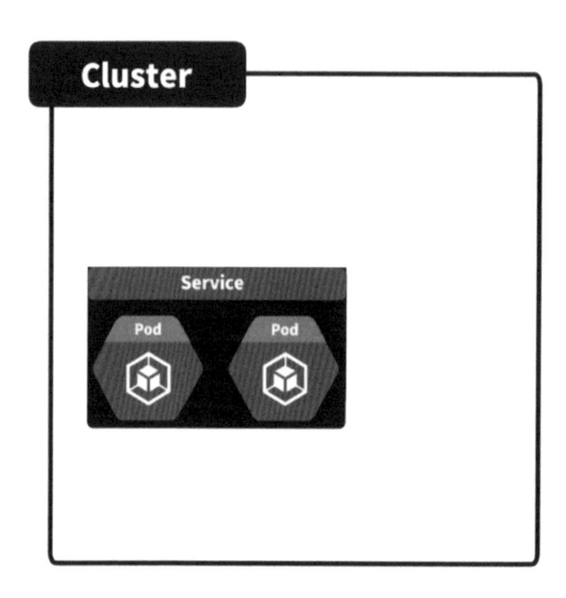

對於每個 Service，它都會有一個 Cluster IP 的 Address，這個 Cluster IP Address，是一個只允許在 Cluster 內部才能連結到的一個 IP Address。比如說，如果請求是來自 Cluster 內部的話（下圖 1），你就可以透過 Cluster IP 的方式，去連結到 Service，而這個 Service 將會分佈此請求至左邊，或是右邊的 Pod 進行處理（下圖 OR），如下圖。

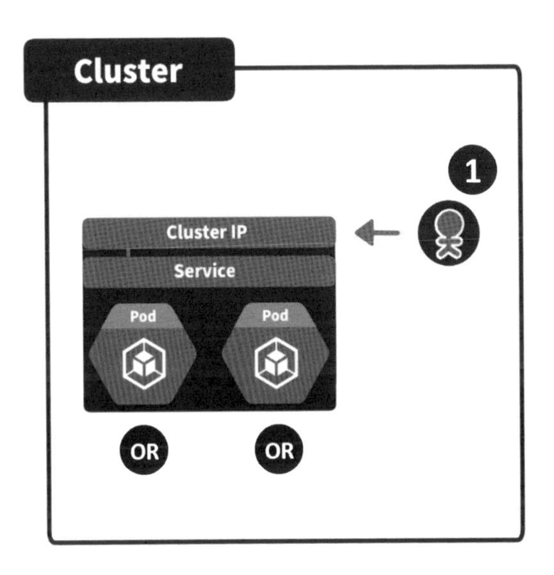

然而，如果使用者是在外部（下圖 1），將無法成功的透過 Cluster IP 去連結到相對應的 Service，也就無法連結到裡面的 Pod，請求也就會失敗。因此在 Service Cluster IP 這個部署設定，只允許 Cluster 內部進行溝通，如下圖。

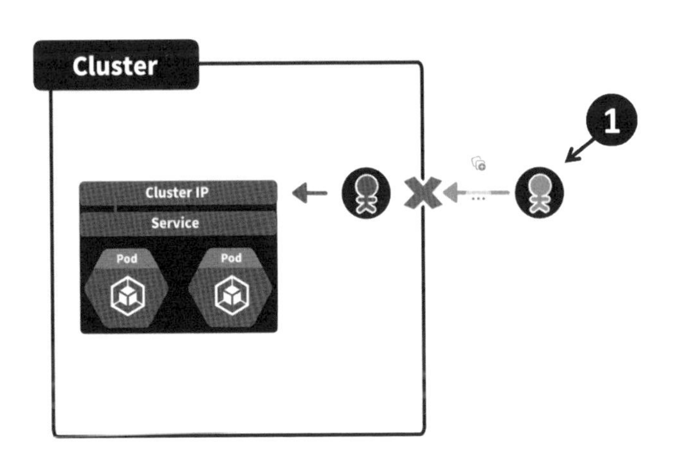

K8S Service：Node Port

介紹完 Service Cluster IP 這個種類之後，來介紹 service 的下一個部署設定 Node Port。

這邊一樣有一個 Cluster 部署了兩個 Pod，這次創建了一個 Service 把它設定成 Node Port 種類，來將兩個 Pod 給包起來。使用 Node Port Service 這個方式，是為了讓在 Cluster 外面的人（下圖 1）也可以請求進來，如下圖。

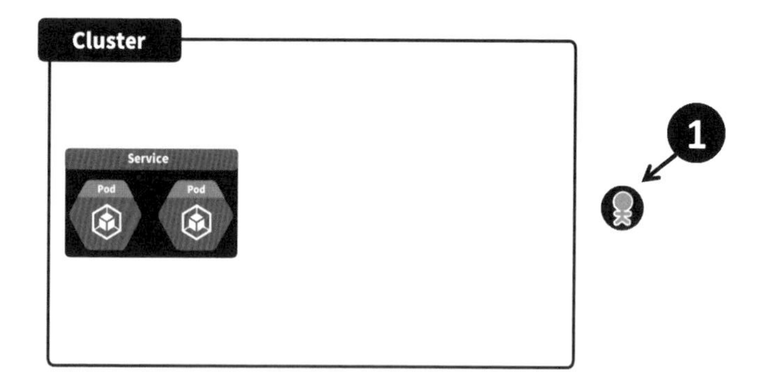

而在這個架構下它是怎麼運行的呢？為了要講解這個概念，必須將 Pod 最後會部署到的 Worker Node 這個資源給擺上我們的架構圖中。如果所使用的 Service 是 Node Port 這個種類，每個 Worker Node 上面會被開啟一個特定的 Port（下圖 2），有了這些 Port 之後，當請求進來時（下圖 1），將會透過這個 Worker Node 上面的 Port（下圖 2）連結進來，最終透過這個 Worker Node 去連結到內部的 Service（下圖 3），再由 Service 去決定此請求要交給哪一個 Pod 進行處理，最後拿到回應，如下圖。

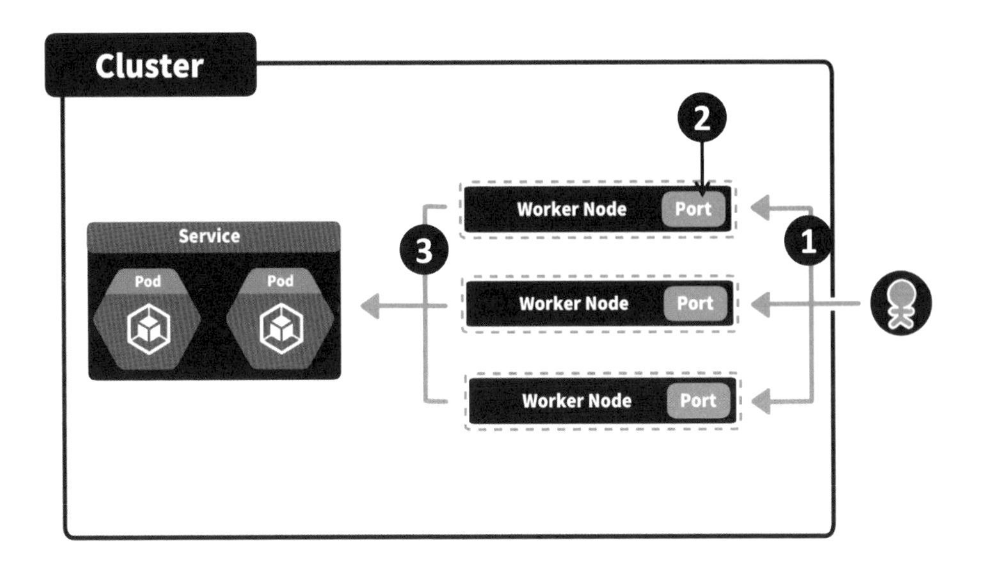

到此也就清楚了解在 Node Port Service 的配置下，之所以外面的請求可以連結到 Service 資源，是因為透過中間 Worker Node 特定的 Port 作為仲介者，協助外界請求聯繫到最裡面的 Service。

特別注意，Worker Node 是需要一個實際的運算資源才可以啟動起來。因此，我們必須注意到這些 Worker Node，是由哪些資源提供者所提供的。比如說，是在本地 Local 自行建立的主機（下圖 1 ），或是運用不同雲端商所提供的計算資源快速建立（下圖 2 ），都需要注意到。這個 Port 是不是可以連結成功，取決於主機上面的配置；更精確來講，取決於主機上的網路配置，是否允許外面的使用者去連結到這個 Port。這也是為什麼 Kubernetes 難度較高，除了得了解 Cluster 內部的資源如何分佈，還要了解資源提供者相關的運算、網路設定。那到這邊是針對 Service Node Port 這個種類配置的介紹，如下圖。

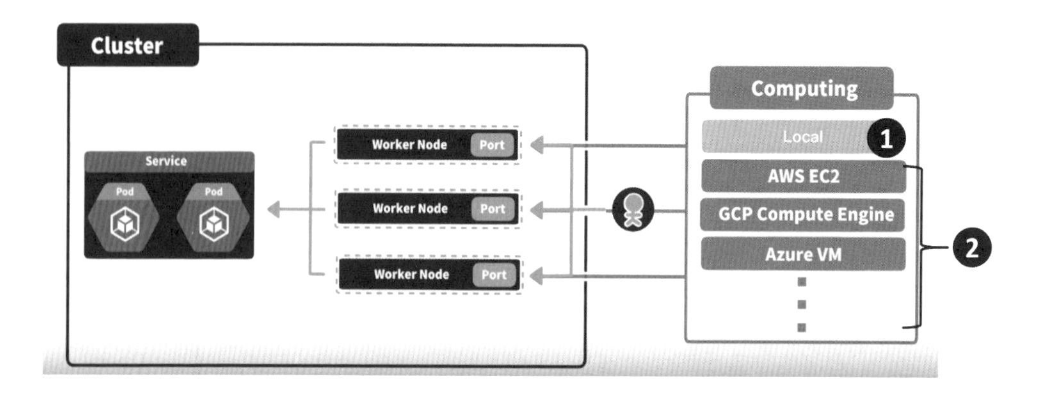

K8S Service：Load Balancer

介紹完 Service Node Port 這個部署種類之後，來介紹 Service 的最後一種 Load Balancer 部署種類。

這邊一樣有一個 Cluster，假設在裡面部署了兩個 Pod，並且用一個 Service A 把兩個 Pod 都包含起來。這邊的 Service A 設定為 Load Balancer 的種類，目的一樣是要讓在 Cluster 外部的請求（下圖 1），可以透過 Service A 進到 Pod 進行處理。如下圖：

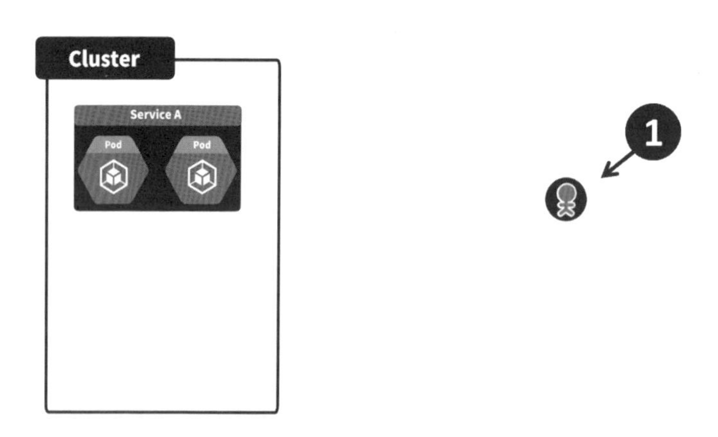

在 Cluster 外部，必須有一個實際存在的 Load Balancer 支援這個模式。透過此 Load Balancer，外部使用者所送出的請求才可以連結到內部的 Service A，如下圖。

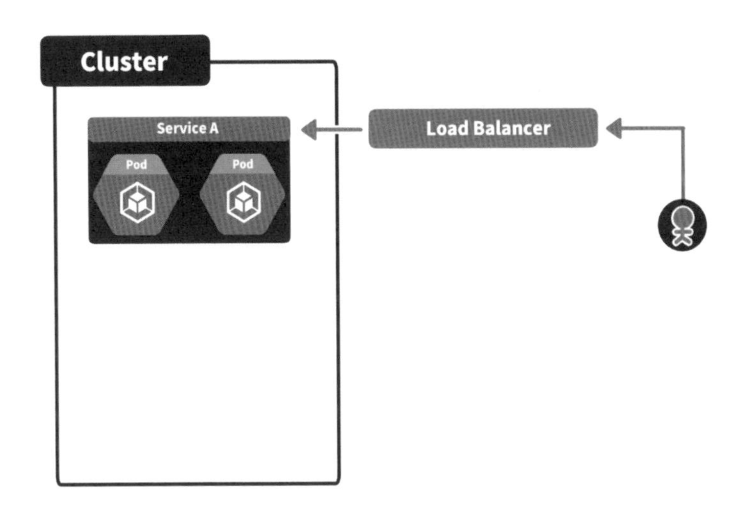

而這個 Load Balancer 的部署有一個特別的地方，每一個 Service 都會配屬到一個自己所屬的 Load Balancer。比如說，在 Cluster 中有另外一個 Service B 包含了兩個 Pod（下圖 1 ），如果 Service B 設定的也是 Load Balancer 的部署種類，也會需要另外一台實際存在運行著的 Load Balancer 當作仲介者（下圖 2 ）。這樣請求才可以透過第二台 Load Balancer 送到 Service B，並且交由裡面的 Pod 進行請求處理，如下圖。

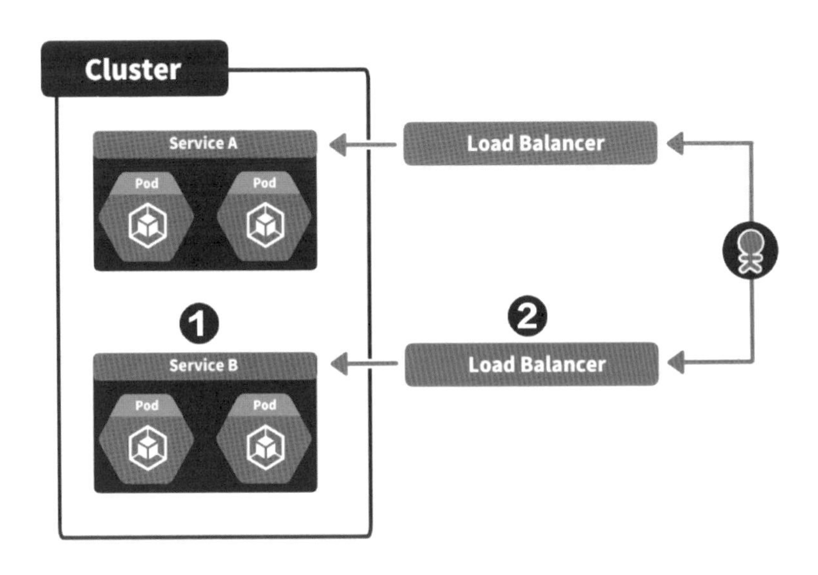

特別注意到，Load Balancer 是一個實際要運行著的運算支援，而提供 Load Balancer 的來源有多種選擇，可以是在本地自己建造了一個非常強大的 Load Balancer（下圖 1），來完成全部的請求處理；又或者是巧妙的運用雲端的支援，比如說 AWS 的 NLB (Network Load Balancer），或者 GCP 上面的 External LB (External Load Balancer），又或者是 Azure 上面的 Load Balancer 等（下圖 2），來幫你快速的建造起可以運行的 Load Balancer 進行處理，如下圖。

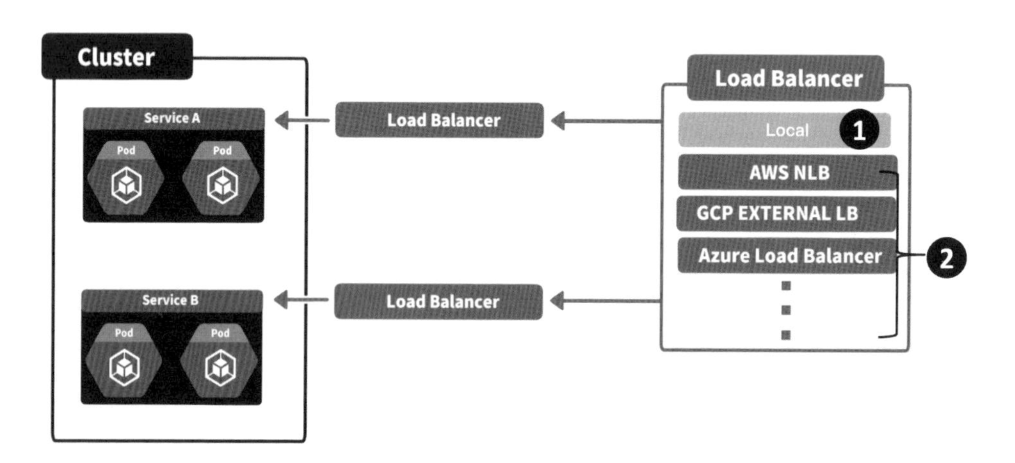

完成設定之後，就可以順利的透過這個方式，將外界的請求透過 Load Balancer 進到所相對應的 Service，最後交由裡面的 Pod 完成請求處理。到這邊就完成 Service 的三個種類的介紹。

K8S Service 三大種類比較

Cluster IP 部署種類只允許 Cluster 內部所送出的請求來進到 Service 裡面的 Pod，缺點為外界的使用者無法送出請求進來，所以只適合在內部相關資源的處理，如下圖。

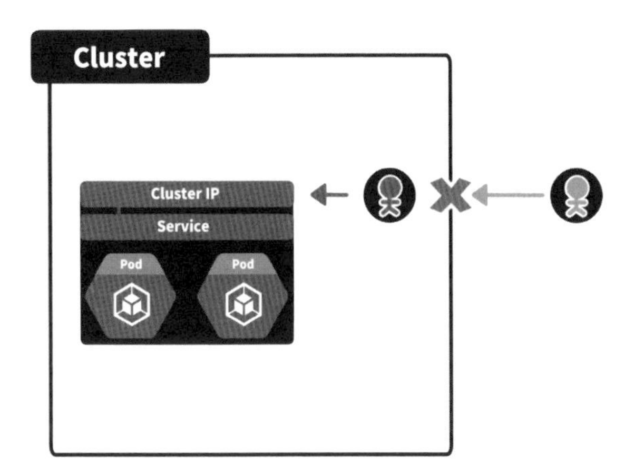

為了解決這個問題，才會有第二種種類 Node Port，透過 Worker Node 上面特定的 Port 來當作仲介者，連結到內部的 Service 以及裡面的 Port。缺點為需要同時開放多個 Worker Node 出來才可以連結到，造成設定上的維護麻煩。此外，Worker Node 上面所使用的 Port 所能選擇的範圍，只能在 30000-32768 Port，比如說 30528 的 Port Number（下圖 1 ），因此無法設定一個好看的 Port（例如 8080）來當作請求時所使用的 Port，如下圖。

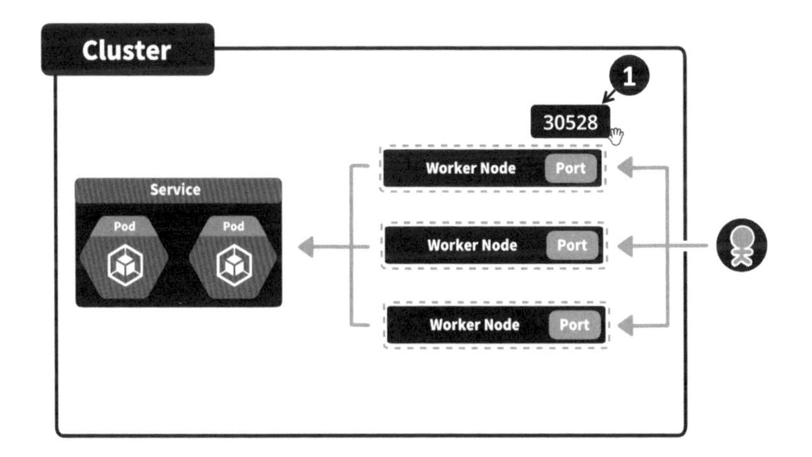

為了解決以上問題，產生出第三種 Service Type，也就是 Load Balancer。透過這個方式，Port Number 就可以透過 Load Balancer 比如 80 Port 的方式，統一進行請求的寄送，並且不需要去開放 Worker Node 上面任何 Port，可以乾乾淨淨

的啟用一台 Load Balancer 的運算資源，接收所有的請求後，再轉送到相對應的 Service 之中進行最終的請求處理，如下圖。

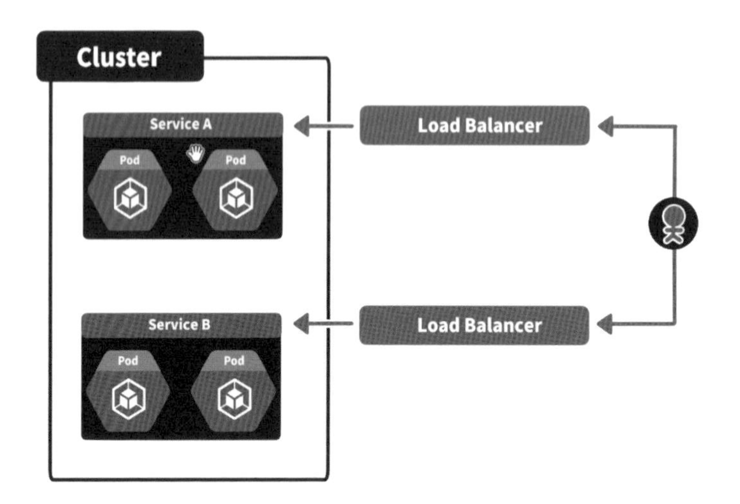

以上就是針對 Kubernetes Service 三種種類的部署配置介紹，分別為 Cluster IP、Node Port，以及 Load Balancer。Node Port 能解決 Cluster IP 僅能內部的問題，而 Load Balancer 則解決 Node Port 需開放多個 Port，難以管理的問題，那本單元就到這邊結束。

【模板 4】

Kubernetes (K8S) L4 網路管理 I：Services【ClusterIP 模式】

本單元將示範如何進行 Service 這個資源的種類部署，它將開放一個統一入口，讓外界可以送請求進去內部的 Pod，那我們就開始吧！

前置環境建立

首先，我們將利用上個單元所做的 simple-deployment.yaml 檔案，進行一個前置環境的專案部署。打上「kubectl apply -f simple-deployment.yaml」（下圖 1），再打上「kubectl get deployments」（下圖 2），就會看到已經啟動完整個 Deployment ，打上「clear」清空（下圖 3）。

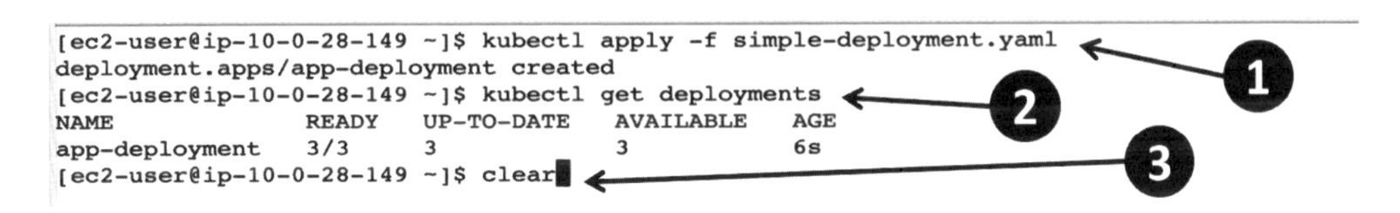

```
[ec2-user@ip-10-0-28-149 ~]$ kubectl apply -f simple-deployment.yaml
deployment.apps/app-deployment created
[ec2-user@ip-10-0-28-149 ~]$ kubectl get deployments
NAME             READY   UP-TO-DATE   AVAILABLE   AGE
app-deployment   3/3     3            3           6s
[ec2-user@ip-10-0-28-149 ~]$ clear
```


K8S Service 模板撰寫

接著進到 Service 部分的撰寫，本次要建立的是 Cluster IP 的這個種類。首先打上「vi simple-service-clusterip.yaml」，按下 a 進入編輯模式，如下圖。

```
[ec2-user@ip-10-0-28-149 ~]$ vi simple-service-clusterip.yaml
```

第一行打上「apiVersion: v1」（下圖 1）；再打上「kind: Service」（下圖 2），使用 Service 這個模板種類；接著打上「metadata:」（下圖 3），下一行定義名稱，打上「name: app-service-clusterip」（下圖 4），如下圖。

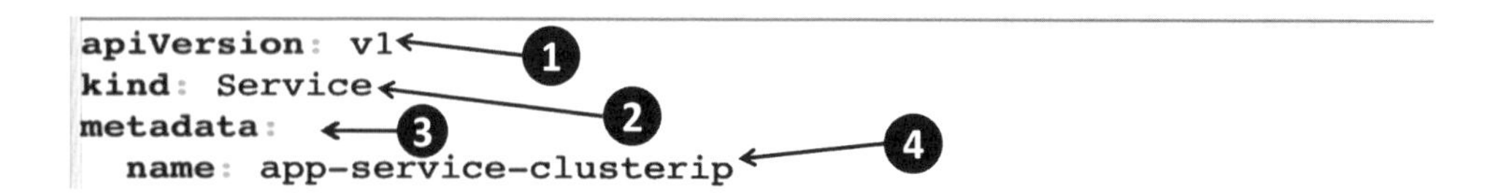

接著定義 Spec，打上「spec:」（下圖 1），下一行「type: ClusterIP」（下圖 2），在 ClusterIP 模式中，Service 並不允許 Cluster 外面的請求進來，而只會允許從 Cluster 內部的請求進來，稍後我們會進行一個更實際的示範。接著定義 Selector，打上「selector:」（下圖 3），與在 Replicaset 所介紹的非常類似，先定義一個 Label，打上「app: app-pod」（下圖 4），未來在這個 Cluster 之中，有相同 Label 的 Pod 都會由這個 Service 去管理網路請求進出。

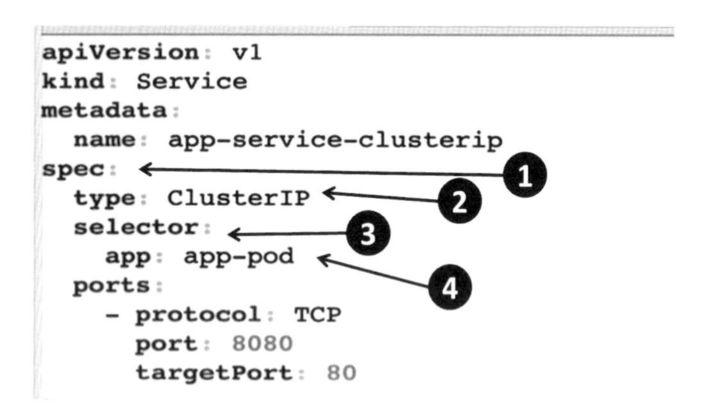

再來定義 Service 要對外開放哪些 Port，打上「ports:」（下圖 1），下一行「- protocol: TCP」（下圖 2），使用最常見的 TCP 的方式請求，下一行「port: 8080」（下圖 3），定義的是 Service 要對外開放 8080 Port。再來定義 TargetPort，打上「targetPort: 80」，這邊設定 80 去對應到我們已經部署的 deployment 所監聽的 Port（下圖 4）。確認沒問題後，按 Exc 並打「:wq」（下圖 5）存檔離開，如下圖。

```
apiVersion: v1
kind: Service
metadata:
  name: app-service-clusterip
spec:
  type: ClusterIP
  selector:
    app: app-pod
  ports:
    - protocol: TCP
      port: 8080
      targetPort: 80
~
~
~
~
:wq
```

1 2 3 4 5

K8S Service 資源部署

打上「cat simple-service-clusterip.yaml」（下圖 1）確認，若沒問題，打上「kubectl apply -f simple-service-clusterip.yaml」進行部署（下圖 2），之後若看到 created 字樣代表成功（下圖 3）。再打上「kubectl get services」（下圖 4），就會看到剛剛所部署的 app-service-clusterip 在這邊，且 type 為 ClusterIP，對外開放 8080 Port，這個 IP 在外界是連不進去的（下圖 5）。

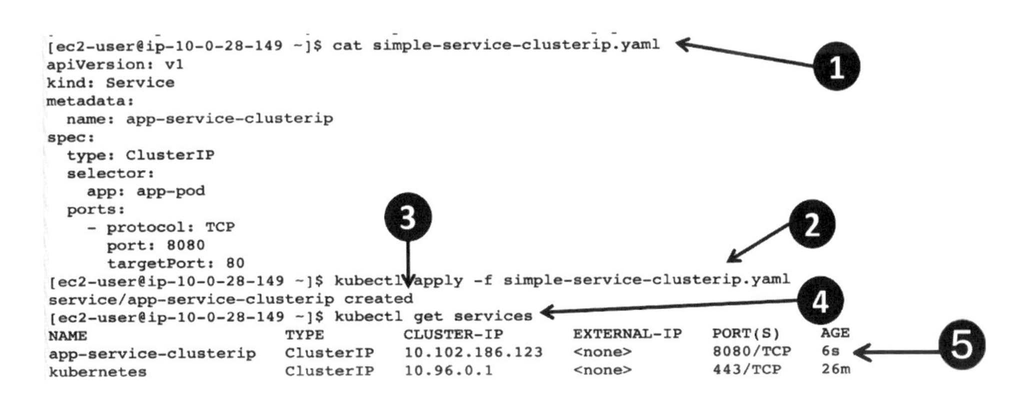

還記得 Minikube Cluster 是放在一個 Docker Container 之中的，我們這邊打上「docker ps」（下圖 1 ），顯示出的就是放入 Minikube Cluster 的地方（下圖 2 ）。若使用的是 ClusterIP Service 種類，Docker Container 就不會把這個 Service 開放給外界使用。因此如果要真的去測試專案部署，就必須要進去這個 Container 裡面；換言之，進入到 Cluster 之中才能進行測試。首先，打上「clear」清空畫面（下圖 3 ）。

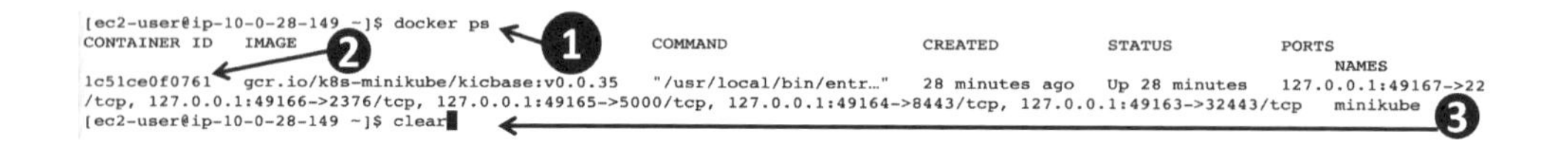

K8S Service 運用示範

重新打上「kubectl get services」（下圖 1 ），就會看到 service cluster ip，比如說這邊的 10.102.186.123 （下圖 2)。打上「docker ps」（下圖 3 ），完成後打上「docker exec -it minikube bash」；minikube 為這邊的 container 名稱（下圖 4 ），-it 為進入互動模式，而 bash 為進入到 Container 去進行指令互動。

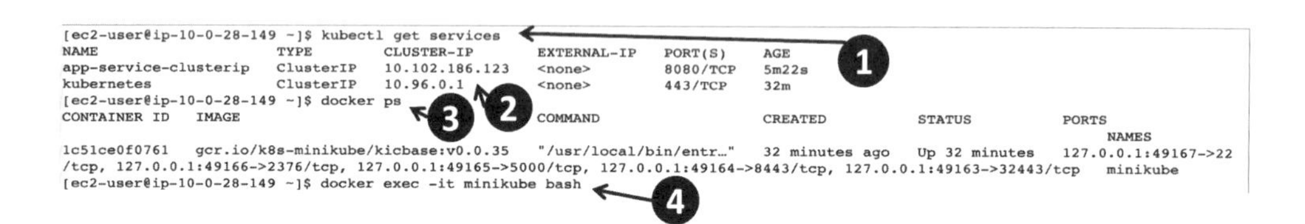

進去之後就在 Container 裡面，也可以說在 Cluster 裡面，也就可以運用 ClusterIP 的這個連線方式。打上「curl 10.102.186.123:8080」，10.102.186.123 為 Service 開放的 ClusterIP，8080 則為 Service 所監聽的 Port（下圖 1 ）， 就會看到成功的收到回應。

回應的意思是，此 beta 專案中，已經交由這個 Pod 的名稱，來完成這個請求的回應（下圖 2 ）。

```
root@minikube:/# curl 10.102.186.123:8080
[beta] served by: app-deployment-7b4fd5576-7n46h
```

如果多重複幾次上述指令，「curl 10.102.186.123:8080」，則會看到收到的是不同 Pod 處理當下的請求（下圖 1）。這是因為這個 Service 所涵蓋的，是我們所定義的 Label 的所有 Pod，每個 Pod 都有機會被分配到請求並且回應。最後，打上「exit」離開（下圖 2），再打上「clear」清空（下圖 3）。

```
root@minikube:/# curl 10.102.186.123:8080
[beta] served by: app-deployment-7b4fd5576-7n46h
root@minikube:/# curl 10.102.186.123:8080
[beta] served by: app-deployment-7b4fd5576-9h6hs
root@minikube:/# curl 10.102.186.123:8080
[beta] served by: app-deployment-7b4fd5576-7n46h
root@minikube:/# curl 10.102.186.123:8080
[beta] served by: app-deployment-7b4fd5576-7n46h      ❶
root@minikube:/# curl 10.102.186.123:8080
[beta] served by: app-deployment-7b4fd5576-vrgtx
root@minikube:/# curl 10.102.186.123:8080
[beta] served by: app-deployment-7b4fd5576-9h6hs
root@minikube:/# curl 10.102.186.123:8080
[beta] served by: app-deployment-7b4fd5576-vrgtx
root@minikube:/# exit  ❷
exit
[ec2-user@ip-10-0-28-149 ~]$ clea  ❸
```

再打上「kubectl get services」（下圖 1）。為了看更詳細，打上「kubectl describe service app-service-clusterip」（下圖 2）， 就會看到 Endpoints 部分有三個（下圖 3），這就代表目前有三個 Pod 交給這個 Service 來管理。也就是說，Service 在送出請求的時候，會有它們三個其中一個來完成請求的部分。

```
[ec2-user@ip-10-0-28-149 ~]$ kubectl get services   <-- ❶
NAME                    TYPE        CLUSTER-IP       EXTERNAL-IP   PORT(S)    AGE
app-service-clusterip   ClusterIP   10.102.186.123   <none>        8080/TCP   6m33s
kubernetes              ClusterIP   10.96.0.1        <none>        443/TCP    33m
[ec2-user@ip-10-0-28-149 ~]$ kubectl describe service app-service-clusterip   <-- ❷
Name:              app-service-clusterip
Namespace:         default
Labels:            <none>
Annotations:       <none>
Selector:          app=app-pod
Type:              ClusterIP
IP Family Policy:  SingleStack
IP Families:       IPv4
IP:                10.102.186.123
IPs:               10.102.186.123
Port:              <unset>  8080/TCP
TargetPort:        80/TCP
Endpoints:         172.17.0.3:80,172.17.0.4:80,172.17.0.5:80   ❸
Session Affinity:  None
Events:            <none>
```

本單元完成 Service ClusterIP 這個種類的介紹，並透過測試顯示出其特性不開放外面直接連線的特性，以及 Service 隨機分配請求給不同 Pod 的這項機制，那本單元到這邊結束。

【模板 4】

Kubernetes (K8S) L4 網路管理 II：Services【NodePort 模式】

本單元將介紹 Service Node 的模板撰寫，那我們就開始吧！

K8S Service 模板撰寫

接續前面單元，打上「ls」（下圖 1）便會看到之前所做好的 simple-service-clusterip.yaml 檔案，打上「cp simple-service-clusterip.yaml simple-service-nodeport.yaml」複製一份（下圖 2）。完成之後，打上「vi simple-service-nodeport.yaml」進行編輯（下圖 3），並按「a」進入編輯模式。

那我們這邊逐一修改，首先 name 部分，改為「name: app-service-nodeport」（下圖 1），type 修改為「type: NodePort」（下圖 2），其它不變。按 Esc 打上「:wq」存檔離開（下圖 3），如下圖。

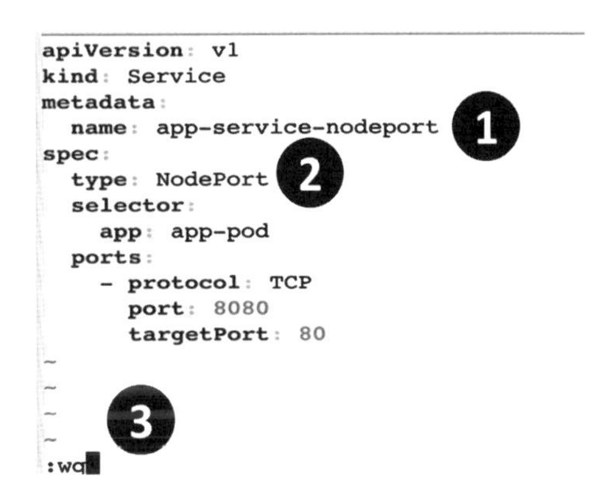

K8S Service 資源部署

打上「cat simple-service-nodeport.yaml」（下圖 1）確認，若沒問題，打上「kubectl apply -f simple-service-nodeport.yaml」（下圖 2），再打上「kubectl get services」（下圖 3），就會看到剛剛所建的 app-service-nodeport 這個 Service，種類為 NodePort。而不論是哪一個種類，Kubernetes Cluster 都會放上一個 Cluster IP 供其使用，但這個 NodePort 種類還擁有另外一個功能；可以看到除了 8080 以外，還多一個 30528 Port（下圖 4）。這個其實代表此運算資源的 Node 節點，開放了這個 30528 Port。我們最後就可以透過這個 Port 連結到 Service 裡面的 8080，最終再連結到 Service 所連結的 Pod 的專案中的 8080。

```
[ec2-user@ip-10-0-28-149 ~]$ cat simple-service-nodeport.yaml   ❶
apiVersion: v1
kind: Service
metadata:
  name: app-service-nodeport
spec:
  type: NodePort
  selector:
    app: app-pod
  ports:
    - protocol: TCP
      port: 8080
      targetPort: 80
[ec2-user@ip-10-0-28-149 ~]$ kubectl apply -f simple-service-nodeport.yaml   ❷
service/app-service-nodeport created
[ec2-user@ip-10-0-28-149 ~]$ kubectl get services   ❸
NAME                   TYPE        CLUSTER-IP       EXTERNAL-IP   PORT(S)          AGE
app-service-clusterip  ClusterIP   10.102.186.123   <none>        8080/TCP         11m
app-service-nodeport   NodePort    10.96.191.219    <none>        8080:30528/TCP   5s
kubernetes             ClusterIP   10.96.0.1        <none>        443/TCP   ❹     38m
[ec2-user@ip-10-0-28-149 ~]$
```

而在這邊就會有個問題，那麼 Node 運算節點的 IP 是多少呢？為了拿到這個資訊，打上「kubectl get nodes」（下圖 1）， 會看到只有一個實際的 Node 節點，也就是這邊的名稱為 Minikube 的 Node 節點。由於目前在本地，這個 Minikube，實際就是一開始所創建的 Docker Container。到這邊先打上「clear」清空畫面（下圖 2）。

```
[ec2-user@ip-10-0-28-149 ~]$ kubectl get nodes   ❶
NAME       STATUS   ROLES           AGE   VERSION
minikube   Ready    control-plane   39m   v1.25.2
[ec2-user@ip-10-0-28-149 ~]$ clear   ❷
```

K8S Service 運用示範

再次打上「kubectl get nodes」（下圖 1），為了看更詳細一點打上「kubectl describe node minikube」（下圖 2）。

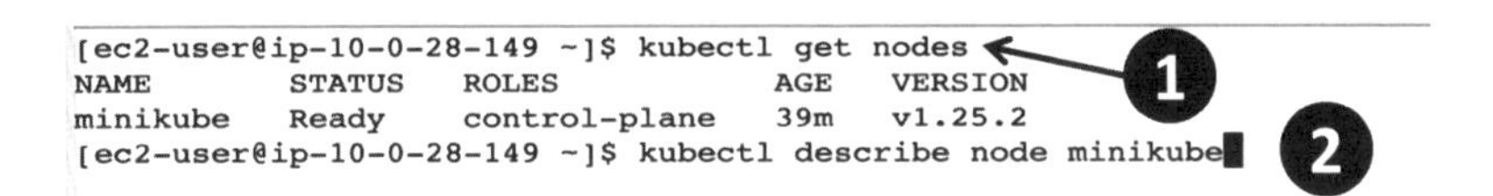

往上拉一點，可以看到 IP 位置，也就是 Address，這邊有個 InternalIP 192.168.49.2，它就是這個 Node 所對外開放的一個節點 IP，如下圖。

```
Addresses:
  InternalIP:  192.168.49.2
  Hostname:    minikube
```

再打上「kubectl get services」（下圖 1），完成後打上「curl 192.168.49.2:30528」（下圖 2），192.168.49.2 為剛剛拿到的 InternalIP，30528 為目前 Node 節點所開放的 Port， 就會成功收到回應（下圖 3）。

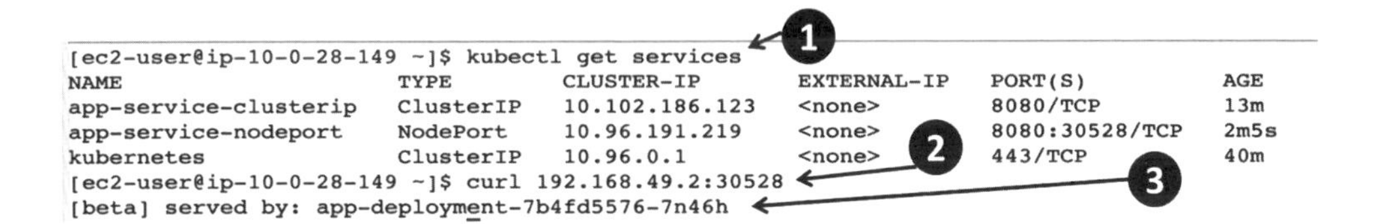

這裡拿到回應代表的意義，其實跟 ClusterIP 的回應差得非常的多。在 Cluster IP Service 這個種類之中，是無法在 Container 以外、在 Node 節點以外、或者說在 Cluster 以外的地方去與 Pod 直接進行溝通。然而，如果使用 Node Port Service 這個種類的話，就可以透過它的 Node 節點所開放出來的 Internal IP，來與 Cluster 裡面的 Pod 直接進行溝通。

而如果不斷的執行相同指令「curl 192.168.49.2:30528」的話，也會收到不同 Pod 來處理這次當前的請求，如下圖。

```
[ec2-user@ip-10-0-28-149 ~]$ curl 192.168.49.2:30528
[beta] served by: app-deployment-7b4fd5576-7n46h
[ec2-user@ip-10-0-28-149 ~]$ curl 192.168.49.2:30528
[beta] served by: app-deployment-7b4fd5576-9h6hs
[ec2-user@ip-10-0-28-149 ~]$ curl 192.168.49.2:30528
[beta] served by: app-deployment-7b4fd5576-vrgtx
[ec2-user@ip-10-0-28-149 ~]$ curl 192.168.49.2:30528
[beta] served by: app-deployment-7b4fd5576-vrgtx
[ec2-user@ip-10-0-28-149 ~]$
```

本單元對於 Service Node Port 種類進行部署與介紹，本單元就先到這邊結束。

【模板 4】

Kubernetes (K8S) L4 網路管理 III：Services【LoadBalancer 模式】

本單元將介紹 Service 的第三種種類 Load Balancer。在使用 Load Balancer 這個種類的時候，都必須要有一個實際存在的 Load Balancer 與這個 Load Balancer 模板同步進行部署，那我們就開始吧！

K8S Service 模板撰寫

首先打上「ls」（下圖 1），會看到之前所建立的 simple-service-nodeport.yaml 檔案。打上「cp simple-service-nodeport.yaml simple-service-loadbalancer.yaml」複製一份（下圖 2）。

```
[ec2-user@ip-10-0-28-149 ~]$ ls
simple-deployment.yaml  simple-pod.yaml  simple-replicaset.yaml  simple-service-clusterip.yaml  simple-service-nodeport.yaml
[ec2-user@ip-10-0-28-149 ~]$ cp simple-service-nodeport.yaml simple-service-loadbalancer.yaml
```

打上「vi simple-service-loadbalancer.yaml」開始編輯，進去後按「a」進入編輯模式，如下圖。

```
[ec2-user@ip-10-0-28-149 ~]$ vi simple-service-loadbalancer.yaml
```

接著逐一修改，首先 name: 部分改為「name: app-service-loadbalancer」（下圖 1），type: 部分改為「type: LoadBalancer」（下圖 2），其餘按照原本預設即可。若沒問題，按 Esc 打上 「:wq」存檔離開（下圖 3）。

```
apiVersion: v1
kind: Service
metadata:
  name: app-service-loadbalancer
spec:
  type: LoadBalancer
  selector:
    app: app-pod
  ports:
    - protocol: TCP
      port: 8080
      targetPort: 80
~
~
~
~
~
:wq
```

K8S Service 資源部署

完成後打上「cat simple-service-loadbalancer.yaml」確認一下（下圖 1）。若沒問題，打上「kubectl apply -f simple-service-loadbalancer.yaml」（下圖 2），就會看到 created 字樣。再打上「kubectl get services」（下圖 3）， 就會看到剛剛所新部署的 app-service-loadbalancer 這個 Service 資源（下圖 4），Type 為 LoadBalancer。而 Cluster IP 一樣，不管什麼種類都會拿到一個給內部溝通用。這邊，特別可以看到 External IP 現在是 Pending 狀態（下圖 5），這是因為目前還沒有一個在本地真正運行的 Load Balancer 來完成這次的部署。

```
[ec2-user@ip-10-0-28-149 ~]$ cat simple-service-loadbalancer.yaml
apiVersion: v1
kind: Service
metadata:
  name: app-service-loadbalancer
spec:
  type: LoadBalancer
  selector:
    app: app-pod
  ports:
    - protocol: TCP
      port: 8080
      targetPort: 80
[ec2-user@ip-10-0-28-149 ~]$ kubectl apply -f simple-service-loadbalancer.yaml
service/app-service-loadbalancer created
[ec2-user@ip-10-0-28-149 ~]$ kubectl get services
NAME                       TYPE           CLUSTER-IP      EXTERNAL-IP   PORT(S)          AGE
app-service-clusterip      ClusterIP      10.102.186.123  <none>        8080/TCP         19m
app-service-loadbalancer   LoadBalancer   10.99.207.218   <pending>     8080:30089/TCP   9s
app-service-nodeport       NodePort       10.96.191.219   <none>        8080:30528/TCP   7m33s
kubernetes                 ClusterIP      10.96.0.1       <none>        443/TCP          45m
[ec2-user@ip-10-0-28-149 ~]$
```

接著複製 EC2 頁面 URL（下圖 1），如下圖。

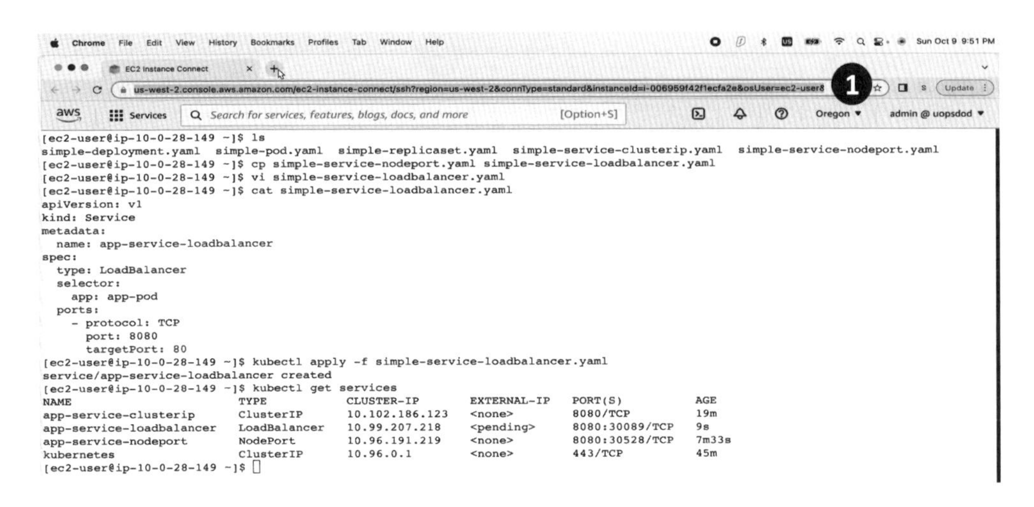

開啟新視窗並貼上 URL（下圖 1），開啟第二個 Terminal 視窗，如下圖。

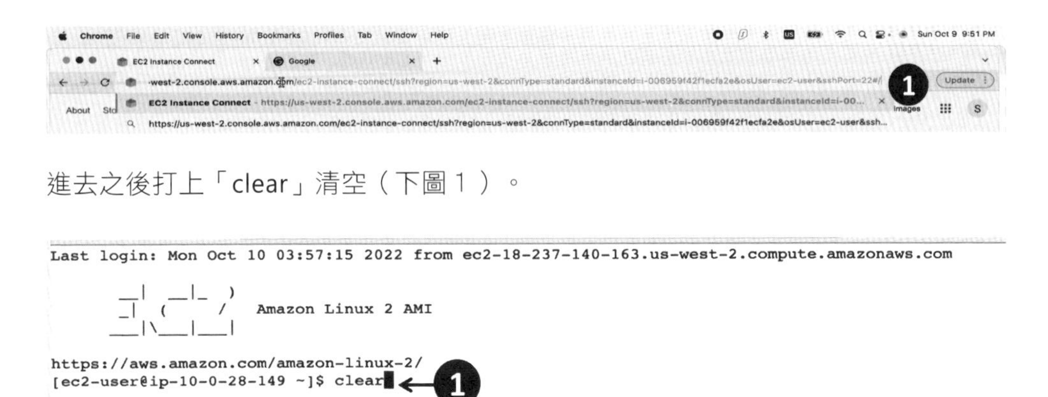

進去之後打上「clear」清空（下圖 1）。

```
Last login: Mon Oct 10 03:57:15 2022 from ec2-18-237-140-163.us-west-2.compute.amazonaws.com

       __|  __|_  )
       _|  (     /   Amazon Linux 2 AMI
      ___|\___|___|

https://aws.amazon.com/amazon-linux-2/
[ec2-user@ip-10-0-28-149 ~]$ clear
```

打上「minikube tunnel」（下圖 1），去模擬在本地運行的 Load Balancer 服務，表示它會將所有的請求都導到 Minikube Cluster 之中（下圖 2）。

```
[ec2-user@ip-10-0-28-149 ~]$ minikube tunnel
Status:
        machine: minikube
        pid: 995510
        route: 10.96.0.0/12 -> 192.168.49.2
        minikube: Running
        services: [app-service-loadbalancer]
    errors:
                minikube: no errors
                router: no errors
                loadbalancer emulator: no errors
Status:
        machine: minikube
        pid: 995510
        route: 10.96.0.0/12 -> 192.168.49.2
        minikube: Running
        services: [app-service-loadbalancer]
    errors:
                minikube: no errors
                router: no errors
                loadbalancer emulator: no errors
```

K8S Service 運用示範

好了之後，回到第一個 EC2 Terminal，打上「kubectl get services -w」（下圖 1），會看到成功的拿到一個 External IP（下圖 2），比如說這次拿到的 10.99.207.218，好了之後 Control + C 離開。

```
[ec2-user@ip-10-0-28-149 ~]$ kubectl get services -w
NAME                       TYPE           CLUSTER-IP       EXTERNAL-IP     PORT(S)          AGE
app-service-clusterip      ClusterIP      10.102.186.123   <none>          8080/TCP         20m
app-service-loadbalancer   LoadBalancer   10.99.207.218    10.99.207.218   8080:30089/TCP   105s
app-service-nodeport       NodePort       10.96.191.219    <none>          8080:30528/TCP   9m9s
kubernetes                 ClusterIP      10.96.0.1        <none>          443/TCP          47m
```

有了這個本地的 Load Balancer，並且有一個對外的 IP 之後，就可以很方便的打上「curl 10.99.207.218:8080」（下圖 1），10.99.207.218 為 Service 所開放出來的 External IP，8080 為 Service 監聽的 Port， 就會看到成功收到回應，不需要去特別使用後面這個 30528 Port，而是可以直接使用 Service 所定義任何 Port 來進行。

```
[ec2-user@ip-10-0-28-149 ~]$ curl 10.99.207.218:8080
[beta] served by: app-deployment-7b4fd5576-7n46h
[ec2-user@ip-10-0-28-149 ~]$
```

而一樣如果不斷的執行「curl 10.99.207.218:8080」，也會看到請求是交由後面不同的 Pod 進行處理的，如下圖。

```
[ec2-user@ip-10-0-28-149 ~]$ curl 10.99.207.218:8080
[beta] served by: app-deployment-7b4fd5576-7n46h
[ec2-user@ip-10-0-28-149 ~]$ curl 10.99.207.218:8080
[beta] served by: app-deployment-7b4fd5576-7n46h
[ec2-user@ip-10-0-28-149 ~]$ curl 10.99.207.218:8080
[beta] served by: app-deployment-7b4fd5576-vrgtx
[ec2-user@ip-10-0-28-149 ~]$ curl 10.99.207.218:8080
[beta] served by: app-deployment-7b4fd5576-7n46h
[ec2-user@ip-10-0-28-149 ~]$ curl 10.99.207.218:8080
[beta] served by: app-deployment-7b4fd5576-7n46h
[ec2-user@ip-10-0-28-149 ~]$ curl 10.99.207.218:8080
[beta] served by: app-deployment-7b4fd5576-9h6hs
[ec2-user@ip-10-0-28-149 ~]$ curl 10.99.207.218:8080
[beta] served by: app-deployment-7b4fd5576-7n46h
[ec2-user@ip-10-0-28-149 ~]$ curl 10.99.207.218:8080
[beta] served by: app-deployment-7b4fd5576-7n46h
[ec2-user@ip-10-0-28-149 ~]$ curl 10.99.207.218:8080
[beta] served by: app-deployment-7b4fd5576-7n46h
```

在實際的部署之中，Load Balancer 是一個相較於 Cluster IP 與 Node Port 更常為使用的一個負載平衡資源的部署模式。特別要注意的是，如果使用的是 Load Balancer Type 的話，每一個 Load Balancer 自己都會配到一個專屬的 External IP，一個對外的開放 IP。比如說這邊的 10.99.207.218（下圖 1），而如果將相同的模板把它部署在不同的雲端商（比如說 AWS、GCP、Azure），實際上都會真正的去啟動一個 Load Balancer 的運算資源，去進行請求處理。

```
app-service-nodeport       NodePort       10.96.191.219    <none>          8080:30528/TCP   7m33s
kubernetes                 ClusterIP      10.96.0.1        <none>          443/TCP          45m
[ec2-user@ip-10-0-28-149 ~]$ kubectl get services -w
NAME                       TYPE           CLUSTER-IP       EXTERNAL-IP     PORT(S)          AGE
app-service-clusterip      ClusterIP      10.102.186.123   <none>          8080/TCP         20m
app-service-loadbalancer   LoadBalancer   10.99.207.218    10.99.207.218   8080:30089/TCP   105s
app-service-nodeport       NodePort       10.96.191.219    <none>          8080:30528/TCP   9m9s
kubernetes                 ClusterIP      10.96.0.1        <none>       1  443/TCP          47m
^C
```

這邊的第二個 EC2 Terminal（下圖 1），則是一個我們在本地人工模擬出來的 Load Balancer（下圖 2）。但如果在雲端上面，實際上雲端商會自動幫你啟起一個真正的 Load Balancer Instances 實際運作，來進行這些請求處理，它將會提供一個更好的穩定度。

接著，回到第一個 EC2 Terminal（下圖 1 ）。

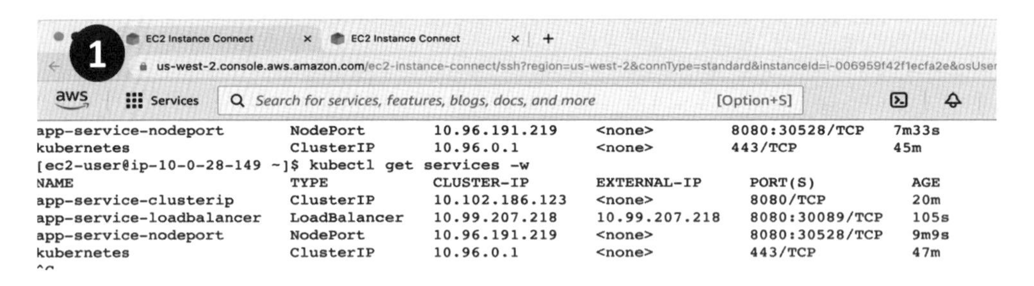

最後再總覽的看一遍，打上「kubectl get services」，在 Service 這個主題的介紹之中共介紹三個種類，分別為 Cluster IP：僅對內開放。（下圖 1 ）

Node Port：透過 Node 節點的方式，開放一個特定的 Port 對外開放。（下圖 3 ）

Load Balancer：直接開放一個對外 IP，並直接使用與 Service 所監聽的 Port 進行連結。（下圖 2 ）

```
[ec2-user@ip-10-0-28-149 ~]$ kubectl get services
NAME                       TYPE           CLUSTER-IP       EXTERNAL-IP      PORT(S)          AGE
app-service-clusterip      ClusterIP      10.102.186.123   <none>           8080/TCP         23m
app-service-loadbalancer   LoadBalancer   10.99.207.218    10.99.207.218    8080:30089/TCP   4m14s
app-service-nodeport       NodePort       10.96.191.219    <none>           8080:30528/TCP   11m
kubernetes                 ClusterIP      10.96.0.1        <none>           443/TCP          49m
```

而到這邊，我們就非常完整了解 Service 的三個種類的特性與運用。

K8S Service 資源清理

最後來進行清理部分，打上「kubectl delete all --all」，把所有的資源一次給清光光， 後大概過了一分鐘之後完成清理，如下圖。

```
[ec2-user@ip-10-0-28-149 ~]$ kubectl delete all --all
pod "app-deployment-7b4fd5576-7n46h" deleted
pod "app-deployment-7b4fd5576-9h6hs" deleted
pod "app-deployment-7b4fd5576-vrgtx" deleted
service "app-service-clusterip" deleted
service "app-service-loadbalancer" deleted
service "app-service-nodeport" deleted
service "kubernetes" deleted
```

進到第二個 EC2 Terminal（下圖 1 ），打上 Control + C 結束它（下圖 2 ），好了之後就把頁面關掉即可。

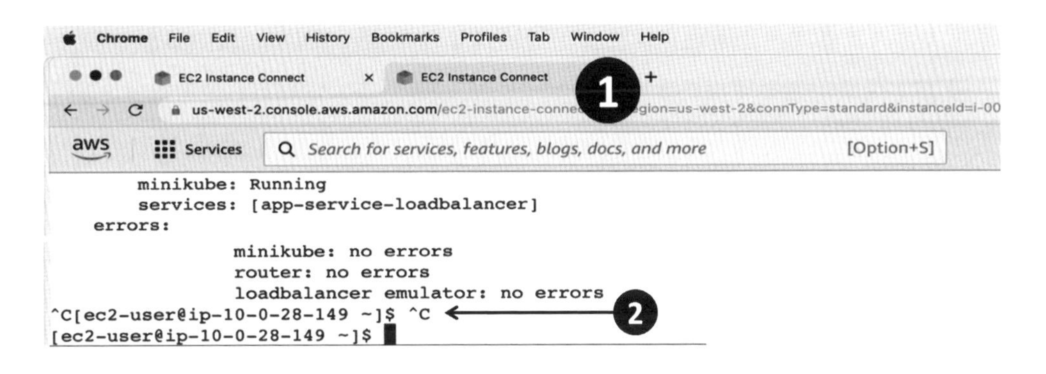

這次，我們練習了 Load Balancer 的模板撰寫，並統整 Service 三大種類的特性，那本單元到這邊結束。

【圖解觀念】

Kubernetes (K8S) Probe 監控架構【3 大機制】

本單元將介紹 Kubernetes Monitoring 監控的部分。在 Pod 啟動之後，要如何去觀察它們是否還是健全的運作著。Kubernetes 提供給幾種監測的功能，那我們就開始吧！

K8S Startup Probe 監控機制

首先，第一個要看的是 Startup Probe（下圖 1）。這個 Startup Probe 會在啟動 Pod 的時候，第一個被啟動起來監控。它會根據你所設定的一個 API 路徑，去打出一個 API 請求。如果可以成功收到 200 的回應的話，就代表 Pod 正常運作。如下圖。

K8S Liveness Probe 監控機制

如果 Startup Probe 通過的話，它將會進行到下一個 Probe 叫做 Liveness Probe（下圖 2）。Liveness Probe 與 Startup Probe 最大的不同點在於，Startup Probe 是一次性的監控，在 Pod 成功啟動之後這個 Startup Probe 就不會再次被執行。而 Liveness Probe 將會跟著 Pod 終生進行持續性的監控。一樣，在 Liveness Probe 這邊，你也要去設定它所要發出的請求，要打到哪一個 API 的路線。

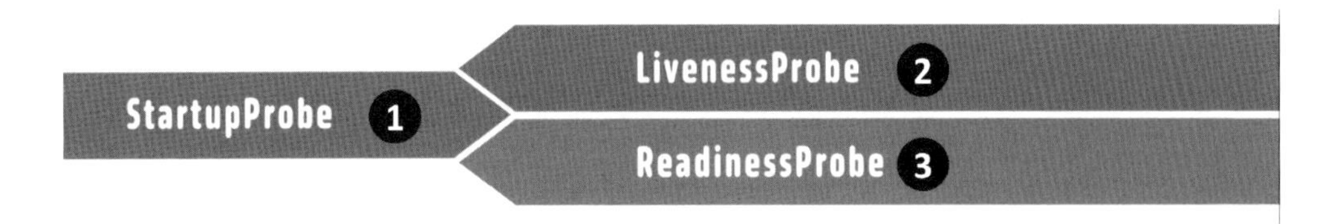

K8S Readiness Probe 監控機制

除此之外，在 Startup Probe 通過之後，還有另外一個 Probe 叫做 Readiness Probe（下圖 3 ）。Readiness Probe 跟 Liveness Probe 一樣，都是會跟著 Pod 終生進行持續性監控的。一樣，Readiness Probe 你也可以去設定，它所要發出請求進行監控的 API 路徑要是哪一個。

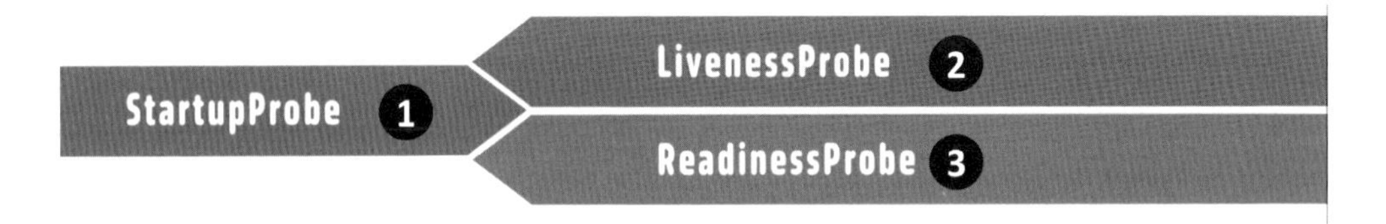

那這邊就有個問題，這三個 Probe 如果都要去設定一個 API 路徑去送出請求，它們之間最大的差別又在哪裡呢？所以這邊我們用 A 與 B 兩種標示來分別，對於 Startup Probe 跟 Liveness Probe（下圖 A ），它們都是去進行一個「Pod 本身」的自行監控。而 Readiness Probe（下圖 B ），它所進行的是一個對「下游系統」進行監控，比如說在 Pod 有去進行資料庫的連線，或者有去呼叫其他 Service 所提供的 API，又或者有去進行遠端 Redis 快取的使用。Readiness Probe 去監控的，就是這些 Pod 自身以外的相關服務系統。因此就算 Pod 自身是健康的，若其中一個下游系統可能已經壞掉了，那麼也不能讓 Pod 開放給外界使用，因為這整體的服務仍然受到極大的影響。

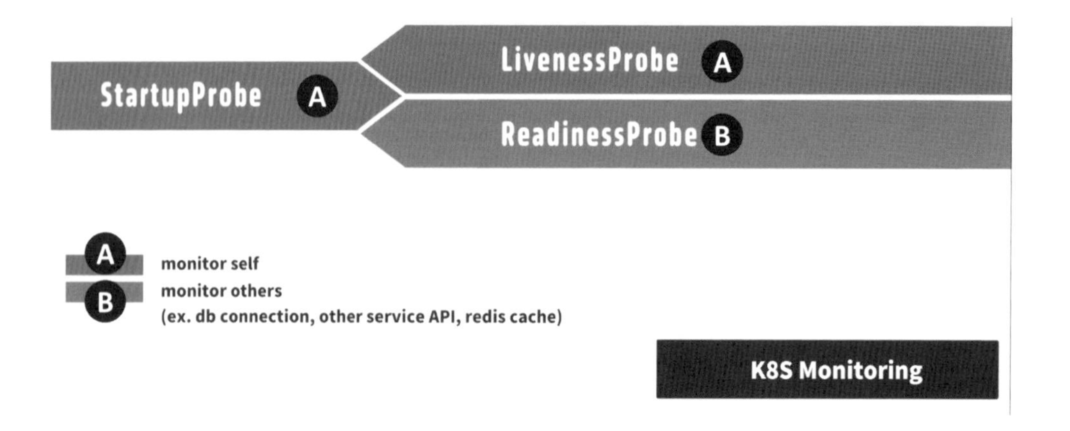

3 大 Probe 情境模擬與對應方式

接著，我們來模擬在這三個 Probe 之中，如果出現壞掉的狀況，那麼他們各自會做什麼相對應的處理。首先，看到 Startup Probe 這邊。假設在它進行一個監測的過程中，在這個時間點它發現，當它送出請求到 Pod 的時候，它已經持續了好幾次沒有收到 200 的成功回應（下圖 1 ），那麼它所會做的相對應動作，是去重新啟動 Pod（下圖 2 ），這就是 Startup Probe 遇到失敗狀況會做的處理。

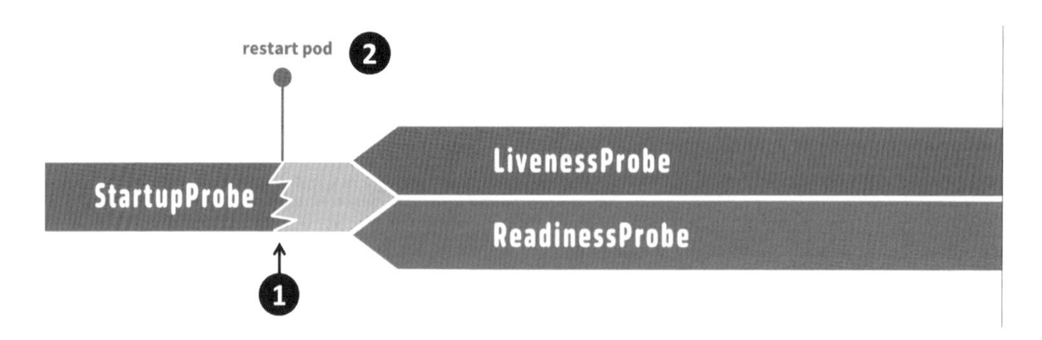

那如果 Startup Probe 順利通過，並且延續到 Liveness Probe 這邊。但是在某個時間點中，Liveness Probe 偵測到已經好幾次沒有收到 200 的成功回應（下圖 1 ），那麼當一個 Liveness Probe 判定 Pod 是失敗的時候，它所會做的動作跟 Startup Probe 一樣，會去重新啟動 Pod（下圖 2 ），試圖去把它復原回來。

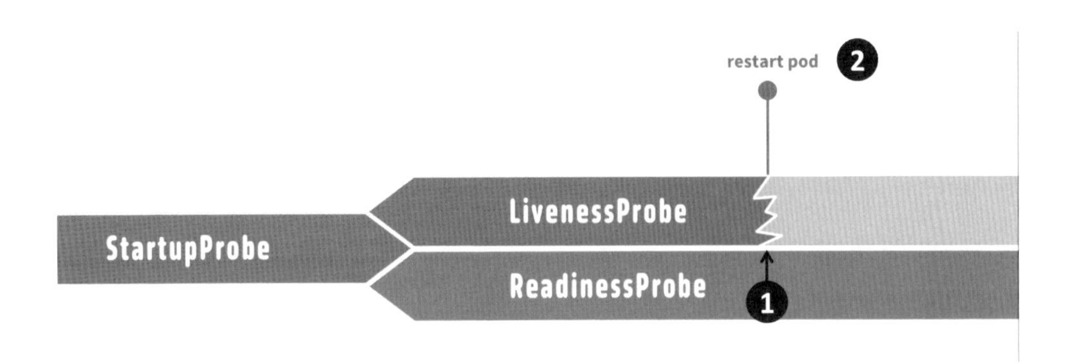

假設 Startup Probe 通過之後，它傳到 Liveness Probe 也都是順利進行，同時它傳到 Readiness Probe。但是在某個時間點中，Readiness Probe 偵測到已經好幾次沒有收到 200 的成功回應（下圖 1 ），就代表所使用的某個下游系統已經無法成功為 Pod 提供服務。如果遇到這個狀況，Readiness Probe 會做的動作是把 Pod 標記為 Unready（下圖 2 ）。這邊特別注意是，Pod 並不會重新啟動，而只是暫時的先變成 Unready 的狀態。

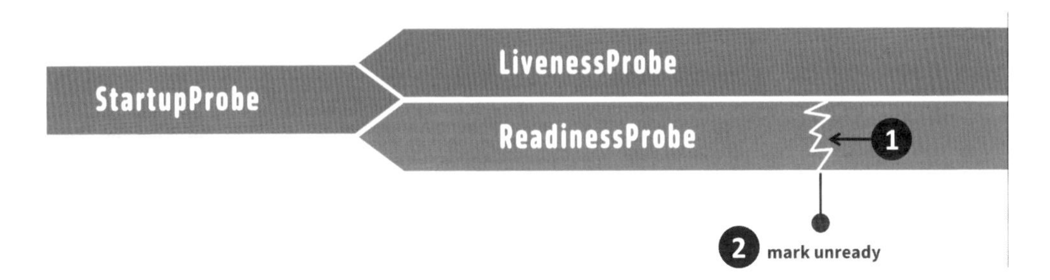

Unready 的狀態所代表的意思是，Pod 持續運行，但是 Kubernetes Service 並不會把網路請求分配到這台 Pod 上面，就這樣繼續等待。此外，因為是下游系統出問題，Pod 本身無法自行進行修復，所以可能會過一段時間都是持續在一個不知道什麼時候會修好的狀態（下圖 1 ）。

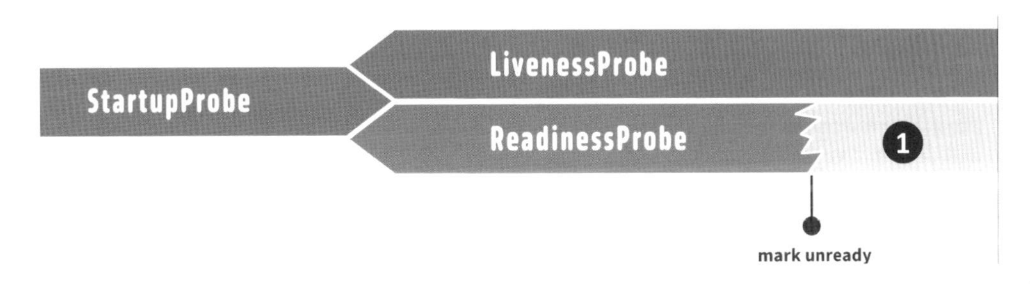

但是可能在某個時段，所使用的資料庫雲端服務恢復正常了。那麼再過一段時間後，Readiness Probe 所送出的監控 API 請求也會持續了好幾次都成功收到回應（下圖 1 ），它就會再次把 Pod 標記為 Ready 的狀態（下圖 2 ）。也就是說，現在 Service，又會再次把外界的請求送給這台 Pod 進行處理。

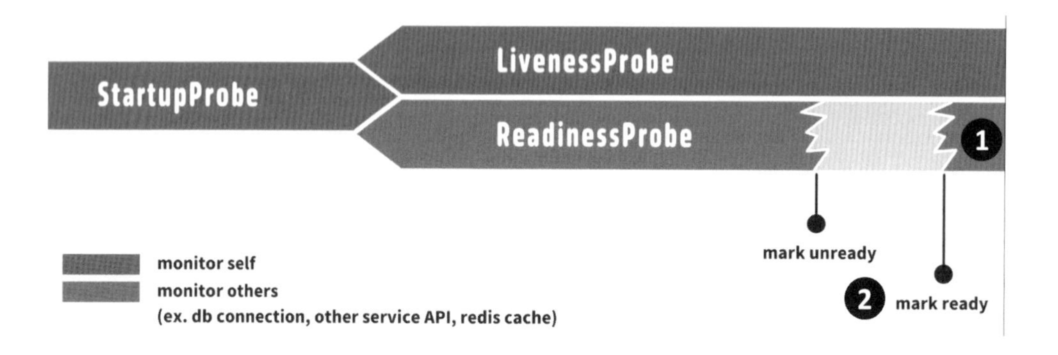

3 大 Probe 監控機制比較

最後我們進行一個全部總覽。在啟動一台 Pod 的時候，總共會有三種 Probe 機制。Startup Probe（下圖 1 ）在啟動的時候第一個執行的，如果沒有通過將會進行 Pod 的重啟（下圖 2 ）。如果通過了，它將會同時去啟動 Liveness Probe 以及 Readiness Probe（下圖 3 ）。

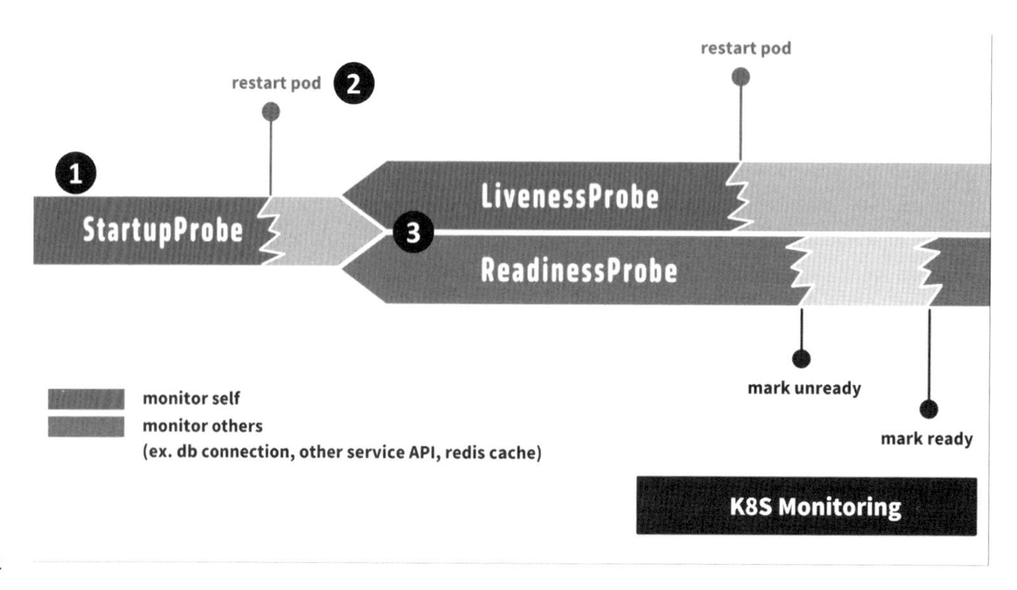

Liveness Probe 如果在過程中判定 Pod 的狀態是失敗的，那它也會進行一個重啟的動作（下圖１）。Startup Probe 跟 Liveness Probe 都是一個監控 Pod 自身狀態的監控機制（下圖２）。

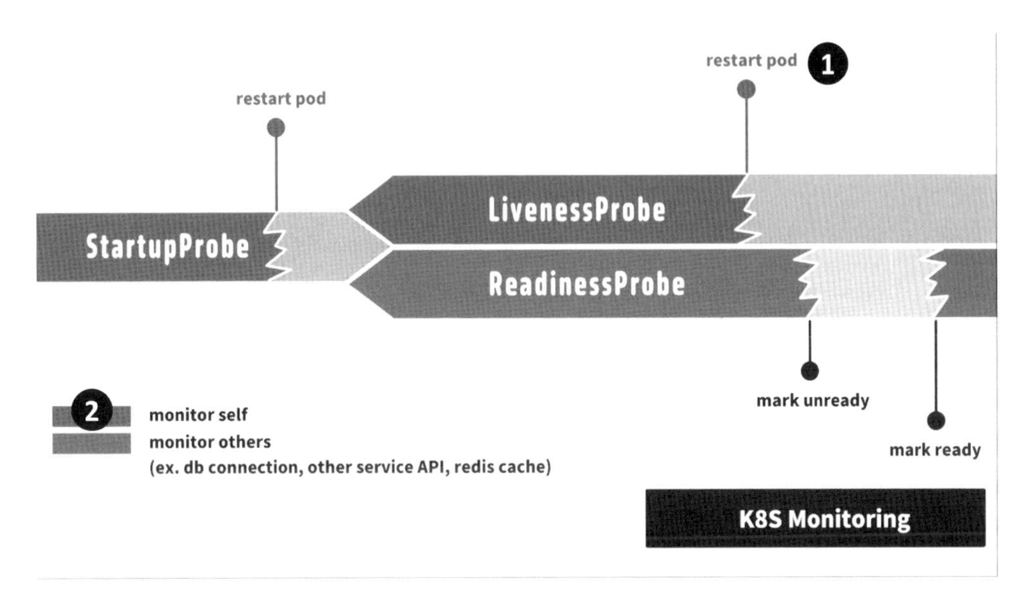

而 Readiness Probe，則是去監控下游服務們是不是健康的。如果 Readiness Probe 判定 Pod 的狀態是失敗的，那麼它會暫時先把 Pod 標記為 Unready（下圖１），不去接受任何外界請求的處理。過了一段時間，如果下游系統們都成功的恢復功能，那麼 Readiness Probe 會再次去判定，並且把 Pod 的狀態再次標記回 Ready 的狀態（下圖２），也就可以再次回到隊伍上面，去處理外面所送過來的請求。

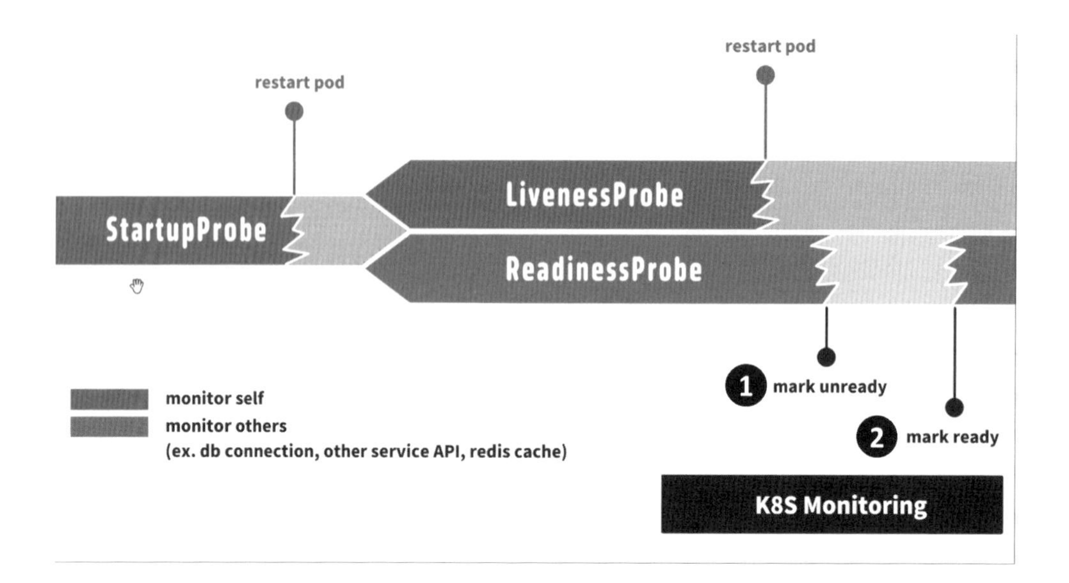

那麼以上就是針對 Kubernetes Pod 的監控機制的介紹，在後續的實作之中，將會更進一步的了解各個 Probe 所可以進行的參數調整有哪些。那本單元就先到這邊結束。

【模板 5 】

Kubernetes (K8S) 監控部署 I【 3 大種類 】

本單元將介紹 Kubernetes 是如何去對各個 Pod 的狀態來進行監控的。那我們開始吧！

K8S Startup Probe 監控資源部署

首先進到 EC2 Terminal，打上「cp simple-deployment.yaml advanced-deployment.yaml」，去利用之前所建立好的 simple-deployment.yaml，並且創建一個新的檔案，老師叫它 advanced-deployment.yaml 檔案。我們將對 deployment 這個部署模板，進行一個更進階的監控設置，如下圖。

```
[ec2-user@ip-172-31-10-78 ~]$ cp simple-deployment.yaml advanced-deployment.yaml
```

好了之後來打上「vi advanced-deployment.yaml」編輯檔案，如下圖。

```
[ec2-user@ip-172-31-10-78 ~]$ vi advanced-deployment.yaml
```

進去之後，按下「a」進入編輯模式。再來，看到 Container 這一區塊（下圖 1 ）。這邊我們要再進一步去定義，要去如何監控在 Pod 底下這個 Container，去檢查它的整體狀態是不是健康的。於是這邊打上「startupProbe:」（下圖 2 ），這個監測機制會在第一次部署 Pod 的時候運作起來，它的目的是做一個類似防呆的機制。看看你在啟動 Pod 的時候是不是太久了，如果太久了，它就會重新再啟動另外一個。

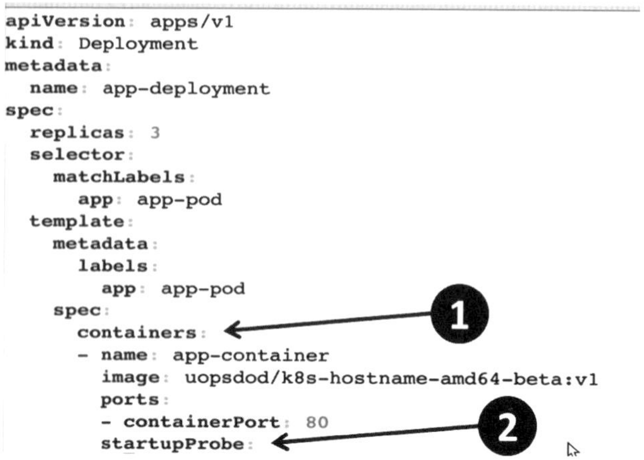

```yaml
apiVersion: apps/v1
kind: Deployment
metadata:
  name: app-deployment
spec:
  replicas: 3
  selector:
    matchLabels:
      app: app-pod
  template:
    metadata:
      labels:
        app: app-pod
    spec:
      containers:        ← 1
      - name: app-container
        image: uopsdod/k8s-hostname-amd64-beta:v1
        ports:
        - containerPort: 80
        startupProbe:    ← 2
```

好了之後繼續往下定義，這次監測的方式是透過「httpGet:」（下圖 1 ）的方式，在下方放上「path: /healthcheck」（下圖 2 ），老師在這個 Image 之中，有做出相對應的路徑，其中一個要給監測機制使用的就是打上「/healthcheck」。好了之後，打上「port: 80」，80 為與上方 containerPort 想同的 Port（下圖 3 ）。

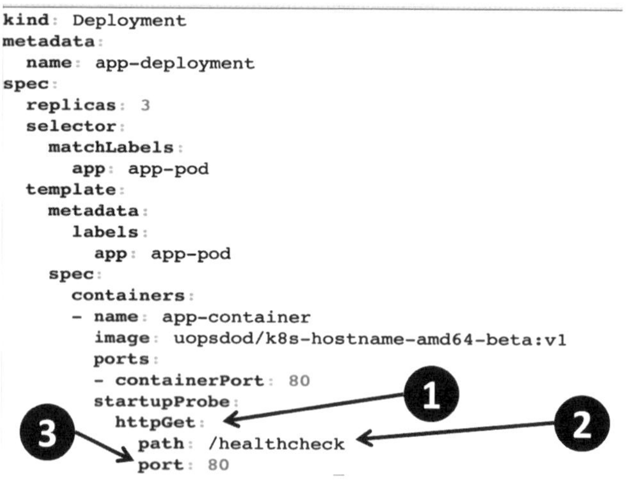

```yaml
kind: Deployment
metadata:
  name: app-deployment
spec:
  replicas: 3
  selector:
    matchLabels:
      app: app-pod
  template:
    metadata:
      labels:
        app: app-pod
    spec:
      containers:
      - name: app-container
        image: uopsdod/k8s-hostname-amd64-beta:v1
        ports:
        - containerPort: 80
        startupProbe:
          httpGet:           ← 1
            path: /healthcheck   ← 2
            port: 80         ← 3
```

定義完 httpGet 之後，在每一個 probe 之中都有再來要介紹的五項設定。先看到第一項，打上「initialDelaySeconds: 0」（下圖 1 ），這個是告訴它什麼時候要開始啟動這個 Startup Probe。跟它說不用等，直接 0 秒就可以直接開始進行監測即可，如下圖。

```
spec:
  containers:
  - name: app-container
    image: uopsdod/k8s-hostname-amd64-beta:v1
    ports:
    - containerPort: 80
    startupProbe:
      httpGet:
        path: /healthcheck
        port: 80
      initialDelaySeconds: 0
```

好了之後，第二個東西可以設定的是「timeoutSeconds: 1」（下圖 1 ），去告訴它每一個 health check 的請求出去要等多久，説等 1 秒以上的話它是 Timeout 失敗，如下圖。

```
spec:
  containers:
  - name: app-container
    image: uopsdod/k8s-hostname-amd64-beta:v1
    ports:
    - containerPort: 80
    startupProbe:
      httpGet:
        path: /healthcheck
        port: 80
      initialDelaySeconds: 0
      timeoutSeconds: 1
```

再來「periodSeconds: 10」，定義每一次監測要隔多久，這邊定義為 10 秒。也就是説，第一個進出的 Probe 請求，會是在 Pod 啟動後的 10 秒，如下圖。

```
spec:
  containers:
  - name: app-container
    image: uopsdod/k8s-hostname-amd64-beta:v1
    ports:
    - containerPort: 80
    startupProbe:
      httpGet:
        path: /healthcheck
        port: 80
      initialDelaySeconds: 0
      timeoutSeconds: 1
      periodSeconds: 10
```

好了之後繼續下去，整理好之後看到第四個可以設定的參數，打上「successThreshold: 1」（下圖 1），定義要有幾次的成功才叫成功，在這個 startup probe 的之中，它規定這邊只能設 1。這邊特別要去調整的是「failureThreshold: 30」，這邊先填上 30 次，要失敗 30 次才算是失敗（下圖 2）。這就比較關鍵了，要根據實際的專案的狀況，最多要等多久，才去判定它在 Startup 啟動的時候是壞掉的。而這邊其實就是一個防呆機制，通常可以設高一點，比如說一個 Image 啟動的太久了、不尋常的過久的話，才會啟動這個機制，讓這個東西在 Startup Probe 的時候就失敗。

```
spec:
  containers:
  - name: app-container
    image: uopsdod/k8s-hostname-amd64-beta:v1
    ports:
    - containerPort: 80
    startupProbe:
      httpGet:
        path: /healthcheck
        port: 80
      initialDelaySeconds: 0
      timeoutSeconds: 1
      periodSeconds: 10
      successThreshold: 1   ← 1
      failureThreshold: 30  ← 2
```

事實上在實務之中，這個其實不是這麼好用的，因為它只有在啟動的時候會進行一次，後續就不再持續監控，所以要接下來要介紹的第二個 Probe 是更好用的。

K8S Liveness Probe 監控資源部署

在跟 Startup Probe 這邊的平行的位置，新增一個「livenessProbe:」，這個 liveness probe，就會一輩子的去持續監控 Container 是不是正常運作。而這邊所有東西都可以直接先複製 Startup probe 的架構（下圖 1）。

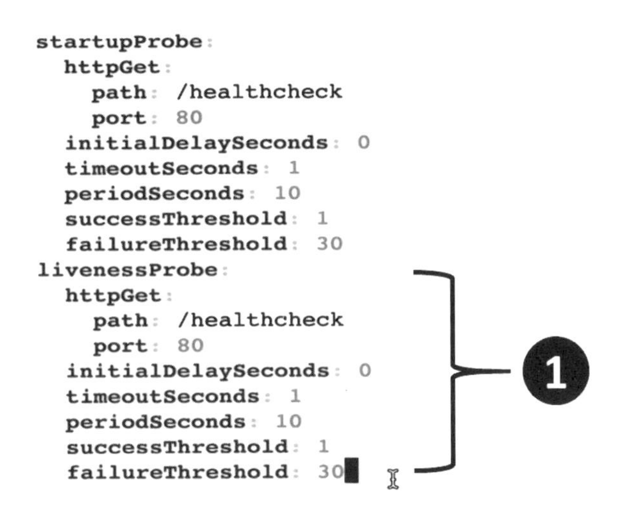

好了之後，就針對這邊細部的設定來逐一調整。首先，initialDelaySeconds 維持它一開始直接 0 秒開始監測（下圖 1 ）；timeoutSeconds 一樣是維持 1 秒（下圖 2 ）；而這邊 periodSeconds ，改成希望它每隔 1 秒就來監控的狀態（下圖 3 ）；看到 successThreshold，這邊 Kubernetes 一樣規定，這邊必須填 1（下圖 4 ）；再來看到 failureThreshold，這邊我想要嚴格一點，改成如果看到連續 5 個失敗的 health check 的話，就認定這個 pod 已經壞掉了（下圖 5 ）。到這邊就完成，這次範本的設定，如下圖。

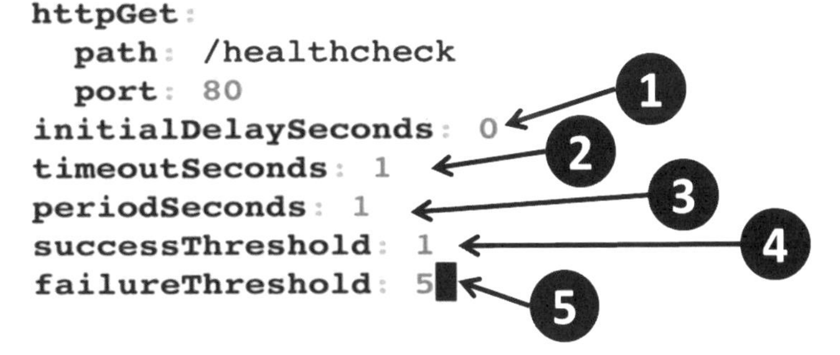

這個單元專注在 Startup probe 以及 liveness probe 的原因，是因為這兩個監測機制呢，都是在監測 Pod 本身，也就是說，Pod 或者 Container 裡面的 Image 所使用的任何下游服務，資料庫連線等，都不在這個監控機制裡面，這是一個非常重要的概念。在下個單元，我們會介紹另外一個 Probe，它就是去監測 Pod 本身所使用的相關服務之間的狀態，是否正常。那好了之後這邊就完成，按下 Esc，打上「:wq」（下圖 1 ）存檔離開。

```
          periodSeconds: 1
          successThreshold: 1
          failureThreshold: 5
```

打上「cat advanced-deployment.yaml」，如下圖。

```
[ec2-user@ip-172-31-10-78 ~]$ cat advanced-deployment.yaml
```

最後看一下檔案內容，確認沒問題後，打上「clear」清空 ，如下圖。

```
[ec2-user@ip-172-31-10-78 ~]$ clear
```

完成之後，就打上「kubectl apply -f advanced-deployment.yaml」（下圖 1 ），部署好了之後，打上 「kubectl get rs -w」（下圖 2 ）持續觀察，會看到目前是 3/3/0 （下圖 3 ）還沒有完全好。大概過了 30 秒之後呢，會看到三個 pod 都進入到了 3/3/3 ready 的狀態（下圖 4 ）。並且就算持續觀察，Pod 也都會正常運作，因為 liveness probe 都是持續的成功通過。那這邊就可以打上「ctrl + c 」停掉（下圖 5 ）。

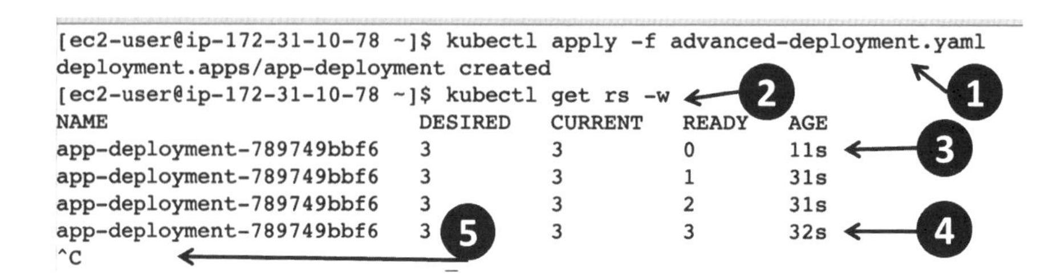

```
[ec2-user@ip-172-31-10-78 ~]$ kubectl apply -f advanced-deployment.yaml
deployment.apps/app-deployment created
[ec2-user@ip-172-31-10-78 ~]$ kubectl get rs -w
NAME                        DESIRED   CURRENT   READY   AGE
app-deployment-789749bbf6   3         3         0       11s
app-deployment-789749bbf6   3         3         1       31s
app-deployment-789749bbf6   3         3         2       31s
app-deployment-789749bbf6   3         3         3       32s
^C
```

K8S Liveness Probe 運用示範：失敗情境模擬

接著要來模擬 Health Check 失敗的狀況，更精確來說，要來模擬 Liveness Probe 失敗的狀況。這邊特別指出，在這整個部署之中，其實必備條件只需要 Deployment 這個資源。接下來，老師會部署一個簡單的 Service 模板，目的僅是去擁有一個 API 的入口，可以讓我們去模擬這個失敗狀況。但實際上 Service 並不是這一次主題的必備條件。

打上「kubectl apply -f simple-service-nodeport.yaml」（下圖 1 ），部署之前所做好的 simple-service-nodeport.yaml 檔案。好了之後，打上「kubectl get node」（下圖 2 ），會看到 minikube 這個 node（下圖 3 ），再來打上「kubectl describe node minikube」（下圖 4 ）。

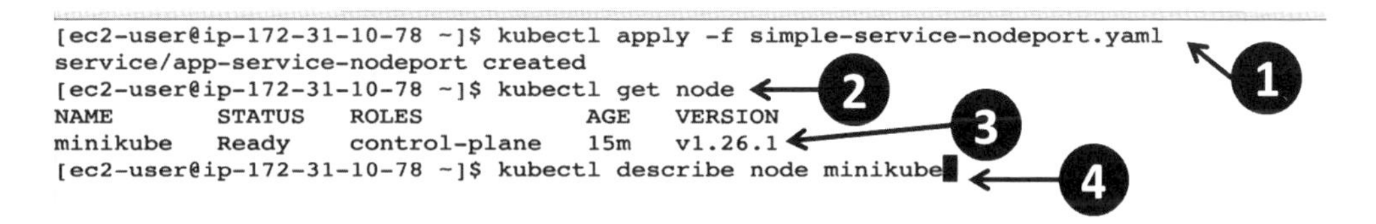

```
[ec2-user@ip-172-31-10-78 ~]$ kubectl apply -f simple-service-nodeport.yaml
service/app-service-nodeport created
[ec2-user@ip-172-31-10-78 ~]$ kubectl get node
NAME       STATUS   ROLES           AGE   VERSION
minikube   Ready    control-plane   15m   v1.26.1
[ec2-user@ip-172-31-10-78 ~]$ kubectl describe node minikube
```

向上拉一點，目的是去找到 node 的 IP 位置，192.168.49.2 這一個位址，如下圖。

```
Addresses:
  InternalIP:  192.168.49.2
  Hostname:    minikube
```

再來，新增一個變數叫做「NODE_IP=192.168.49.2」（下圖 1 ），192.168.49.2 為我們剛剛找到的 minikube Node IP。好了之後，再打上「kubectl get services」（下圖 2 ），就會看到剛剛所部署的 app-service-nodeport。這邊要的是它所開放出來的 32356 Port（下圖 3 ）。

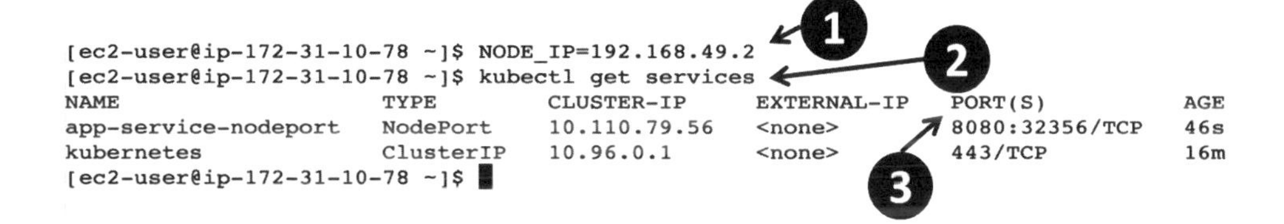

```
[ec2-user@ip-172-31-10-78 ~]$ NODE_IP=192.168.49.2
[ec2-user@ip-172-31-10-78 ~]$ kubectl get services
NAME                   TYPE        CLUSTER-IP     EXTERNAL-IP   PORT(S)          AGE
app-service-nodeport   NodePort    10.110.79.56   <none>        8080:32356/TCP   46s
kubernetes             ClusterIP   10.96.0.1      <none>        443/TCP          16m
[ec2-user@ip-172-31-10-78 ~]$
```

下方再建立另外一個變數，打上「NODE_PORT=32356」（下圖 1），32356 為我們 service 監聽請求的 port，大家記得根據自己的環境相對應設置。完成之後，使用老師在 Image 裡面所準備好的一個 API，配上剛剛所建立好的 NODE_IP 以及 NODE_PORT，並放上後面的 API 路徑 healthcheck_switchstatus，也就是打上「curl http://${NODE_IP}:${NODE_PORT}/healthcheck_switchstatus」（下圖 2）。當這個指令輸入之後，健康狀態就會變成失敗的。

```
[ec2-user@ip-172-31-10-78 ~]$ NODE_IP=192.168.49.2
[ec2-user@ip-172-31-10-78 ~]$ kubectl get services
NAME                    TYPE        CLUSTER-IP     EXTERNAL-IP   PORT(S)          AGE
app-service-nodeport    NodePort    10.110.79.56   <none>        8080:32356/TCP   46s
kubernetes              ClusterIP   10.96.0.1      <none>        443/TCP          16m
[ec2-user@ip-172-31-10-78 ~]$ NODE_PORT=32356
[ec2-user@ip-172-31-10-78 ~]$ curl http://${NODE_IP}:${NODE_PORT}/healthcheck_switchstatus
```

好了之後，其中一個 Pod 就被改成了不健康的狀況。那就這邊打上「kubectl get pod -w」持續觀察（下圖 1）。

```
[beta] served by: app-deployment-789749bbf6-8m5zb.
[beta] isHealthy value switched to false.
[ec2-user@ip-172-31-10-78 ~]$ kubectl get pods -w
```

注意這以 8m5zb 結尾的（下圖 1）。會看到在經過 5 次失敗之後，LivenessProbe 就會被認定為失敗，而這一個 Pod 就會被當作已經不 Ready 了。更重要的是，

會看到 Restarts 數字這邊從原本的 0 變成 1，代表當 LivenessProbe 判斷一個 pod 已經失敗了之後，它所做的動作是去幫這個 pod 進行一個重啟的動作，比如說這邊看到的 1 (1s ago)（下圖 2），最後再看到變成一個 Running 狀態，並且是 1/1 Ready 的（下圖 3），就代表 LivenessProbe 已經啟動它的功用了。

```
[beta] served by: app-deployment-789749bbf6-8m5zb.
[beta] isHealthy value switched to false.
[ec2-user@ip-172-31-10-78 ~]$ kubectl get pods -w
NAME                              READY   STATUS    RESTARTS        AGE
app-deployment-789749bbf6-8m5zb   1/1     Running   0               4m2s
app-deployment-789749bbf6-j7dph   1/1     Running   0               4m2s
app-deployment-789749bbf6-pwdwf   1/1     Running   0               4m2s
app-deployment-789749bbf6-8m5zb   0/1     Running   1 (1s ago)      4m23s
app-deployment-789749bbf6-8m5zb   0/1     Running   1 (9s ago)      4m31s
app-deployment-789749bbf6-8m5zb   1/1     Running   1 (10s ago)     4m32s
```

好了之後按下「ctrl + c」。透過這個方式，就很清楚了 LivenessProbe 是一個會永久進行監控的機制，它去判斷 pod 本身是不是健康的，如果不是就進行重啟。

再打上「kubectl get pods」（下圖 1），看到剛剛這個已經重啟過一遍的 Pod，更細部地看一下實際發生了什麼事情。打上「kubectl describe pod app-deployment-789749bbf6-8m5zb」（下圖 2），app-deployment-789749bbf6-8m5zb 為剛剛重啟過的 Pod 名稱。

```
[ec2-user@ip-172-31-10-78 ~]$ kubectl get pods                         ❶
NAME                              READY   STATUS    RESTARTS        AGE
app-deployment-789749bbf6-8m5zb   1/1     Running   1 (2m14s ago)   6m36s
app-deployment-789749bbf6-j7dph   1/1     Running   0               6m36s   ❷
app-deployment-789749bbf6-pwdwf   1/1     Running   0               6m36s
[ec2-user@ip-172-31-10-78 ~]$ kubectl describe pod app-deployment-789749bbf6-8m5zb
```

會看到這邊有它的歷史事件，特別重要的是要看到其中在一個時間點，它提到 Liveness probe failed（下圖 1），就是我們模擬出來失敗狀況。那它做了什麼呢？它去進行了一個刪除 Killing 的動作（下圖 2），並且 restarted 重新啟動 Container（下圖 3），然後 Created 完成建立新的 Container（下圖 4），最後 started 完成啟動 Container（下圖 5），回復到原本的最初狀態。

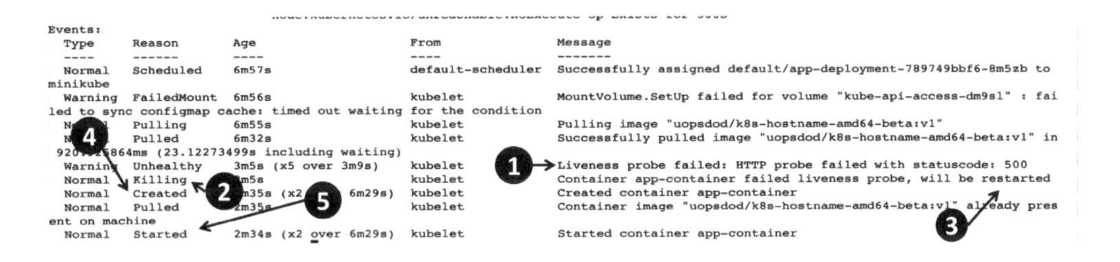

到這邊，我們就完成了展示 Startup Probe 以及 LivenessProbe 是如何去監控 Kubernetes 之中的每一個 Pod 的狀態。在實務上，Startup Probe 的功能其實沒那麼大，它頂多就作為一個開始的防呆機制，如果 Pod 啟動實在過久的話才會去觸發它進行一次重新啟動。而特別要注意的是這兩個 Probe 的啟動順序，一定是 Startup Probe 完成之後，才會接到 LivenessProbe 的部分。

K8S 監控資源清理

最後來進行資源清理的部分。首先打上「kubectl delete deployments --all」（下圖 1 ）。刪除完所有 Deployments 之後，再打上「kubectl delete services --all」（下圖 2 ）。好了之後，也就刪除所有的 Services。最後再「clear」（下圖 3 ）清除一下。

```
[ec2-user@ip-172-31-10-78 ~]$ kubectl delete deployments --all
deployment.apps "app-deployment" deleted
[ec2-user@ip-172-31-10-78 ~]$ kubectl delete services --all
service "app-service-nodeport" deleted
service "kubernetes" deleted
[ec2-user@ip-172-31-10-78 ~]$ clear
```

到這邊，就是針對 Kubernetes 是如何去監控 pod 自身健康狀態的兩個 Probe 的使用方式。下個單元就要來看到，Kubernetes 是如何去監控與 Pod 有所連接的下游服務、下游 API，或是資料庫連接等相關服務的健康狀態，那本單元就先到這邊結束。

【模板 5】

Kubernetes (K8S) 監控部署 II：Readiness Probe 監控他人狀態

本單元將來接續 Kubernetes 監控機制的部分，這次要來看到的是 Readiness Probe 的這個功能。Readiness Probe 主要是去監測 Pod 所使用的任何下游服務，比如說另外一個 Service 的 API，或者與資料庫的連線，又或者與 Readiness Cache 的連線等。這些與本身 Pod 的健康狀態無關，反而這些健康狀態是用下游系統們去維護的，那我們就開始吧！

K8S Readiness Probe 監控資源部署

首先打上「vi advanced-deployment.yaml」，沿用之前所做好的 Advanced Deployment YAML 檔案這個模板，如下圖。

```
[ec2-user@ip-172-31-10-78 ~]$ vi advanced-deployment.yaml
```

進去之後，打上「a」進入編輯模式。要在與 Liveness Probe 平行的下方繼續新增一個新的部分，打上「readinessProbe:」（下圖 1）。好了之後往下看，下方這所有的架構設定都可以與 Liveness Probe 幾乎一模一樣（下圖 2），複製後於下方貼上（下圖 3）。如下圖：

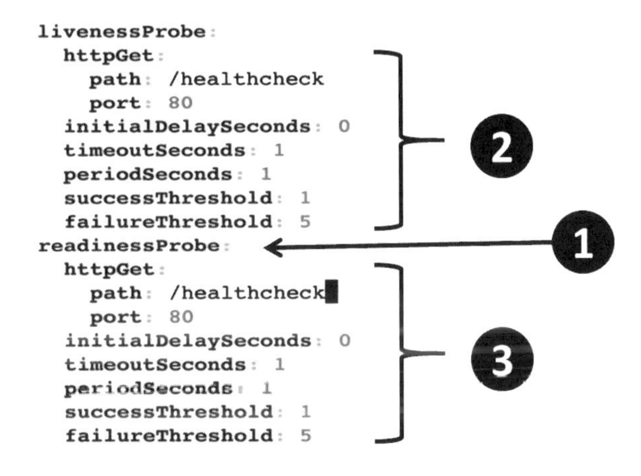

好了之後來逐一做修改。Readiness Probe 在 Image 之中，老師做了另外一個 API 路徑，打上「path: /healthCheck_dependency」（下圖 1），dependency 代表是 Pod 所使用的任何下游系統，比如說第三方 API、資料庫連線等，而 Port 一樣使用的是 80（下圖 2）。在這個 API 裡面的實作就可以根據大家各自的專案去進行。如果你的 Pod 有去使用資料庫，那麼就可以去檢查資料庫連線是否一直存在著；又或者有去呼叫 某個第三方的的 API，也可以透過這個去監測他們的 Service 是否正常啟用著。這樣 API 的實作就根據不同的專案可以進行不同的設定，非常有彈性，如下圖。

```
readinessProbe:
  httpGet:
    path: /healthcheck_dependency
    port: 80
  initialDelaySeconds: 0
  timeoutSeconds: 1
  periodSeconds: 1
  successThreshold: 1
  failureThreshold: 5
```

好了之後繼續往下看，在這個 Readiness Probe 的啟動，需要一開始先等幾秒嗎？這邊不用，initialDelaySeconds 就設定為 0 秒直接開始監測（下圖 1）。timeoutSeconds 一樣設定為 1，超過 1 秒就當作已經超時（下圖 2）。periodSeconds 一樣維持 1，希望每 1 秒寄出一次監測請求（下圖 3）。此部分都不需更動，如下圖。

```
readinessProbe:
  httpGet:
    path: /healthcheck_dependency
    port: 80
  initialDelaySeconds: 0
  timeoutSeconds: 1
  periodSeconds: 1
  successThreshold: 1
  failureThreshold: 5
```

好了之後，看到 successThreshold，這邊我們改變一下。嚴格一點，如果有拿到 5 個連續的成功回應的話（下圖 1），才把它當作所有的下游系統都已經準備好了，可以使用。那 failureThreshold，希望它比 Success Threshold 更高一點，所以設定為連續 7 次失敗回應（下圖 2）。這樣如果連續 7 次收到失敗的回應，就認定其中一個下游系統已經壞掉了，導致所依賴的下游系統無法完整連接起來，整體的服務就無法對外供應，如下圖。

```
readinessProbe:
  httpGet:
    path: /healthcheck_dependency
    port: 80
  initialDelaySeconds: 0
  timeoutSeconds: 1
  periodSeconds: 1
  successThreshold: 5     ← 1
  failureThreshold: 7     ← 2
```

設定好之後，就完成了 Readiness Probe 的設定。

接著按一下 ESC，然後打上「:wq」（下圖 1），最後按 Enter 進行存檔並離開。如下圖：

```
readinessProbe:
  httpGet:
    path: /healthcheck_dependency
    port: 80
  initialDelaySeconds: 0
  timeoutSeconds: 1
  periodSeconds: 1
  successThreshold: 5
  failureThreshold: 7
```

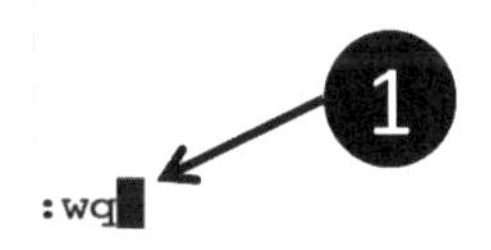

好了之後打上「cat advanced-deployment.yaml」確認一下，看看修改是否成功（如下圖），

```
[ec2-user@ip-172-31-10-78 ~]$ cat advanced-deployment.yaml
```

接著打上「kubectl apply -f advanced-deployment.yaml」（下圖 1），然後打上「kubectl get rs -w」（下圖 2）顯示目前的 Replica Set 狀態，就會看到最初 3 個 Pod 都還沒有 Ready 的狀態（下圖 3）。過了一段時間後，它們會逐個變成 Ready 的狀態（下圖 4），代表這些 Pod 不僅通過了 Startup Probe 的測試，並且通過了 Readiness 的測試，狀態已經成為可以對外服務。好了之後按下 Ctrl + C 停止觀察。

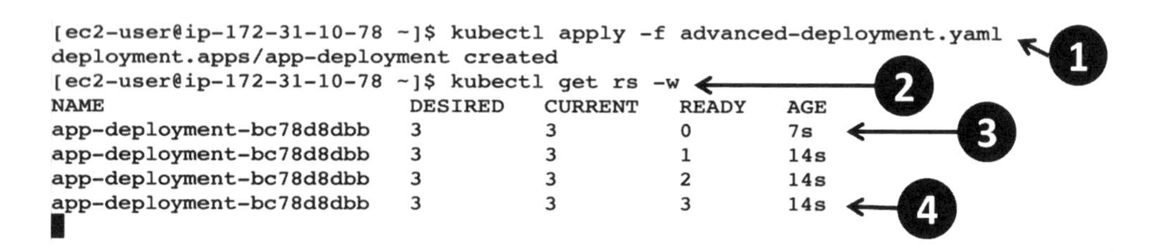

startupProbe 通過後，才會開始執行 readinessProbe

K8S Readiness Probe 運用示範：失敗情境模擬

再來要做的是，要去模擬一個 Readiness Probe 失敗的狀況。

那先上複製上方的 URL（下圖 1）。

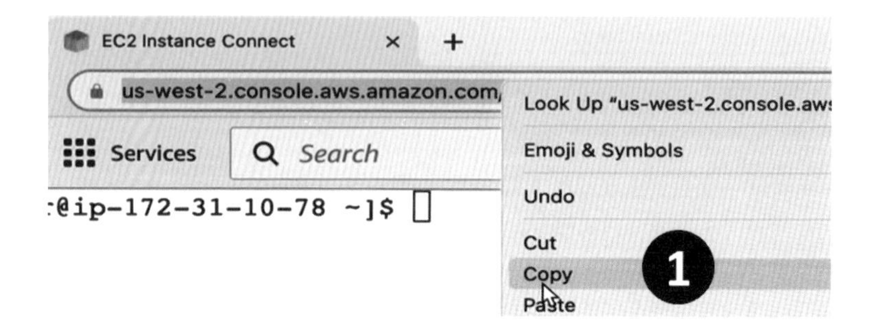

複製後開啟一個新分頁並貼上 URL（下圖 1），在這邊開啟另外一個 EC2 介面。

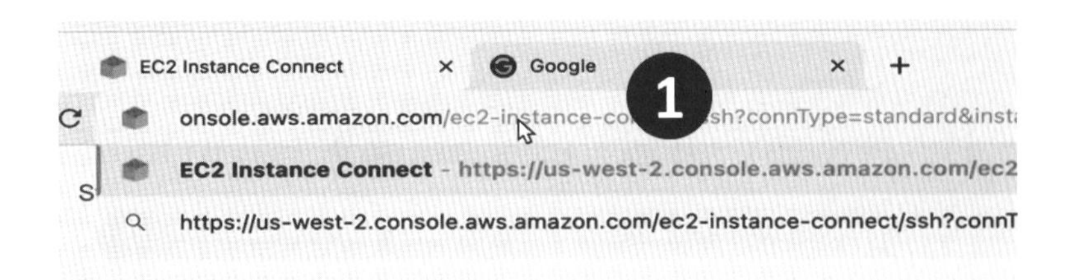

進去之後打上「clear」清空（下圖 1）。

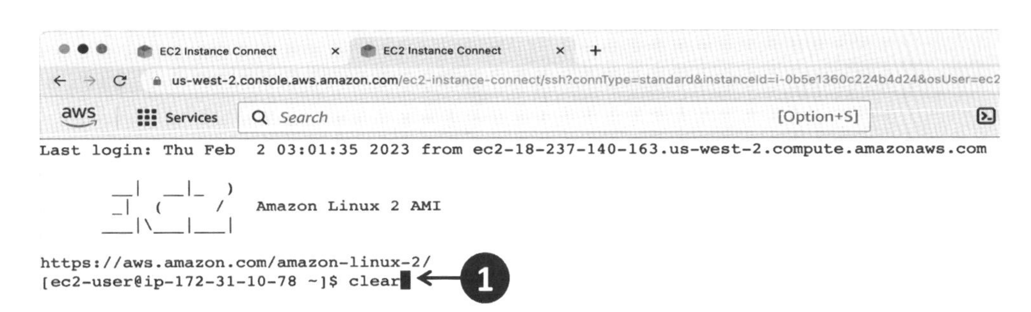

好了之後，打上「kubectl get pods -w」持續觀察（下圖 1），可以看到目前有 3 個 Pod 正在 Running，如下圖。

```
[ec2-user@ip-172-31-10-78 ~]$ kubectl get pods -w   ← 1
NAME                              READY   STATUS    RESTARTS   AGE
app-deployment-bc78d8dbb-l2ztx    1/1     Running   0          108s
app-deployment-bc78d8dbb-pnxkq    1/1     Running   0          108s
app-deployment-bc78d8dbb-wmr97    1/1     Running   0          108s
```

好了之後，回到第一個 EC2 Terminal（下圖 1），在這邊打上「kubectl apply -f simple-service-nodeport.yaml」（下圖 2），去部署之前做好的 simple-service-nodeport.yaml 檔案。這邊的部署目的一樣跟本身這個主題無關，只是要透過這個 Service 拿到一個可以呼叫內部 API 的管道，來進行失敗模擬情境。

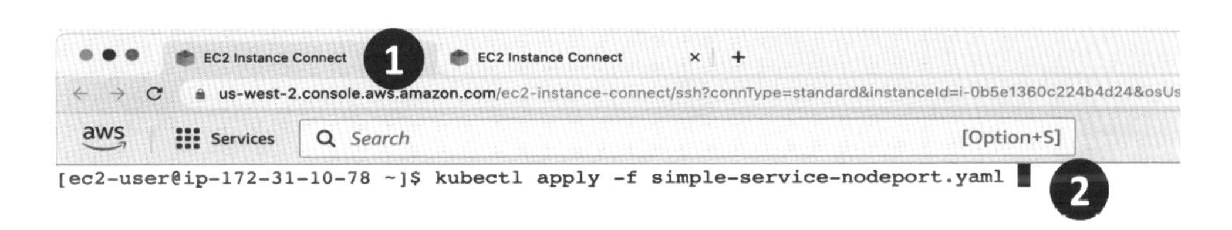

完成之後，打上「kubectl get node」（下圖 1 ），看到 minikube。再打上「kubectl describe node minikube」（下圖 2 ）。

```
[ec2-user@ip-172-31-10-78 ~]$ kubectl apply -f simple-service-nodeport.yaml
service/app-service-nodeport created
[ec2-user@ip-172-31-10-78 ~]$ kubectl get node          ← 1
NAME       STATUS   ROLES           AGE    VERSION
minikube   Ready    control-plane   127m   v1.26.1
[ec2-user@ip-172-31-10-78 ~]$ kubectl describe node minikube   ← 2
```

向上拉，看到 Addresses 這邊的 IP 192.168.49.2（下圖 1 ）。

```
Addresses:
  InternalIP:  192.168.49.2   ← 1
  Hostname:    minikube
```

接著設定個變數，打上「NODE_IP=192.168.49.2」（下圖 1 ）。好了之後，再來打上「kubectl get services」（下圖 2 ），就會看到剛剛所部署的 Node Port Service 的 Port，也就是這邊的 32163 Port（下圖 3 ）。

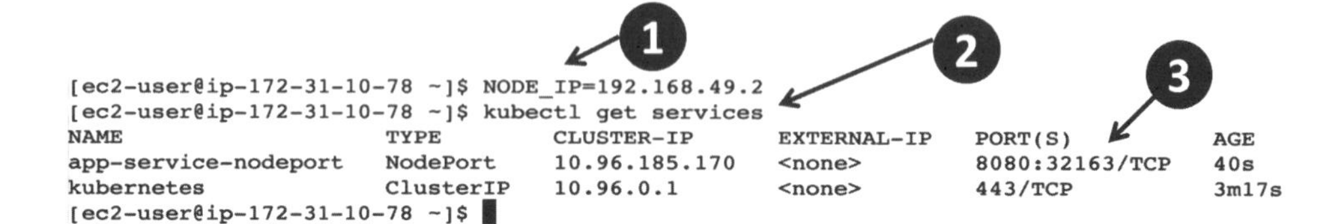

```
[ec2-user@ip-172-31-10-78 ~]$ NODE_IP=192.168.49.2
[ec2-user@ip-172-31-10-78 ~]$ kubectl get services
NAME                   TYPE        CLUSTER-IP      EXTERNAL-IP   PORT(S)          AGE
app-service-nodeport   NodePort    10.96.185.170   <none>        8080:32163/TCP   40s
kubernetes             ClusterIP   10.96.0.1       <none>        443/TCP          3m17s
[ec2-user@ip-172-31-10-78 ~]$
```


再來，一樣設定一個新的變數，「NODE_PORT=32163」（下圖 1 ），大家記得根據自己拿到的 Port 做相對應設定。完成兩個環境變數的設定之後，這邊就打上「curl http://${NODE_IP}:${NODE_PORT}/healthcheck_dependency_switchstatus」（下圖 2 ）。healthcheck_dependency_switchstatus 這個 API，打下去之後，就會將其中一個 Pod 的 health track dependency 的狀態變成不健康的。

```
[ec2-user@ip-172-31-10-78 ~]$ NODE_PORT=32163   ← 1
[ec2-user@ip-172-31-10-78 ~]$ curl http://${NODE_IP}:${NODE_PORT}/healthcheck_dependency_switchstatus   ← 2
```

可以看到這個 wmr97 結尾的 Pod （下圖 1 ）現在 isDependencyHealthy 狀態已經變成不健康的，如下圖。

```
[beta] served by: app-deployment-bc78d8dbb-wmr97.
[beta] isDependancyHealthy value switched to false.
[ec2-user@ip-172-31-10-78 ~]$
```

再來就回到另外一個 EC2 Terminal（下圖 1 ），可以看到這個 wmr97 結尾的 Pod，從原本的 Ready（下圖 2 ）變成了不 Ready 0/1 （下圖 3 ）。這個就代表一個意義是，這個 Pod 本身是沒問題的，所以它持續的在 Running，並且沒有任何 Restart 被啟動的動作發生。然而，這個 Pod 所使用的其中一個 Dependency，也就是其中一個下游系統出問題了；可能是某一個 Service 的 API 壞掉了，而這個 API 是這個 Pod 的一個非常重要的環節，我們雖然不能說 Pod 本身出事了，但對外的整體服務卻是無法進行的。而當一個 Pod 變成不 Ready 的狀況，Service 是不會把請求給交給它的。

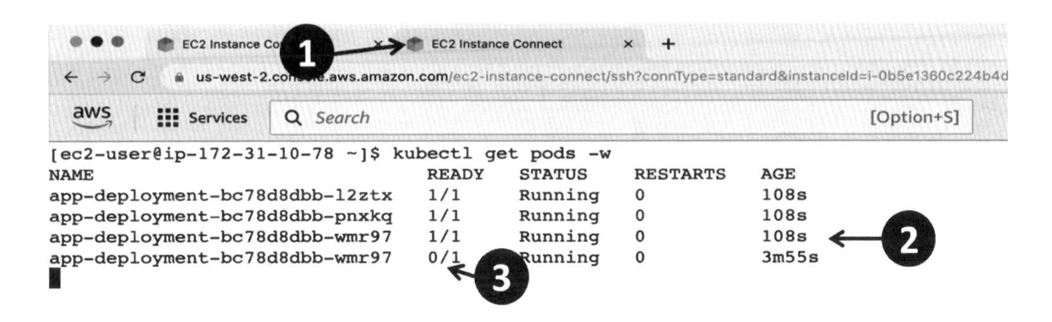

那就來快速驗證上述結果。回到第一個 EC2 Terminal（下圖 1 ），打上「clear」（下圖 2 ）清空。

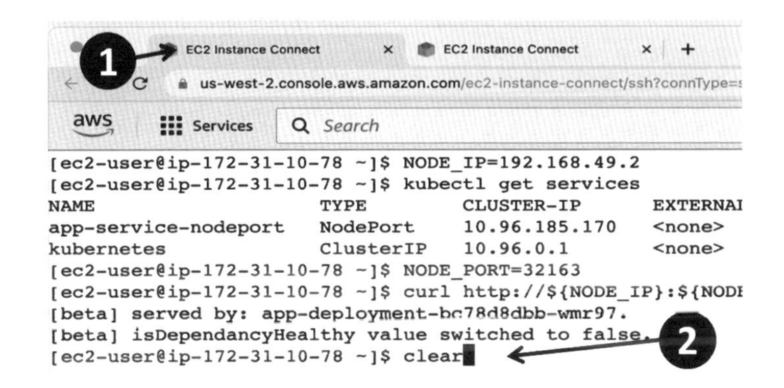

打上「curl http://${NODE_IP}:${NODE_PORT}/」（下圖 1），使用根目錄的路徑去送出請求，持續打出後就會看到，再怎麼樣打，都不會交由那個已經不 Ready 的 Pod 去進行請求處理，永遠都在另外兩個 Ready 狀態的 Pod 來進行請求處理，比如說 ztx 結尾的（下圖 1 ）以及 xkq 結尾的（下圖 2 ）。

```
[ec2-user@ip-172-31-10-78 ~]$ curl http://${NODE_IP}:${NODE_PORT}/
[beta] served by: app-deployment-bc78d8dbb-l2ztx
[ec2-user@ip-172-31-10-78 ~]$ curl http://${NODE_IP}:${NODE_PORT}/
[beta] served by: app-deployment-bc78d8dbb-l2ztx
[ec2-user@ip-172-31-10-78 ~]$ curl http://${NODE_IP}:${NODE_PORT}/
[beta] served by: app-deployment-bc78d8dbb-l2ztx
[ec2-user@ip-172-31-10-78 ~]$ curl http://${NODE_IP}:${NODE_PORT}/
[beta] served by: app-deployment-bc78d8dbb-l2ztx
[ec2-user@ip-172-31-10-78 ~]$ curl http://${NODE_IP}:${NODE_PORT}/
[beta] served by: app-deployment-bc78d8dbb-pnxkq
[ec2-user@ip-172-31-10-78 ~]$ curl http://${NODE_IP}:${NODE_PORT}/
[beta] served by: app-deployment-bc78d8dbb-pnxkq
[ec2-user@ip-172-31-10-78 ~]$ curl http://${NODE_IP}:${NODE_PORT}/
[beta] served by: app-deployment-bc78d8dbb-pnxkq
[ec2-user@ip-172-31-10-78 ~]$ curl http://${NODE_IP}:${NODE_PORT}/
[beta] served by: app-deployment-bc78d8dbb-l2ztx
[ec2-user@ip-172-31-10-78 ~]$ curl http://${NODE_IP}:${NODE_PORT}/
[beta] served by: app-deployment-bc78d8dbb-pnxkq
[ec2-user@ip-172-31-10-78 ~]$ curl http://${NODE_IP}:${NODE_PORT}/
[beta] served by: app-deployment-bc78d8dbb-l2ztx
[ec2-user@ip-172-31-10-78 ~]$ curl http://${NODE_IP}:${NODE_PORT}/
[beta] served by: app-deployment-bc78d8dbb-l2ztx
[ec2-user@ip-172-31-10-78 ~]$ curl http://${NODE_IP}:${NODE_PORT}/
[beta] served by: app-deployment-bc78d8dbb-pnxkq
[ec2-user@ip-172-31-10-78 ~]$
```

再切換到第二個 EC2 Terminal，確認的確這兩個仍然是 Ready 狀態的 Pod（下圖 1、2）。確認之後，打上 Ctrl + C 停掉，如下圖：

```
[ec2-user@ip-172-31-10-78 ~]$ kubectl get pods -w
NAME                              READY   STATUS    RESTARTS   AGE
app-deployment-bc78d8dbb-l2ztx    1/1     Running   0          108s
app-deployment-bc78d8dbb-pnxkq    1/1     Running   0          108s
app-deployment-bc78d8dbb-wmr97    1/1     Running   0          108s
app-deployment-bc78d8dbb-wmr97    0/1     Running   0          3m55s
^C
```

我們來更進一步的看一下，wmr97 結尾的 Pod 到底發生什麼事情，打上「kubectl describe pod app-deployment-bc78d8dbb-wmr97」，如下圖。

```
[ec2-user@ip-172-31-10-78 ~]$ kubectl describe pod app-deployment-bc78d8dbb-wmr97
```

可以看到歷史事件列表這邊，在其中一個時間點，它說了 Readiness Probe Failed（下圖 1），也就是模擬出來的狀況，代表這個 Pod 其中一個下游系統已經壞掉了，所以 Pod 的狀態也就因此更新成不 Ready。

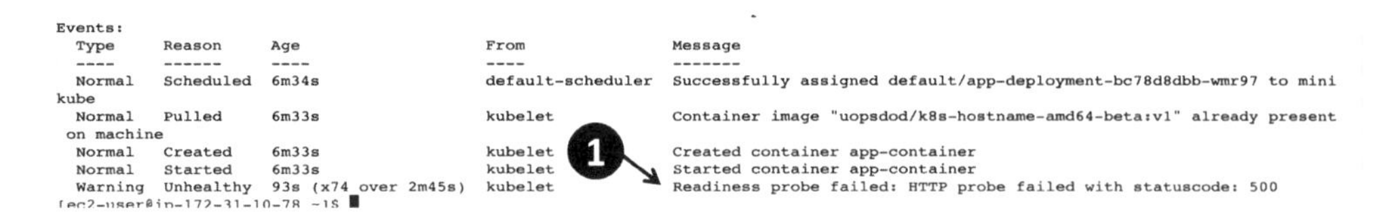

那好了之後，再回到第一個 EC2 Terminal（下圖 1），這邊就完成所有的測試，打上「clear」清空（下圖 2）。

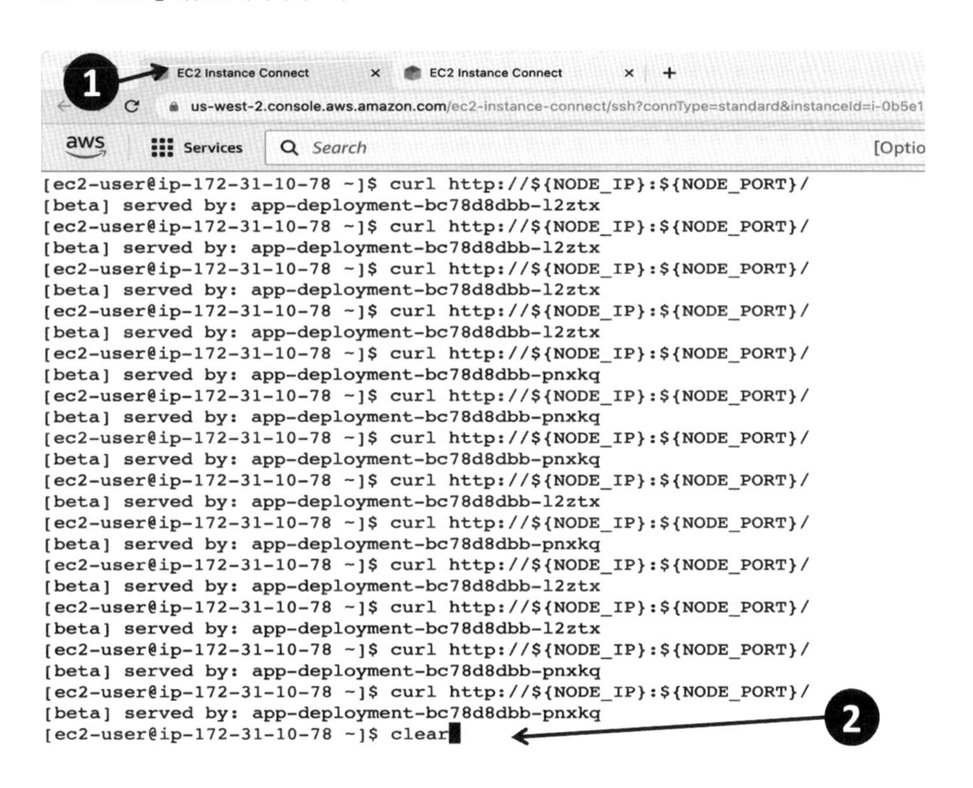

K8S 監控資源清理

最後進行資源清理的部分，打上「kubectl delete deployments --all」（下圖1）。刪完所有 Deployment 之後，再打上「kubectl delete services --all」（下圖2），也就完成所有的刪除。

```
[ec2-user@ip-172-31-10-78 ~]$ kubectl delete deployments --all
deployment.apps "app-deployment" deleted
[ec2-user@ip-172-31-10-78 ~]$ kubectl delete services --all
service "app-service-nodeport" deleted
service "kubernetes" deleted
[ec2-user@ip-172-31-10-78 ~]$
```

那到這邊，就完整展示了 ReadinessProbe 是如何幫助 Kubernetes 去監測每一個 Pod 所使用的下游系統們是否正常運作。如果不是的話，它將會把這個 Pod 的狀態改成不 Ready。下個單元將來進行到 Rolling Updates 的部分。在 Rolling Updates 的部分，與 ReadinessProbe 的設定是非常相關的。將會看到這兩者是如何彼此運作的。那本單元到這邊結束。

【模板 6】

Kubernetes (K8S) 運算部署 IV：Rolling Updates 無中斷進版

本單元將介紹 Rolling Updates 的實作示範。在使用 Rolling Updates 的部分，它與先前所介紹過的 Readiness Probe 非常相關，因為只有當一個 Pod 已經進行到一個 Ready 的狀態，才會被視為一個完整的部署結果，那我們開始吧！

對照組環境建立

首先打上「cp advanced-deployment.yaml advanced-deployment-rollingupdate.yaml」（下圖 1），創建一個新模板檔案。好了之後，打上「cat advanced-deployment-rollingupdate.yaml」（下圖 2），可以快回憶一下它的內容。

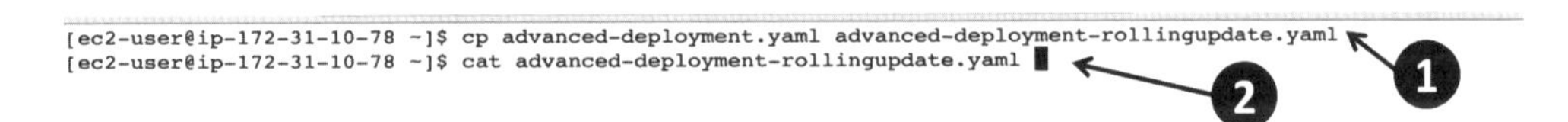

```
[ec2-user@ip-172-31-10-78 ~]$ cp advanced-deployment.yaml advanced-deployment-rollingupdate.yaml
[ec2-user@ip-172-31-10-78 ~]$ cat advanced-deployment-rollingupdate.yaml
```

接著，打上「kubectl apply -f advanced-deployment-rollingupdate.yaml」（下圖 1），直接進行部署。完成後，再打上「kubectl get deployments」（下圖 2），就可以看到正在進行部署。

```
[ec2-user@ip-172-31-10-78 ~]$ kubectl apply -f advanced-deployment-rollingupdate.yaml
deployment.apps/app-deployment created
[ec2-user@ip-172-31-10-78 ~]$ kubectl get deployments
NAME             READY   UP-TO-DATE   AVAILABLE   AGE
app-deployment   0/3     3            0           6s
[ec2-user@ip-172-31-10-78 ~]$
```

稍等一下，再打上「kubectl get rs」（下圖 1），可以看到過了一段時間之後，就拿到 3/3/3（下圖 3），代表已經有三個 Ready 的 Pods 正在進行。

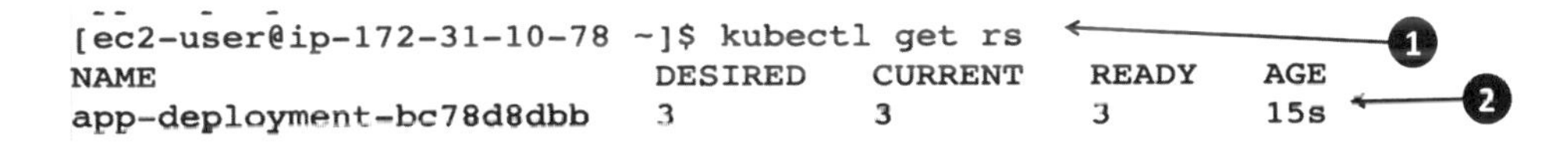

```
[ec2-user@ip-172-31-10-78 ~]$ kubectl get rs
NAME                        DESIRED   CURRENT   READY   AGE
app-deployment-bc78d8dbb    3         3         3       15s
```

再往更下一層看，繼續打上「kubectl get pods」（下圖 1 ），就會看到三個正在 running 狀態的 pod。好了之後，拿其中一個來看，打上「kubectl describe pod {其中一個 Pod Name}」（下圖 2 ），複製其中一個 Pod 的名稱並貼上，比如說老師拿 5vf 結尾的 Pod Name 來使用。

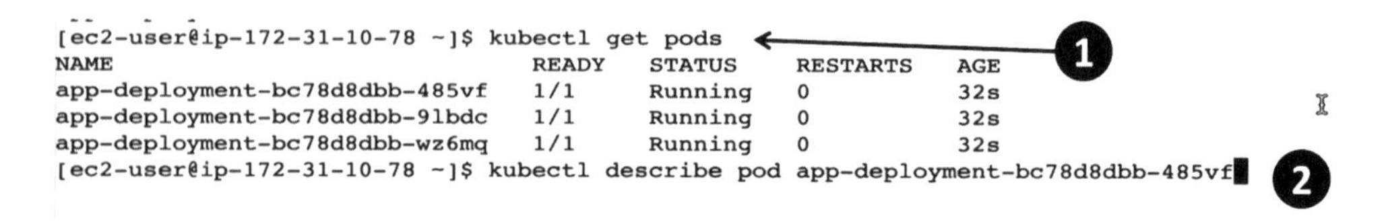

這邊要看它的 Image 是用哪一個的，向上拉可以看到 Container 底下的 Image 資訊，使用的是這個 v1 結尾的 Image （下圖 1 ）。待會要把它改成 v2，看是不是有成功改變。

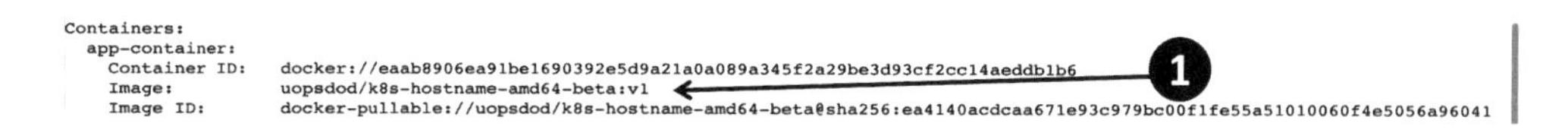

為了要有一個更完整的監控歷史，把上方的這個 URL 複製起來（下圖 1 ），開啟一個新分頁並貼上 URL（下圖 2 ），開啟第二個 EC2 介面。

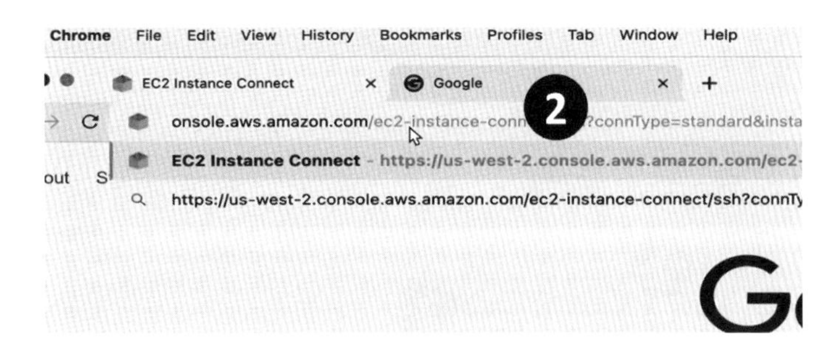

進去之後，打上「kubectl get rs -w」持續觀察，完成之後就放著，如下圖。

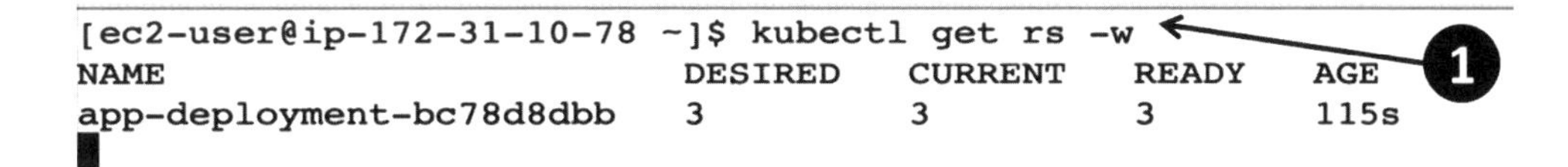

K8S Rolling Updates 模板撰寫

回到第一個 EC2 介面，打上「vi advanced-deployment-rollingupdate.yaml」，進行更改，如下圖。

```
[ec2-user@ip-172-31-10-78 ~]$ vi advanced-deployment-rollingupdate.yaml
```

打上「a」進入編輯模式後，下拉到 replicas 這邊（下圖 1），往下新增一行，要來新增 strategy 的這個部分。首先打上「strategy:」（下圖 2），再來指定它的 type，在 type 這邊有兩種設置可以選；一種是 Recreate，使用這種類別的話，代表你每次進行一個 Image 版本更新的時候，所有現有的 Pod 都會一次被刪除，然後一次被同時全部重啟起來。但如果使用這個模式的話，你就會發現系統會有一個中斷的過程，所以在 Kubernetes 預設的時候，其實也不使用 Recreate，而是使用 RollingUpdate 的這個模式，因此這邊打上「type: RollingUpdate」（下圖 3）。

```
apiVersion: apps/v1
kind: Deployment
metadata:
  name: app-deployment
spec:
  replicas: 3          ← 1
  strategy:            ← 2
    type: RollingUpdate  ← 3
  selector:
```

特別提醒，如果沒有手動設置 strategy，預設就是 RollingUpdate，只不過所有的數值是使用預設的，而這次就是要透過手寫的方式，來逐一瞭解背後發生了什麼事情，並且做出客製化調整。

接著配合語法打上「rollingUpdate:」（下圖 1 ）。在這個 rollingUpdate 之中，有很多可以設定的參數，其中一個最重要的是 maxSurge，它定義在每次的新版本部署的時候，最多允許有幾個新的 Pod 正在啟動中的狀態。這邊只允許一次來一個就好，所以打上「maxSurge: 1」（下圖 2 ）。

```
spec:
  replicas: 3
  strategy:
    type: RollingUpdate
    rollingUpdate:     ← 1
      maxSurge: 1      ← 2
```

再來看到下一個參數 maxUnavailable，它是去指定在每次的新版本部署的時候，允許有多少個預設中的 Ready 狀態的 Pod 被關閉，在這邊老師設定為 0，打上「maxUnavailable: 0」（下圖 1 ）。

```
spec:
  replicas: 3
  strategy:
    type: RollingUpdate
    rollingUpdate:
      maxSurge: 1
      maxUnavailable: 0
```
❶

更確切說明，當 maxUnavailable 設定為 0 的話，就代表告訴 Deployment，如果原本的目標就是維持三個 Pod，在整個部署的過程中都必須繼續維持三個 Pod，無論這三個 Pod 各自的新舊，在任何的時間點，都必須維持三個是 Ready 的狀態，不允許有任何 Pod 狀態為不 Ready 的。在稍後的演練之中，我們會看到能整個歷史的過程，會更清楚這邊的設置意義。

好了之後往下移，在下方的 Pod 裡面的 Container 這邊所使用的 Image ，把它從 v1 （下圖１）改成 「v2」（下圖２），v2 為老師先行準備好的另一個可以直接使用的 image。

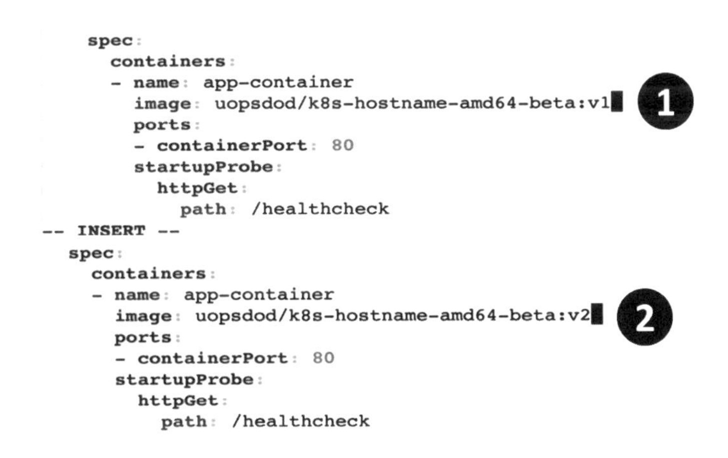

到此就完成這邊的設置，按 ESC，打上「:wq」存檔並離開。

K8S Rolling Updates 資源部署

再來打上「cat advanced-deployment-rollingupdate.yaml」（下方第一張圖），快速看一下最後拿到的設置，確實把它改成 v2 （下圖 1 ），並且再加上了一個 strategy 的部分（下圖 2 ）。

```
[ec2-user@ip-172-31-10-78 ~]$ cat advanced-deployment-rollingupdate.yaml

spec:
  replicas: 3
  strategy:
    type: RollingUpdate
    rollingUpdate:
      maxSurge: 1
      maxUnavailable: 0
  selector:
    matchLabels:
      app: app-pod
  template:
    metadata:
      labels:
        app: app-pod
    spec:
      containers:
      - name: app-container
        image: uopsdod/k8s-hostname-amd64-beta:v2
        ports:
        - containerPort: 80
        startupProbe:
          httpGet:
```

好了之後，打上「kubectl apply -f advanced-deployment-rollingupdate.yaml」（下圖 1 ），進行部署。

```
[ec2-user@ip-172-31-10-78 ~]$ kubectl apply -f advanced-deployment-rollingupdate.yaml
deployment.apps/app-deployment configured
[ec2-user@ip-172-31-10-78 ~]$
```

完成之後，回到第二個 EC2 介面（下圖 1 ）。我們會看到一開始在 v1 的時候，創建了一個 Replica set 是 dbb 結尾的（下圖 2 ），現在改成 v2 之後， Deployment 去創建了一個新的 Replica Set，是 7f5 結尾的（下圖 3 ）。這邊就先稍等一下，讓它整個的歷史部署過程都完成之後，再來一次觀看。

EC2 Instance Connect × EC2 Instance Connect × +

us-west-2.console.aws.amazon.com/ec2-instance-connect/ssh?connType=standard&instan

aws Services Search

```
[ec2-user@ip-172-31-10-78 ~]$ kubectl get rs -w
NAME                        DESIRED   CURRENT   READY   AGE
app-deployment-bc78d8dbb    3         3         3       115s
app-deployment-679dc767f5   1         0         0       0s
app-deployment-679dc767f5   1         0         0       0s
app-deployment-679dc767f5   1         1         0       0s
```

大概過了兩分鐘，所有的東西都完成之後，老師這邊方便大家觀察，將原始結果直接複製，並貼到一個記事本中，如下圖。

```
[ec2-user@ip-172-31-10-78 ~]$ kubectl get rs -w
NAME                        DESIRED   CURRENT   READY   AGE
app-deployment-bc78d8dbb    3         3         3       115s
app-deployment-679dc767f5   1         0         0       0s
app-deployment-679dc767f5   1         0         0       0s
app-deployment-679dc767f5   1         1         0       0s
app-deployment-679dc767f5   1         1         1       14s
app-deployment-bc78d8dbb    2         3         3       9m5s
app-deployment-679dc767f5   2         1         1       14s
app-deployment-bc78d8dbb    2         3         3       9m5s
app-deployment-bc78d8dbb    2         2         2       9m5s
app-deployment-679dc767f5   2         1         1       14s
app-deployment-679dc767f5   2         2         1       14s
app-deployment-679dc767f5   2         2         2       29s
app-deployment-bc78d8dbb    1         2         2       9m20s
app-deployment-679dc767f5   3         2         2       29s
app-deployment-bc78d8dbb    1         2         2       9m20s
app-deployment-679dc767f5   3         2         2       29s
app-deployment-bc78d8dbb    1         1         1       9m20s
app-deployment-679dc767f5   3         3         2       29s
app-deployment-679dc767f5   3         3         3       43s
app-deployment-bc78d8dbb    0         1         1       9m34s
app-deployment-bc78d8dbb    0         1         1       9m34s
app-deployment-bc78d8dbb    0         0         0       9m34s
```

貼到記事本後，老師將原本 8ddb 舊的結尾 Replica Set 更名為 _old_ 的標誌。再來將 7f5 新的結尾的，把它全部取代成一個 _new_ 的標誌，代表這是新的 Replica Set ，如下圖。

NAME DESIRED CURRENT READY AGE Untitled-1

	NAME	DESIRED	CURRENT	READY	AGE
2	app-deployment-___old____	3	3	3	115s
3	app-deployment-___new____	1	0	0	0s
4	app-deployment-___new____	1	0	0	0s
5	app-deployment-___new____	1	1	0	0s
6	app-deployment-___new____	1	1	1	14s
7	app-deployment-___old____	2	3	3	9m5s
8	app-deployment-___new____	2	1	1	14s
9	app-deployment-___old____	2	3	3	9m5s
10	app-deployment-___old____	2	2	2	9m5s
11	app-deployment-___new____	2	1	1	14s
12	app-deployment-___new____	2	2	1	14s
13	app-deployment-___new____	2	2	2	29s
14	app-deployment-___old____	1	2	2	9m20s
15	app-deployment-___new____	3	2	2	29s
16	app-deployment-___old____	1	2	2	9m20s
17	app-deployment-___new____	3	2	2	29s
18	app-deployment-___old____	1	1	1	9m20s
19	app-deployment-___new____	3	3	2	29s
20	app-deployment-___new____	3	3	3	43s
21	app-deployment-___old____	0	1	1	9m34s
22	app-deployment-___old____	0	1	1	9m34s
23	app-deployment-___old____	0	0	0	9m34s

K8S Rolling Updates 運作機制分析

完成之後，我們來做進一步的解析。首先可以看到，一開始的這個第一個 v1 版本的 Replica Set（下圖 1），它跟 Kubernetes Cluster 說要三個 Pod，並且最後拿到三個 Ready 的 Pod。然後在同一個時間點，我們部署了 v2（下圖 2），也就創建了一個新的 Replica set。特別可以注意到，舊的跟新的現在是同時並存的。

NAME DESIRED CURRENT READY AGE Untitled-1 ●

	NAME	DESIRED	CURRENT	READY	AGE
2	app-deployment-___old____	3	3	3	115s
3	app-deployment-___new____	1	0	0	0s
4	app-deployment-___new____	1	0	0	0s
5	app-deployment-___new____	1	1	0	0s
6	app-deployment-___new____	1	1	1	14s
7	app-deployment-___old____	2	3	3	9m5s
8	app-deployment-___new____	2	1	1	14s
9	app-deployment-___old____	2	3	3	9m5s
10	app-deployment-___old____	2	2	2	9m5s
11	app-deployment-___new____	2	1	1	14s
12	app-deployment-___new____	2	2	1	14s
13	app-deployment-___new____	2	2	2	29s
14	app-deployment-___old____	1	2	2	9m20s
15	app-deployment-___new____	3	2	2	29s
16	app-deployment-___old____	1	2	2	9m20s
17	app-deployment-___new____	3	2	2	29s
18	app-deployment-___old____	1	1	1	9m20s
19	app-deployment-___new____	3	3	2	29s
20	app-deployment-___new____	3	3	3	43s
21	app-deployment-___old____	0	1	1	9m34s
22	app-deployment-___old____	0	1	1	9m34s
23	app-deployment-___old____	0	0	0	9m34s

1

2

這邊新的 Replica Set ，告訴 Kubernetes 說想要有一個 Pod，因為在設置 Strategy 的時候，設置的 maxSurge 是 1，所以他一次只跟 Kubernetes 要一個新的 pod 部署，不過目前 Readiness probe 還沒完成（下圖 1 ），需要等待一下，大概過了第 14 秒之後，就看到第一個 Pod 已經 Ready 1/1/1（下圖 2 ），可以再去處理下一個請求了。

NAME DESIRED CURRENT READY AGE Untitled-1 ●

	NAME	DESIRED	CURRENT	READY	AGE
2	app-deployment-___old____	3	3	3	115s
3	app-deployment-___new____	1	0	0	0s ← 1
4	app-deployment-___new____	1	0	0	0s
5	app-deployment-___new____	1	1	0	0s
6	app-deployment-___new____	1	1	1	14s ← 2
7	app-deployment-___old____	2	3	3	9m5s
8	app-deployment-___new____	2	1	1	14s
9	app-deployment-___old____	2	3	3	9m5s
10	app-deployment-___old____	2	2	2	9m5s
11	app-deployment-___new____	2	1	1	14s
12	app-deployment-___new____	2	2	1	14s
13	app-deployment-___new____	2	2	2	29s
14	app-deployment-___old____	1	2	2	9m20s
15	app-deployment-___new____	3	2	2	29s
16	app-deployment-___old____	1	2	2	9m20s
17	app-deployment-___new____	3	2	2	29s
18	app-deployment-___old____	1	1	1	9m20s
19	app-deployment-___new____	3	3	2	29s
20	app-deployment-___new____	3	3	3	43s
21	app-deployment-___old____	0	1	1	9m34s
22	app-deployment-___old____	0	1	1	9m34s
23	app-deployment-___old____	0	0	0	9m34s

當這個時間點完成之後，已經有一個新的 Pod 在 Ready 的狀態（下圖 1），也就代表舊的 Replica Set 可以去把其中一個 Pod 刪掉（下圖 2）。之所以舊的 Replica Set 必須去等待新的 Replica Set 其中一個 pod 變成 Ready，是因為在設置 maxUnavailable 的時候，設置的是 0，所以一定要有一個新的才能去允許一個舊的被刪掉，我們必須永遠維持 3 個 Pod 在 Ready 狀態。假設如果你所設置的 maxUnavailable 的數量大於 0 的話，那麼代表你允許舊的 Replica Set 可以更快地去把舊的 Pod 刪除。

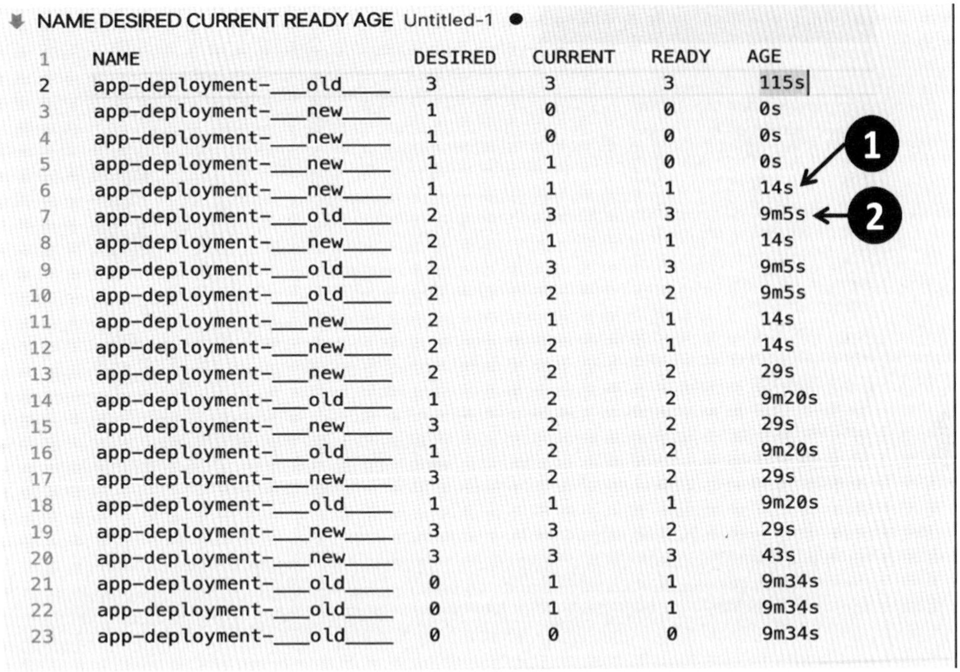

NAME DESIRED CURRENT READY AGE Untitled-1 ●

	NAME	DESIRED	CURRENT	READY	AGE
2	app-deployment-___old____	3	3	3	115s
3	app-deployment-___new____	1	0	0	0s
4	app-deployment-___new____	1	0	0	0s
5	app-deployment-___new____	1	1	0	0s
6	app-deployment-___new____	1	1	1	14s
7	app-deployment-___old____	2	3	3	9m5s
8	app-deployment-___new____	2	1	1	14s
9	app-deployment-___old____	2	3	3	9m5s
10	app-deployment-___old____	2	2	2	9m5s
11	app-deployment-___new____	2	1	1	14s
12	app-deployment-___new____	2	2	1	14s
13	app-deployment-___new____	2	2	2	29s
14	app-deployment-___old____	1	2	2	9m20s
15	app-deployment-___new____	3	2	2	29s
16	app-deployment-___old____	1	2	2	9m20s
17	app-deployment-___new____	3	2	2	29s
18	app-deployment-___old____	1	1	1	9m20s
19	app-deployment-___new____	3	3	2	29s
20	app-deployment-___new____	3	3	3	43s
21	app-deployment-___old____	0	1	1	9m34s
22	app-deployment-___old____	0	1	1	9m34s
23	app-deployment-___old____	0	0	0	9m34s

這時 Old Replica Set 告訴 Kubernetes，要把原本的三個 Pod 減少一個，那麼 _old_ 怎麼進行，時間序就不是這麼重要，它就自己一路地做下去。真正在管理這整個部署順序的是 _new_（下圖 1 ），當這個新的 Replica Set 拿到一個 Ready 的 Pod 之後，它就繼續跟 Kubernetes cluster 說，我要再新增一個 Pod，接著繼續部署，可以看到下方就又啟動了一個 pod，但這個 Pod 的 Readiness probe 還沒完成 2/1/1（下圖 2 ），再經過另外一段時間之後，會看到第二個 Pod 也變成 Ready 2/2/2 狀態（下圖 3 ）。

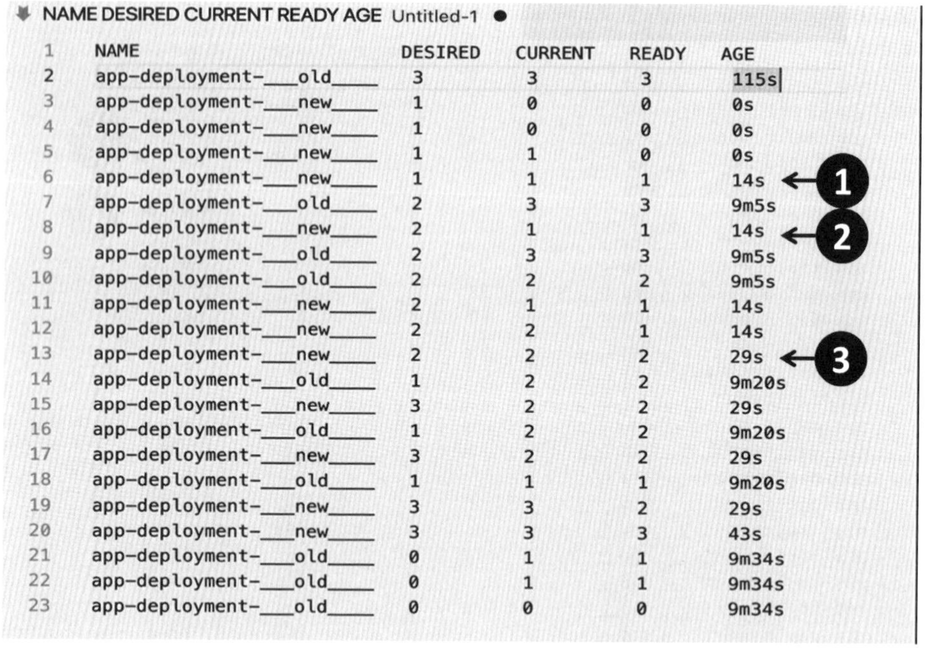

NAME DESIRED CURRENT READY AGE Untitled-1 ●

	NAME	DESIRED	CURRENT	READY	AGE
2	app-deployment-___old____	3	3	3	115s
3	app-deployment-___new____	1	0	0	0s
4	app-deployment-___new____	1	0	0	0s
5	app-deployment-___new____	1	1	0	0s
6	app-deployment-___new____	1	1	1	14s ← 1
7	app-deployment-___old____	2	3	3	9m5s
8	app-deployment-___new____	2	1	1	14s ← 2
9	app-deployment-___old____	2	3	3	9m5s
10	app-deployment-___old____	2	2	2	9m5s
11	app-deployment-___new____	2	1	1	14s
12	app-deployment-___new____	2	2	1	14s
13	app-deployment-___new____	2	2	2	29s ← 3
14	app-deployment-___old____	1	2	2	9m20s
15	app-deployment-___new____	3	2	2	29s
16	app-deployment-___old____	1	2	2	9m20s
17	app-deployment-___new____	3	2	2	29s
18	app-deployment-___old____	1	1	1	9m20s
19	app-deployment-___new____	3	3	2	29s
20	app-deployment-___new____	3	3	3	43s
21	app-deployment-___old____	0	1	1	9m34s
22	app-deployment-___old____	0	1	1	9m34s
23	app-deployment-___old____	0	0	0	9m34s

當有第二個 Pod 也準備好之後（下圖 1），就代表舊的 Replica Set 又可以把一個其中一個舊的 Pod 給刪除，所以它 Desired 數量從 2 變成 1（下圖 2）。

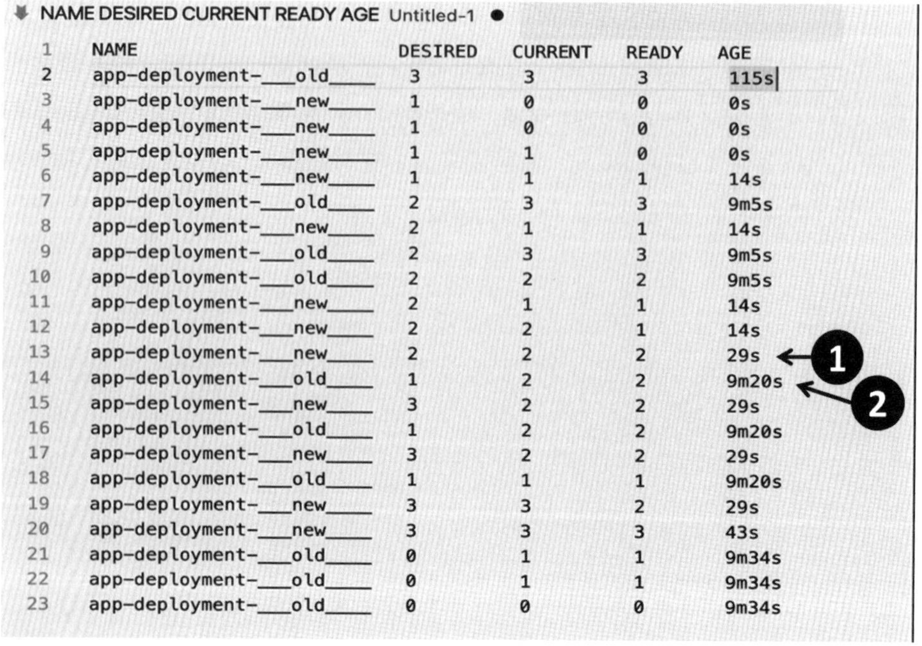

NAME DESIRED CURRENT READY AGE Untitled-1 ●

	NAME	DESIRED	CURRENT	READY	AGE
2	app-deployment-___old____	3	3	3	115s
3	app-deployment-___new____	1	0	0	0s
4	app-deployment-___new____	1	0	0	0s
5	app-deployment-___new____	1	1	0	0s
6	app-deployment-___new____	1	1	1	14s
7	app-deployment-___old____	2	3	3	9m5s
8	app-deployment-___new____	2	1	1	14s
9	app-deployment-___old____	2	3	3	9m5s
10	app-deployment-___old____	2	2	2	9m5s
11	app-deployment-___new____	2	1	1	14s
12	app-deployment-___new____	2	2	1	14s
13	app-deployment-___new____	2	2	2	29s ← 1
14	app-deployment-___old____	1	2	2	9m20s ← 2
15	app-deployment-___new____	3	2	2	29s
16	app-deployment-___old____	1	2	2	9m20s
17	app-deployment-___new____	3	2	2	29s
18	app-deployment-___old____	1	1	1	9m20s
19	app-deployment-___new____	3	3	2	29s
20	app-deployment-___new____	3	3	3	43s
21	app-deployment-___old____	0	1	1	9m34s
22	app-deployment-___old____	0	1	1	9m34s
23	app-deployment-___old____	0	0	0	9m34s

這個過程會一直重複，直到舊的 Replica set 中沒有剩餘的 Pod 0/0/0（下圖 1），同時新的 Replica Set 中都是 Ready 的 Pod 3/3/3（下圖 2）。

NAME DESIRED CURRENT READY AGE Untitled-1 ●

	NAME	DESIRED	CURRENT	READY	AGE
2	app-deployment-___old____	3	3	3	115s
3	app-deployment-___new____	1	0	0	0s
4	app-deployment-___new____	1	0	0	0s
5	app-deployment-___new____	1	1	0	0s
6	app-deployment-___new____	1	1	1	14s
7	app-deployment-___old____	2	3	3	9m5s
8	app-deployment-___new____	2	1	1	14s
9	app-deployment-___old____	2	3	3	9m5s
10	app-deployment-___old____	2	2	2	9m5s
11	app-deployment-___new____	2	1	1	14s
12	app-deployment-___new____	2	2	1	14s
13	app-deployment-___new____	2	2	2	29s
14	app-deployment-___old____	1	2	2	9m20s
15	app-deployment-___new____	3	2	2	29s
16	app-deployment-___old____	1	2	2	9m20s
17	app-deployment-___new____	3	2	2	29s
18	app-deployment-___old____	1	1	1	9m20s
19	app-deployment-___new____	3	3	2	29s
20	app-deployment-___new____	3	3	3	43s ← 2
21	app-deployment-___old____	0	1	1	9m34s
22	app-deployment-___old____	0	1	1	9m34s
23	app-deployment-___old____	0	0	0	9m34s ← 1

最後回到第二個 EC2 介面（下圖 1），按 Ctrl + C 中止，再次打上「kubectl get rs」（下圖 2），會看到，舊的 Replica Set 現在變成了 0/0/0，而新的則變成了 3/3/3。

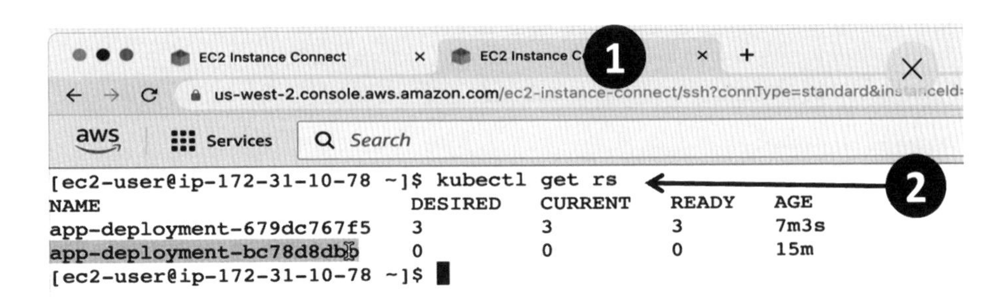

好了之後，打上「kubectl get pods」（下圖 1），然後再打上「kubectl describe pod { 任意 Pod Name}」（下圖 2），老師這邊選擇第二個 Pod Name。

```
[ec2-user@ip-172-31-10-78 ~]$ kubectl get pods
NAME                                READY   STATUS    RESTARTS   AGE
app-deployment-679dc767f5-2gt55     1/1     Running   0          7m5s
app-deployment-679dc767f5-glbl8     1/1     Running   0          7m19s
app-deployment-679dc767f5-t8hds     1/1     Running   0          6m50s
[ec2-user@ip-172-31-10-78 ~]$ kubectl describe pod app-deployment-679dc767f5-glbl8
```

這邊特別要去看一下它的 Container 底下的 Image，現在是用哪個版本。可以看到，它已經成功部署到 v2 這個版本（下圖 1 ），代表這次整個的 Rolling Update 部署非常成功。在整個過程中，都有三個 Ready 的 Pod 可以對外界的請求進行處理，沒有任何服務中斷的任何時刻。

```
Containers:
  app-container:
    Container ID:   docker://da01db1a6f4bc69a54b05aaeb3
    Image:          uopsdod/k8s-hostname-amd64-beta:v2
    Image ID:       docker-pullable://uopsdod/k8s-hostn
```

到這邊就完成 Rolling Update 的示範，其中特別要注意到的是，這整個機制與先前所學過的 Readiness Probe 息息相關，Readiness Probe 設定的越長，Rolling Update 每個 Pod 要變到 Ready 的狀態所需的判定時間也就會越久。那下個單元，將繼續談到 Rollback 的實作部分，那本單元就先到這邊結束。

【模板 6】

Kubernetes (K8S) 運算部署 V：Roll Back 無中斷退版

本單元將來介紹 Roll Back 的實作部分，將接續之前所做好的 Rolling Updates 的環境繼續下去。那我們就開始吧！

K8S Roll Back 退版：機制觸發

首先打上「kubectl get rs」（下圖 1），可以看到儘管部署了一個 v2，舊的 Replicaset 都是一直存在沒被刪掉，就算它的狀態是 0/0/0，它還是存在著。這是 Kubernetes 的設計，就是為了能方便回到上一個版本，適用於當新版本有任何錯誤，想要快速回到之前上一個穩定版本的話， 舊的 Replicaset 依舊保留，可以直接使用進行 Rollback 退版使用。

```
[ec2-user@ip-172-31-10-78 ~]$ kubectl get rs ← ❶
NAME                          DESIRED   CURRENT   READY   AGE
app-deployment-679dc767f5     3         3         3       8m14s
app-deployment-bc78d8dbb      0         0         0       17m
```

接下來打上「kubectl get deployments」，可以看到之前所部署是一個叫做 app-deployment 的資源（下圖 2）。打上「kubectl rollout history deployment/app-deployment」（下圖 3）；app-deployment 為我們的 deployment 名稱，拉查看部署歷史資訊。我們會看到這邊有兩個 Revision，也就是在 v1 的時候是一個 revision 1 的這個版本，而現在這個 v2 ，是在一個 revision 2 的這個版本。

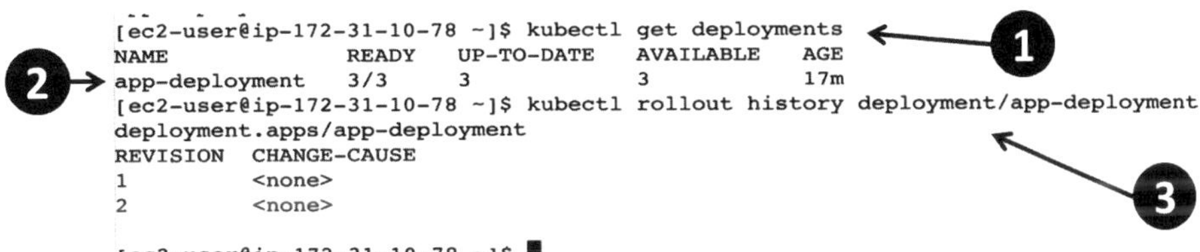

如果要 Rollback 到上一個版本，可直接打上「kubectl rollout undo deployment/app-deployment（下圖 1），就會看到已經成功的 Rollback 到上一個版本。

```
[ec2-user@ip-172-31-10-78 ~]$ kubectl rollout undo deployment/app-deployment
deployment.apps/app-deployment rolled back
[ec2-user@ip-172-31-10-78 ~]$
```

快速檢查一下，打上「kubectl get pods」（下圖 1），可以看到還正在進行部署，要稍等一下。再次打上「kubectl get pods」（下圖 2），就會看到有些正在進行運作，有些正在進行刪除。

```
[ec2-user@ip-172-31-10-78 ~]$ kubectl get pods
NAME                              READY   STATUS    RESTARTS   AGE
app-deployment-679dc767f5-2gt55   1/1     Running   0          10m
app-deployment-679dc767f5-glbl8   1/1     Running   0          10m
app-deployment-679dc767f5-t8hds   1/1     Running   0          9m57s
app-deployment-bc78d8dbb-kbw7f    0/1     Running   0          11s
[ec2-user@ip-172-31-10-78 ~]$ kubectl get pods
NAME                              READY   STATUS        RESTARTS   AGE
app-deployment-679dc767f5-2gt55   1/1     Terminating   0          10m
app-deployment-679dc767f5-glbl8   1/1     Terminating   0          10m
app-deployment-679dc767f5-t8hds   1/1     Running       0          10m
app-deployment-bc78d8dbb-6dskd    1/1     Running       0          18s
app-deployment-bc78d8dbb-7pz8g    0/1     Running       0          3s
app-deployment-bc78d8dbb-kbw7f    1/1     Running       0          32s
[ec2-user@ip-172-31-10-78 ~]$
```

那大概過了三分鐘之後，再次打上「kubectl get pod」（下圖 1），就會看到成功換了一個新的一批的 Pod。打上「kubectl describe pod { 任意 Pod Name}」（下圖 2），比如說這邊使用第三個 w7f 結尾的 Pod Name。

```
[ec2-user@ip-172-31-10-78 ~]$ kubectl get pods
NAME                             READY   STATUS    RESTARTS   AGE
app-deployment-bc78d8dbb-6dskd   1/1     Running   0          70s
app-deployment-bc78d8dbb-7pz8g   1/1     Running   0          55s
app-deployment-bc78d8dbb-kbw7f   1/1     Running   0          84s
[ec2-user@ip-172-31-10-78 ~]$ kubectl describe pod app-deployment-bc78d8dbb-kbw7f
```

這邊要去看的是 Container 底下所使用的 Image，是不是已經退回到上一個 v1，發現的確是（下圖 1），就代表我們快速透過一行指令完成了 Rollback 退版。

```
Containers:
  app-container:
    Container ID:   docker://9074addcbb4c70f8f4af03a610559d5626bf6316b9e2aa248aeb05d47b5cbd74
    Image:          uopsdod/k8s-hostname-amd64-beta:v1
    Image ID:       docker-pullable://uopsdod/k8s-hostname-amd64-beta@sha256:ea4140acdcaa671e93c9
f9f666582d
```

K8S Roll Back 退版：業界使用經驗分享

這邊分享了一個實務上的一個心得。我們的確可以透過 kubectl rollout undo 的方式回到上一個版本，但這會導致實際部署的版本跟在 yaml 模板上面所寫的版本號會不一致。所以老師還是建議，在實際部署的時候，還是建議去更改所進行部署的 yaml 檔案，並重新部署。

比如說，如果想要把它退回到上一版，就把它改成 v1（下圖 1）。或者想要部署到一個更新的一版，就把它改成 v3。透過模板的更新，所有更動都可以記在版本控管的系統裡面，讓 yaml 檔案永遠與實際的部署狀況維持一致，那反而會是更好的維護的。

```
    app: app-pod
  spec:
    containers:
    - name: app-container
      image: uopsdod/k8s-hostname-amd64-beta:v2
      ports:
      - containerPort: 80
      startupProbe:
        httpGet:
```

1

K8S 資源清理

打上「kubectl delete deployment --all」（下圖 1），就完成這邊的清理。

```
[ec2-user@ip-172-31-10-78 ~]$ kubectl delete deployment --all
deployment.apps "app-deployment" deleted
[ec2-user@ip-172-31-10-78 ~]$ █
```

那到這邊就完成了 Kubernetes Rollback 的機制的實作示範。那麼本單元就到這邊結束。

【圖解觀念】

Kubernetes (K8S) 儲存架構：Persistent Volume

本單元將要介紹 Kubernetes 之中的 Persistent volume，它將允許將資料的儲存生命週期與 Pod 隔開，那我們就開始吧！

K8S Persistent Volume (PV) 介紹

首先這邊有一個 Cluster，裡面部署了一個 Pod。如同之前所介紹，Pod 裡面可以有多個 Container（下圖 1 ）。每個 Container 裡面會有指定的 Image（下圖 2 ），也就是專案要部署的東西。

而這邊要新學到的是，Container 底下還有另外一個概念叫做 Volume（下圖 3 ），也就是指定要哪個外界的儲存空間，去讓當下特定的 Container 使用。而這邊 Container 中的 Volume，會與 Cluster 外界的資源相互連結。

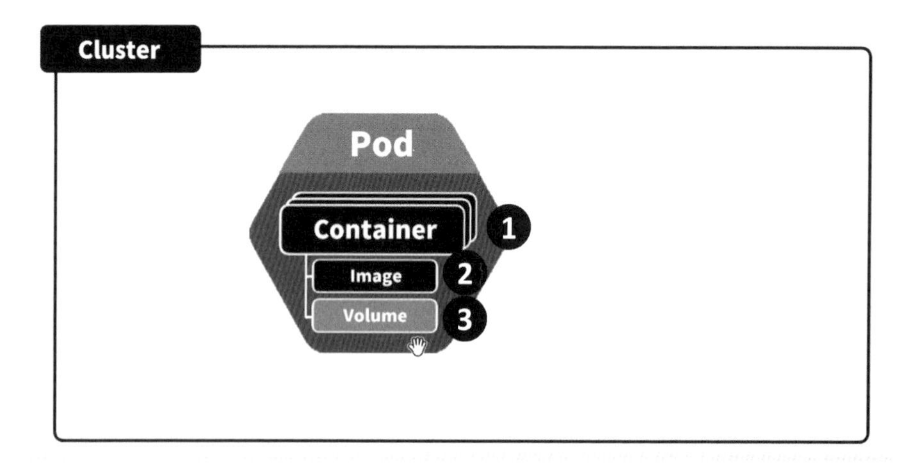

在 Pod 之中的 Container 的 Volume，它會與 Cluster 之中的一個叫做 PVC（Persistent Volume Claim）的資源（下圖 1 ）相互連結。一個 PVC 的資源的主要目的，是幫 Pod 去宣告並拿到一個實際的儲存資源。而這個儲存資源要怎麼來？PVC 會根據它所指派的 Storage Class（下圖 2 ），去找到相對應的 PV（Persistent Volume），並且會有靜態與動態兩種對應方式。

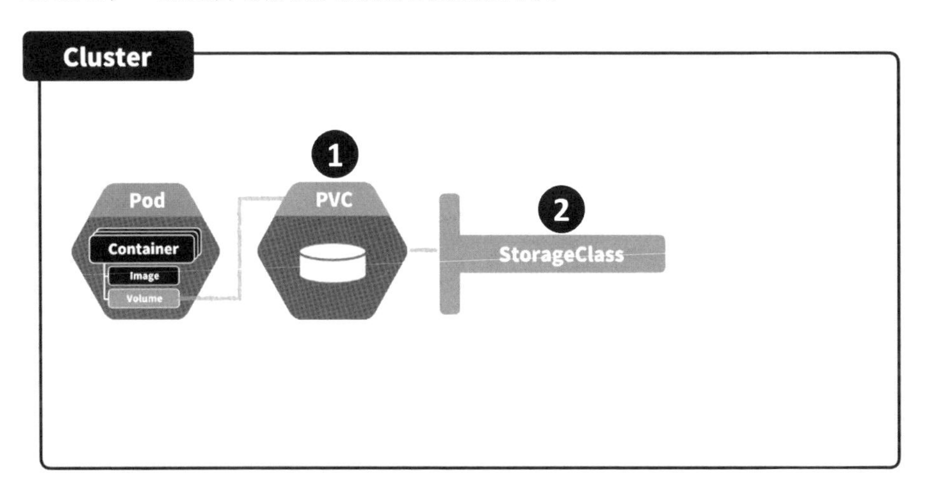

K8S PV 靜態部署 - Persistent Volumes (PV) & Claim (PVC)

如果所使用的方式是一個靜態配置，也就是手動去創造出儲存資源的話，那麼就會連結到相同 Storage Class 的 PV，全名為 Persistent Volume，老師這邊用 static 這個關鍵字，來代表這是手動自行建立的（下圖 1 ）。

這是第一條路線，第一步為手動的去創造 PV 資源，然後把它分配到某個特定的 Storage Class。在另外一側的 Pod 這邊，Volume 將會透過一個 PVC 的方式去宣告，在一個特定的 Storage Class 之中，去尋找有沒有已存在且對應得到的 PV 資源。透過這個方式，就可以讓 Pod 拿到一個實際的儲存資源。

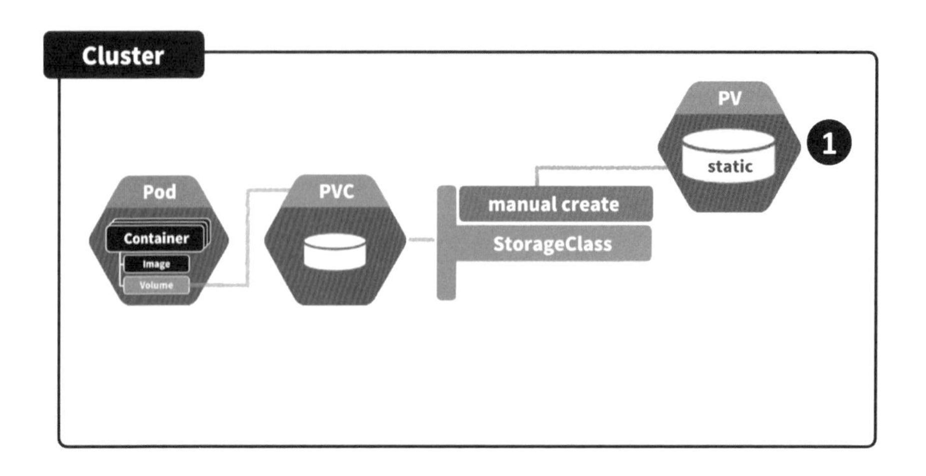

K8S PV 動態部署 - StorageClass (SC)

介紹完靜態創建 PV 資源的方式之後，來進行到一個更進階的動態 PV 資源創造的概念理解。假設 PVC 是想要透過動態的方式，對應到特定的 Storage Class，而拿到真正的 PV 資源的話，在 Storage Class 要多一個東西，叫做 Provisioner（下圖１）。一個 Provisioner 會根據所對應的雲端商，來進行不同的配置。它將會動態的去創建一個 PV 資源，老師這邊用 dynamic 這個關鍵字來做出區別（下圖２）。不論是透過靜態手動建立 PV 的方式，或是動態透過 Provisioner 創建 PV 的方式，都可以在另外一側的 Pod 之中，透過 PVC 的方式去找到特定 Storage Class 所對應到的 PV 資源。

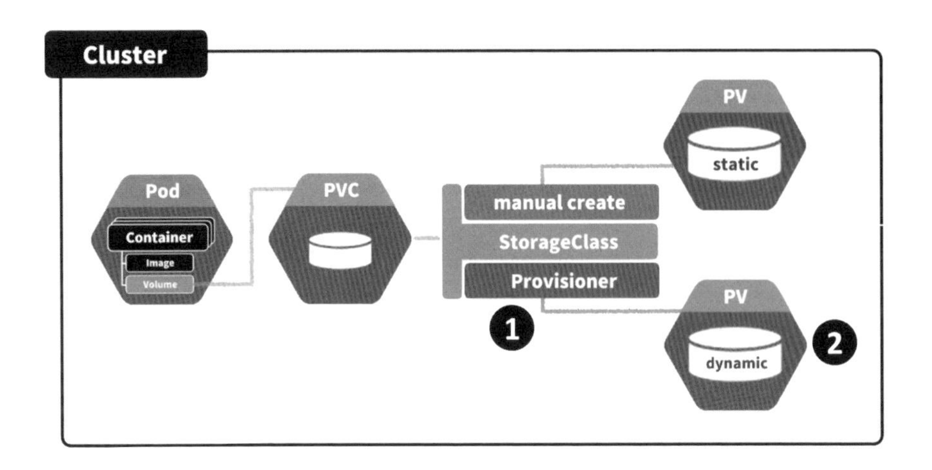

那到這邊是針對 Kubernetes Cluster 視角之中資源佈置的概念介紹。

儲存資源的實際來源

不過這邊要問一個非常重要的問題：那實際的儲存資源是由誰提供？在 Kubernetes 的 PV (Persistent Volume) 的設計之中，它與真正的儲存空間所間接的方式是一個透過 Plugin 插件的方式進行。在 Kubernetes 的規格之中，有許多種 Plugin 外接的模式，比如說 HostPath（下圖 1），讓主機底下的某個目錄當作一個真正儲存空間；或者 CSI（Container Storage Interface）（下圖 2），讓許多雲端商可以透過這個特定的規格，來實作其擁有的外接硬碟；又或者是透過更常見的 NFS 的方式，去創建 Network File System 的相關儲存資源（下圖 3）；最後，又或是透過 ISCSI 的方式，去連接這個規格的外接硬碟資源（下圖 4）。

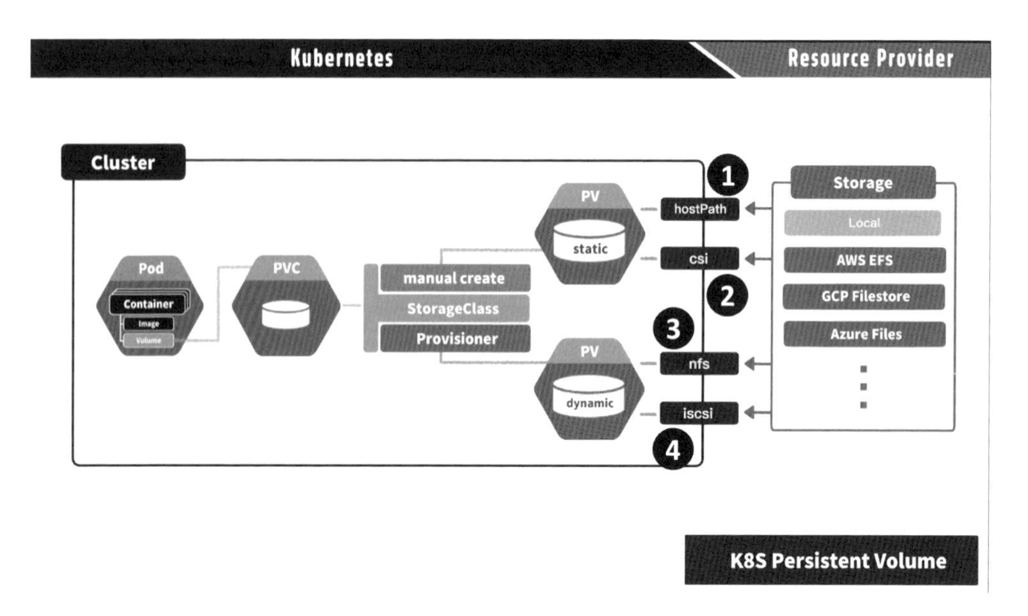

根據在 PV 範本之中所配置的 Plugin 類別，就會對應到不同實際創建出儲存資源的地方。比如說，在本地自己維護的一個 NAS 資料儲存主機（下圖 1 ）；或者是利用雲端商，比如說 AWS 的 EFS (Elastic File System)（下圖 2 ），又或是 GCP 的 FileStore（下圖 3 ），又或者是 Azure 上面的 Files 等網路儲存服務（下圖 4 ）。不管挑的是哪一種資源提供者的方式，都能實際創建出儲存資源，並搭配 PV 上面所定義的 Plugin 模式，來完成 PV 的創建與連結。而至於這個動態創建要創建出什麼、規格又怎麼寫，將會根據不同的雲端商的規格來實作。

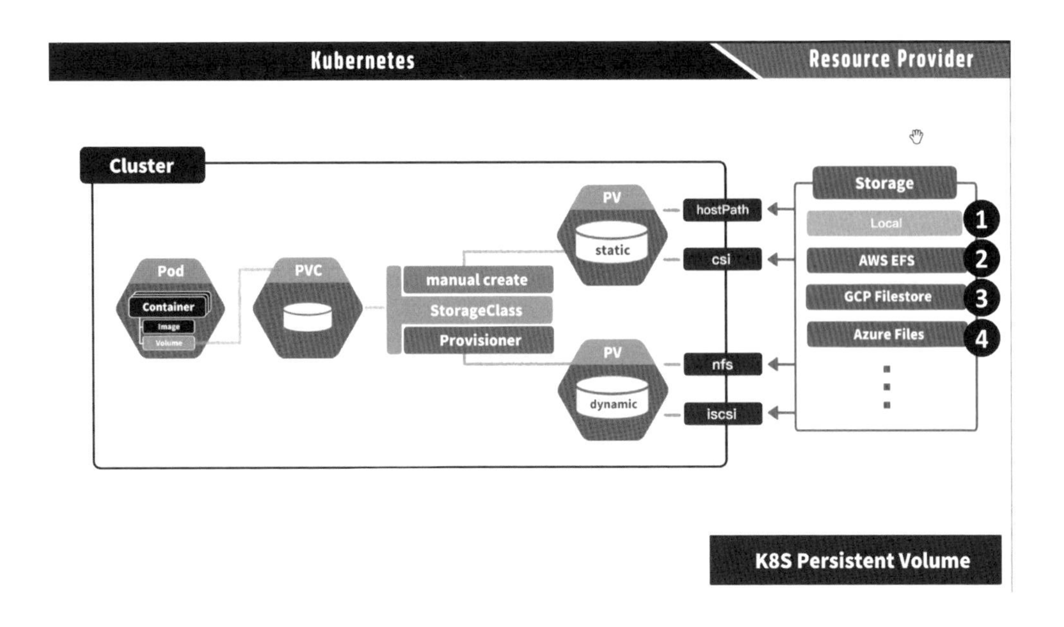

那麼以上就是針對 Kubernetes Persistent Volume 的整體架構介紹，本單元就到這邊結束。

【模板 7】

K8S 儲存靜態部署：Persistent Volumes (PV) & Claim (PVC)

本單元將來進行 PV（Persistent Volume） 的介紹。PV 可以將資料進行永久儲存，並讓資料的儲存生命週期與 Pod 進行隔開，那我們就開始吧！

K8S Persistent Volume (PV) 模板撰寫

首先要建立一個檔案，打上「vi simple-volume-pv.yaml」，創立新檔案，如下圖。

```
[ec2-user@ip-172-31-12-188 ~]$ vi simple-volume-pv.yaml
```

進去之後按「a」進入編輯模式。第一行打上「apiVersion: v1」（下圖 1），再來打上「kind: PersistentVolume」（下圖 2），kind 種類也就是這次的主要目的，指定為 PersistentVolume。

```
apiVersion: v1 ❶
kind: PersistentVolume❷
```

再來進行 metadata 的部分，打上「metadata:」（下圖 1），首先給它一個名稱，打上「name: app-pv」（下圖 2）。

```
apiVersion: v1
kind: PersistentVolume
metadata: ❶
  name: app-pv ❷
```

好了之後到 spec 的部分，打上「spec:」」（下圖 1 ），這個單元首先要示範的是一個靜態的 PV 部署。因此這邊第一個欄位，打上「storageClassName: sc-001」（下圖 2 ），這邊可以填任何你想要的值，這邊命名為 sc-001，只要在待會所要創建的 PVC 之中，這個值能對應起來即可。這邊一個有趣的問題：實際上有沒有這個 StorageClass 的資源呢？答案是沒有的。但在靜態的部署之中，這並不影響實際的部署結果，只要 PV 與稍後要創建的 PVC 資源的兩個名稱相互對應起來即可。

```
apiVersion: v1
kind: PersistentVolume
metadata:
  name: app-pv
spec: ❶
  storageClassName: sc-001 ❷
```

接著打上「volumeMode: Filesystem」（下圖 1 ），在 volume mode 之中，有兩個值可以填寫，一個是 Block，另外一個則是這次要示範的，也是比較常見的 Filesystem。

```
apiVersion: v1
kind: PersistentVolume
metadata:
  name: app-pv
spec:
  storageClassName: sc-001
  volumeMode: Filesystem ←❶
```

接著打上看到「capacity:」（下圖 1 ），再打上「storage: 2Gi」（下圖 2 ），去拿到 2GB 的儲存空間。

```
apiVersion: v1
kind: PersistentVolume
metadata:
  name: app-pv
spec:
  storageClassName: sc-001
  volumeMode: Filesystem
  capacity: ❶
    storage: 2Gi❷
```

好了之後，打上「accessModes:」（下圖 1）。在 Kubernetes 的規範之中，有許多模式可以選擇，這邊要做的示範是 ReadWriteMany 這一個，打上「- ReadWriteMany」（下圖 2）。這個將允許儲存空間可以讓許多在不同的 Node 之中的 Pod，同時進行資料讀取與寫入。

```
apiVersion: v1
kind: PersistentVolume
metadata:
  name: app-pv
spec:
  storageClassName: sc-001
  volumeMode: Filesystem
  capacity:
    storage: 2Gi
  accessModes: ←❶
  _ - ReadWriteMany ❷
```

完成之後往下看，在 PV 的架構之中，實際的儲存空間都是使用一個 plugin 外接的方式給接進來的。而 Kubernetes 提供很多種外接的方式， 在這邊所要示範的是一個 hostpath 的 plugin 外接方式，打上「hostPath:」（下圖 1），它將去跟當下的主機（Host）要到一個主機之中的硬碟目錄，來當作儲存資源的來源位置。接著，指定要用主機之中的哪一個 path，也就是哪一個目錄。這邊想使用的是根目錄下的 data 這個目錄，因此打上「path: /data」（下圖 2），並且要使用其中一個叫做 DirectoryOrCreate 的種類，打上「type: DirectoryOrCreate」（下圖 3），如果這個目錄不存在的話，它會自動幫建立一個。

```
apiVersion: v1
kind: PersistentVolume
metadata:
  name: app-pv
spec:
  storageClassName: sc-001
  volumeMode: Filesystem
  capacity:
    storage: 2Gi
  accessModes:
    - ReadWriteMany
  hostPath:          <- 1
    path: /data      <- 2
    type: DirectoryOrCreate   3
~
```

到這裡，就完成 PV 的撰寫，按下 Esc 打上「:wq」 存檔離開。

使用「cat simple-volume-pv.yaml」查看一下（下圖 1）。如果沒問題，就可以打上「kubectl apply -f simple-volume-pv.yaml」（下圖 2）。建立之後，打上「kubectl get pv」（下圖 3），就會看到剛剛所建立的 app-pv 資源。

```
[ec2-user@ip-172-31-12-188 ~]$ vi simple-volume-pv.yaml
[ec2-user@ip-172-31-12-188 ~]$ cat simple-volume-pv.yaml   <- 1
apiVersion: v1
kind: PersistentVolume
metadata:
  name: app-pv
spec:
  storageClassName: sc-001
  volumeMode: Filesystem
  capacity:
    storage: 2Gi
  accessModes:
    - ReadWriteMany
  hostPath:
    path: /data
    type: DirectoryOrCreate
[ec2-user@ip-172-31-12-188 ~]$ kubectl apply -f simple-volume-pv.yaml   2
persistentvolume/app-pv created
[ec2-user@ip-172-31-12-188 ~]$ kubectl get pv   <- 3
NAME     CAPACITY   ACCESS MODES   RECLAIM POLICY   STATUS      CLAIM   STORAGECLASS   REASON   AGE
app-pv   2Gi        RWX            Retain           Available           sc-001                  6s
```

K8S Persistent Volume Claim (PVC) 模板撰寫

再來創建 PVC。首先創建個檔案，打上「vi simple-volume-pvc.yaml」，如下圖。

```
[ec2-user@ip-172-31-12-188 ~]$ vi simple-volume-pvc.yaml
```

按下「a」進入編輯模式。首先打上「apiVersion: v1」（下圖 1 ），再打上「kind: PersistentVolumeClaim」（下圖 2 ）， 再打上「metadata:」（下圖 3 ），以及「name: app-pvc」（下圖 4 ）。

```
apiVersion: v1 ❶
kind: PersistentVolumeClaim ❷
metadata: ❸
  name: app-pvc ❹
```

完成之後打上「spec:」（下圖 1 ）。首先第一個最重要的，打上「storageClassName: {與 PV 相同的值}」（下圖 2 ），如上述，這次的目的是要使用一個靜態的部署方式，所以這邊的值只要跟 PV 對得起來就可以，因此這邊打上 PV 那邊所使用的 sc-001，這個例子的完整指令為「storageClassName: sc-001」。

```
apiVersion: v1
kind: PersistentVolumeClaim
metadata:
  name: app-pvc
spec: ❶
  storageClassName: sc-001 ❷
~
```

再來打上「accessModes:」（下圖 1 ），「- ReadWriteMany」（下圖 2 ）。接著打上「resources:」（下圖 3 ）、「requests:」（下圖 4 ），要去定義這個 PVC 要去跟 PV 拿取多少資源，因此打上「storage: 2Gi」（下圖 5 ），去拿取 2GB 的資源。

```yaml
apiVersion: v1
kind: PersistentVolumeClaim
metadata:
  name: app-pvc
spec:
  storageClassName: sc-001
  accessModes:        ❶
    - ReadWriteMany   ❷
  resources:          ❸
    requests:         ❹
      storage: 2Gi    ❺
~
```

到這邊就完成 PVC 這邊的撰寫，按 Esc 打上「:wq」存檔離開。

最後打上「cat simple-volume-pvc.yaml」看一下（下圖 1 ）。如果沒問題，就可以打上「kubectl apply -f simple-volume-pvc.yaml」進行部署（下圖 2 ）。創建好之後，打上「kubectl get pvc」（下圖 3 ），就會看到剛剛所建立的 app-pvc 資源，並且為 Bound 狀態，代表成功建立。而它的來源是跟 app-pv 去拿到的，因為同時都對到同一個 storageClass "sc-001"（下圖 4 ）。

```
[ec2-user@ip-172-31-12-188 ~]$ cat simple-volume-pvc.yaml   ❶
apiVersion: v1
kind: PersistentVolumeClaim
metadata:
  name: app-pvc
spec:
  storageClassName: sc-001
  accessModes:
    - ReadWriteMany
  resources:
    requests:
      storage: 2Gi
[ec2-user@ip-172-31-12-188 ~]$ kubectl apply -f simple-volume-pvc.yaml   ❷
persistentvolumeclaim/app-pvc created
[ec2-user@ip-172-31-12-188 ~]$ kubectl get pvc   ❸
NAME      STATUS   VOLUME   CAPACITY   ACCESS MODES   STORAGECLASS   AGE
app-pvc   Bound    app-pv   2Gi        RWX            sc-001         5s
                                                      ❹
```

K8S Pod 資源部署

有了 PV 也有了 PVC，再來要部署實際的 Pod 來使用此儲存資源。這邊一樣會利用之前所建立的模板檔案，打上「cp simple-deployment.yaml simple-deployment-volume.yaml」複製一個新檔案，如下圖。

```
[ec2-user@ip-172-31-12-188 ~]$ cp simple-deployment.yaml simple-deployment-volume.yaml
```

再打上「vi simple-deployment-volume.yaml」進行編輯，按「a」進入編輯模式，一路往下看，並在最後一行開始往下加，如下圖。

```
[ec2-user@ip-172-31-12-188 ~]$ vi simple-deployment-volume.yaml
```

首先，在 Pod template 底下的 Container 部分，與 containers 對齊的地方，來新增一個 Volume 的部分，打上「volumes:」（下圖 1），這個 volume 給它一個名稱，打上「- name: app-volume」（下圖 2）。

```
spec:
  replicas: 3
  selector:
    matchLabels:
      app: app-pod
  template:
    metadata:
      labels:
        app: app-pod
    spec:
      containers:
      - name: app-container
        image: uopsdod/k8s-hostname-amd64-beta:v1
        ports:
        - containerPort: 80
      volumes:          ← 1
        - name: app-volume   ← 2
```

好了之後，要去指定這個 Volume 要通過哪個 PVC 去拿到 PV，打上「persistentVolumeClaim:」（下圖 1），以及「claimName: app-pvc」（下圖 2），app-pvc 為之前所建立的 PVC 名稱。

```
replicas: 3
selector:
  matchLabels:
    app: app-pod
template:
  metadata:
    labels:
      app: app-pod
  spec:
    containers:
    - name: app-container
      image: uopsdod/k8s-hostname-amd64-beta:v1
      ports:
      - containerPort: 80
    volumes:
      - name: app-volume
        persistentVolumeClaim:     ← 1
          claimName: app-pvc       ← 2
```

定義好 volume 的來源之後，往上看到 containerPort 這邊，往下加一行並對齊。在這邊打上「volumeMounts:」（下圖 1 ），並且去指定 volume 來源名稱，打上「- name: app-volume」（下圖 2 ），app-volume 就是剛剛下面要去建立的 valmue 名稱，直接複製貼過來即可。

```
selector:
  matchLabels:
    app: app-pod
template:
  metadata:
    labels:
      app: app-pod
  spec:
    containers:
    - name: app-container
      image: uopsdod/k8s-hostname-amd64-beta:v1
      ports:
      - containerPort: 80
      volumeMounts:          ← 1
        - name: app-volume   ← 2
    volumes:
      - name: app-volume
        persistentVolumeClaim:
          claimName: app-pvc
```

好了之後，要來指定拿到這個 volume 的資源之後，要把它 mount 對應到 Pod 裡面的 container 的哪個目錄位置。這邊想要對應到 /app/data，因此打上「mountPath: /app/data」（下圖 1 ）。

```
      app: app-pod
  template:
    metadata:
      labels:
        app: app-pod
    spec:
      containers:
      - name: app-container
        image: uopsdod/k8s-hostname-amd64-beta:v1
        ports:
        - containerPort: 80
        volumeMounts:
          - name: app-volume
            mountPath: /app/data
      volumes:
        - name: app-volume
          persistentVolumeClaim:
            claimName: app-pvc
```

好了之後按下 ESC，打上「:wq」存檔離開。

完成之後，執行「kubectl apply -f simple-deployment-volume.yaml」進行部署（下圖 1 ）。建立好之後，打上「kubectl get deployments」（下圖 2 ），就會看到它已經部署成功。

```
[ec2-user@ip-172-31-12-188 ~]$ kubectl apply -f simple-deployment-volume.yaml
deployment.apps/app-deployment created
[ec2-user@ip-172-31-12-188 ~]$ kubectl get deployments
NAME             READY   UP-TO-DATE   AVAILABLE   AGE
app-deployment   3/3     3            3           6s
[ec2-user@ip-172-31-12-188 ~]$
```

再更進一步的查看，打上「kubectl describe deployments app-deployment」（下圖 1 ），就會看到其中有一行的資訊是 Mount: /app/data from app-volume (rw) （下圖 2 ），指出 Mount 是來自 app-volume，並且把它部署到 Pod 裡面 container 之中的 /app/data 的這個目錄位置，那到這邊就完成這次的完整部署。

```
[ec2-user@ip-172-31-12-188 ~]$ kubectl get deployments
NAME             READY   UP-TO-DATE   AVAILABLE   AGE
app-deployment   3/3     3            3           6s
[ec2-user@ip-172-31-12-188 ~]$ kubectl describe deployments app-deployment
```

```
Pod Template:
  Labels:  app=app-pod
  Containers:
   app-container:
    Image:          uopsdod/k8s-hostname-amd64-beta:v1
    Port:           80/TCP
    Host Port:      0/TCP
    Environment:    <none>
    Mounts:
      /app/data from app-volume (rw)
```

K8S PV 與 PVC 生命週期的運用示範

最後來做一個有趣的測試，來測試資料的生命週期是不是與 Pod 隔開。

打上「kubectl get pods」（下圖 1 ），看到有三個 pod 正在運行。再打上「kubectl exec -it { 任何一個 Pod Name} -- touch /app/data/file001.txt」，透過這個指令，就可以進入這個 Pod 裡面來進行指令的操作，而 touch 可以進行檔案創建。我們將創建到 mount 的目錄位置，也就是 container 裡面的 /app/data 目錄，在裡面創建一個叫 file001.txt 的文件。

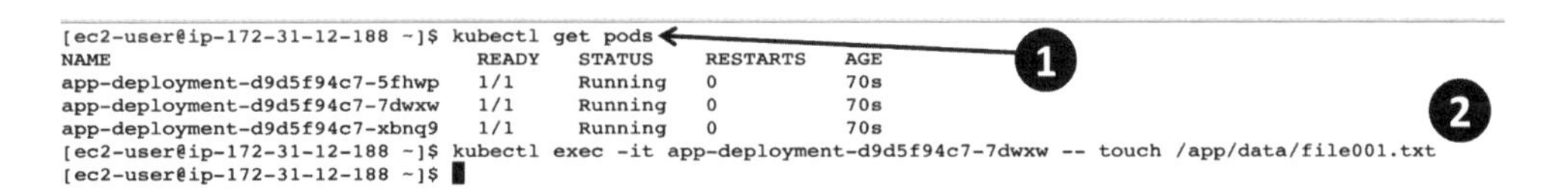

```
[ec2-user@ip-172-31-12-188 ~]$ kubectl get pods
NAME                              READY   STATUS    RESTARTS   AGE
app-deployment-d9d5f94c7-5fhwp    1/1     Running   0          70s
app-deployment-d9d5f94c7-7dwxw    1/1     Running   0          70s
app-deployment-d9d5f94c7-xbnq9    1/1     Running   0          70s
[ec2-user@ip-172-31-12-188 ~]$ kubectl exec -it app-deployment-d9d5f94c7-7dwxw -- touch /app/data/file001.txt
[ec2-user@ip-172-31-12-188 ~]$
```

完成之後，打上「kubectl exec -it { 任何一個 Pod Name} -- ls /app/data」（下圖 1 ），去看一下檔案是否成功創建，若成功就會看到檔案名稱（下圖 2 ）。

```
[ec2-user@ip-172-31-12-188 ~]$ kubectl exec -it app-deployment-d9d5f94c7-7dwxw -- ls /app/data
file001.txt
```

再來做一個有趣的測試，打上「kubectl delete pods --all」（下圖 1 ），把所有的 Pod 全部都刪除。大約過了一分鐘之後完成刪除，再打上「kubectl get pods」（下圖 2 ）。

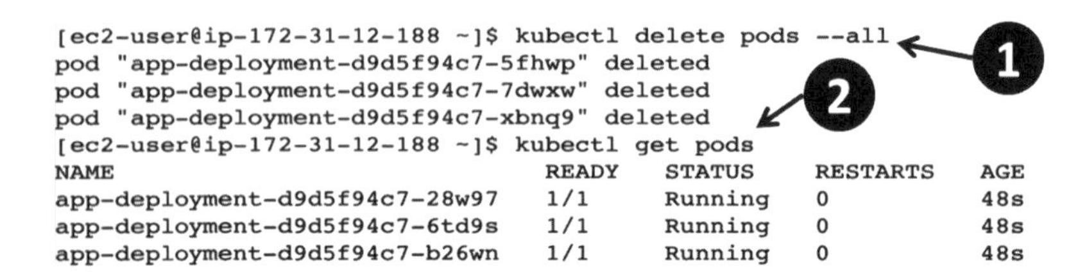

```
[ec2-user@ip-172-31-12-188 ~]$ kubectl delete pods --all
pod "app-deployment-d9d5f94c7-5fhwp" deleted
pod "app-deployment-d9d5f94c7-7dwxw" deleted
pod "app-deployment-d9d5f94c7-xbnq9" deleted
[ec2-user@ip-172-31-12-188 ~]$ kubectl get pods
NAME                             READY   STATUS    RESTARTS   AGE
app-deployment-d9d5f94c7-28w97   1/1     Running   0          48s
app-deployment-d9d5f94c7-6td9s   1/1     Running   0          48s
app-deployment-d9d5f94c7-b26wn   1/1     Running   0          48s
```

再打上「kubectl exec -it { 任意刪除後的新 Pod Name} -- ls /app/data」。這邊的目的是去看一下這新的一批 pod，是否還是可以拿到原本上一批 Pod 所使用的儲存空間所創建的 file001 這個檔案，而實際上也會拿到該檔案（下圖 2 ）。

```
[ec2-user@ip-172-31-12-188 ~]$ kubectl exec -it app-deployment-d9d5f94c7-b26wn -- ls /app/data
file001.txt
[ec2-user@ip-172-31-12-188 ~]$
```

這邊就證實了，不論 pod 的生命週期是怎麼樣變動，刪除或新增，在過程中所儲存的檔案都會透過 PV、PVC 的機制給永久儲存下來。

K8S 資源清理

最後來進行資源清理的部分，打上「kubectl delete deployments --all」一次清除（下圖 1 ）。再打上「kubectl delete pvc --all」（下圖 2 ），來清除所有的 PVC。大概過了一分鐘之後完成刪除。最後打上「kubectl delete pv --all」（下圖 3 ），來清除所有的 PV。

```
[ec2-user@ip-172-31-12-188 ~]$ kubectl delete deployments --all
deployment.apps "app-deployment" deleted
[ec2-user@ip-172-31-12-188 ~]$ kubectl delete pvc --all
persistentvolumeclaim "app-pvc" deleted
[ec2-user@ip-172-31-12-188 ~]$ kubectl delete pv --all
persistentvolume "app-pv" deleted
[ec2-user@ip-172-31-12-188 ~]$
```

在這個單元中，對 PV 和 PVC 的靜態部署方式進行了個完整的示範，在下個單元中，將進行 PV 動態資源部署的進階示範，本單元就先到這邊結束。

【模板 7】

K8S 儲存動態部署：StorageClass (SC)

本單元將介紹 PV 自動化動態部署的示範，那我們就開始吧！

K8S Persistent Volume (PV) 動態部署：Storage Class

首先，在動態部署之中，會有新的概念叫做 Storage Class 的資源，打上「kubectl get storageclass」（下圖 1），就會看到在 minikube 之中，已經有預設叫做 Standard 的 Storage Class （下圖 2）。其中它所指定的 Provisioner 是 k8s.io/minikube-hostpath （下圖 3）。不同的 Provision 可以創建不同的硬碟資源，而在這個例子之中，這個 minikube-hostpath，顧名思義可以去創造出「需要 hostpath 這種硬體資源的 plugin」所需要的 PV 資源。

簡而言之，如果有一個 Storage Class 的話，可以根據 Provisioner 去自動化創建出相對應的 PV 資源。

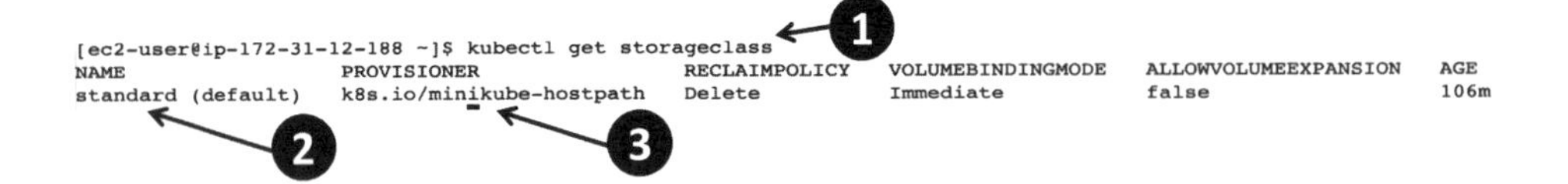

因此在這個概念底下，不用去手動自己創造出每一個 PV 資源，而只需要去動手建立 PVC 的資源就足夠。

這邊打上「cp simple-volume-pvc.yaml dynamic-volume-pvc.yaml」（下圖 1），來沿用之前所建立的檔案。再打上「vi dynamic-volume-pvc.yaml」進行編輯（下圖 2）。

```
[ec2-user@ip-172-31-12-188 ~]$ cp simple-volume-pvc.yaml dynamic-volume-pvc.yaml
[ec2-user@ip-172-31-12-188 ~]$ vi dynamic-volume-pvc.yaml
```

按「a」進入編輯模式後，唯一需要修改的是 storageClassName，需要將它替換為實際存在的 Storage Class 資源。在這邊示範中，這是 minikube 所內建的 Standard 這個 Storage Class 資源，打上「storageClassName: standard」（下圖 1）。這個 Storage Class 所擁有的 Provisioner 可以建立 hostPath 的硬體資源。完成後按，按下 ESC，打上「:wq」離開。

```
apiVersion: v1
kind: PersistentVolumeClaim
metadata:
  name: app-pvc
spec:
  storageClassName: standard
  accessModes:
    - ReadWriteMany
  resources:
    requests:
      storage: 2Gi
~
~
```

完成之後，打上「kubectl apply -f dynamic-volume-pvc.yaml」進行部署（下圖 1）。創建好之後，打上「kubectl get pvc」（下圖 2），就會看到剛剛所建立的 app-pvc 資源，這個應該沒有什麼意外。但是如果打上「kubectl get pv」的話（下圖 3），會看到自動被建立出來的 PV 資源。這就是由背後的 Standard Storage Class 來幫忙自動化動態創建出來的，非常有趣。

```
[ec2-user@ip-172-31-12-188 ~]$ kubectl apply -f dynamic-volume-pvc.yaml
persistentvolumeclaim/app-pvc created
[ec2-user@ip-172-31-12-188 ~]$ kubectl get pvc
NAME      STATUS   VOLUME                                     CAPACITY   ACCESS MODES   STORAGECLASS   AGE
app-pvc   Bound    pvc-83d3f92b-0b83-4184-afde-c5cc56d00368   2Gi        RWX            standard       4s
[ec2-user@ip-172-31-12-188 ~]$ kubectl get pv
NAME                                       CAPACITY   ACCESS MODES   RECLAIM POLICY   STATUS   CLAIM             STORAGECLASS   REA
SON   AGE
pvc-83d3f92b-0b83-4184-afde-c5cc56d00368   2Gi        RWX            Delete           Bound    default/app-pvc   standard
      17s
[ec2-user@ip-172-31-12-188 ~]$
```

K8S Deployment 運算資源部署

有了 PVC 資源以及自動化創建出來的 PV 資源之後，就能夠進行實際的運算資源部署。在這個部分，沿用之前所建立的檔案，打上「kubectl apply -f simple-deployment-volume.yaml」（下圖 1）。完成之後，打上「kubectl get deployments」（下圖 2），就會看到已經成功部署了應用。

```
[ec2-user@ip-172-31-12-188 ~]$ kubectl apply -f simple-deployment-volume.yaml   ← 1
deployment.apps/app-deployment created
[ec2-user@ip-172-31-12-188 ~]$ kubectl get deployments   ← 2
NAME             READY   UP-TO-DATE   AVAILABLE   AGE
app-deployment   3/3     3            3           4s
```

好了之後再看得更詳細一點，打上「kubectl describe deployment app-deployment」（下方第一張圖），看到 Mounts 這邊，就會看到成功地透過 app-volume 拿到了實際的硬體資源，並且將它配對到 Pod Container 中的 /app/data 目錄位置（下圖 1）。

```
[ec2-user@ip-172-31-12-188 ~]$ kubectl describe deployment app-deployment

Pod Template:
  Labels:  app=app-pod
  Containers:
   app-container:
    Image:         uopsdod/k8s-hostname-amd64-beta:v1
    Port:          80/TCP
    Host Port:     0/TCP
    Environment:   <none>
    Mounts:   ← 1
      /app/data from app-volume (rw)
```

K8S Persistent Volume (PV) 動態部署運用示範

接著進行一些快速測試，打上「kubectl get pods」（下圖 1），然後打上「kubectl exec -it { 任意 Pod Name} -- touch /app/data/file002.txt」（下圖 2），比如說這邊使用 66jpv 結尾的 Pod Name，在其 Mount 的 Container 目錄位置中創建新檔案 file002.txt。

```
[ec2-user@ip-172-31-12-188 ~]$ kubectl get pods
NAME                               READY   STATUS    RESTARTS   AGE
app-deployment-d9d5f94c7-66jpv     1/1     Running   0          59s
app-deployment-d9d5f94c7-bwmvw     1/1     Running   0          59s
app-deployment-d9d5f94c7-c5vzs     1/1     Running   0          59s
[ec2-user@ip-172-31-12-188 ~]$ kubectl exec -it app-deployment-d9d5f94c7-66jpv -- touch /app/data/file002.txt
[ec2-user@ip-172-31-12-188 ~]$
```

好了之後，打上「kubectl exec -it { 任意 Pod Name} -- ls /app/data」，就能看到成功創建了名為 file002.txt 的檔案，如下圖。

```
[ec2-user@ip-172-31-12-188 ~]$ kubectl exec -it app-deployment-d9d5f94c7-66jpv -- ls /app/data
file002.txt
```

再進一步測試，打上「kubectl delete pods --all」（下圖 1 ）。大概過了一分鐘之後完成刪除，再打上「kubectl get pods」（下圖 2 ），會看到全新的一批 Pods。好了之後，任意挑選其中 Pod 的名稱，打上「kubectl exec -it { 刪除後任意 新的 Pod Name} -- ls /app/data」（下圖 3 ），看一下是不是 file002.txt 檔案還在裡面，實際上可以看到檔案仍然存在，代表這次的動態 PV 部署非常成功！

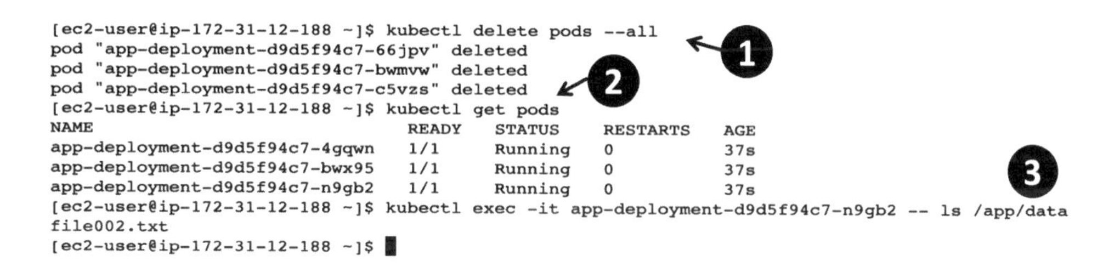
```
[ec2-user@ip-172-31-12-188 ~]$ kubectl delete pods --all
pod "app-deployment-d9d5f94c7-66jpv" deleted
pod "app-deployment-d9d5f94c7-bwmvw" deleted
pod "app-deployment-d9d5f94c7-c5vzs" deleted
[ec2-user@ip-172-31-12-188 ~]$ kubectl get pods
NAME                              READY   STATUS    RESTARTS   AGE
app-deployment-d9d5f94c7-4gqwn    1/1     Running   0          37s
app-deployment-d9d5f94c7-bwx95    1/1     Running   0          37s
app-deployment-d9d5f94c7-n9gb2    1/1     Running   0          37s
[ec2-user@ip-172-31-12-188 ~]$ kubectl exec -it app-deployment-d9d5f94c7-n9gb2 -- ls /app/data
file002.txt
[ec2-user@ip-172-31-12-188 ~]$
```

K8S 資源清理

首先刪掉所有的 Deployments，打上「kubectl delete deployments --all」（下圖 1 ）。然後刪掉所有的 PVC，打上「kubectl delete pvc --all」（下圖 2 ），大概過了一分鐘之後完成刪除。最後刪除所有的 PV，打上「kubectl delete pv --all」（下圖 3 ）。到這邊，就完成了所有的資源清理。

```
[ec2-user@ip-172-31-12-188 ~]$ kubectl delete deployments --all
deployment.apps "app-deployment" deleted
[ec2-user@ip-172-31-12-188 ~]$ kubectl delete pvc --all
persistentvolumeclaim "app-pvc" deleted
[ec2-user@ip-172-31-12-188 ~]$ kubectl delete pv --all
No resources found
[ec2-user@ip-172-31-12-188 ~]$
```

在這個單元中，介紹了如何利用 Storage Class 和 PVC 來動態以及自動化的創建 PV 資源。在 Kubernetes 中，還提供各種不同的 Storage Class，各自有著相對應的 Provisioner，不論是內建的、還是雲端商所提供的，都讓整個儲存資源的部署非常的彈性化，是 Kubernetes Storage 中一個非常強大的設計模式，那麼本單元就到這邊結束。

【圖解觀念】

Kubernetes (K8S) 資源架構：Namespace

本單元將來介紹 Kubernetes 之中 Namespace 這個資源。Namespace 將允許 Cluster 之中的部署資源，去進行一個分群的管理，那我們就開始吧！

K8S 資源分類的概念

在之前所介紹的 Kubernetes 相關資源之中，並不是全部的東西都可以透過 Namespace 的方式綁在一起。因此，首先要先來歸類，哪些常見的資源是可以被放在 Namespace 之中的，哪些是不行的。

這邊我們以「in namespace」這個關鍵字（下圖 1），來代表這些資源是可以被放入 Namespace 之中的資源。首先是常看到的 Pod（下圖 2），可以被放到 Namespace 之中，以及將 Pod 包住所進行的網路控制的 Service 資源也可以 。再看到 ReplicaSet （下圖 3）、Deployment （下圖 4），也可以被放到 Namespace 之中。而在看到儲存資源這邊，PVC （下圖 5），也是能被放到 Namespace 之中。

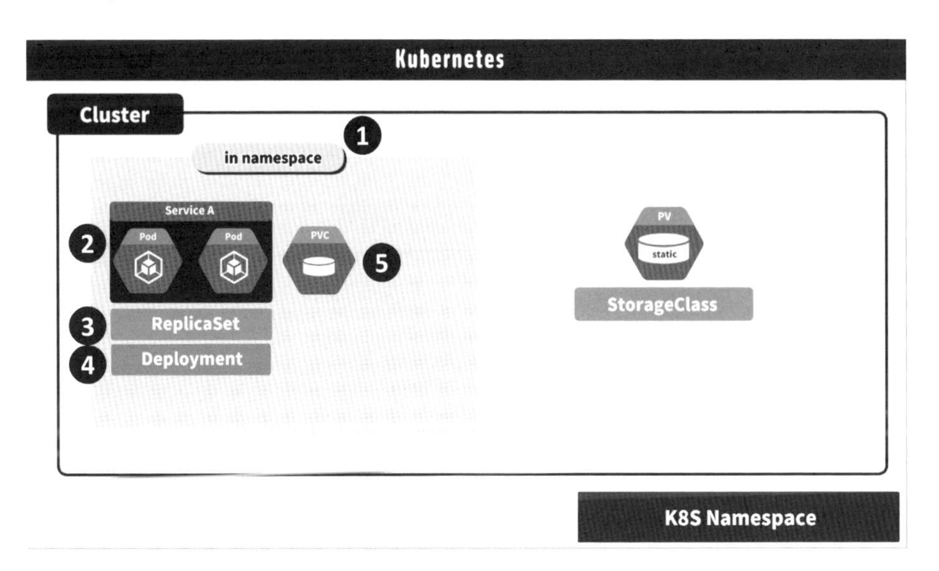

而與 PVC 所連結的 StorageClass （下圖 2 ），不是一個可以被放入 Namespace 底下的資源，它屬於是 Cluster 這個層級的資源。與此概念相同的是， PV （下圖 1 ）資源也是一個屬於 Cluster 這個層級的資源，而每一個 Pod 最後會被部署到的 Worker node （下圖 3 ）也是屬於 Cluster 這個層級的資源，所以也不能被放入任何 Namespace 之中。

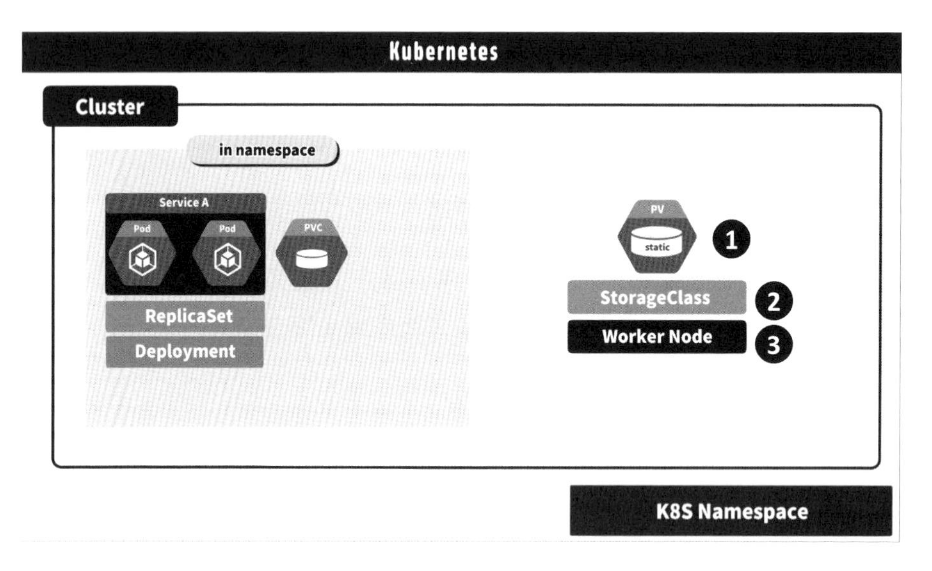

在進行流量分流的時候，所創建的 Ingress 資源（下圖 1 ），則是一個可以被歸類在 Namespace 底下的資源。最後，再看到進行自動化運算部署資源的時候，所創建的 HPA（下圖 2 ）也是一個可以被放到特定 Namespace 底下的資源。那到這邊，就是目前為止所介紹過的資源，我們就清楚理解了，哪些 Kubernetes 資源是可以被放入特定 Namespace 底下的。

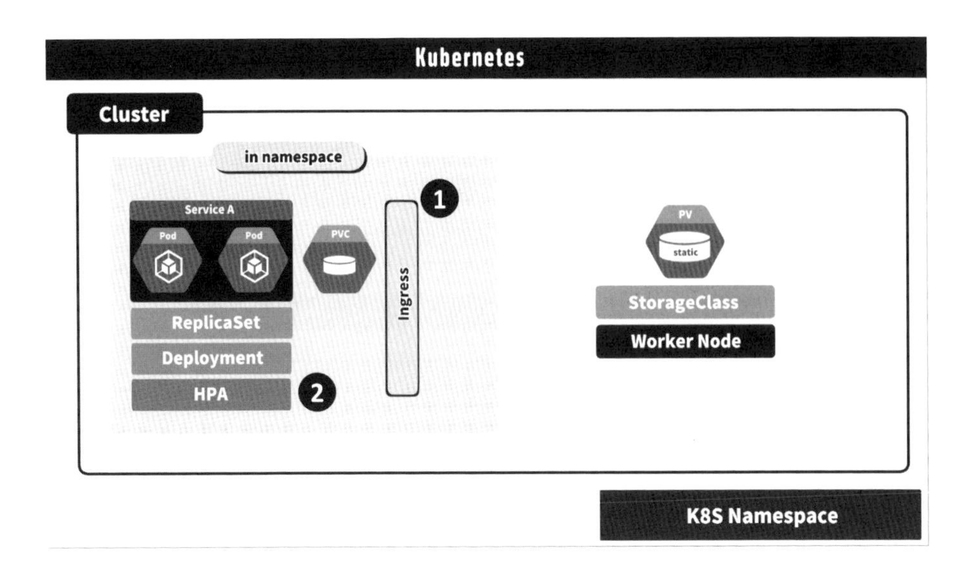

K8S Namespace 實際運用：資源分類

再來看實際的運用面，Namespace 的使用時間。首先，在創建 Cluster 的時候，就會有一個預設的 Namespace 叫做 kube-system（下圖 1 ）。在這個 kube-system 之中，將會包含要讓 Cluster 正常運作所需要的所有資源。除此之外，還會有一個 default Namespace（下圖 2 ），如果對 Namespace 沒有任何概念，就直接進行部署的話，所有的資源都會被放到這個 default Namespace 底下。

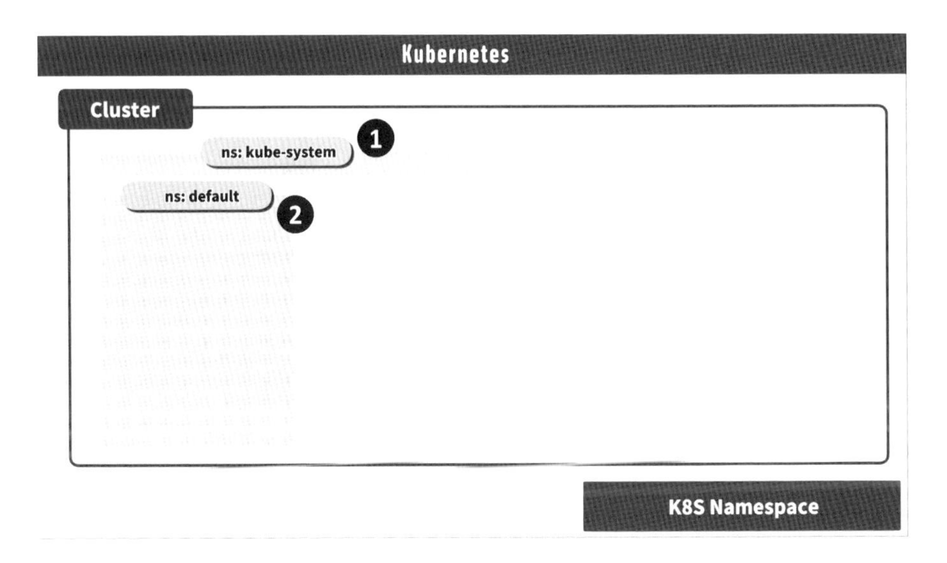

比如說，在這邊部署了 Service A 跟 Service B，以及各自裡面所包含的 Pod，就會被放到 default Namespace （下圖 1 ）。而如果在創建資源的時候有指定要創建在哪個 Namespace，比如說這邊的 app001 Namespace 的話（下圖 2 ），就會根據模板在裡面部署相對應的 Service C，並在裡面部署一個 Deployment 與 Replica Set 來維持特定 Pod 的數量，或者想要再增加一個 PVC 的資源放進去，都是可以的。

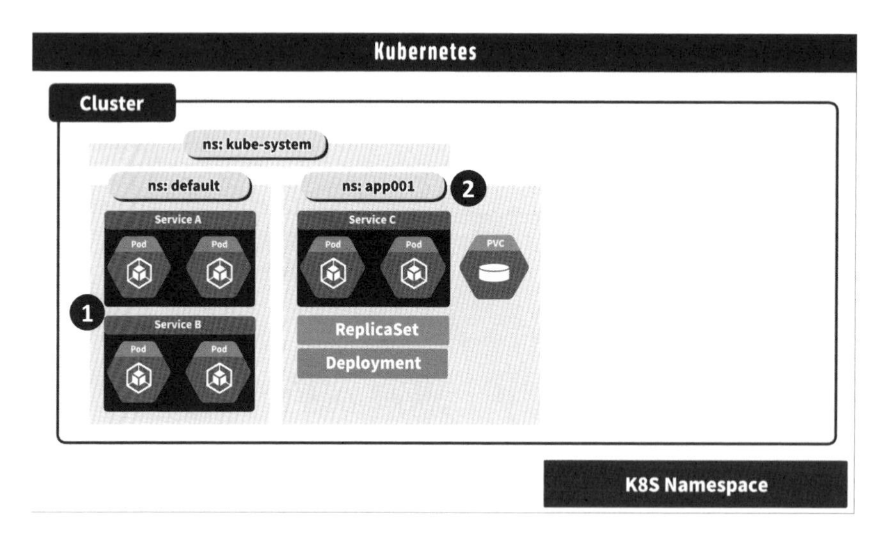

又或者想要有多個 Namespace，再創建另外一個 app002 Namespace（下圖 1 ），裡面想要放上的是 Service D 以及 Deployment 跟 Replica Set，然後在這個 Namespace 底下，還想再放上的 Ingress 相關資源（下圖 2 ），也都是可以的。

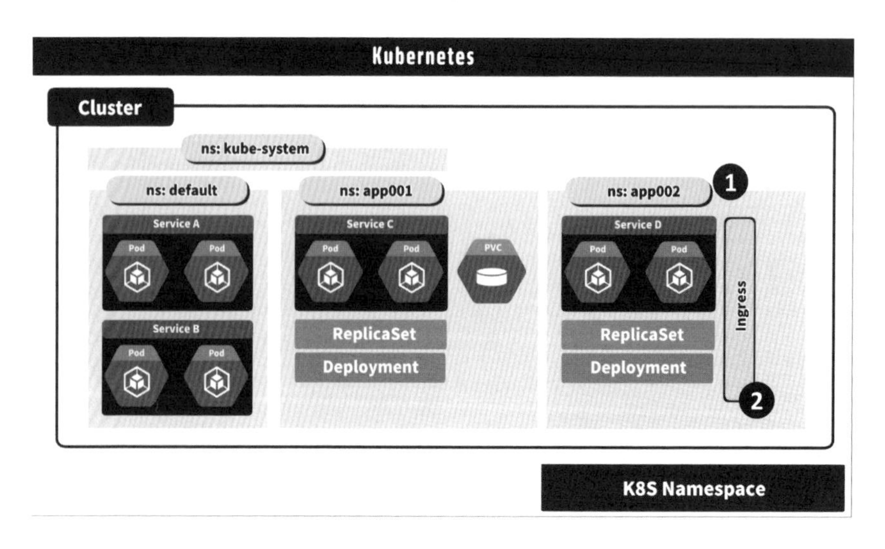

在這個案例之中，就有兩個內建的 kube-system 和 default Namespaces，以及自行創建的 app001 和 app002 Namesapces。透過這個方式，就可以很方便的把相關的 Kubernetes 資源進行分組與歸類。

K8S Namespace 實際運用：資源清理

而其中一個特別方便的地方，是如果想要將特定的 Namespace 所有的資源刪除的話，可以直接的將某個特定的 Namespace 刪掉，就很直觀的將裡面所有的資源也一次清理掉。比如說，我們可以直接刪除 app002 Namespace，也就會將裡頭的 Service D、Pod、ReplicaSet、Deployment、Ingress 等資源都刪除掉，如下圖。

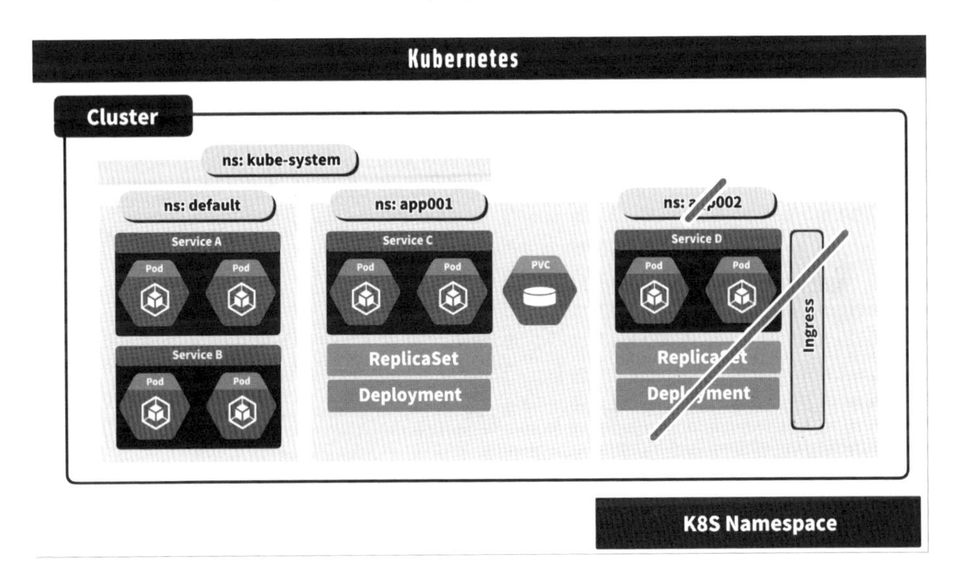

以上就是針對 Kubernetes Namespace 這個資源運用概念的介紹，本單元就到這邊結束。

【模板 8】

Kubernetes (K8S) 資源管理：Namespace

本單元將進行 Namespace 的使用示範，那我們就開始吧！

K8S Namespace 模板撰寫

首先，打上「kubectl get namespace」（下圖 1），就會看到現在所有的 Namespace，這些是一創建 Cluster 就會出現的四個 Namespace。而之前在創建的時候都沒有指定哪個 Namespace，因此所有東西都會歸類在 default Namespace 底下（下圖 2）。

```
[ec2-user@ip-10-0-28-149 ~]$ kubectl get namespace  ❶
NAME              STATUS   AGE
default  ❷        Active   53m
kube-node-lease   Active   53m
kube-public       Active   53m
kube-system       Active   53m
[ec2-user@ip-10-0-28-149 ~]$ █
```

現在，想要改變這個做法。首先，打上「cat simple-deployment.yaml 」（下圖 1 ），查看之前建立的 Deployment 模板，並且將整個內容複製起來（下圖 2 ），稍後會使用。

```
[ec2-user@ip-172-31-17-69 ~]$ cat simple-deployment.yaml   ❶
apiVersion: apps/v1
kind: Deployment
metadata:
  name: app-deployment
spec:
  replicas: 3
  selector:
    matchLabels:
      app: app-pod
  template:
    metadata:
      labels:
        app: app-pod
    spec:
      containers:
      - name: app-container
        image: uopsdod/k8s-hostname-amd64-beta:v1
        ports:
        - containerPort: 80
```
❷

再來，創建一個新的檔案，打上 「vi beta-app-all.yaml」，如下圖。

```
[ec2-user@ip-10-0-28-149 ~]$ vi beta-app-all.yaml
```

按「a」進入編輯模式，進去之後第一行打上 「apiVersion: v1」（下圖 1 ），打上「kind: Namespace」（下圖 2 ），再配上「metadata:」（下圖 3 ），以及「name: app-ns」（下圖 4 ），這邊將此 Namesapce 名稱定為 app-ns。

```
apiVersion: v1      ❶
kind: Namespace     ❷
metadata: ❸
  name: app-ns      ❹
~
```

好了之後，這邊不馬上結束，在下方加上「---」三個 - 號（下圖 1 ），代表在同一份 YAML 檔之中，要進行多個資源種類的部署。然後在下方，直接放上之前所複製做好的 Deployment 的 YAML 檔部署（下圖 2 ），最下方一樣加上「---」三個 -

號（下圖 3）。

```
apiVersion: v1
kind: Namespace
metadata:
  name: app-ns
---
apiVersion: apps/v1
kind: Deployment
metadata:
  name: app-deployment
spec:
  replicas: 3
  selector:
    matchLabels:
      app: app-pod
  template:
    metadata:
      labels:
        app: app-pod
    spec:
      containers:
      - name: app-container
        image: uopsdod/k8s-hostname-amd64-beta:v1
        ports:
        - containerPort: 80
---
```

好了之後回到上面，首先在 metadata 這邊，要新增另外一個項目，打上「namespace: app-ns」（下圖 1），app-ns 為剛剛所定義將要創建的 Namespace 名稱。這樣代表在未來創建這個 Deployment 資源的時候，會把它放到 app-ns 這個 namespace 底下。

```
apiVersion: v1
kind: Namespace
metadata:
  name: app-ns
---
apiVersion: apps/v1
kind: Deployment
metadata:
  name: app-deployment
  namespace: app-ns
spec:
  replicas: 3
  selector:
    matchLabels:
      app: app-pod
  template:
    metadata:
      labels:
        app: app-pod
    spec:
      containers:
      - name: app-container
        image: uopsdod/k8s-hostname-amd64-beta:v1
        ports:
        - containerPort: 80
---
```

好了之後，為了結果展示更清楚，原本的 name 這邊改為「name: beta-app-deployment」（下圖 1），也就是在原本的部署名稱加上一個 "beta" 前綴。其餘也要加上 "beta" 前綴的部分有 spec 中的「app: beta-app-pod」（下圖 2）、template 中的「app: beta-app-pod」（下圖 3），以及 containers 中的「- name: beta-app-container」（下圖 4）。那到這邊就完成 Deployment 部分的撰寫，按 ESC，打上「:wq」存檔並離開。

```
apiVersion: v1
kind: Namespace
metadata:
  name: app-ns
---
apiVersion: apps/v1
kind: Deployment
metadata:
  name: beta-app-deployment        ← 1
  namespace: app-ns
spec:
  replicas: 3
  selector:
    matchLabels:
      app: beta-app-pod            ← 2
  template:
    metadata:
      labels:
        app: beta-app-pod          ← 3
    spec:
      containers:
      - name: beta-app-container   ← 4
        image: uopsdod/k8s-hostname-amd64-beta:v1
        ports:
        - containerPort: 80
---
```

好了之後，打上「cat simple-service-clusterip.yaml」（下圖 1），查看之前建立的 ClusterIP Service 模板，並且將整個內容複製起來（下圖 2），稍後會使用。

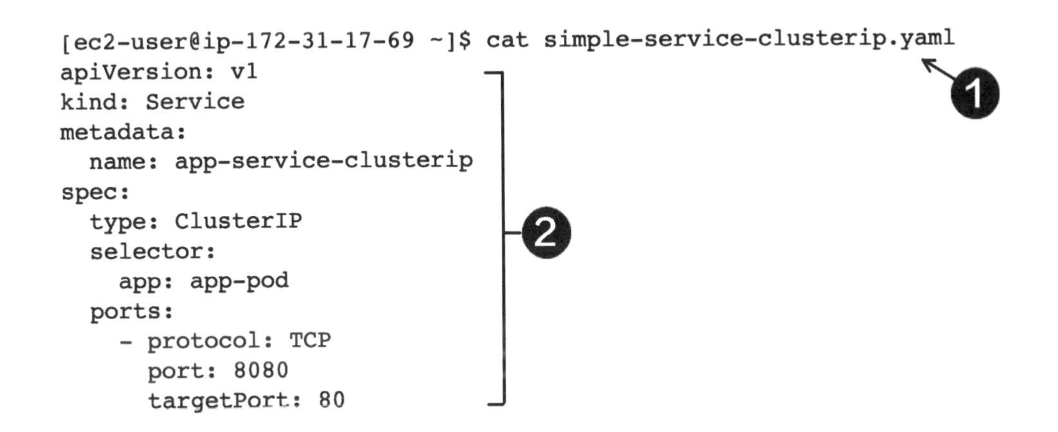

接著，再打上「vi beta-app-all.yaml」，按下「a」繼續編輯。在下方 --- 後面（下圖 1），貼上剛剛複製的 Service 模板內容（下圖 2）。後面一樣，在這邊放上「---」三個 - 號（下圖 3）。

```
---
apiVersion: v1
kind: Service
metadata:
  name: app-service-clusterip
spec:
  type: ClusterIP
  selector:
    app: app-pod
  ports:
    - protocol: TCP
      port: 8080
      targetPort: 80
---
```

好了之後從上方看下來，首先 metadata 部分增加「namespace: app-ns」（下圖 1），app-ns 為我們的 Namespace 名稱。好了之後，一樣在 metadata 中的 name 加上 "beta" 前綴（下圖 2），也在 spec.selector.app 的欄位上加上 "beta" 前綴（下圖 3）。如果都沒問題，就按下 ESC，打上「:wq」存檔離開。

```
---
apiVersion: v1
kind: Service
metadata:
  name: beta-app-service-clusterip
  namespace: app-ns
spec:
  type: ClusterIP
  selector:
    app: beta-app-pod
  ports:
    - protocol: TCP
      port: 8080
      targetPort: 80
---
```

K8S Namespace 資源部署

打上「cat beta-app-all.yaml」看一下檔案內容，都沒問題的話，就可以進行下一步，如下圖。

```
[ec2-user@ip-10-0-28-149 ~]$ cat beta-app-all.yaml
```

打上「kubectl apply -f beta-app-all.yaml」（下圖 1），就會看到同時創建了 Namespace、Deployment，以及 Services 三個資源。

```
[ec2-user@ip-10-0-28-149 ~]$ kubectl apply -f beta-app-all.yaml    ❶
namespace/app-ns created
deployment.apps/beta-app-deployment created
service/beta-app-service-clusterip created
```

在這個時候，打上「kubectl get ns」（下圖 1），會看到剛剛所建立的 app-ns（下圖 2）這個資源。

```
[ec2-user@ip-10-0-28-149 ~]$ kubectl get ns    ❶
NAME              STATUS   AGE
app-ns  ❷         Active   20s
default           Active   64m
kube-node-lease   Active   64m
kube-public       Active   64m
kube-system       Active   64m
```

如果這邊輸入「kubectl get all」（下圖 1），是看不到任何的新的資源創建，那是因為所創建的資源都不在這個 default 的 Namespace 裡面。

```
[ec2-user@ip-10-0-28-149 ~]$ kubectl get all    ❶
NAME                 TYPE        CLUSTER-IP   EXTERNAL-IP   PORT(S)   AGE
service/kubernetes   ClusterIP   10.96.0.1    <none>        443/TCP   5m43s
```

這邊我們就去指明 Namespace，打上「kubectl get all -n app-ns」，指名我們要找屬於 "app-ns" 這個 Namesapce 中的資源，就會看到所有的東西在這邊創建出來，如下圖。

```
[ec2-user@ip-10-0-28-149 ~]$ kubectl get all -n app-ns
```

首先，看到 Deployment（下圖 1 ），以及 Deployment 下方所建立的 Replicaset（下圖 2 ），以及 Replicaset 所創建出來的三個 Pod（下圖 3 ），並且所有的 Pod 都由這個 Service（下圖 4 ），進行對外請求接受的掌管，非常完整的一次部署。

```
[ec2-user@ip-10-0-28-149 ~]$ kubectl get all
NAME                 TYPE        CLUSTER-IP   EXTERNAL-IP   PORT(S)   AGE
service/kubernetes   ClusterIP   10.96.0.1    <none>        443/TCP   5m43s
[ec2-user@ip-10-0-28-149 ~]$ kubectl get all -n app-ns
NAME                                       READY   STATUS    RESTARTS   AGE
pod/beta-app-deployment-8646594bbb-9w9nv   1/1     Running   0          53s
pod/beta-app-deployment-8646594bbb-c762c   1/1     Running   0          53s
pod/beta-app-deployment-8646594bbb-zvqdd   1/1     Running   0          53s

NAME                                   TYPE        CLUSTER-IP      EXTERNAL-IP   PORT(S)    AGE
service/beta-app-service-clusterip    ClusterIP   10.96.191.112   <none>        8080/TCP   53s

NAME                                  READY   UP-TO-DATE   AVAILABLE   AGE
deployment.apps/beta-app-deployment   3/3     3            3           53s

NAME                                             DESIRED   CURRENT   READY   AGE
replicaset.apps/beta-app-deployment-8646594bbb   3         3         3       53s
```

K8S Namespace 資源清理

而所有放在同一個 Namespace 底下的資源，都可以用一個非常快速的方式清理乾淨，直接打上「kubectl delete ns app-ns」（下圖 1 ）。通過這個方式，就可以一次把所有屬於 app-ns 這個 Namesapce 的資源全部清理，非常方便。 大概過了兩分鐘之後，完成清理，再打上「kubectl get ns」，就會看到 app-ns Namespace 已經被清理掉了（下圖 2 ）。

```
[ec2-user@ip-10-0-28-149 ~]$ kubectl delete ns app-ns
namespace "app-ns" deleted
[ec2-user@ip-10-0-28-149 ~]$ kubectl get ns
NAME              STATUS   AGE
default           Active   67m
kube-node-lease   Active   67m
kube-public       Active   67m
kube-system       Active   67m
[ec2-user@ip-10-0-28-149 ~]$
```

到這邊就完成了 Namespace 概念以及範本撰寫的介紹，本單元就到這邊結束。

【圖解觀念】

Kubernetes (K8S) 進階網路架構：Ingress (L7)

本單元將介紹 Kubernetes Ingress，這個 L7 網路部署資源的概念介紹，那我們就開始吧！

K8S Ingress 使用時機

還記得之前介紹過的 Service Load Balancer 這個部署種類，在這個部署結構中，有一個問題：每個 Service 都需要創建一個相應的 Load Balancer。比如說，有兩個 Service，就需要兩台 Load Balancer 實際運作，如下圖。而如果有十個，就需要十台 Load Balancer 同時運行。如果在雲端啟動了十台 Load Balancer，那麼成本會相當高昂。

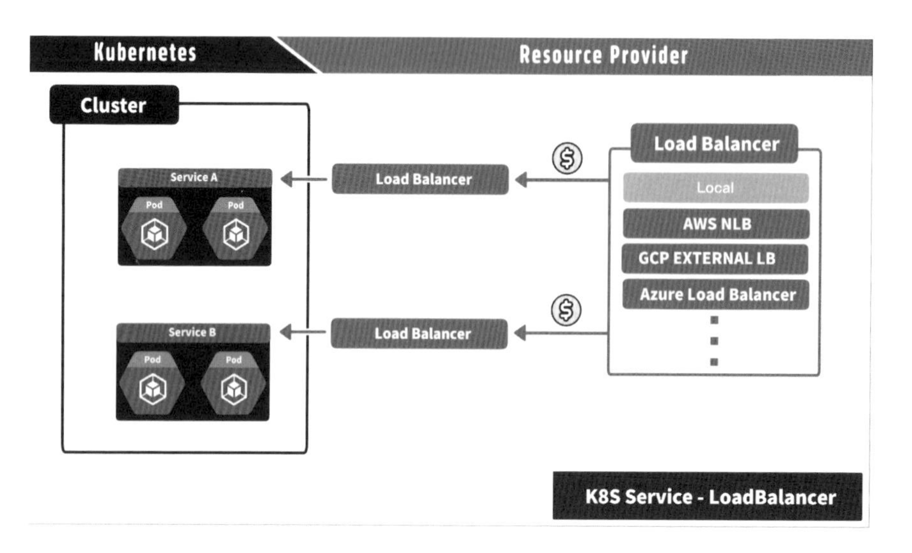

同時，Service 處於一個 L4 的網路配置，因此只能進行 IP 和 Port 的相關設置，無法進行更高級別的 L7 的請求分流或是 SSL 的相關設置。

K8S Ingress 部署概念

為了解決高成本和無法使用 L7 網路配置等問題，Kubernetes 提供了一個更高級的資源，也就是本單元要介紹的 Ingress 部署概念。

部署 Kubernetes Ingress 時（下圖 1），有一個非常重要的先決條件：就是必須擁有一個名為 Ingress Controller 的資源（下圖 2）。這個 Ingress Controller 必須先存在，Cluster 才能接收並完成 Ingress 資源的部署請求。每個 Ingress Controller 都有一個非常重要的責任，那就是創建相應的 Load Balancer（下圖 3）。

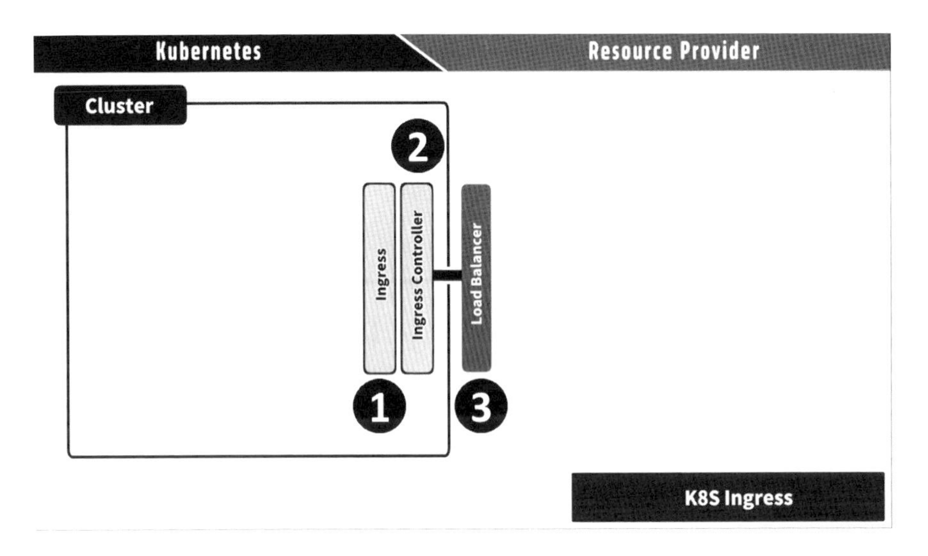

現在有一個重要問題：Ingress Controller 是如何產生的呢？這邊有很多種方式可以選擇。例如，可以使用開源的 Nginx Ingress Controller 進行部署（下圖 1），它會在本地啟動一個相應的 Load Balancer 資源。

或者可以使用雲端商提供的自訂 Ingress Controller，比如 AWS 上的 ALB（Application Load Balancer）Ingress Controller（下圖 2），或者 GCP 上的 Load Balancer（下圖 3），以及 Azure 上的 Application Gateway（下圖 4），它們會根據不同雲端商的設置來創建相應的 Load Balancer 資源。這些決策都由 Ingress Controller 自行決定要實際創建的那種 Load Balancer 資源。

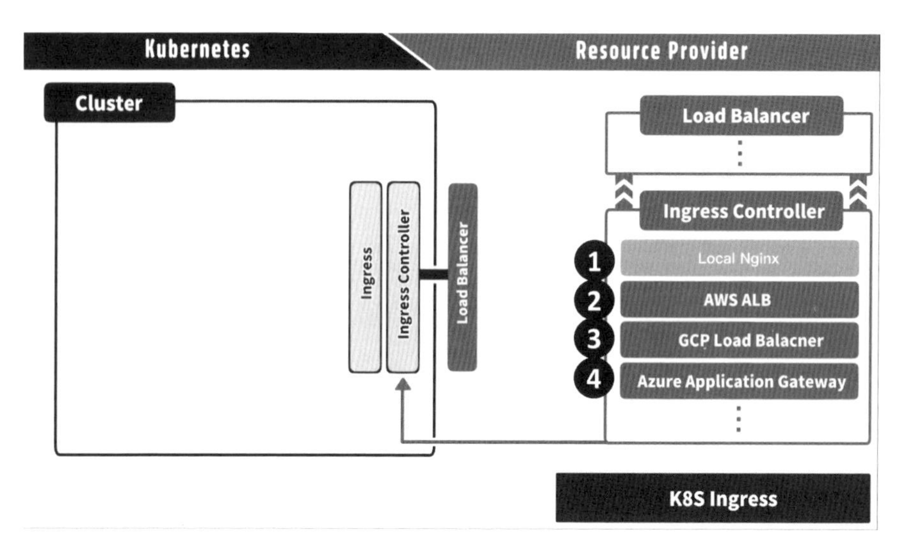

了解 Ingress Controller 的重要性後，就要來進行各種設置。在 Ingress 中，主要有三種類型的網路請求設置，我們逐一來介紹。

K8S Ingress 部署模式：Default Backend

如果來自外部的請求沒有進行特定設置，預設都會進入一個叫做 Default Backend 的地方（下圖 1），Default Backend 會將所有請求都轉發到一個特定的 Service，比如說部署了一個 Service A（下圖 2），其中包含兩個 Pod，準備好來處理通過 default Backend 發送過來的請求。最常見的情況是，如果請求不知道從哪裡來的，Pod 會回傳一個客製化的 404 頁面，告訴請求方不知道要去哪裡，請使用另一個 URL 送過來。

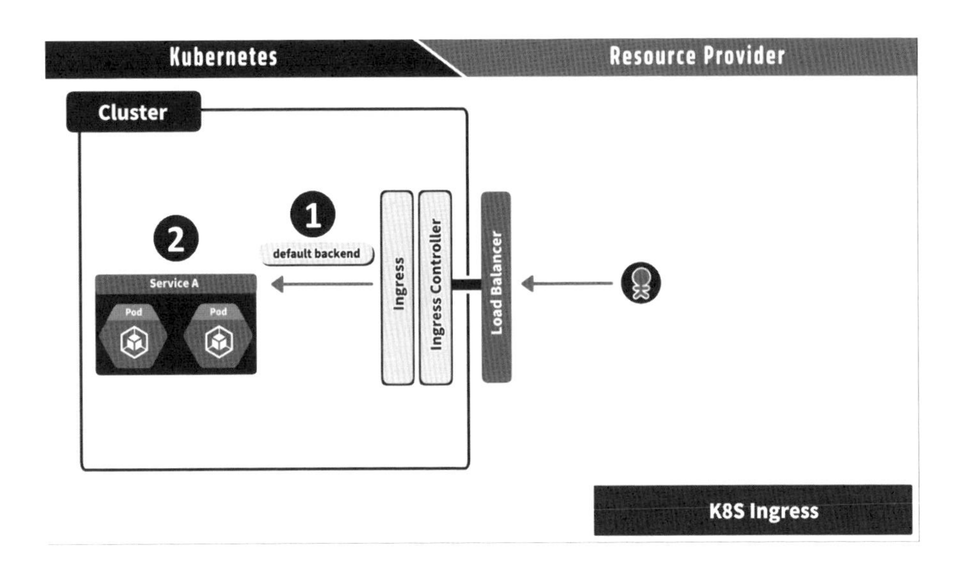

K8S Ingress 部署模式：Hostname 分流

Ingress 是一個 L7 的網路設置，因此可以通過它來分流給不同的 Hostname。比如說，在 Cluster 之中，部署了兩個 Service，Service A 跟 Service B，各自處理不同的請求。假設這邊來了一個請求，它的 Hostname 是 beta.demo.com，如果這個請求是來自這個 Hostname 的話，可以設置 Ingress，把它送到 Service A 進行處理（下圖 1）。

那麼如果送出了第二個請求，這個請求來自 prod.demo.com 這個 Hostname 的話，就可以去設置 Ingress，去把這個 Hostname 導向到 Service B 去進行處理（下圖 2）。透過這個方式，Ingress 就達到了根據不同的 Hostname 送到不同的 Service 進行請求的分流處理。

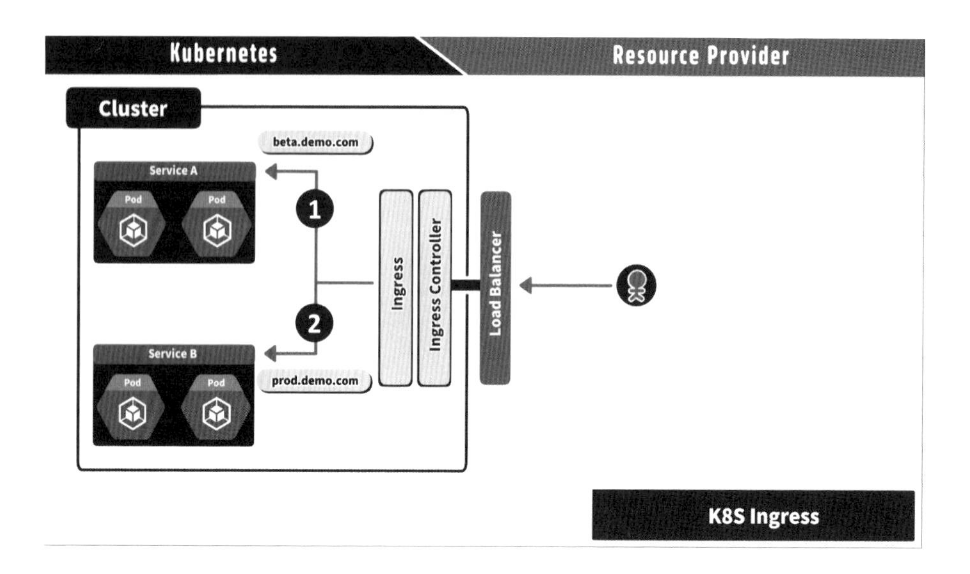

K8S Ingress 部署模式：Path 分流

在 Ingress 之中，就算 Hostname 都是同一個，還可以根據 Path 的方式來對請求進行更客製化的分流。 比如說在這個 Cluster 之中，一樣有 Service A 跟 Service B，如下圖。如果現在來了第一個請求，它是來自 all.demo.com，但是它的 Path 後面加上了 /beta，如果有這個 Path 的地方，我們可以設定 Ingress 去把它送到 Service A（下圖 1）。

那麼如果來了第二個請求，一樣是來自 all.demo.com，但是它的 Path ，加上的是 /prod 這個 Path，那我們可以設定 Ingress 去把請求送到 Service B 進行處理（下圖 2）。透過這個方式，就可以達到儘管它的 Hostname 是同一個，也可以根據它下一階層的 Path 來進行客製化的分流。

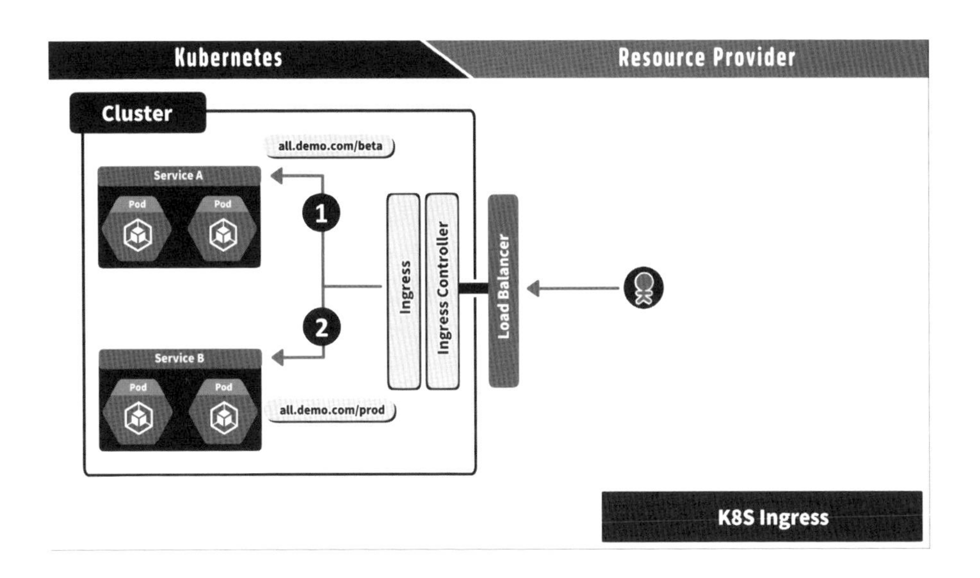

到這邊是針對 Ingress 三種配置種類的介紹，只要能找到相對應的 Ingress Controller 資源提供者的話，就可以開始進行 Ingress 的三種佈置：Default Backend、Hostname 分流，以及 Path 分流，來進行一個 L7 階層的網路請求設定，那本單元就到這邊結束。

【模板 9】

Kubernetes (K8S) L7 進階網路管理 IV：Ingress【Default Backend】

這個單元我們來進行 Default Backend 的 Ingress 部署示範，那我們就開始吧！

Minikube Nginx Ingress Controller 啟動與使用

而要使用 Ingress 之前，跟在 Service 使用 Load Balancer Type 的概念非常像，在本地必須有一個 Ingress Controller 運行著，才能同時的部署完成。在 Minikube 之中，有一個非常方便的功能，打上「minikube addons enable ingress」，如下圖。

```
[ec2-user@ip-10-0-28-149 ~]$ minikube addons enable ingress
```

大概過了一分鐘之後完成啟動，就能打「kubectl get all -n ingress-nginx」（下圖 1），就會看到相關的資源正在進行部署。最終，它會部署完成一整套 ingress-nginx-controller 的相關部署資源，由它們來執行後續的 Ingress 相關資源的部署。

```
[ec2-user@ip-10-0-28-149 ~]$ kubectl get all -n ingress-nginx
NAME                                          READY   STATUS      RESTARTS   AGE
pod/ingress-nginx-admission-create-f7n5v      0/1     Completed   0          88s
pod/ingress-nginx-admission-patch-7btls       0/1     Completed   1          88s
pod/ingress-nginx-controller-5959f988fd-rf5m4 1/1     Running     0          88s

NAME                                         TYPE        CLUSTER-IP       EXTERNAL-IP   PORT(S)                      AGE
service/ingress-nginx-controller             NodePort    10.110.168.10    <none>        80:31689/TCP,443:31141/TCP   88s
service/ingress-nginx-controller-admission   ClusterIP   10.106.253.247   <none>        443/TCP                      88s

NAME                                       READY   UP-TO-DATE   AVAILABLE   AGE
deployment.apps/ingress-nginx-controller   1/1     1            1           88s

NAME                                                  DESIRED   CURRENT   READY   AGE
replicaset.apps/ingress-nginx-controller-5959f988fd   1         1         1       88s

NAME                                       COMPLETIONS   DURATION   AGE
job.batch/ingress-nginx-admission-create   1/1           7s         88s
job.batch/ingress-nginx-admission-patch    1/1           10s        88s
[ec2-user@ip-10-0-28-149 ~]$
```

K8S Ingress 部署模式：Default Backend 模板撰寫

那完成 Nginx Ingress Controller 的建立之後，要利用上個單元所建立的模板。打上「kubectl apply -f beta-app-all.yaml」進行部署，如下圖。

```
[ec2-user@ip-10-0-28-149 ~]$ kubectl apply -f beta-app-all.yaml
namespace/app-ns created
deployment.apps/beta-app-deployment created
service/beta-app-service-clusterip created
```

1

創建好之後，打上「kubectl get all -n app-ns」（下圖 1），可以看到所有資源都順利建立。

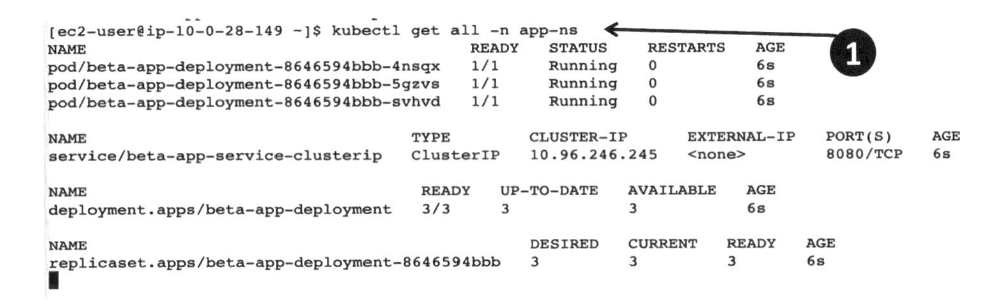

```
[ec2-user@ip-10-0-28-149 ~]$ kubectl get all -n app-ns
NAME                                      READY   STATUS    RESTARTS   AGE
pod/beta-app-deployment-8646594bbb-4nsqx  1/1     Running   0          6s
pod/beta-app-deployment-8646594bbb-5gzvs  1/1     Running   0          6s
pod/beta-app-deployment-8646594bbb-svhvd  1/1     Running   0          6s

NAME                                  TYPE        CLUSTER-IP      EXTERNAL-IP   PORT(S)    AGE
service/beta-app-service-clusterip    ClusterIP   10.96.246.245   <none>        8080/TCP   6s

NAME                                  READY   UP-TO-DATE   AVAILABLE   AGE
deployment.apps/beta-app-deployment   3/3     3            3           6s

NAME                                             DESIRED   CURRENT   READY   AGE
replicaset.apps/beta-app-deployment-8646594bbb   3         3         3       6s
```


Default Backend Ingress 會將所有不知道要放到哪邊的請求，都放到這個地方進行處理。我們來創建他的部署檔案，打上「vi ingress-defaultbackend.yaml」，創建一個新的 Ingress 檔案，如下圖。

```
[ec2-user@ip-10-0-28-149 ~]$ vi ingress-defaultbackend.yaml
```

按「a」進入編輯模式。首先打上「apiVersion: networking.k8s.io/v1」（下圖 1），再打上「kind: Ingress」（下圖 2），接著打上「metadata:」（下圖 3），首先給它一個名稱，打上「name: ingress-defaultbackend」（下圖 4），這邊叫它 ingress-defaultbackend，再打上「namespace: app-ns」（下圖 5），讓資源歸屬於 app-ns 這個 Namespace。

```
apiVersion: networking.k8s.io/v1   ❶
kind: Ingress   ❷
metadata:   ❸
  name: ingress-defaultbackend   ❹
  namespace: app-ns   ❺
```

完成之後 Spec 的部分進行實際的設置，打上「spec:」（下圖 1），而首先這邊有個非常重要的概念，打上「ingressClassName: nginx」（下圖 2），這邊要指定的是 Nginx 這個 Ingress Controller，這是剛剛透過 Minikube 所部署上的 Nginx Ingress Controller。如果將相同的模板放到雲端商，比如說 AWS、GCP、Azure 上面，Ingress Class Name 就必須跟著不同的雲端商進行相對應的設置。相對於本地只是模擬 Load Balancer 行為，在雲端商上面，實際上都會啟動一個真正的 Load Balancer 進行流量的管制。而 Ingress 所處在的網路階層是 L7，可以做更多更細緻的網路請求的導向管理。

```
apiVersion: networking.k8s.io/v1
kind: Ingress
metadata:
  name: ingress-defaultbackend
  namespace: app-ns
spec:   ❶
  ingressClassName: nginx   ❷
~
```

再來打上「defaultBackend:」（下圖 1），每個 Default Backend 會去指定，要把所有的請求放到哪個 Kubernetes 的 Service 之中進行流量處理。首先指定 Service 的名稱，打上「service:」（下圖 2）、再打上「name: beta-app-service-clusterip」（下圖 3），beta-app-service-clusterip 是之前所部署好的 service 名稱。好了之後打上「port:」（下圖 4），這邊的 Port 的 Number 要對應到 Service 所監聽的 8080 Port，打上「number: 8080」（下圖 5）。完成後按 ESC，打上「:wq」存檔離開。

```
apiVersion: networking.k8s.io/v1
kind: Ingress
metadata:
  name: ingress-defaultbackend
  namespace: app-ns
spec:
  ingressClassName: nginx
  defaultBackend: ❶
  ❷ service:
      name: beta-app-service-clusterip ❸
   ❹ port:
        number: 8080 ❺
~
```

K8S Ingress 部署模式：Default Backend 資源部署

再來打上「kubectl apply -f ingress-defaultbackend.yaml」進行部署。

```
      number: 8080
[ec2-user@ip-10-0-28-149 ~]$ kubectl apply -f ingress-defaultbackend.yaml
ingress.networking.k8s.io/ingress-defaultbackend created
```

建立之後，打上「kubectl get ingress -n app-ns」（下圖 1 ），就會看到 Ingress 正在建立。然而，它的 Address 目前是空的（下圖 2 ），代表還沒完整建立。打上「kubectl get ingress -n app-ns -w」持續觀察（下圖 3 ），等了一陣子，看到 Address 出來之後（下圖 4 ），代表 Ingress 資源已經完整建立，按 Ctrl + C 可以中止。

```
[ec2-user@ip-10-0-28-149 ~]$ kubectl get ingress -n app-ns ❶
NAME                     CLASS   HOSTS   ADDRESS      PORTS   AGE
ingress-defaultbackend   nginx   *                  ❷ 80      9s
[ec2-user@ip-10-0-28-149 ~]$ kubectl get ingress -n app-ns -w ❸
NAME                     CLASS   HOSTS   ADDRESS            PORTS   AGE
ingress-defaultbackend   nginx   *       192.168.49.2 ❹     80      17s
^C
```

K8S Ingress 部署模式：Default Backend 使用示範

完成之後打上「curl 192.168.49.2:80」，192.168.49.2 為 ingress 現在所顯示的 ip address，80 則為我們 Nginx Ingress Controller 所監聽的 port。執行之後，就會看到請求成功收到一個回應，如果持續執行，會看到的請求是交由不同的 Pod 進行處理的。

```
[ec2-user@ip-10-0-28-149 ~]$ curl 192.168.49.2:80
[beta] served by: beta-app-deployment-8646594bbb-5gzvs
[ec2-user@ip-10-0-28-149 ~]$ curl 192.168.49.2:80
[beta] served by: beta-app-deployment-8646594bbb-svhvd
[ec2-user@ip-10-0-28-149 ~]$ curl 192.168.49.2:80
[beta] served by: beta-app-deployment-8646594bbb-svhvd
[ec2-user@ip-10-0-28-149 ~]$ curl 192.168.49.2:80
[beta] served by: beta-app-deployment-8646594bbb-4nsqx
[ec2-user@ip-10-0-28-149 ~]$ curl 192.168.49.2:80
[beta] served by: beta-app-deployment-8646594bbb-5gzvs
[ec2-user@ip-10-0-28-149 ~]$ curl 192.168.49.2:80
[beta] served by: beta-app-deployment-8646594bbb-svhvd
```

那麼到這就完成 Ingress Default Backend 的介紹，後續將繼續介紹另外兩種 Ingress 的網路請求導向設定方式，那本單元就先到這邊結束。

【模板 9】

Kubernetes (K8S) L7 進階網路管理 V：Ingress【Hostname Based】

上個單元完成對於 Ingress Default Backend 的概念以及範本設定介紹，本單元將進行 Ingress 透過 hostname 達到分流的方式設定介紹，那我們就開始吧！

前置環境部署

首先打上「ls」（下圖 1），會看到之前所建立的 beta-app-all.yaml 檔案。這邊要複製一份新的檔案，打上「cp beta-app-all.yaml prod-app-all.yaml」（下圖 2），創建一個新檔案。再來打上「vi prod-app-all.yaml」進行編輯（下圖 3）。

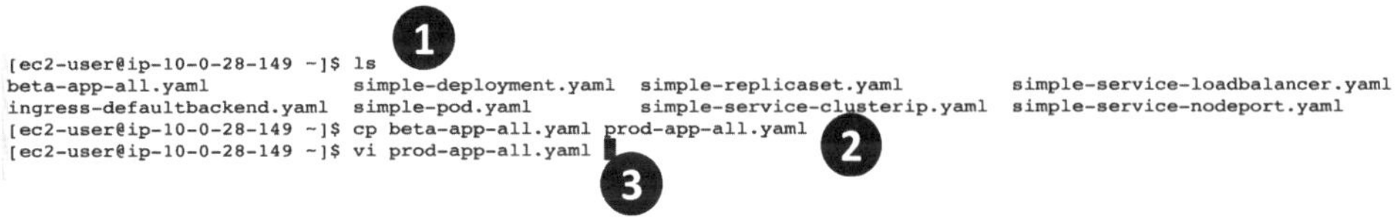

```
[ec2-user@ip-10-0-28-149 ~]$ ls
beta-app-all.yaml            simple-deployment.yaml  simple-replicaset.yaml         simple-service-loadbalancer.yaml
ingress-defaultbackend.yaml  simple-pod.yaml         simple-service-clusterip.yaml  simple-service-nodeport.yaml
[ec2-user@ip-10-0-28-149 ~]$ cp beta-app-all.yaml prod-app-all.yaml
[ec2-user@ip-10-0-28-149 ~]$ vi prod-app-all.yaml
```

按 a 進入編輯模式。這部分就一個個往下跑，很單純，要把所有 beta 的字全部改成 prod，例如原本 metadata 之中的 name 改為「name: prod-app-deployment」，而下圖方框部分皆為須更改的部分，如下圖。特別注意到 image 名稱，一樣要把它改成 prod，老師這邊有準備另外一個 image 是專門給 prod 使用的。

```
kind: Namespace
metadata:
  name: app-ns
---
apiVersion: apps/v1
kind: Deployment
metadata:
  name: prod-app-deployment
  namespace: app-ns
spec:
  replicas: 3
  selector:
    matchLabels:
      app: prod-app-pod
  template:
    metadata:
      labels:
        app: prod-app-pod
    spec:
      containers:
      - name: prod-app-container
        image: uopsdod/k8s-hostname-amd64-prod:v1
        ports:
        - containerPort: 80
```

好了之後，繼續往下看到 Service 的模板部分。一樣將所有遇到 beta 的部分全部改成 prod，下圖方框部分皆為須更改的部分，如下圖。完成之後，按下 Esc，打上「:wq」存檔離開。

```
---
apiVersion: v1
kind: Service
metadata:
  name: prod-app-service-clusterip
  namespace: app-ns
spec:
  type: ClusterIP
  selector:
    app: prod-app-pod
  ports:
    - protocol: TCP
      port: 8080
      targetPort: 80
---
```

接著打上「kubectl apply -f prod-app-all.yaml」（下圖 1 ），進行部署，。

```
[ec2-user@ip-10-0-28-149 ~]$ kubectl apply -f prod-app-all.yaml
namespace/app-ns unchanged
deployment.apps/prod-app-deployment created
service/prod-app-service-clusterip created
```

創建完所有的資源之後，打上「kubectl get all -n app-ns」（下圖 1 ），就會看到目前已經部署了 beta 以及 prod 的兩種 deployments（下圖 2 ），兩個 replicasets（下圖 3 ），各自三個的 pods（下圖 4 ），以及兩個 services（下圖 5 ），分別給 beta 與 prod 使用。這樣就完成了兩套服務的部署。

```
[ec2-user@ip-10-0-28-149 ~]$ kubectl get all -n app-ns
NAME                                       READY   STATUS    RESTARTS   AGE
pod/beta-app-deployment-8646594bbb-4nsqx   1/1     Running   0          7m19s
pod/beta-app-deployment-8646594bbb-5gzvs   1/1     Running   0          7m19s
pod/beta-app-deployment-8646594bbb-svhvd   1/1     Running   0          7m19s
pod/prod-app-deployment-649b464f6c-cz9g7   1/1     Running   0          13s
pod/prod-app-deployment-649b464f6c-frtlt   1/1     Running   0          13s
pod/prod-app-deployment-649b464f6c-pgvs8   1/1     Running   0          13s

NAME                                  TYPE        CLUSTER-IP      EXTERNAL-IP   PORT(S)    AGE
service/beta-app-service-clusterip    ClusterIP   10.96.246.245   <none>        8080/TCP   7m19s
service/prod-app-service-clusterip    ClusterIP   10.99.87.199    <none>        8080/TCP   13s

NAME                                  READY   UP-TO-DATE   AVAILABLE   AGE
deployment.apps/beta-app-deployment   3/3     3            3           7m19s
deployment.apps/prod-app-deployment   3/3     3            3           13s

NAME                                             DESIRED   CURRENT   READY   AGE
replicaset.apps/beta-app-deployment-8646594bbb   3         3         3       7m19s
replicaset.apps/prod-app-deployment-649b464f6c   3         3         3       13s
[ec2-user@ip-10-0-28-149 ~]$
```

K8S Ingress 部署模式：Hostname 模板撰寫

再來創建這個單元的主要部分，打上「vi ingress-hostname.yaml」，創建一個 ingress-hostname.yaml 模板。

```
[ec2-user@ip-10-0-28-149 ~]$ vi ingress-hostname.yaml
```

按「a」進入編輯模式，首先打上「apiVersion: networking.k8s.io/v1」（下圖 1 ），再打上「kind: Ingress」（下圖 2 ）。好了之後打上「metadata:」（下圖 3 ），給它一個名稱，打上「name: ingress-hostname」（下圖 4 ），完成之後打上「namespace: app-ns」（下圖 5 ），統一放到 app-ns Namespace 之中。

```
apiVersion: networking.k8s.io/v1   ❶
kind: Ingress   ❷
metadata:   ❸
  name: ingress-hostname   ❹
  namespace: app-ns   ❺
```

再來打上「spec:」（下圖 1）。首先一樣，打上「ingressClassName: nginx」（下圖 2），指令 nginx 為本地 Ingress Controller。再來這邊就是特別的不一樣的地方，這次要做的根據不同的 hostname，把它分流到不同的 services 之中，所以這邊進行 rules 這部分的設置。首先，打上「rules:」（下圖 3）。再來指定第一個 hostname，打上「- host: beta.demo.com」（下圖 4）。並且目標請求是 HTTP，打上「http:」（下圖 5）。 再來打上「paths:」（下圖 6），類別打上「- pathType: Prefix」（下圖 7），想要去監測的，是一個 Prefix 的 path 種類。

```
apiVersion: networking.k8s.io/v1
kind: Ingress
metadata:
  name: ingress-hostname
  namespace: app-ns
spec:   ❶
  ingressClassName: nginx   ❷
  rules:   ❸
  - host: beta.demo.com   ❹
    http:   ❺
      paths:   ❻
        - pathType: Prefix   ❼
          path: "/"
          backend:
            service:
              name: beta-app-service-clusterip
              port:
                number: 8080
```

而這邊為了簡化實作，把它指定將所有的路徑都當作符合這個 path 的篩選條件，所以指令根目錄，打上「path: "/"」（下圖 1）。好了之後，打上「backend:」（下圖 2），進行 backend 的設置。backend 之中需要對應某個 service，打上「service:」（下圖 3）。再打上「name: beta-app-service-clusterip」（下圖 4），service 的 name 放上之前所部署的 beta-app-service-clusterip。而此 Service 所

監聽的 port number 是 8080，因此先打上「port:」（下圖 5），再打上「number: 8080」（下圖 6）。

```
apiVersion: networking.k8s.io/v1
kind: Ingress
metadata:
  name: ingress-hostname
  namespace: app-ns
spec:
  ingressClassName: nginx
  rules:
  - host: beta.demo.com
    http:
      paths:
        - pathType: Prefix
      1  path: "/"
          backend: 2
        3  service:
            name: beta-app-service-clusterip 4
          5 port:
              number: 8080 6
```

好了之後，所有來自 beta.demo.com 這個 hostname 的請求，都設定好交由此 beta-app-service-cluster service 去進行處理。完成之後，我們將剛剛設定的這段複製起來，從「- host: bet.demo.com」開始複製，如下圖。

```
apiVersion: networking.k8s.io/v1
kind: Ingress
metadata:
  name: ingress-hostname
  namespace: app-ns
spec:
  ingressClassName: nginx
  rules:
  - host: beta.demo.com
    http:
      paths:
        - pathType: Prefix
          path: "/"
          backend:
            service:
              name: beta-app-service-clusterip
              port:
                number: 8080
```

COPY

接著，到最下方的下一行，並貼上整段，如下圖。

```
spec:
  ingressClassName: nginx
  rules:
  - host: beta.demo.com
    http:
      paths:
      - pathType: Prefix
        path: "/"
        backend:
          service:
            name: beta-app-service-clusterip
            port:
              number: 8080
  - host: beta.demo.com
    http:
      paths:
      - pathType: Prefix
        path: "/"
        backend:
          service:
            name: beta-app-service-clusterip
            port:
              number: 8080
-- INSERT --
```

再來進行一個些微調整。將 host 部分改為「- host: prod.demo.com」（下圖 1），以及 service 中的 name 改為「name: prod-app-service-clusterip」（下圖 2），prod-app-service-clusterip 為之前已經部署的 service 名稱。如果有請求是來自 prod.demo.com 這個 hostname，將交由此特定 service 進行處理。都完成之後，檢查一下，如果沒問題，按 ESC，打上「:wq」存檔離開。

```
  - host: prod.demo.com   ❶
    http:
      paths:
      - pathType: Prefix
        path: "/"
        backend:
          service:
            name: prod-app-service-clusterip   ❷
            port:
              number: 8080
```

K8S Ingress 部署模式：Hostname 資源部署

打上「kubectl apply -f ingress-hostname.yaml」進行部署（下圖 1）。創建好之後，稍等三分鐘，再打上「kubectl get ingress -n app-ns」（下圖 2），會看到創建了新的 ingress-hostname，已經有 192.168.49.2 這個 IP address 可以使用，並且它將對應到 beta.demo.com 以及 prod.demo.com 這兩個 hostname（下圖 3）。

```
[ec2-user@ip-10-0-28-149 ~]$ kubectl apply -f ingress-hostname.yaml   ❶
ingress.networking.k8s.io/ingress-hostname created
[ec2-user@ip-10-0-28-149 ~]$ kubectl get ingress -n app-ns   ❷
NAME                     CLASS   HOSTS                          ADDRESS        PORTS   AGE
ingress-defaultbackend   nginx   *                   ❸          192.168.49.2   80      9m23s
ingress-hostname         nginx   beta.demo.com,prod.demo.com    192.168.49.2   80      9s
```

K8S Ingress 部署模式：Hostname 使用示範

接著我們先打上「curl 192.168.49.2:80 -H 'Host: beta.demo.com'」（下圖 1），來模擬測試來自 beta.demo.com 這個 hostname 的請求。執行下去，就會看到我們成功收到了回應，並且是交由 beta 的這個 service 進行請求回應的，比如說開頭為 "[beta] served by …"。如果持續送出多個，也會注意到是透過不同的 pod 進行請求的處理，但都是由 beta service 指派其中一個 pod 去處理的，如下圖。

```
[ec2-user@ip-10-0-28-149 ~]$ curl 192.168.49.2:80 -H 'Host: beta.demo.com'   ❶
[beta] served by: beta-app-deployment-8646594bbb-4nsqx
[ec2-user@ip-10-0-28-149 ~]$ curl 192.168.49.2:80 -H 'Host: beta.demo.com'
[beta] served by: beta-app-deployment-8646594bbb-5gzvs
[ec2-user@ip-10-0-28-149 ~]$ curl 192.168.49.2:80 -H 'Host: beta.demo.com'
[beta] served by: beta-app-deployment-8646594bbb-svhvd
[ec2-user@ip-10-0-28-149 ~]$ curl 192.168.49.2:80 -H 'Host: beta.demo.com'
[beta] served by: beta-app-deployment-8646594bbb-4nsqx
[ec2-user@ip-10-0-28-149 ~]$ 
```

那現在來換測試 prod.demo.com，打上「curl 192.168.49.2:80 -H 'Host: prod.demo.com' 」（下圖 1），來模擬測試來自 prod.demo.com 這個 hostname 的請求。執行下去，就會看到我們成功收到了回應，並且是交由 prod 的這個 service 進行請求回應的，比如說開頭為 "[prod] served by …"。如果持續送出多個，也會注意到是透過不同的 pod 進行請求的處理，但都是由 prod service 指派其中一個 pod 去處理的，如下圖。

```
[ec2-user@ip-10-0-28-149 ~]$ curl 192.168.49.2:80 -H 'Host: prod.demo.com'
[prod] served by: prod-app-deployment-649b464f6c-frtlt
[ec2-user@ip-10-0-28-149 ~]$ curl 192.168.49.2:80 -H 'Host: prod.demo.com'
[prod] served by: prod-app-deployment-649b464f6c-cz9g7
[ec2-user@ip-10-0-28-149 ~]$ curl 192.168.49.2:80 -H 'Host: prod.demo.com'
[prod] served by: prod-app-deployment-649b464f6c-pgvs8
[ec2-user@ip-10-0-28-149 ~]$ curl 192.168.49.2:80 -H 'Host: prod.demo.com'
[prod] served by: prod-app-deployment-649b464f6c-pgvs8
```

❶

以上就成功展示了如何透過 Kubernetes Ingress 這個 L7 的 load balancer 的方式，來進行對不同的 hostname 來源請求進行分流控制。那到這邊也就完成這次的示範，本單元就先到這邊結束。

【模板 9】

Kubernetes (K8S) L7 進階網路管理 VI：Ingress【Path Based】

上個單元介紹了 Ingress 根據不同的 Hostname 來進行不同的分流設置。本單元將進行 Ingress 對於不同 path 的分流設定，那我們就開始吧。

K8S Ingress 部署模式：Path 模板撰寫

首先，打上「kubectl get all -n app-ns」（下圖 1），確定之前所部署的東西都還在，確定各自有一個 beta Service（下圖 2）和 prod Service（下圖 3）正常運作。

```
[ec2-user@ip-10-0-28-149 ~]$ kubectl get all -n app-ns
NAME                                      READY   STATUS    RESTARTS   AGE
pod/beta-app-deployment-8646594bbb-4nsqx  1/1     Running   0          15m
pod/beta-app-deployment-8646594bbb-5gzvs  1/1     Running   0          15m
pod/beta-app-deployment-8646594bbb-svhvd  1/1     Running   0          15m
pod/prod-app-deployment-649b464f6c-cz9g7  1/1     Running   0          8m46s
pod/prod-app-deployment-649b464f6c-frtlt  1/1     Running   0          8m46s
pod/prod-app-deployment-649b464f6c-pgvs8  1/1     Running   0          8m46s

NAME                                   TYPE        CLUSTER-IP      EXTERNAL-IP   PORT(S)    AGE
service/beta-app-service-clusterip     ClusterIP   10.96.246.245   <none>        8080/TCP   15m
service/prod-app-service-clusterip     ClusterIP   10.99.87.199    <none>        8080/TCP   8m46s

NAME                                  READY   UP-TO-DATE   AVAILABLE   AGE
deployment.apps/beta-app-deployment   3/3     3            3           15m
deployment.apps/prod-app-deployment   3/3     3            3           8m46s

NAME                                             DESIRED   CURRENT   READY   AGE
replicaset.apps/beta-app-deployment-8646594bbb   3         3         3       15m
replicaset.apps/prod-app-deployment-649b464f6c   3         3         3       8m46s
[ec2-user@ip-10-0-28-149 ~]$
```

再來打上「vi ingress-path.yaml」建立新的 Ingress 部署模板。

```
[ec2-user@ip-10-0-28-149 ~]$ vi ingress-path.yaml
```

按「a」進入編輯模式。首先，打上「apiVersion: networking.k8s.io/v1」（下圖 1），再打上「kind: Ingress」（下圖 2），接著打「metadata:」（下圖 3）並指定名稱，打上「name: ingress-path」（下圖 4），再來指定 namespace，打上「namespace: app-ns」（下圖 5）。

```
apiVersion: networking.k8s.io/v1 ❶
kind: Ingress ❷
metadata: ❸
  name: ingress-path ❹
  namespace: app-ns ❺
```

好了之後，打上「spec:」（下圖 1 ），再打上「ingressClassName: nginx」（下圖 2 ），指定 nginx 為 Ingress Controller。

完成之後，打上「rules:」（下圖 3 ），首先指定「- host: all.demo.com」（下圖 4 ），這邊將對所有請求都套用同一個 hostname。

```
spec: ❶
  ingressClassName: nginx ❷
  rules: ❸
  - host: all.demo.com ❹
```

好了之後，打上「http:」（下圖 1 ），先指定它的 「paths:」（下圖 2 ）。這次的 pathtype 一樣用 prefix ，打上「- pathType: Prefix」（下圖 3 ）。再來指定 path，這次不單純使用一個根目錄，而是指定 /beta 的部分，打上「path: /beta」（下圖 4 ），如果來源是這個 /beta path 的話，將把它送到以下的 backend 所指定的 service ，打上「backend:」（下圖 5 ）、「service:」（下圖 6 ）。

```
apiVersion: networking.k8s.io/v1
kind: Ingress
metadata:
  name: ingress-path
  namespace: app-ns
spec:
  ingressClassName: nginx
  rules:
  - host: all.demo.com
❶ http:
      paths: ❷
   ❸ - pathType: Prefix
        path: /beta ❹
      ❺ backend:
          service: ❻
```

service name 使用之前已經部署的 beta-app-service-clusterip，port 放上此 service 所監聽的 8080。打上「name: beta-app-service-clusterip」（下圖 1），「port:」（下圖 2）、「number: 8080」（下圖 3）。

```
apiVersion: networking.k8s.io/v1
kind: Ingress
metadata:
  name: ingress-path
  namespace: app-ns
spec:
  ingressClassName: nginx
  rules:
  - host: all.demo.com
    http:
      paths:
      - pathType: Prefix
        path: /beta
        backend:
          service:
            name: beta-app-service-clusterip  1
         2  port:
              number: 8080  3
```

好了之後，將「- pathType: Prefix」到底部分框起並複製起來（下圖 1），移動到檔案最下方相對應位置並且貼上（下圖 2）。

```
apiVersion: networking.k8s.io/v1
kind: Ingress
metadata:
  name: ingress-path
  namespace: app-ns
spec:
  ingressClassName: nginx
  rules:
  - host: all.demo.com
    http:
      paths:
      - pathType: Prefix
        path: /beta
        backend:
          service:
            name: beta-app-service-clusterip   1
            port:
              number: 8080
      - pathType: Prefix
        path: /beta
        backend:
          service:
            name: beta-app-service-clusterip   2
            port:
              number: 8080
~
```

好了之後，我們來一個一個往下改。首先更改成「path: /prod」（下圖 1。如果是這個路線來的請求，我們想把它送給 prod-app-service-clusterip 這個已經部署好的 service 去處理，因此將 service.name 更改為「name: prod-app-service-clusterip」（下圖 2）。好了之後，按 ESC，打上「:wq」存檔離開。

```yaml
apiVersion: networking.k8s.io/v1
kind: Ingress
metadata:
  name: ingress-path
  namespace: app-ns
spec:
  ingressClassName: nginx
  rules:
  - host: all.demo.com
    http:
      paths:
      - pathType: Prefix
        path: /beta
        backend:
          service:
            name: beta-app-service-clusterip
            port:
              number: 8080
      - pathType: Prefix
        path: /prod
        backend:
          service:
            name: prod-app-service-clusterip
            port:
              number: 8080
```

K8S Ingress 部署模式：Path 資源部署

打上「kubectl apply -f ingress-path.yaml」進行部署（下圖 1）。部署之後，打上「kubectl get ingress -n app-ns」（下圖 2），就會看到剛剛最新所創建的 ingress-path 這個資源建立，它所針對的是 all.demo.com 這個 Hostname。然而這時會看到 address 還沒出來，稍等一下，打「kubectl get ingress -n app-ns -w」觀察（下圖 3）。大概過了一分鐘之後，會看到成功拿到 192.168.49.2 這個 IP address。按 ctrl + c 停掉，ingress-path 也就成功完成部署。

```
[ec2-user@ip-10-0-28-149 ~]$ kubectl apply -f ingress-path.yaml
ingress.networking.k8s.io/ingress-path created
[ec2-user@ip-10-0-28-149 ~]$ kubectl get ingress -n app-ns
NAME                     CLASS   HOSTS                          ADDRESS        PORTS   AGE
ingress-defaultbackend   nginx   *                              192.168.49.2   80      16m
ingress-hostname         nginx   beta.demo.com,prod.demo.com    192.168.49.2   80      7m13s
ingress-path             nginx   all.demo.com                                  80      8s
[ec2-user@ip-10-0-28-149 ~]$ kubectl get ingress -n app-ns -w
NAME                     CLASS   HOSTS                          ADDRESS        PORTS   AGE
ingress-defaultbackend   nginx   *                              192.168.49.2   80      16m
ingress-hostname         nginx   beta.demo.com,prod.demo.com    192.168.49.2   80      7m33s
ingress-path             nginx   all.demo.com                                  80      28s
ingress-path             nginx   all.demo.com                   192.168.49.2   80      57s
^C
```

K8S Ingress 部署模式：Path 使用示範

接下來進行測試的部分，首先打上「curl 192.168.49.2:80/beta -H 'Host: all.demo.com'」（下圖 1），這邊首先測試 /beta 這個 Path，可以看到成功收到回應，並且非常確定，這是透過 beta 的 Service 進行請求處理的，因為回應都是 [beta] served by … 所開頭。持續執行多次，會發現也都是交由 beta service 去處理，只是由內部不同的 Pod 進行處理而已。

```
[ec2-user@ip-10-0-28-149 ~]$ curl 192.168.49.2:80/beta -H 'Host: all.demo.com'
[beta] served by: beta-app-deployment-8646594bbb-5gzvs
[ec2-user@ip-10-0-28-149 ~]$ curl 192.168.49.2:80/beta -H 'Host: all.demo.com'
[beta] served by: beta-app-deployment-8646594bbb-svhvd
[ec2-user@ip-10-0-28-149 ~]$ curl 192.168.49.2:80/beta -H 'Host: all.demo.com'
[beta] served by: beta-app-deployment-8646594bbb-svhvd
[ec2-user@ip-10-0-28-149 ~]$ curl 192.168.49.2:80/beta -H 'Host: all.demo.com'
[beta] served by: beta-app-deployment-8646594bbb-4nsqx
[ec2-user@ip-10-0-28-149 ~]$ curl 192.168.49.2:80/beta -H 'Host: all.demo.com'
[beta] served by: beta-app-deployment-8646594bbb-5gzvs
```
1

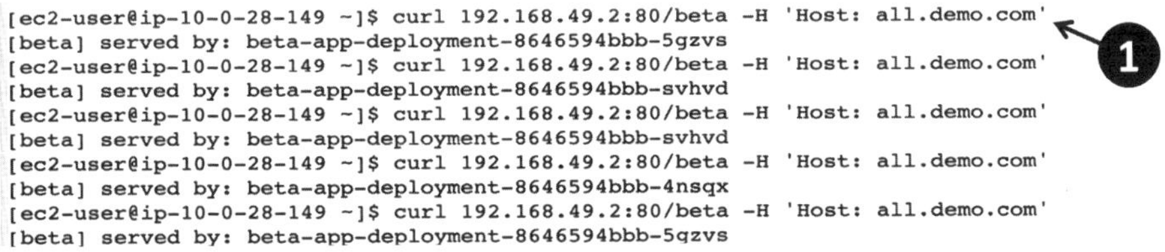

接著測試 /prod 這個 Path，打上「curl 192.168.49.2:80/prod -H 'Host: all.demo.com'」（下圖 1），可以看到成功收到回應，並且非常確定，這是透過 prod 的 Service 進行請求處理的，因為回應都是 [prod] served by … 所開頭。持續執行多次，會發現也都是交由 prod service 去處理，只是由內部不同的 Pod 進行處理而已。透過這個方式，就成功的展示了 Ingress 透過不同的 Path 來進行分流設定的方式。

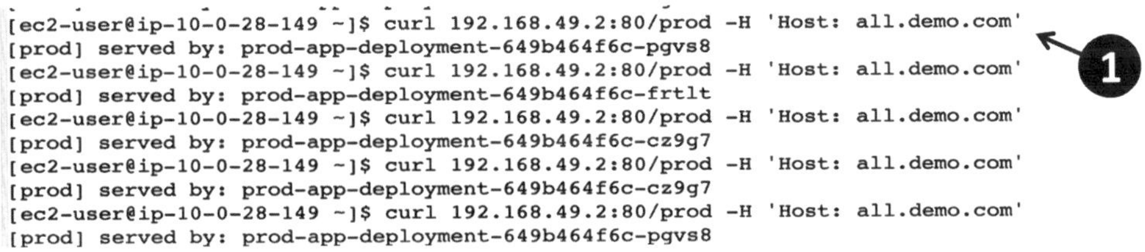

```
[ec2-user@ip-10-0-28-149 ~]$ curl 192.168.49.2:80/prod -H 'Host: all.demo.com'
[prod] served by: prod-app-deployment-649b464f6c-pgvs8
[ec2-user@ip-10-0-28-149 ~]$ curl 192.168.49.2:80/prod -H 'Host: all.demo.com'
[prod] served by: prod-app-deployment-649b464f6c-frtlt
[ec2-user@ip-10-0-28-149 ~]$ curl 192.168.49.2:80/prod -H 'Host: all.demo.com'
[prod] served by: prod-app-deployment-649b464f6c-cz9g7
[ec2-user@ip-10-0-28-149 ~]$ curl 192.168.49.2:80/prod -H 'Host: all.demo.com'
[prod] served by: prod-app-deployment-649b464f6c-cz9g7
[ec2-user@ip-10-0-28-149 ~]$ curl 192.168.49.2:80/prod -H 'Host: all.demo.com'
[prod] served by: prod-app-deployment-649b464f6c-pgvs8
```
1

最後來總覽看一下，打上「kubectl get ingress -n app-ns」，可以看到在這個單元之中，成功的展示了 Ingress 的三種概念：

1. ingress-defaultbackend：所有不知道的請求都放到這邊。

2. ingress-hostname：不同的 Hostname 交由不同的 Service 處理。

3.ingress-path：相同的 Hostname 不同的 Path 交由不同的 Service 進行處理。

```
[ec2-user@ip-10-0-28-149 ~]$ kubectl get ingress -n app-ns
NAME                      CLASS   HOSTS                           ADDRESS        PORTS   AGE
ingress-defaultbackend    nginx   *                               192.168.49.2   80      18m
ingress-hostname          nginx   beta.demo.com,prod.demo.com     192.168.49.2   80      9m27s
ingress-path              nginx   all.demo.com                    192.168.49.2   80      2m22s
```

❶

K8S 資源清理

最後進行資源清理的部分，也是非常的直接，打上「kubectl delete ns app-ns」，大概過了一分鐘之後，完成刪除。

```
[ec2-user@ip-10-0-28-149 ~]$ kubectl delete ns app-ns
namespace "app-ns" deleted
```

以上為這次的 Ingress 概念以及模板撰寫的示範，那本單元就到這邊結束。

【圖解觀念】

Kubernetes (K8S) 進階運算架構：Horizontal Pod Autoscaling (HPA)

本單元將來介紹 Kubernetes 之中的 HPA（Horizontal Pod Autoscaling），它將允許對於一個動態的請求流量進行運算資源部署的「增」與「減」，那我們就開始吧！

K8S Horizontal Pod Autoscaling (HPA) 使用時機

首先看到這邊有一個 Cluster，在這個 Cluster 之中部署了一個 Deployment 資源（下圖 1），而這個 Deployment 之中有一個 Replica Set（下圖 2），這個 Replica Set 設定要它去維持兩個 Pod（下圖 3），因此過了一段時間它就將兩個 Pod 給產生出來，並且有著相對應的 Image 在裡面（下圖 4），這個是之前所介紹 Deployment 會去維持的一個穩定狀態。

但這邊少了一件事情，如果今天的流量突然暴增，想要多一點 Pod，我們得把 Deployment 之中的 Replica Set 數量，手動將從 2 個改成 3 個（下圖 5），然後再部署一次才可以。這樣是一個非常手動的方式，在實務上是不可行的，因此 Kubernetes 提供 HPA (Horizontal Pod Autoscaling) 來達到「自動化部署運算資源」的這個需求。

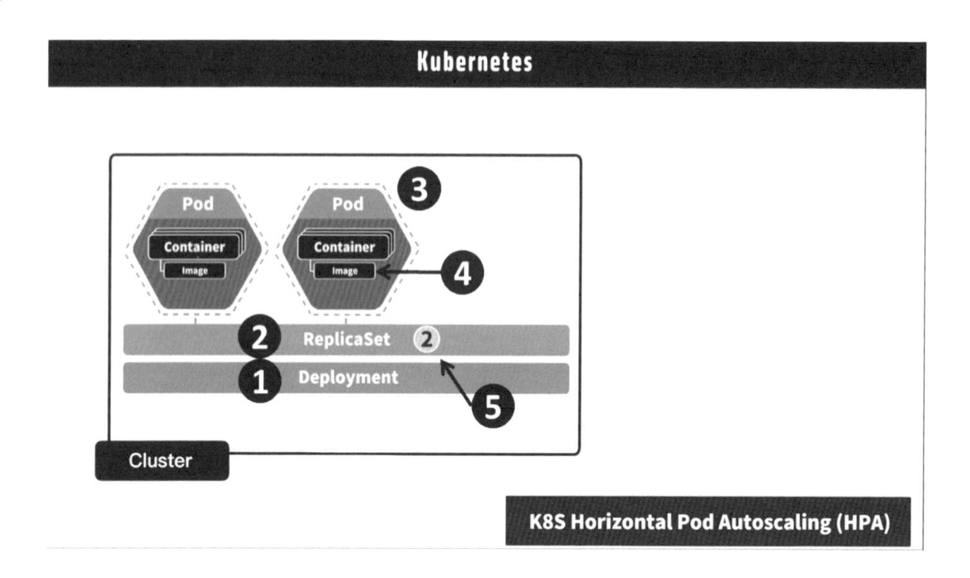

K8S Horizontal Pod Autoscaling (HPA) 必備要件：Metrics Server

而在建造 HPA 之前，它有一個先決條件：必須要有一個 Metrics Server（下圖 1），它的目的是去收集 Pod 所有相關的資源使用資訊，比如說這個 Metrics Server 會去收集 Pod 之中的 CPU 使用量（下圖 2）。

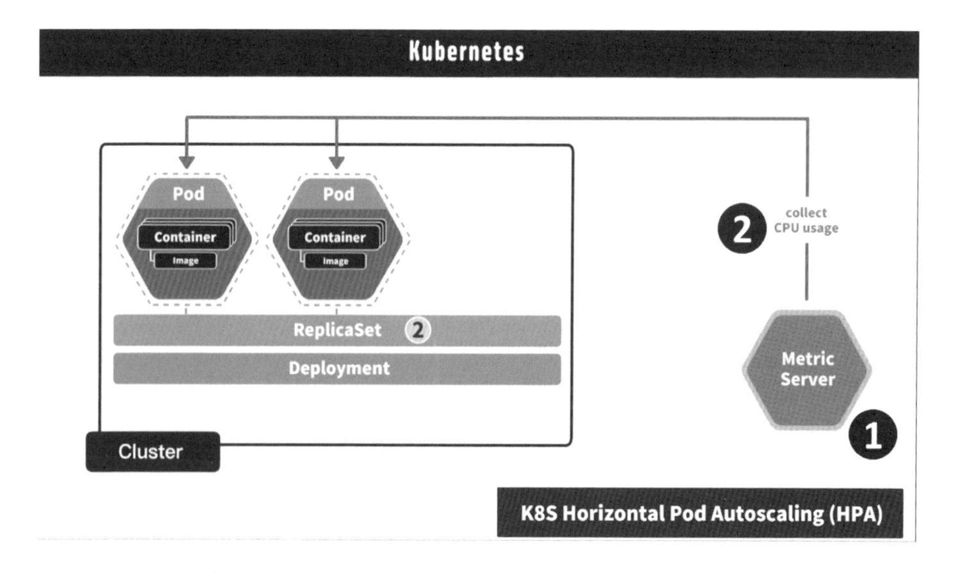

有了這個 Metrics Server 之後，就能在 Deployment 之上建立一個 HPA（下圖 1 ）。這邊特別要注意的是，每一個 HPA 資源都會針對一個特定的 Deployment（下圖 2 ）去進行監控其底下的 Pods。而 HPA 會跟 Metrics Server（下圖 3 ）去拿它想要監控的東西，比如說這次要監控的是 Pod 的 CPU 使用量（下圖 4 ）。

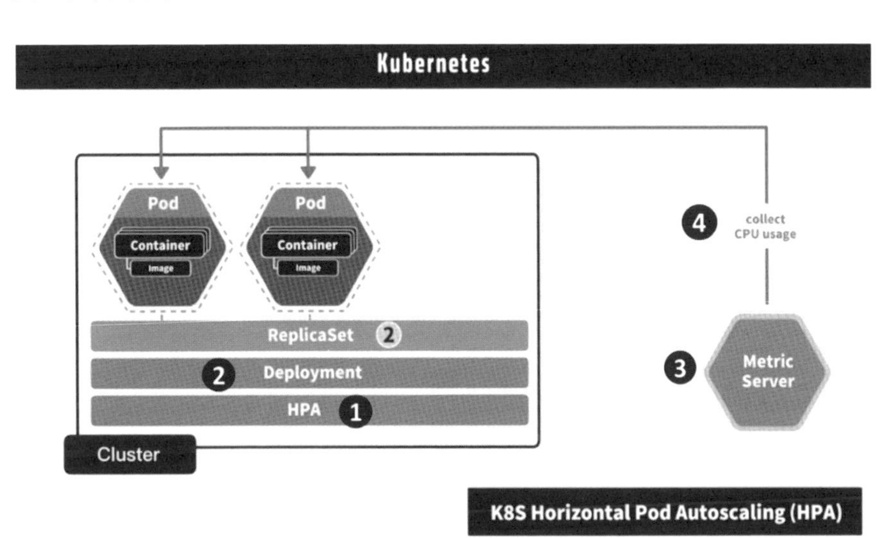

它就這樣持續監控，如果有一天發現 CPU 使用量過高的時候，代表目前 Pod 數量不足夠去應付當前流量，HPA（下圖 1 ）就會主動的更新 Deployment 底下 Replica Set 所需要的數量，比如說提高到 3 個（下圖 2 ），那麼 Replica Set 就會繼續去啟動第三個 Pod（下圖 3 ），來應付現在的高流量。

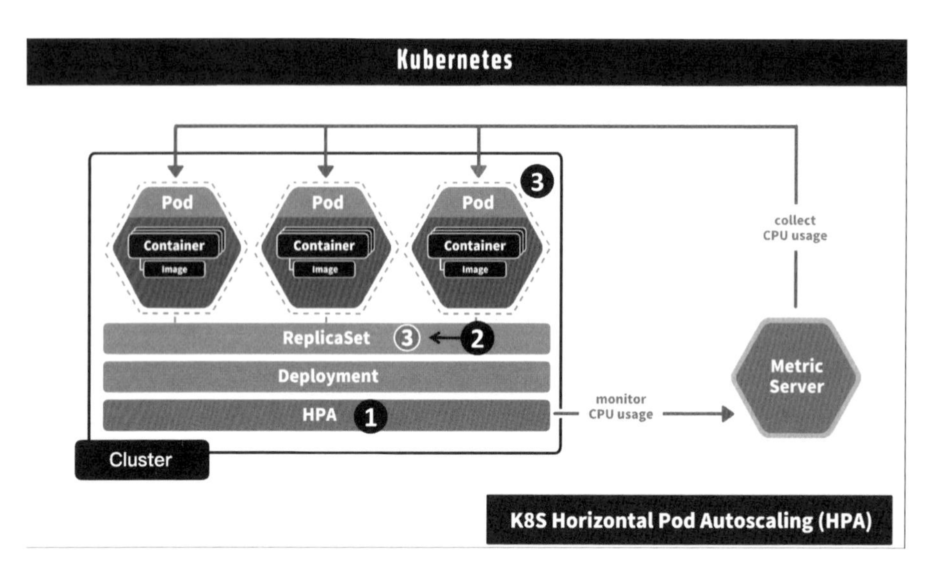

Pod 啟動完之後，Metrics Server 一樣會去監控這個新產生出來的 Pod，繼續監控它的 CPU，讓 CPU 使用量維持在特定的目標底下。如果 CPU 使用量持續穩定著，HPA 也就不會再做任何更動。

但假設又過了三天之後，HPA 資源在監控 CPU 使用量的時候，發現流量非常的少，那麼它就會根據這個狀況，去將 Deployment 下面 Replica Set 設定的數量，從 3 下降，比如說降為 1（下圖 1）。有了這個設定之後， Replica Set 就會將原本的 Pod 給刪掉，最後讓整個的部署只剩下一個 Pod，來應付當前的低流量請求，如下圖。

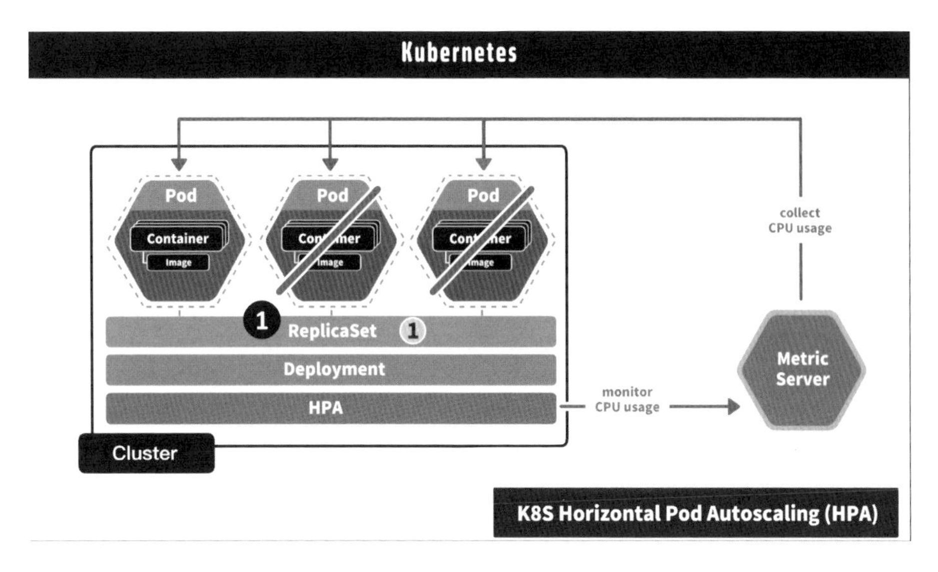

那到這邊是針對 HPA（Horizontal Pod Autoscaling）這個資源的概念介紹，也是之後實作會進行的部分。

K8S Horizontal Pod Autoscaling (HPA) 進階必備要件：Prometheus Server

上面所提到的 Metrics Server 是一個 Kubernetes 內建的一個 Metrics 收集的一個應用程式，但是它所收集的東西是非常有限的，比如說只有 CPU 或 Memory 使用量。

然而如果想要收集更客製化或是更全面的 Metrics 的話，在實務上大家更常使用的會是一個叫 Prometheus（下圖 1 ）的 Metrics 收集應用程式，而此內容將會規劃在未來的進階書籍中。

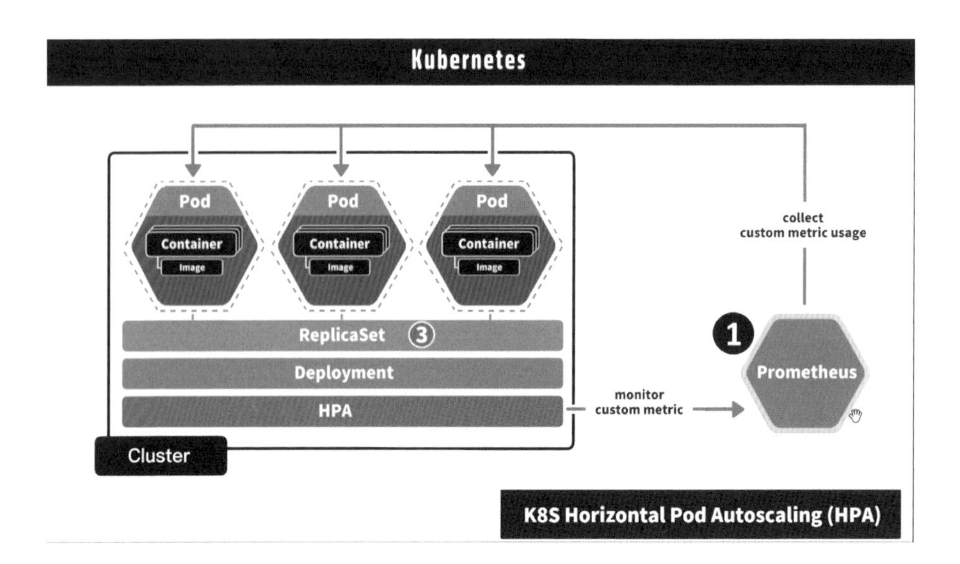

那麼以上就是針對 Kubernetes 之中 HPA（Horizontal Pod Autoscaling） 這個自動化運算資源部署的概念介紹，那本單元就到這邊結束。

【模板 10】

Kubernetes (K8S) 進階運算部署：Horizontal Pod Autoscaling (HPA)

本單元要來示範的是 Horizontal Pod Autoscaling（HPA）。HPA 可以在 Kubernetes Cluster 之中，實現出自動化增減 Pod 的數量的一個機制，那我們就開始吧！

前置環境部署

在這個單元，將利用之前所做的一些範本來進行更動。首先，打上「cp beta-app-all.yaml beta-app-all-hpa.yaml」（下圖 1），複製一份 beta-app-all-hpa.yaml 檔案。

```
[ec2-user@ip-10-0-28-149 ~]$ cp beta-app-all.yaml beta-app-all-hpa.yaml
```

好了之後，打上「vi beta-app-all-hpa.yaml」進行編輯。

```
[ec2-user@ip-10-0-28-149 ~]$ vi beta-app-all-hpa.yaml
```

進入之後，按下「a」進入編輯模式。看到 spec 這邊的 replicas，把它的數量從 3 改成 1，也就是打上「replicas: 1」（下圖 1）。

```
---
apiVersion: apps/v1
kind: Deployment
metadata:
  name: beta-app-deployment
  namespace: app-ns
spec:
  replicas: 1   ❶
  selector:
    matchLabels:
      app: beta-app-pod
  template:
    metadata:
      labels:
        app: beta-app-pod
    spec:
      containers:
      - name: beta-app-container
        image: uopsdod/k8s-hostname-amd64-beta:v1
        ports:
        - containerPort: 80
```

好了之後再往下看，看到 containers 這一塊，在定義 deployment 這個資源的時候，可以去指定在每一個 Pod 之中的每一個 Container 可以運用多少的效能資源。比如說，這邊就可以去定義 resources 這個部分，因此在原本的 -containerPort: 80 的下方，打上「resources:」（下圖 1 ）。下方去定義 limits，打上「limits:」（下圖 2 ）。再來去指定 CPU，我們設定這一個 Container 最多只能用到 300 CPU 單位，打上「cpu: 300m」（下圖 3 ）。

```
spec:
  replicas: 1
  selector:
    matchLabels:
      app: beta-app-pod
  template:
    metadata:
      labels:
        app: beta-app-pod
    spec:
      containers:
      - name: beta-app-container
        image: uopsdod/k8s-hostname-amd64-beta:v1
        ports:
        - containerPort: 80
     1  resources:
          limits:  2
            cpu: 300m  3
```

同時可以在指定 requests 的部分，打上「requests:」（下圖 1 ），去告訴 Cluster，對於每一個 Container，最少會需要多少資源，這邊給 200 個單位，打上「cpu: 200m」（下圖 2 ）。換句話說，就是去規定的這個 Deployment 所部署的 Pod 的每一個 Container，最少要用 200 CPI 單位，最多用 300 的 CPU 單位。好了之後，就可以按 ESC，打上「:wq」存檔離開。

```yaml
spec:
  replicas: 1
  selector:
    matchLabels:
      app: beta-app-pod
  template:
    metadata:
      labels:
        app: beta-app-pod
    spec:
      containers:
      - name: beta-app-container
        image: uopsdod/k8s-hostname-amd64-beta:v1
        ports:
        - containerPort: 80
        resources:
          limits:
            cpu: 300m
          requests:
            cpu: 200m
```

再來打上「kubectl apply -f beta-app-all-hpa.yaml」進行部署（下圖 1），部署好之後打上「kubectl get all -n app-ns」（下圖 2），就會看到剛剛所部署的 Deployment 正在進行部署。

```
[ec2-user@ip-10-0-28-149 ~]$ kubectl apply -f beta-app-all-hpa.yaml
namespace/app-ns created
deployment.apps/beta-app-deployment created
service/beta-app-service-clusterip created
[ec2-user@ip-10-0-28-149 ~]$ kubectl get all -n app-ns
NAME                                       READY   STATUS              RESTARTS   AGE
pod/beta-app-deployment-6f7955fd76-54nmb   0/1     ContainerCreating   0          7s

NAME                                 TYPE        CLUSTER-IP       EXTERNAL-IP   PORT(S)    AGE
service/beta-app-service-clusterip   ClusterIP   10.104.254.158   <none>        8080/TCP   7s

NAME                                  READY   UP-TO-DATE   AVAILABLE   AGE
deployment.apps/beta-app-deployment   0/1     1            0           7s

NAME                                             DESIRED   CURRENT   READY   AGE
replicaset.apps/beta-app-deployment-6f7955fd76   1         1         0       7s
[ec2-user@ip-10-0-28-149 ~]$
```

再來繼續部署，打上「kubectl apply -f prod-app-all.yaml」（下圖 1）部署 prod 相對應資源。好了之後，一樣打上「kubectl get all -n app-ns」（下圖 2），可以看到已經部署了兩個 Services，分別是 beta 的 Service（下圖 3）和 prod 的 Service（下圖 4）。

```
[ec2-user@ip-10-0-28-149 ~]$ kubectl apply -f prod-app-all.yaml
namespace/app-ns unchanged
deployment.apps/prod-app-deployment created
service/prod-app-service-clusterip created
[ec2-user@ip-10-0-28-149 ~]$ kubectl get all -n app-ns
NAME                                       READY   STATUS    RESTARTS   AGE
pod/beta-app-deployment-6f7955fd76-54nmb   1/1     Running   0          42s
pod/prod-app-deployment-649b464f6c-b97t4   1/1     Running   0          9s
pod/prod-app-deployment-649b464f6c-kx5dj   1/1     Running   0          9s
pod/prod-app-deployment-649b464f6c-v89wk   1/1     Running   0          9s

NAME                                 TYPE        CLUSTER-IP       EXTERNAL-IP   PORT(S)    AGE
service/beta-app-service-clusterip   ClusterIP   10.104.254.158   <none>        8080/TCP   42s
service/prod-app-service-clusterip   ClusterIP   10.111.162.39    <none>        8080/TCP   9s

NAME                                  READY   UP-TO-DATE   AVAILABLE   AGE
deployment.apps/beta-app-deployment   1/1     1            1           42s
deployment.apps/prod-app-deployment   3/3     3            3           9s

NAME                                             DESIRED   CURRENT   READY   AGE
replicaset.apps/beta-app-deployment-6f7955fd76   1         1         1       42s
replicaset.apps/prod-app-deployment-649b464f6c   3         3         3       9s
[ec2-user@ip-10-0-28-149 ~]$
```

有了這兩個 Services 之後，再繼續打上「kubectl apply -f ingress-path.yaml」部署 Ingress 資源（下圖 1）。好了之後，一樣打上「kubectl get ingress -n app-ns」（下圖 2），可以看到還正在佈署，目前 Address 還沒出來。打上「kubectl get ingress -n app-ns -w」（下圖 3）繼續觀察，大概等一分鐘後，就會看到 Ingress 部署成功，得到一個 IP Addres 192.168.49.2（下圖 4）。完成後按 Ctrl + C 停掉，到這邊就完成前置部署部分。

```
[ec2-user@ip-10-0-28-149 ~]$ kubectl apply -f ingress-path.yaml
ingress.networking.k8s.io/ingress-path created
[ec2-user@ip-10-0-28-149 ~]$ kubectl get ingress -n app-ns
NAME           CLASS   HOSTS           ADDRESS        PORTS   AGE
ingress-path   nginx   all.demo.com                   80      13s
[ec2-user@ip-10-0-28-149 ~]$ kubectl get ingress -n app-ns -w
NAME           CLASS   HOSTS           ADDRESS        PORTS   AGE
ingress-path   nginx   all.demo.com                   80      21s
ingress-path   nginx   all.demo.com    192.168.49.2   80      59s
^C
```

K8S Horizontal Pod Autoscaling (HPA) 必備要件：Metrics Server 建立

再來要部署的部分就與 HPA 資源更為相關。首先， HPA 要進行監控，自然要先有 Metrics 可以拿來作為判斷標準。而在 Kubernetes 之中，它有提供給一個簡易的 Metrics Server 可以快速部署，去拿到 Pod 裡面的 CPU 效能資訊。

打上「wget http://github.com/kubernetes-sigs/metrics-server/releases/latest/download/components.yaml」，下載安裝檔，如下圖。

```
[ec2-user@ip-10-0-28-149 ~]$ wget https://github.com/kubernetes-sigs/metrics-server/releases/latest/download/components.yaml
```

下載好之後，就會看到一個 components.yaml 檔案被下載下來。現在把它改名一下，將 components.yaml 改成 metrics-server.yaml，打上「mv components.yaml metrics-server.yaml」（下圖 1 ）。

```
2022-10-23 21:25:26 (31.2 MB/s) - 'components.yaml' saved [4181/4181]

[ec2-user@ip-10-0-28-149 ~]$ mv components.yaml metrics-server.yaml
[ec2-user@ip-10-0-28-149 ~]$
```

再來打上「vi metrics-server.yaml」，來進行部分的修改。

```
[ec2-user@ip-10-0-28-149 ~]$ vi metrics-server.yaml
```

按「a」進入編輯模式，往下拉找到「spec.template.metadata.labels.k8s-app: metrics-server」這一區（下圖 1 ）。由於在本地的環境，必須在下方 spec container 之中的 args 這邊加上一行，打上「- --kubelet-insecure-tls」（下圖 2 ）。在本地，並不會去特別進行 SSL 的認證驗證，所以透過這個 args 設定跳過這部分的驗證，來完成本地部署。 好了之後，按 ESC，打上「:wq」存檔離開。

```
template:
  metadata:
    labels:
      k8s-app: metrics-server  ◄── 1
  spec:
    containers:
    - args:
      - --cert-dir=/tmp
      - --secure-port=4443
      - --kubelet-preferred-address-types=InternalIP,ExternalIP,Hostname
      - --kubelet-use-node-status-port
      - --metric-resolution=15s
      - --kubelet-insecure-tls  ◄── 2
      image: registry.k8s.io/metrics-server/metrics-server:v0.6.4
      imagePullPolicy: IfNotPresent
      livenessProbe:
```

完成之後打上「cat metrics-server.yaml」看一下，如下圖。

```
[ec2-user@ip-10-0-28-149 ~]$ cat metrics-server.yaml
```

如果看到 - --kubelet-insecure-tls 這一行（下圖 1），就代表已經放上去，那就沒問題。

```
spec:
  containers:
  - args:
    - --cert-dir=/tmp
    - --secure-port=4443
    - --kubelet-preferred-address-types=InternalIP,ExternalIP,Hostname
    - --kubelet-use-node-status-port
    - --metric-resolution=15s
    - --kubelet-insecure-tls  ◄── 1
```

再來打上「kubectl apply -f metrics-server.yaml」進行部署（下圖 1）。 完成部署之後，打上「kubectl get deployments metrics-server -n kube-system」，可以看到 metrics-server 正在建立中（下圖 2）。使用同樣的指令打上「kubectl get deployments metrics-server -n kube-system -w」持續觀察（下圖 3），可以看到過了 30 秒之後，就會看到 從 Ready 0/1 變成 Ready 1/1 的狀態。完成之後，Ctrl + C 關掉。 到這邊就成功啟動了 Metric Server 的這個服務。

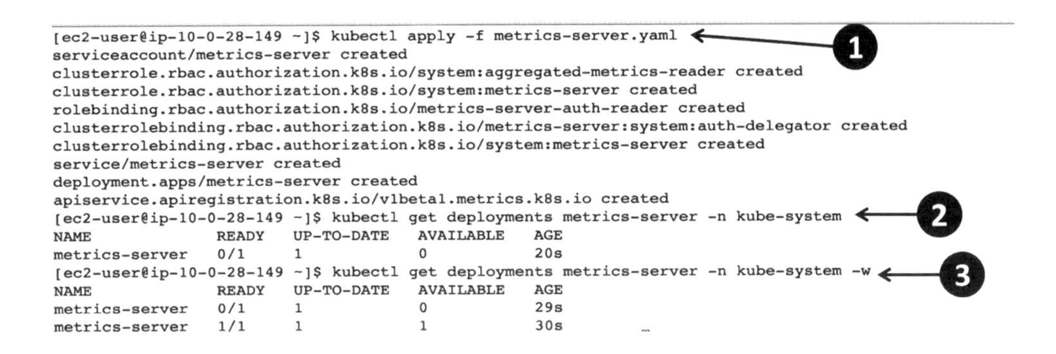

```
[ec2-user@ip-10-0-28-149 ~]$ kubectl apply -f metrics-server.yaml
serviceaccount/metrics-server created
clusterrole.rbac.authorization.k8s.io/system:aggregated-metrics-reader created
clusterrole.rbac.authorization.k8s.io/system:metrics-server created
rolebinding.rbac.authorization.k8s.io/metrics-server-auth-reader created
clusterrolebinding.rbac.authorization.k8s.io/metrics-server:system:auth-delegator created
clusterrolebinding.rbac.authorization.k8s.io/system:metrics-server created
service/metrics-server created
deployment.apps/metrics-server created
apiservice.apiregistration.k8s.io/v1beta1.metrics.k8s.io created
[ec2-user@ip-10-0-28-149 ~]$ kubectl get deployments metrics-server -n kube-system
NAME             READY   UP-TO-DATE   AVAILABLE   AGE
metrics-server   0/1     1            0           20s
[ec2-user@ip-10-0-28-149 ~]$ kubectl get deployments metrics-server -n kube-system -w
NAME             READY   UP-TO-DATE   AVAILABLE   AGE
metrics-server   0/1     1            0           29s
metrics-server   1/1     1            1           30s
```

K8S Horizontal Pod Autoscaling (HPA) 資源部署

再來打上「kubectl autoscale deployment beta-app-deployment --cpu-percent =10 --min=1 --max=10 -n app-ns」，來部署 HPA；--cpu-percent=10：指定想維持的 cpu 的使用比率，希望它一直維持在 10% 的 cpu 使用量；--min=1：指定需要的 Pod 的最少數量是 1 個；--max=10：指定需要的 Pod 的最大數量是 10 個；-n app-ns：指定 HPA 這個資源要放到 app-ns Namespace 底下。

```
[ec2-user@ip-10-0-28-149 ~]$ kubectl autoscale deployment beta-app-deployment --cpu-percent=10 --min=1 --max=10 -n app-ns
horizontalpodautoscaler.autoscaling/beta-app-deployment autoscaled
```

好了之後打上「kubectl get hpa -n app-ns」（下圖 1），就會看到 HPA 資源正在部署中。再打上指令「kubectl get hpa -n app-ns -w」（下圖 2），持續觀察。大概過了一陣子之後，會看到 Targets，現在是 0%（下圖 3），非常合理，因為現在沒有任何請求送進來，自然是 0% 的 CPU 使用量。

```
[ec2-user@ip-10-0-28-149 ~]$ kubectl get hpa -n app-ns
NAME                  REFERENCE                        TARGETS          MINPODS   MAXPODS   REPLICAS   AGE
beta-app-deployment   Deployment/beta-app-deployment   <unknown>/10%    1         10        0          7s
[ec2-user@ip-10-0-28-149 ~]$ kubectl get hpa -n app-ns -w
NAME                  REFERENCE                        TARGETS          MINPODS   MAXPODS   REPLICAS   AGE
beta-app-deployment   Deployment/beta-app-deployment   <unknown>/10%    1         10        0          14s
beta-app-deployment   Deployment/beta-app-deployment   0%/10%           1         10        1          15s
```

K8S Horizontal Pod Autoscaling (HPA) 監控分析

好了之後，複製上方 URL（下圖 1），開啟一個新分頁並貼上 URL（下圖 2），開啟第二個 EC2 介面。

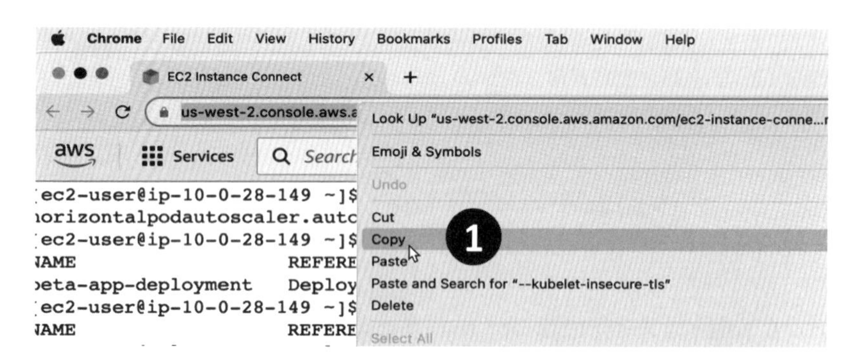

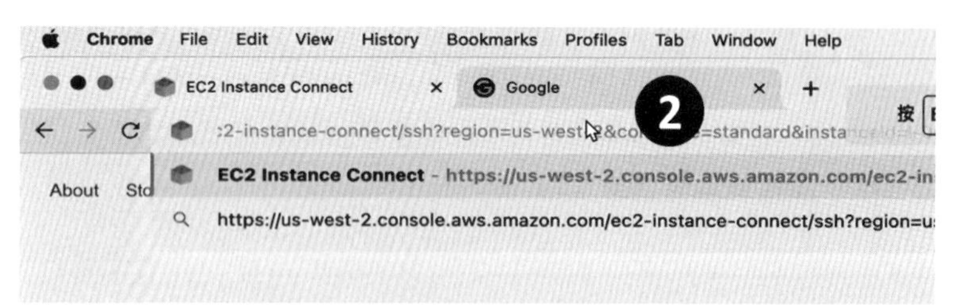

再次打上「kubectl get ingress -n app-ns」（下圖 1），看到 Ingress 的 IP Address，這邊做一個環境變數給他，打上「ingress_ip=192.168.49.2」（下圖 2），192.168.49.2 為此處看到的 ingress-path 所提供的 IP Address。

```
[ec2-user@ip-10-0-28-149 ~]$ kubectl get ingress -n app-ns   ❶
NAME           CLASS   HOSTS          ADDRESS        PORTS   AGE
ingress-path   nginx   all.demo.com   192.168.49.2   80      6m48s
[ec2-user@ip-10-0-28-149 ~]$ ingress_ip=192.168.49.2 ← ❷
```

完成之後，打上「curl ${ingress_ip}:80/beta -H 'Host: all.demo.com'」，使用上方所建立的 Ingress IP 環境變數，後面放上 Ingress 所監聽的 80 Port ，配上 /beta 這個 path，然後打上 -H 模擬請求是來自 all.demo.com 這個 Hostname。

```
[ec2-user@ip-10-0-28-149 ~]$ curl ${ingress_ip}:80/beta -H 'Host: all.demo.com'
[beta] served by: beta-app-deployment-6f7955fd76-54nmb
```

然後這邊打上一個循環指令「while sleep 0.005; do curl ${ingress_ip}:80/beta -H 'Host: all.demo.com'; done」，讓它每過 0.005 秒就送出上方 curl ${ingress_ip}:80/beta -H 'Host: all.demo.com' 這個指令，並且不斷的循環下去。就會看到會不斷的送出請求，這樣維持下去。

```
[ec2-user@ip-10-0-28-149 ~]$ while sleep 0.005; do curl ${ingress_ip}:80/beta -H 'Host: all.demo.com'; done
[beta] served by: beta-app-deployment-6f7955fd76-54nmb
[beta] served by: beta-app-deployment-6f7955fd76-54nmb
[beta] served by: beta-app-deployment-6f7955fd76-54nmb
[beta] served by: beta-app-deployment-6f7955fd76-54nmb
[beta] served by: beta-app-deployment-6f7955fd76-54nmb
[beta] served by: beta-app-deployment-6f7955fd76-54nmb
[beta] served by: beta-app-deployment-6f7955fd76-54nmb
[beta] served by: beta-app-deployment-6f7955fd76-54nmb
[beta] served by: beta-app-deployment-6f7955fd76-54nmb
[beta] served by: beta-app-deployment-6f7955fd76-54nmb
[beta] served by: beta-app-deployment-6f7955fd76-54nmb
[beta] served by: beta-app-deployment-6f7955fd76-54nmb
```

1

回到第一個 EC2 介面（下圖 1），持續觀察 CPU 使用量，這邊就稍等，會看到它慢慢增加（下圖 2）。首先第一個看到的是 16% 變 20%，同時 Replicas 數量，也從 1 變到 2（下圖 3）。

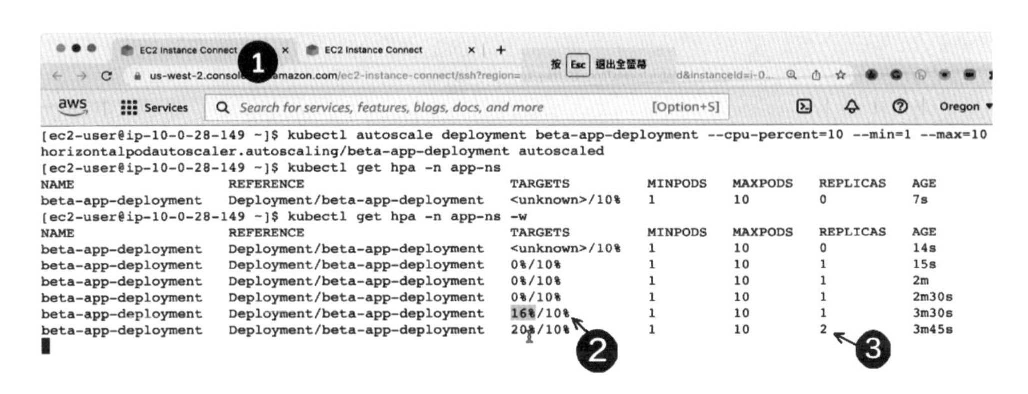

再來，變成 13%（下圖 1），有點下降了。原因是 Replicas 也增加了，變成是 3 個（下圖 2）。接著降到 10%（下圖 3），Replocas 數量，維持 3 個（下圖 4）。

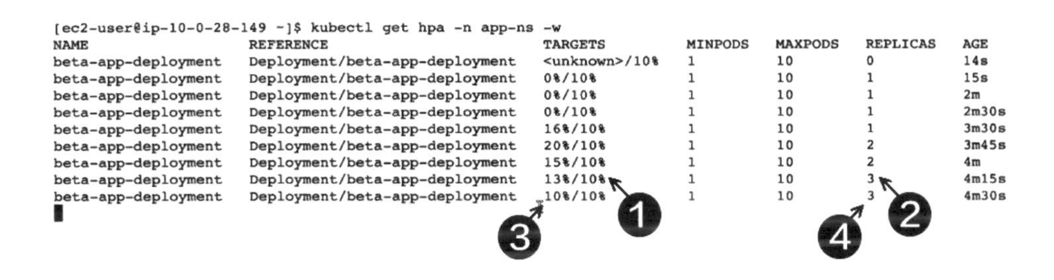

從啟動到現在過了 6 分鐘，可以看到這一個自動化增加 Pod 數量的過程，一路的從 0、1 一路增加到 3，最後自動地維持在一個相對穩定的狀態，也就是維持 CPU 使用量在所定義的 10% 底下（下圖 1）。

```
[ec2-user@ip-10-0-28-149 ~]$ kubectl get hpa -n app-ns -w
NAME                  REFERENCE                         TARGETS        MINPODS   MAXPODS   REPLICAS   AGE
beta-app-deployment   Deployment/beta-app-deployment    <unknown>/10%  1         10        0          14s
beta-app-deployment   Deployment/beta-app-deployment    0%/10%         1         10        1          15s
beta-app-deployment   Deployment/beta-app-deployment    0%/10%         1         10        1          2m
beta-app-deployment   Deployment/beta-app-deployment    0%/10%         1         10        1          2m30s
beta-app-deployment   Deployment/beta-app-deployment    16%/10%        1         10        1          3m30s
beta-app-deployment   Deployment/beta-app-deployment    20%/10%        1         10        2          3m45s
beta-app-deployment   Deployment/beta-app-deployment    15%/10%        1         10        2          4m
beta-app-deployment   Deployment/beta-app-deployment    13%/10%        1         10        3          4m15s
beta-app-deployment   Deployment/beta-app-deployment    10%/10%        1         10        3          4m30s
beta-app-deployment   Deployment/beta-app-deployment    10%/10%        1         10        3          5m
beta-app-deployment   Deployment/beta-app-deployment    9%/10%         1         10        3          5m46s
beta-app-deployment   Deployment/beta-app-deployment    9%/10%         1         10        3          6m16s
beta-app-deployment   Deployment/beta-app-deployment    9%/10%    (1)  1         10        3          6m31s
beta-app-deployment   Deployment/beta-app-deployment    8%/10%         1         10        3          6m46s
```

接著來進行另外一個方向的測試。先到第二個 EC2 介面（下圖 1），Ctrl + C 停掉大量請求的模擬。

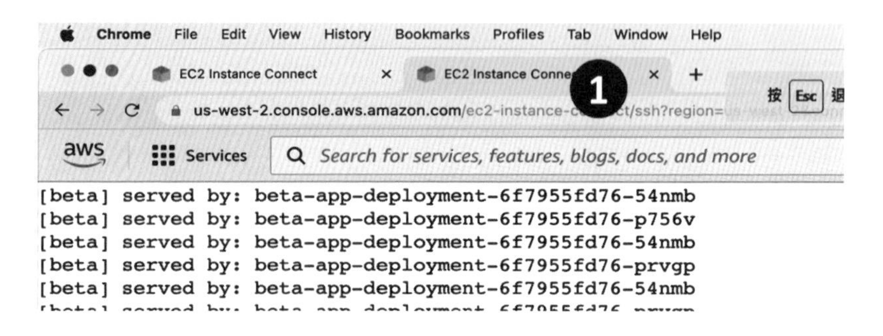

中止掉之後，回來第一個 EC2 介面（下圖 1），繼續觀察。

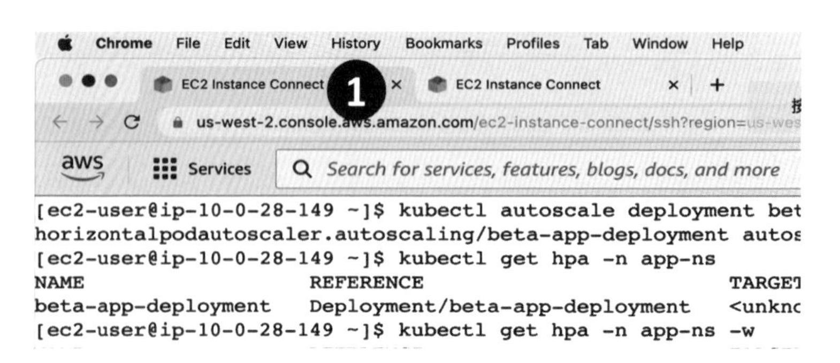

大概過了 12 分鐘之後，會看到 Replicas 從 3 的數量降為 1（下圖 1），也就是 HPA 模板中所定義的，最少要有 1 個 Pod 的設定。到這邊。我們就展示了 HPA 自動化縮減 Pod 數量的整個過程。那好了之後，就 Ctrl + C 中止這個指令。

```
[ec2-user@ip-10-0-28-149 ~]$ kubectl get hpa -n app-ns -w
NAME                  REFERENCE                              TARGETS         MINPODS   MAXPODS   REPLICAS   AGE
beta-app-deployment   Deployment/beta-app-deployment   <unknown>/10%   1         10        0          14s
beta-app-deployment   Deployment/beta-app-deployment   0%/10%          1         10        1          15s
beta-app-deployment   Deployment/beta-app-deployment   0%/10%          1         10        1          2m
beta-app-deployment   Deployment/beta-app-deployment   0%/10%          1         10        1          2m30s
beta-app-deployment   Deployment/beta-app-deployment   16%/10%         1         10        1          3m30s
beta-app-deployment   Deployment/beta-app-deployment   20%/10%         1         10        2          3m45s
beta-app-deployment   Deployment/beta-app-deployment   15%/10%         1         10        2          4m
beta-app-deployment   Deployment/beta-app-deployment   13%/10%         1         10        3          4m15s
beta-app-deployment   Deployment/beta-app-deployment   10%/10%         1         10        3          4m30s
beta-app-deployment   Deployment/beta-app-deployment   10%/10%         1         10        3          5m
beta-app-deployment   Deployment/beta-app-deployment   9%/10%          1         10        3          5m46s
beta-app-deployment   Deployment/beta-app-deployment   9%/10%          1         10        3          6m16s
beta-app-deployment   Deployment/beta-app-deployment   9%/10%          1         10        3          6m31s
beta-app-deployment   Deployment/beta-app-deployment   8%/10%          1         10        3          6m46s
beta-app-deployment   Deployment/beta-app-deployment   2%/10%          1         10        3          7m16s
beta-app-deployment   Deployment/beta-app-deployment   0%/10%          1         10        3          7m31s
beta-app-deployment   Deployment/beta-app-deployment   0%/10%          1         10        3          12m
beta-app-deployment   Deployment/beta-app-deployment   0%/10%          1         10        1   ← 1  12m
```

K8S Horizontal Pod Autoscaling (HPA) 資源清理

最後來做資源清理的部分，這次也一樣很乾脆的打上「kubectl delete namespace app-ns」，便能完成刪除。

```
[ec2-user@ip-10-0-28-149 ~]$ kubectl delete namespace app-ns
namespace "app-ns" deleted
```

我們這次進行了 HPA 自動化增減 Pod 數量機制的展示，那本單元就到這邊結束。

【圖解觀念】

Minikube 架構統整 & 總複習

本單元單元中將介紹使用 Minikube 部署的架構圖。相信在前面的單元中，通過親自動手的方式，大家已經對 Kubernetes 的各項功能有了基本瞭解和實際操作經驗。在本單元中，我們將結合目前所學，並透過圖解架構來幫助大家進行更進階而全面的瞭解，那我們就開始吧！

Minikube 圖解總架構

在本課程的開頭，通過 AWS EC2 創建了一個供管理員使用的操作環境，使用的是 Linux 作業系統。在其中，我們安裝了 Minikube 命令，並通過它創建了一個本地的 Kubernetes Cluster（下圖 1），並且持續使用 Minikube 執行 Cluster 相關的操作（下圖 2），例如在 Ingress Controller 單元中，所去啟動的 addon 插件等 Minikube 指令。

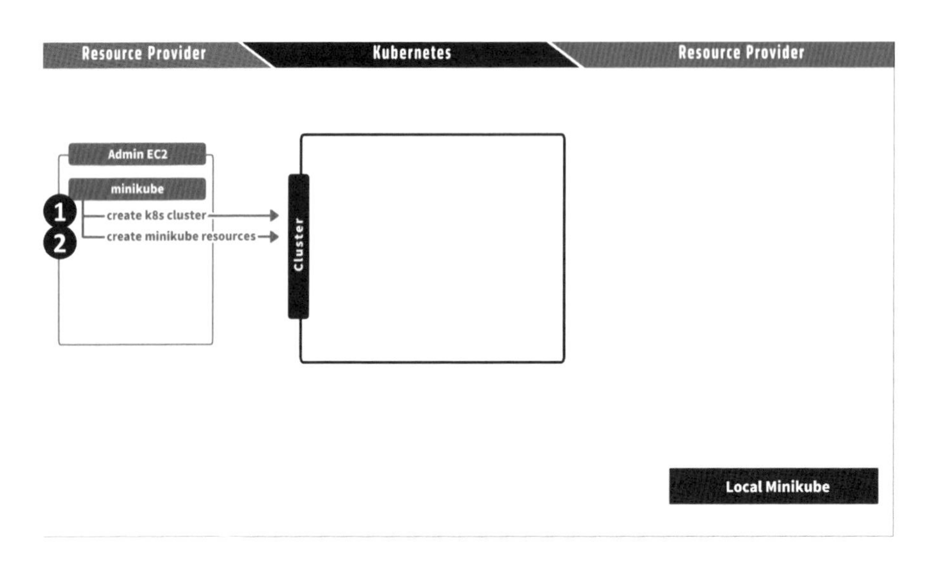

在這裡，將詳細瞭解我們在 Minikube 環境中實際部署了哪些資源。首先，一個重要的問題是，Cluster 到底在哪裡運行？在本次實作之中，我們指令了 Docker 作為 Minikube Driver，因此 Minikube 會將 Cluster 部署在 Docker Container 之中（下圖 1）。

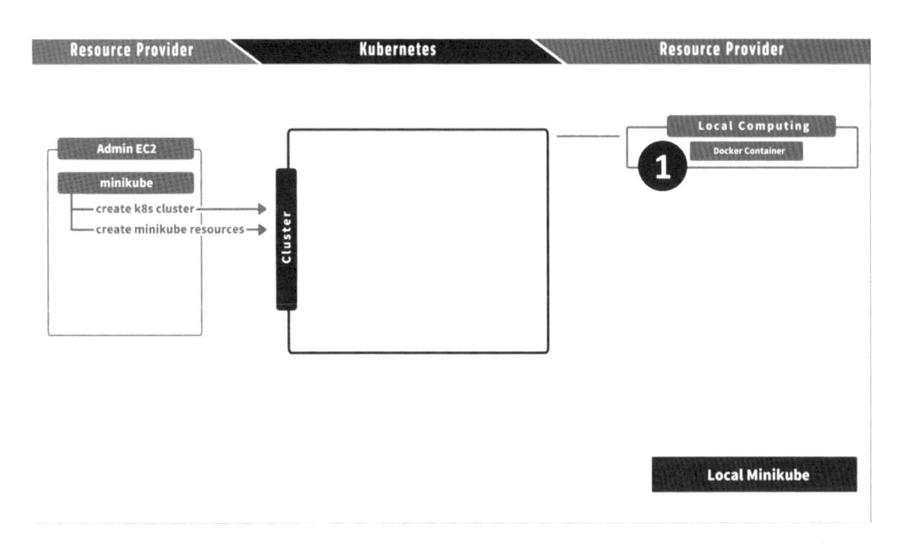

要讓 Cluster 進行基本運作，Minikube 在創建時還會創建一些 Cluster 所需的 Pod。例如，其中一個 Pod 叫做 coreDns（下圖 1），它負責管理 Domain Name 相關解析操作。這個 Pod 會被歸類到名為 kube-system（下圖 2）的 Namespace 中。

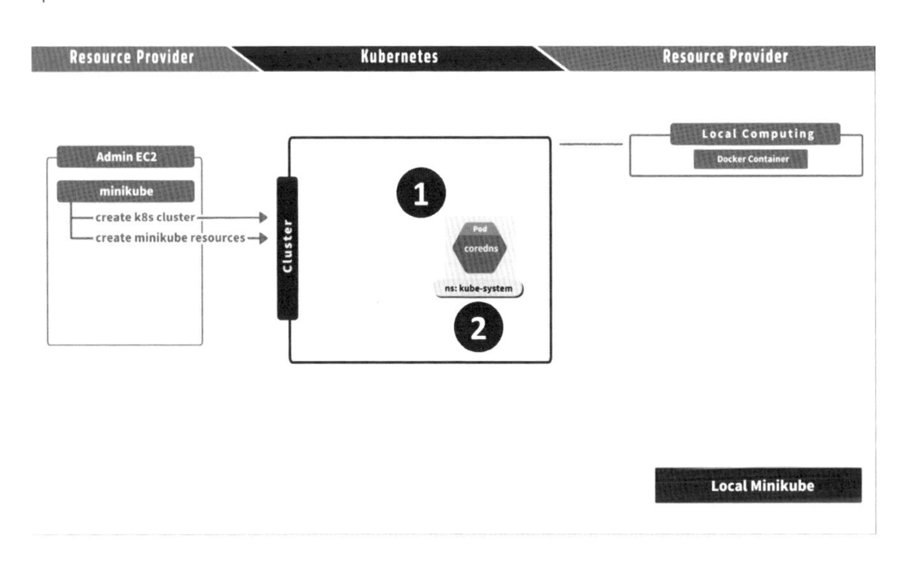

到這邊還有一個問題，這些 Pod 實際上部署在哪裡的計算資源上呢？由於這次是在本地建立的 Kubernetes，唯一的計算資源就是 Cluster 當下所部署到的計算資源，也就是案例之中唯一存在的 Docker Container（下圖 1 ）。因此，coreDns Pod（下圖 2 ）將會被部署到同一個 Docker Container 中，與 Cluster 共用。

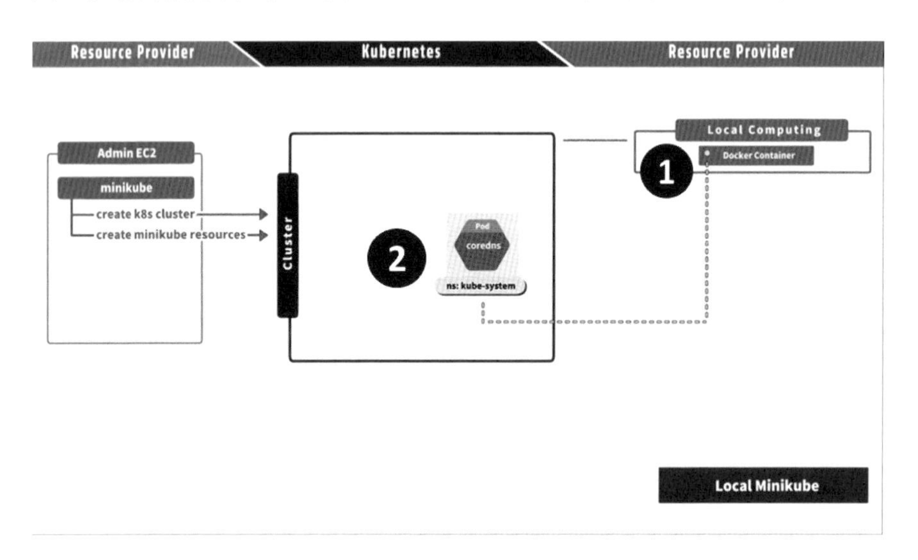

此外，根據各自專案的需求，還可以部署自訂的 Pod。例如，可以部署一個名為 my-pod 的 Pod（下圖 1 ），並將其分類到名為 app-ns 的 Namespace 中（下圖 2 ）。因為本地只有一個計算資源的位置，也就是 Docker Container（下圖 3 ），這個 Pod 也會被部署到同一個 Docker Container，當作其他底下運算資源的提供者的地方。到這邊就是透過 Minikube 去啟動一個本地 Cluster 基本會看到的架構圖示。

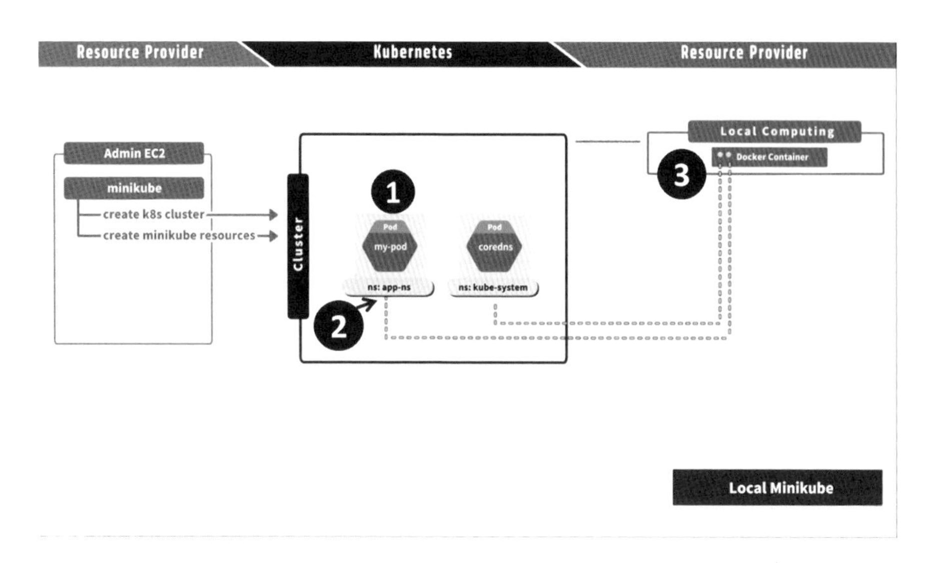

需要注意的是，由於這是一個非常簡單的 Cluster 建立，所有的東西都運行在同一個計算節點上，在此案例之中就是都在 Docker Container 裡面。這就代表在這種部署情況之下，實際上無法處理高流量的情況，只適合在本地學習 Kubernetes 相關概念的使用。

接下來，一旦擁有了這個 Cluster，要對 Cluster 進行更複雜的管理操作，將得使用到 kubectl 這個指令。kubectl 可以部署、管理和刪除創建的 kubernetes 的相關資源。在這個部分，我們就有 minikube（下圖 1）和 kubectl（下圖 2）指令，來對 Cluster 進行各種種類的部署。

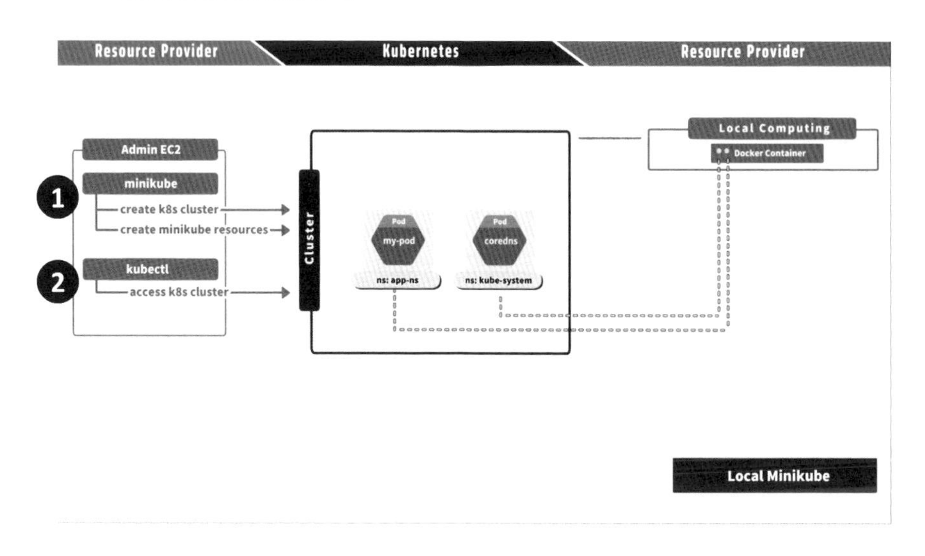

K8S PV 與 PVC 圖解總架構

接下來，將介紹通過 Minikube 部署的存儲資源是什麼樣子的。在實作中，希望利用本地電腦上的 Docker Container 本地硬碟空間（下圖 1），也就是 Container 中的某個目錄位置。那麼要怎麼樣，才能讓 Cluster 中的一個 Pod 能夠使用這個目錄位置作為存儲空間呢？

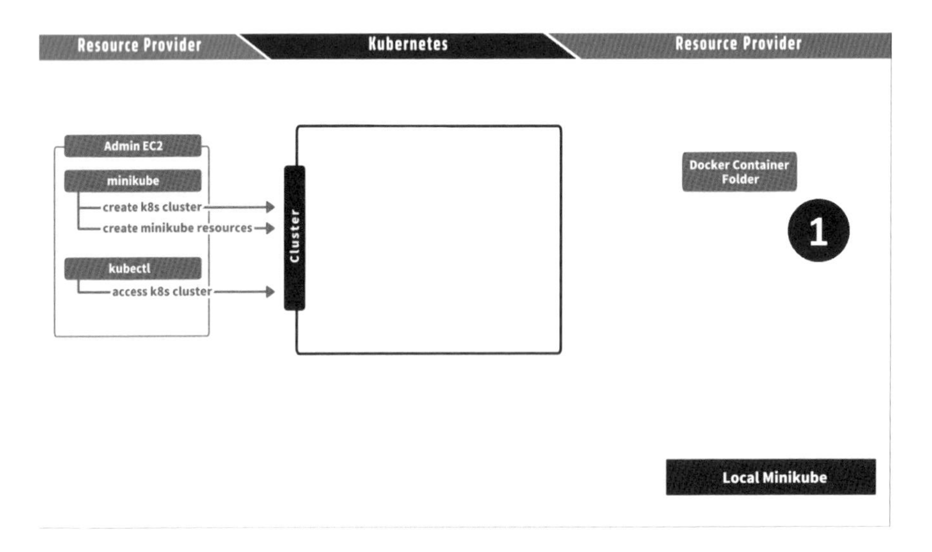

這邊使用先前介紹過的 PV（Persistent Volume）和 PVC（Persistent Volume Claim）的儲存資源概念。假設有一個 Pod，在 Pod 的設定了要使用某個 Volume 的空間（下圖 1），這個 Volume 將連接到創建的 PVC（下圖 2）。有了 PVC 之後，可以將它歸類到特定的 Storage Class（下圖 3），而 PVC 想要做的是從這個 Storage Class 中獲取其對應的 PV 資源（下圖 4）。

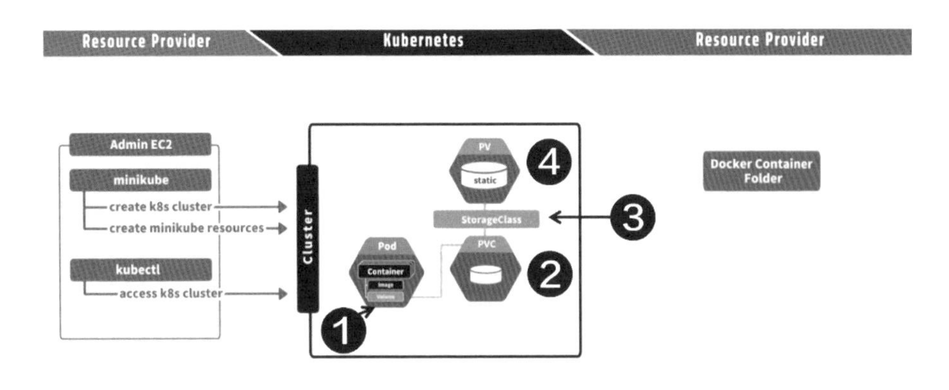

雖然 PV 資源仍然是 Kuberbetes Cluster 中的資源，但其實際存儲位置則要與外界聯繫。在 Kubernetes 的設計中，也就是 Plug-In 插件的概念。在這裡要使用的 Plug-In 是一個名為 hostPath 的 Plug-In（下圖 1 ），它用於尋找本地主機目錄位置。

當它與其它元件連接在一起時，Pod 可以通過 Container 裡面的 Volume 部分的設定，連接到 PVC；PVC 連接到 Storage Class；Storage Class 連接到 PV；最終 PV 通過 hostPath Plug-In 連接到本地 Docker Container 中的目錄位置，這樣資料就能夠永久性地存儲下來。

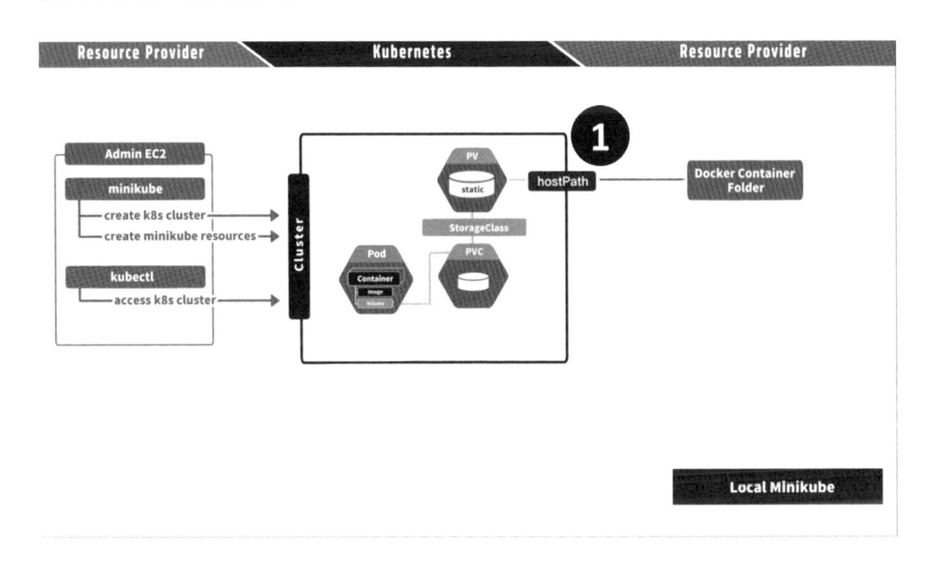

到這邊，也就是透過本地 Minikube，實踐 Kubernetes 中 PV、PVC、StorageClass 等資源部署圖解架構。

K8S Ingress 圖解總架構

接下來繼續探討如何使用 Minikube 部署 Kubernetes Ingress 資源。

如同在觀念講解中所提到的，Ingress 的先前條件，是在 Kubernetes Cluster 中，有一個 Ingress Controller 存在（下圖 1 ）。在 Minikube 之中，我們透做啟動 Minikube 內建的 Nginx Ingress Controller 支援，拿到了 Ingress Controller，它會自動創建一個本地的 Nginx Server（下圖 2 ），並去完成所有與 Load Balancing 流量負載相關的請求處理。

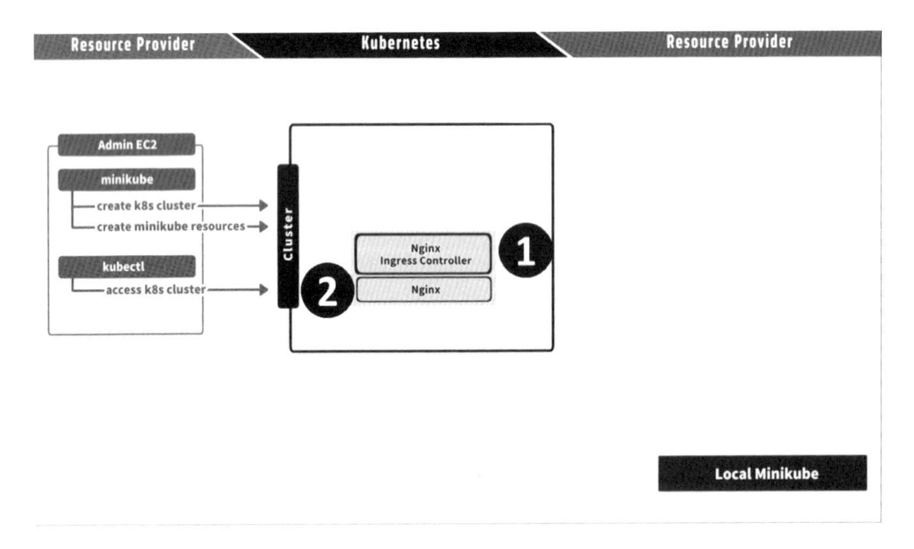

有了這個 Ingress Controller 之後，就可以部署 Kubernetes Ingress 資源（下圖 1 ）到 Cluster 中。再來就可以通過不同的 Host Name 或 Path 將相對應的 Service 進行處理，如圖中的 Service A 和 Service B（下圖 2 ）。

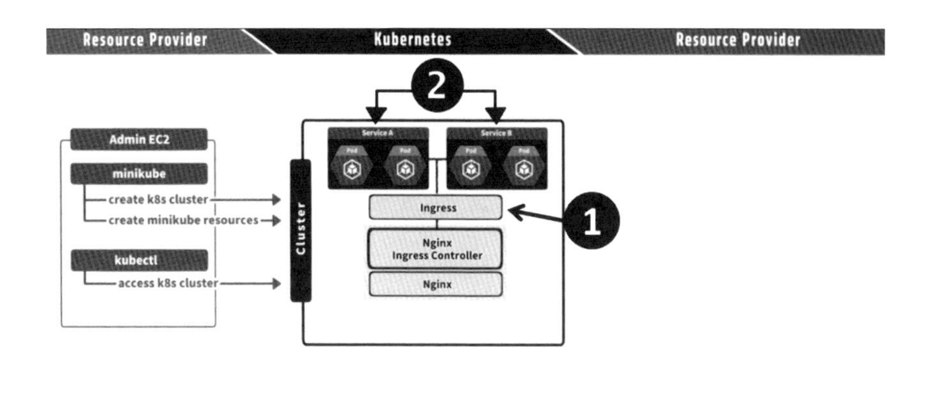

需要注意的是，在完成整個 Ingress 佈屬的時候，會發現右邊並沒有連接到任何資源提供者。未來運用雲端平台去佈屬時，我們將會看到不同的地方，不同的雲端商所提供的 Ingress Controller，會根據它們的實作去創建實際運行的 Load Balancer，但這次則示範沒有去創建實際的 Load Balancer，僅是在本地模擬而已，這就是本地實作與雲端上不同的地方。到這邊就完成透過 Minikube 部署 Ingress 資源的圖解架構介紹。

K8S HPA 圖解總架構

最後一個要看到的是透過 Minikube 部署 Kubernetes HPA（Horizontal Pod Autoscaler）所展示出來的圖解架構。

首先，HPA 的一個先決條件是要有相應的 Metric 數值，可以去監控 Pod 的運作。因此，第一個步驟是要去建立一個 Metric Server（下圖 1）。有了 Metric Server，就可以通過這個 Metric Server 去不斷地監控 Pod，比如說在案例中，去監控它的 CPU 使用量（下圖 2）。

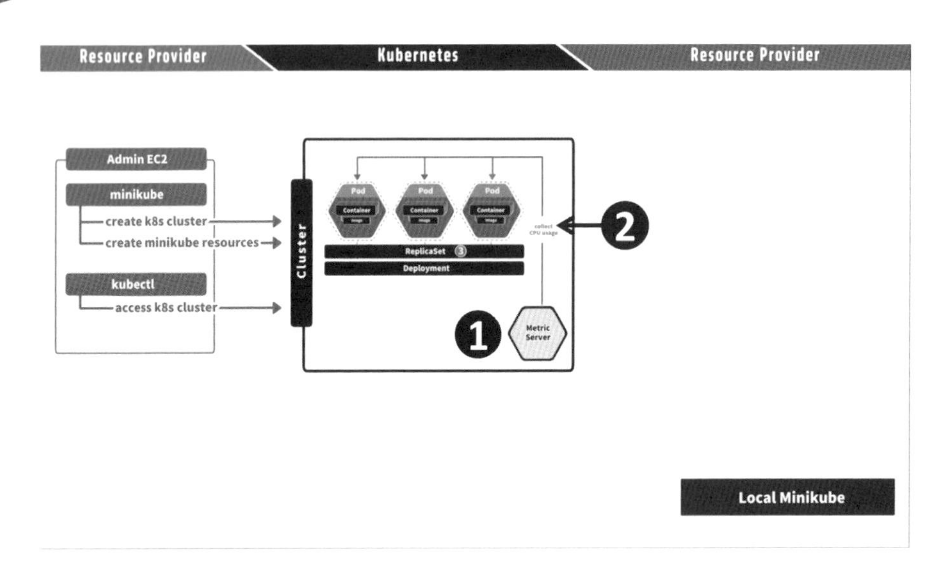

當完成這個先決條件之後，就可以實際地去部署 Kubernetes 中的 HPA 資源，並且根據各自的專案需求來設置要監控的數值，看是要維持在 10% 以下，還是 20% 以下的 CPU 使用量。然後，通過 HPA 的機制，不斷地去監控 Metric Server 所收集到的數值，它就會根據情況去增加或減少 Pod 的數量，比如說這裡維持到 3 個（下圖 1），以應付目前的流量。

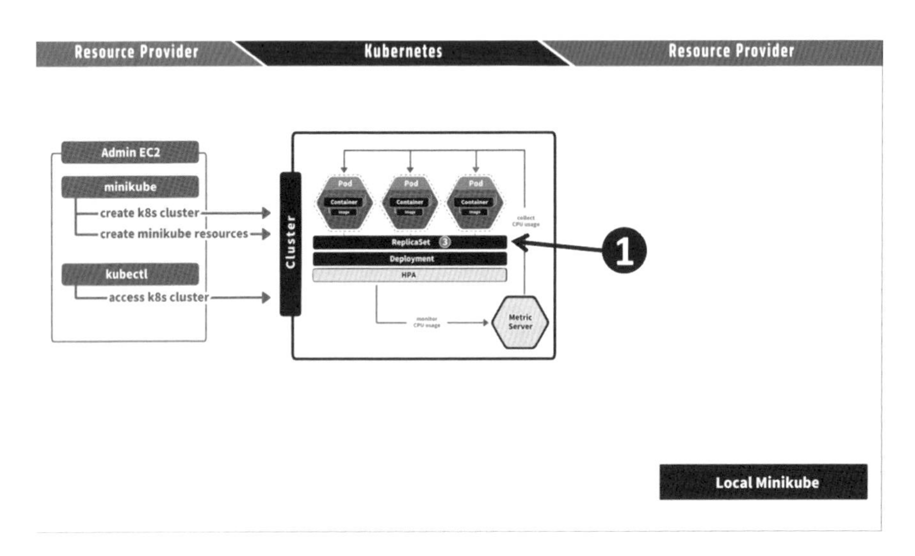

最後，一樣會問同一個問題，那麼這邊的 Pod 部署到哪邊？同樣地，在本地的環境中，只有一個運算資源，也就是本地的 Docker Container。在這種情況下，所有通過 HPA 新增的 Pod 都會部署到同一個 Docker Container 上面，這邊用三個點來表示（下圖 1），比如說這裡部署了三個 Pods，在唯一的一個運算資源 Docker Container 中。到這邊就是使用 MiniKube 進行本地 Kubernetes HPA（Horizontal Pod Autoscaler）資源部署的最後圖解架構。

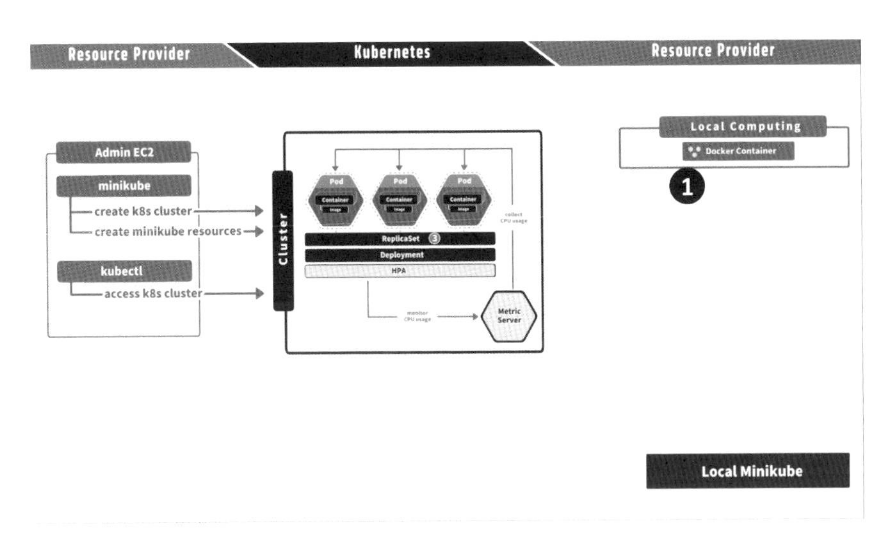

到這裡，就完成了本課程中使用 MiniKube 進行 Kubernetes 本地部署的所有圖解架構介紹，本單元就到這裡結束。

Minikube 資源總清理

本單元將進行資源清理的步驟。那我們就開始吧！

Minikube 資源總清理

如果想要關閉 Minikube 所創造的 Cluster，打上「minikube stop」（下圖 1），好了之後再打上「minikube delete」（下圖 2），最後打上「minikube status」（下圖 3）確認一下，如果看到類似的訊息，就代表你已經完整的刪除 Minikube 的 Cluster 資源。

```
[ec2-user@ip-172-31-12-188 ~]$ minikube stop
* Stopping node "minikube"  ...
* Powering off "minikube" via SSH ...
* 1 node stopped.
[ec2-user@ip-172-31-12-188 ~]$ minikube delete
* Deleting "minikube" in docker ...
* Deleting container "minikube" ...
* Removing /home/ec2-user/.minikube/machines/minikube ...
* Removed all traces of the "minikube" cluster.
[ec2-user@ip-172-31-12-188 ~]$ minikube status
* Profile "minikube" not found. Run "minikube profile list" to view all profiles.
  To start a cluster, run: "minikube start"
[ec2-user@ip-172-31-12-188 ~]$ 
```

好了之後上方搜尋 EC2（下圖 1），並開啟新分頁（下圖 2）。

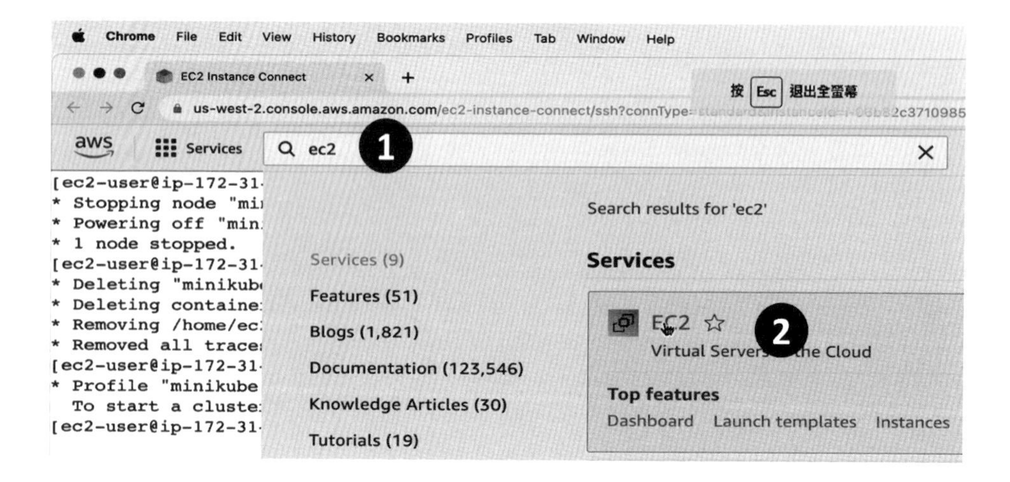

進入後點擊 Instance（下圖 1）。

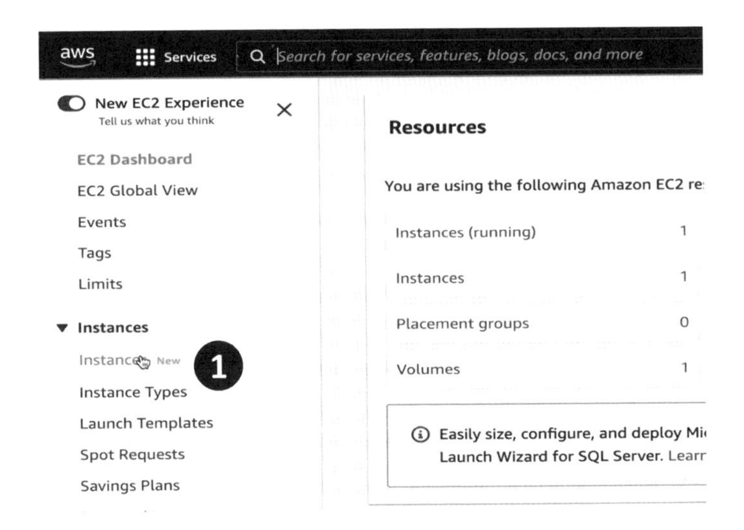

點擊在一開始所創建的 EC2 Instance（下圖 1），按下 Instance State （下圖 2）中的 Terminate Instance（下圖 3）。

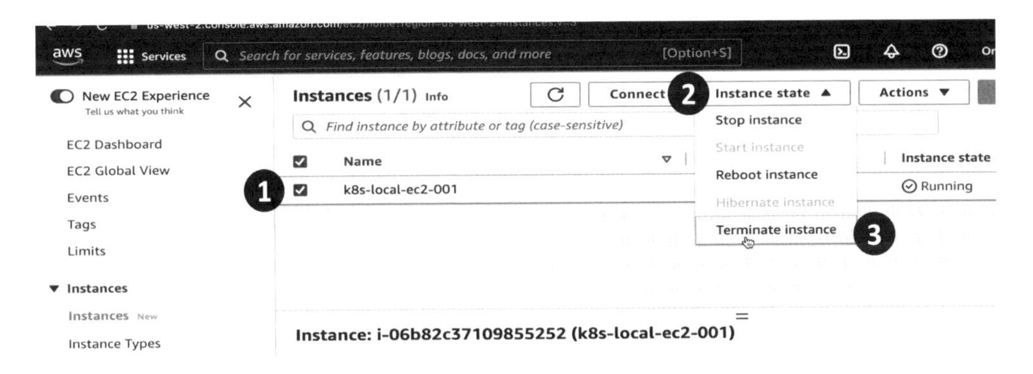

確定按下 Terminate（下圖 1）。

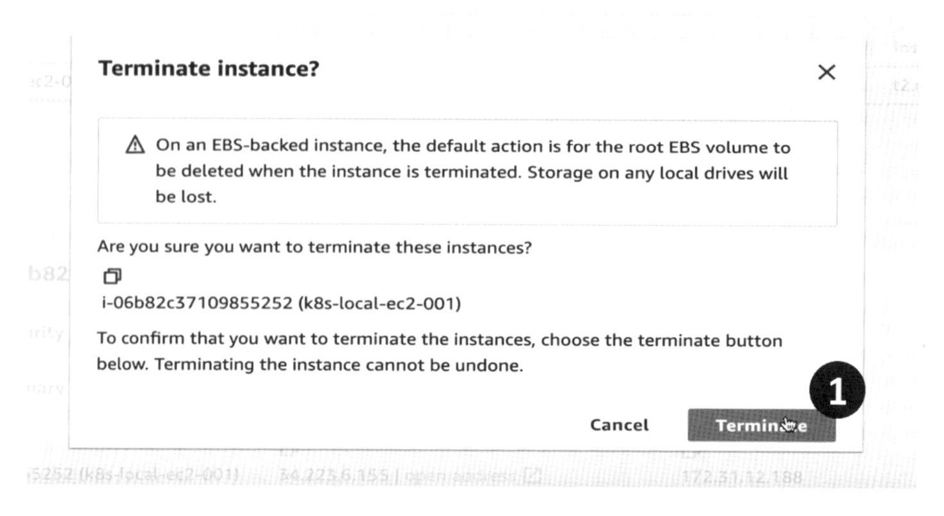

好了之後稍等一下，大概過了兩分鐘之後，狀態會變成 Terminated，也就完成 EC2 Instance 刪除。

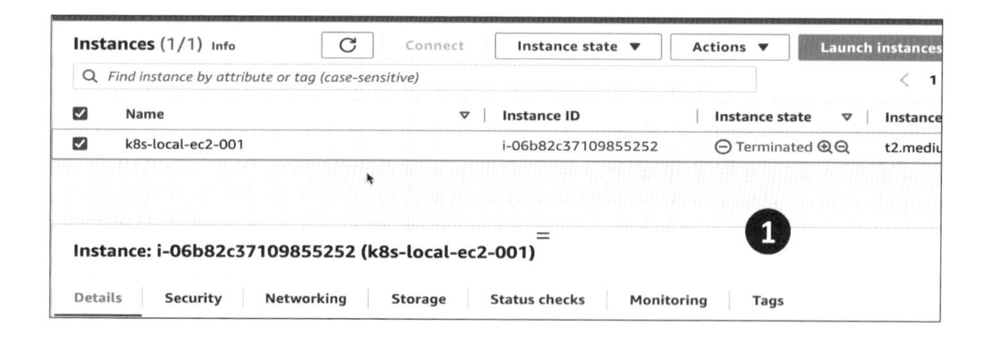

到這邊就完成所有的資源清理部分，也就完成對本地 Kubernetes 部署的整體學習，再來就將進入到 Kubernetes 雲端部署的新章節，那本章節就到這邊結束。

4

雲端上的 K8S

AWS Admin EC2 伺服器建立

大家好，老師今天要介紹 AWS EKS，也就是 Elastic Kubernetes Service 這項服務，那我們就開始吧！

AWS VPC 及 Security Groups 建立

首先，我們要先建立一個 Kubernetes 管理者，所使用的一台 EC2 虛擬機，所以我們先在 AWS 上方搜尋網路服務 VPC（下圖 1），並點擊進去（下圖 2）。

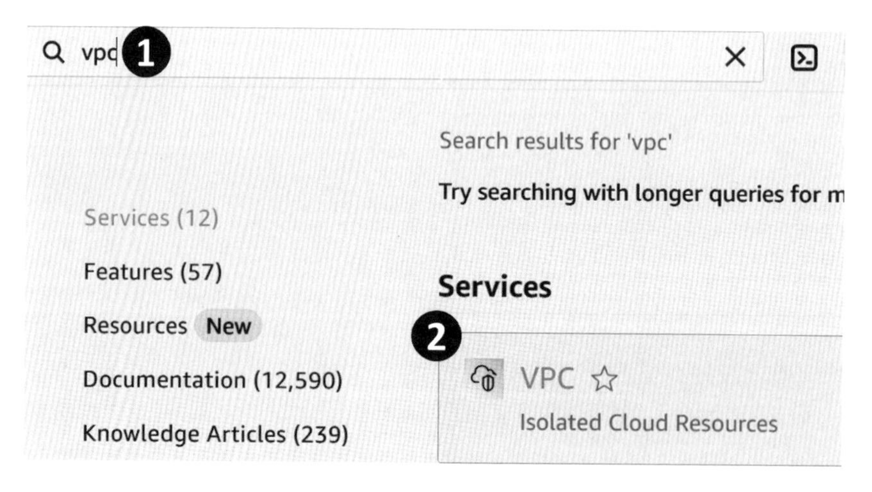

進去之後點擊上方 Create VPC（下圖 1）。

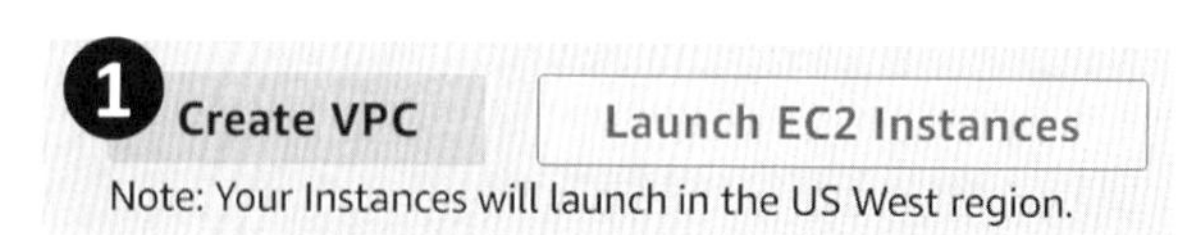

進來之後選擇 VPC and more（下圖 1），名字的部分我們設為 eks-admin（下圖 2）。

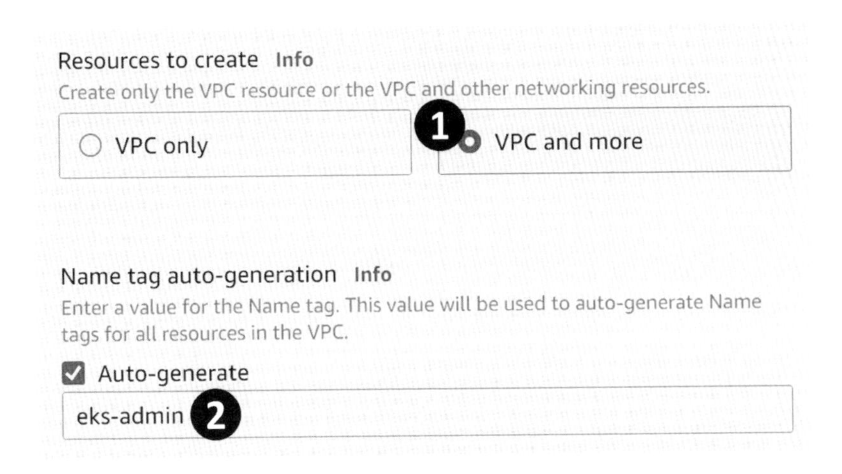

其餘設定都照預設即可，我們可以直接下拉到最後面點擊 Create VPC（下圖 1 ）。

接著點擊 View VPC （下圖 1 ），就可以看到我們的 VPC 已經建立完成。

之後打上 Ctrl + F，我們直接搜尋 "security groups" （下圖 1 ）。

看到左方的搜尋結果後直接點進去（下圖 1 ）。

進到 Security Groups 頁面之後，點擊 Create security group （下圖 1 ）。

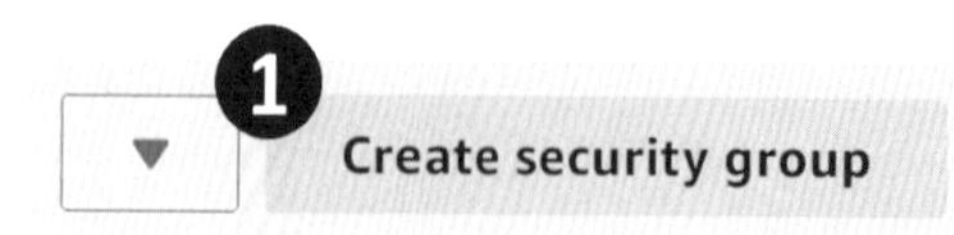

名稱我們設為 eks-admin-ec2-sg（下圖 1 ），代表給 EC2 用的 Security Group，Description 的部分一樣即可（下圖 2 ），接下來我們要特別注意，VPC 要選擇我們剛剛所建立的 eks-admin-vpc （下圖 3）。

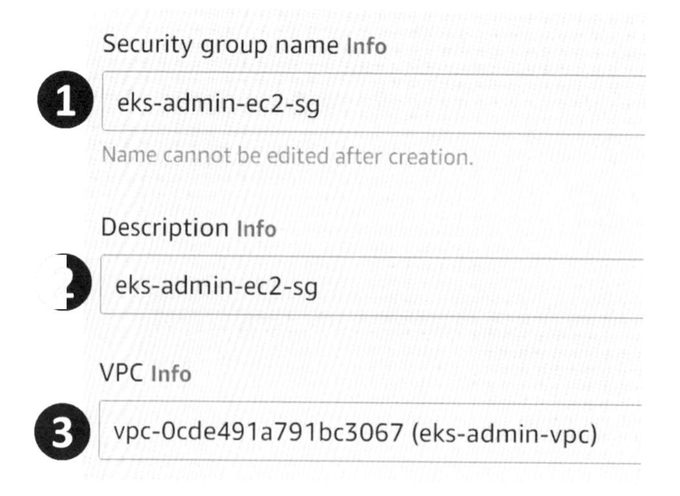

在下方 inbound rule 這邊，我們點擊 add rule （下圖 1 ）。

Inbound rules Info

Add rule

我們選擇允許 All traffic （下圖 1 ），並且允許所有的來源來簡化這次的實作（下圖 2)。

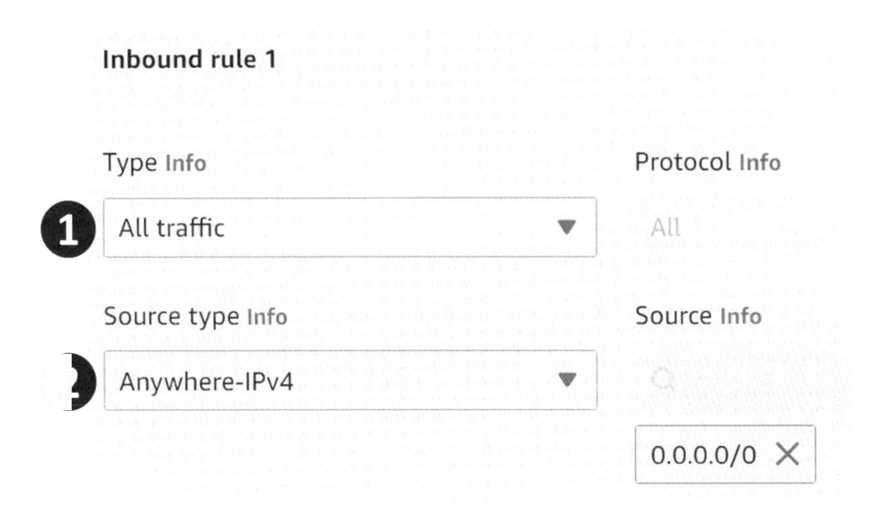

之後下拉點擊 Create security group （下圖 1 ），這樣就建立完成了。

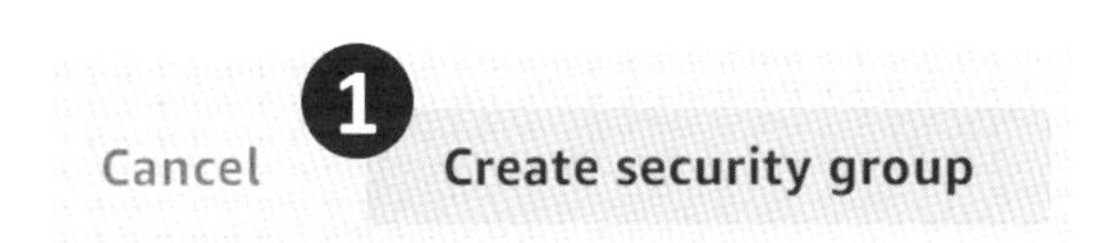

AWS EC2 IAM User 建立

再來，上方搜尋 IAM（下圖 1 ），點擊過去（下圖 2 ）。

進去 IAM 介面後，點擊進入左方 Users 頁面（下圖 1）。

▼ **Access management**

User groups

Users ← 1

Roles

點擊 Create User，如下圖。

Create user

給他一個名稱，這邊叫做 admin（下圖 1）。好了之後，點擊 Next（下圖 2）。

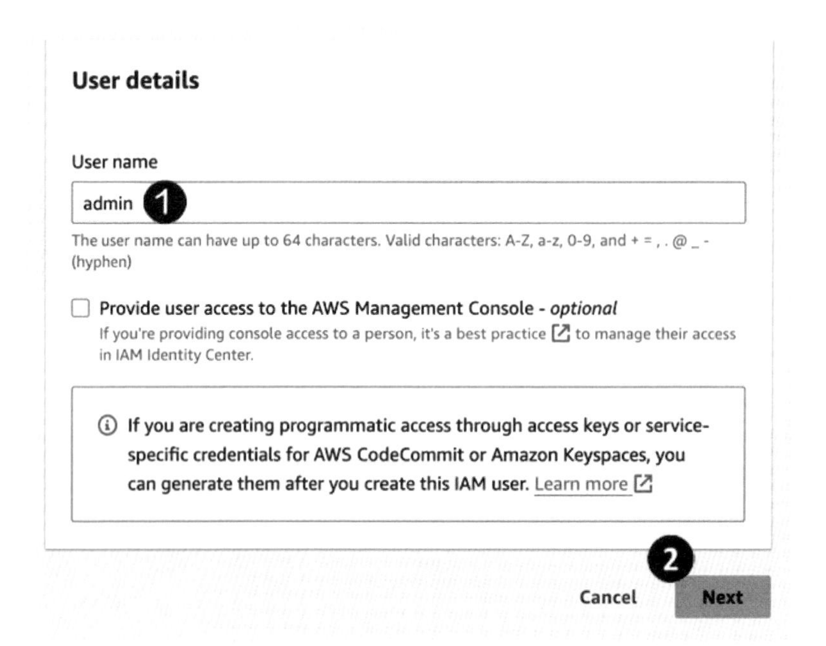

接著，點擊 Attach policies directly（下圖 1 ）。

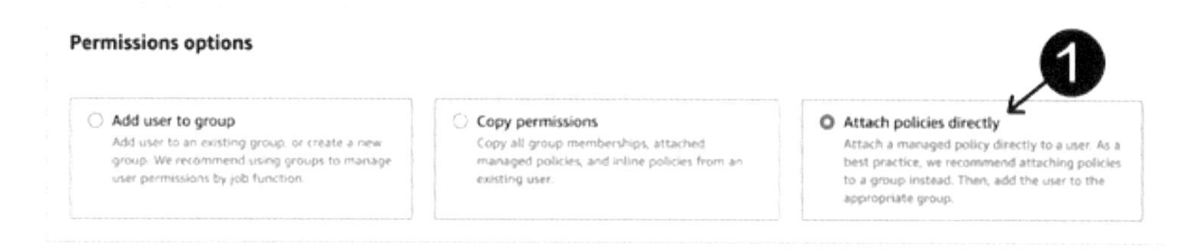

下拉，選擇 AdministratorAceess（下圖 1 ）。

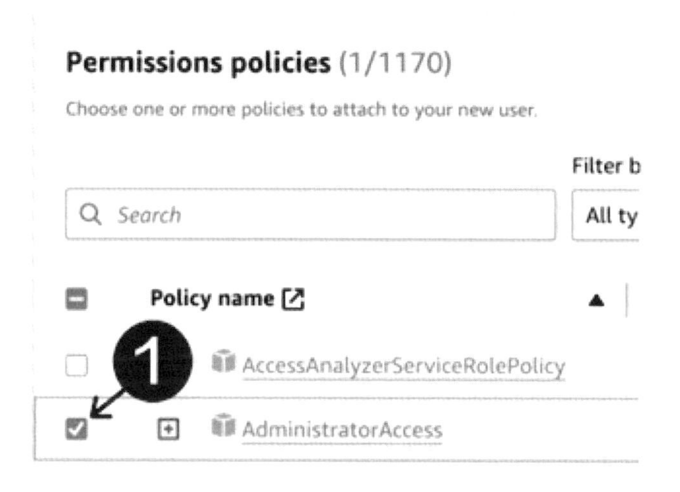

再來下拉到底，點擊 Next，如下圖。

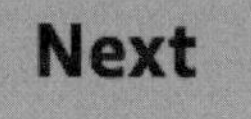

再來繼續點擊 Create user，如下圖。

Create user

到這邊，我們就完成 admin 使用者的建立。

AWS EC2 Instance 建立

接著我們上方搜尋 EC2（下圖 1），並點擊進去（下圖 2）。

進到 EC2 頁面之後，我們點擊左方的 Instances（下圖 1）。

▼ Instances

Instances 1

再來點擊右上方的 Launch Instance（下圖 1）。

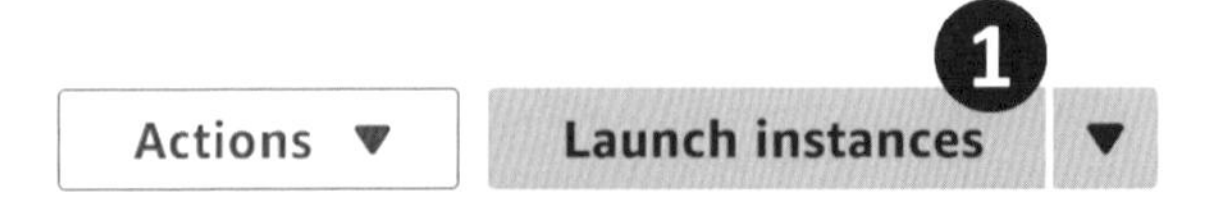

名稱的部分我們設為 eks-admin-ec2（下圖 1）。

下方作業系統預設即可（下圖 1 ）。

Quick Start

再往下拉看到 key pair 這邊，選擇 Proceed without a key pair（下圖 1 ），代表不使用。

好了之後，到 Network settings 這邊，我們點擊 Edit （下圖 1 ）。

▼ **Network settings** Info 1 Edit

選擇我們剛剛所建立的 eks-admin-vpc （下圖 1 ），Subnet 的部分要選擇其中一個 public subnet （下圖 2）。

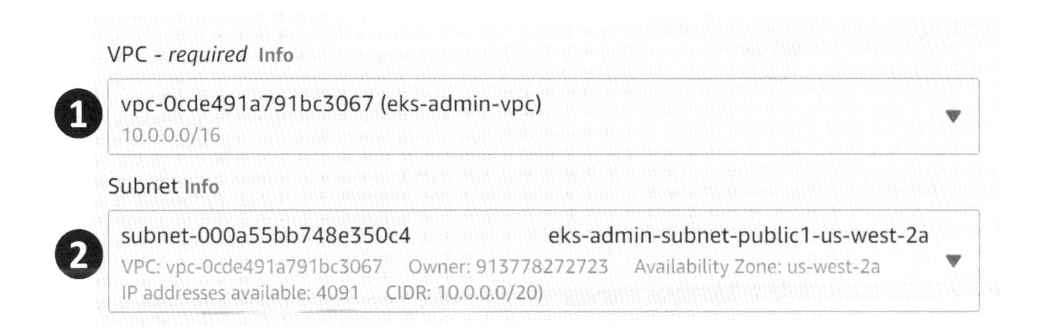

接下來選擇 Enable public IP （下圖 1 ）。

完成之後，下拉 Security Group 這邊選擇現有的（下圖 1 ），並且選擇剛剛所建立的 eks-admin-ec2-sg （下圖 2）。

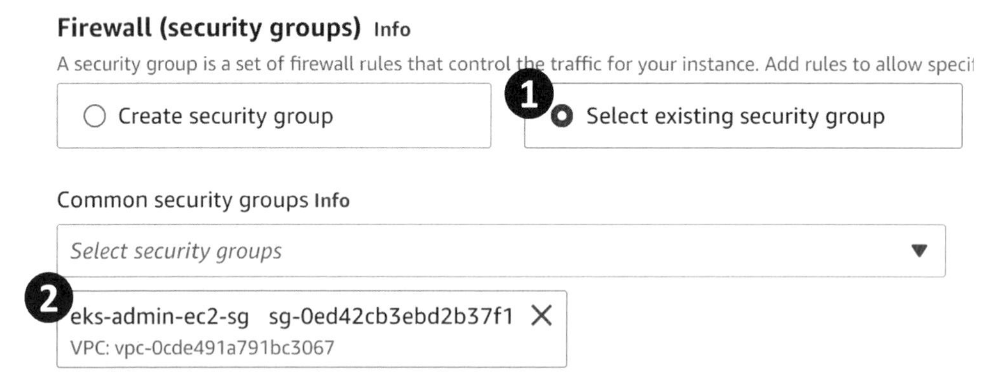

好了之後，點擊右方 launch instance （如下圖）。

Launch instance

完成之後，我們點擊 Instances（下圖 1 ），回到 Instance 頁面。

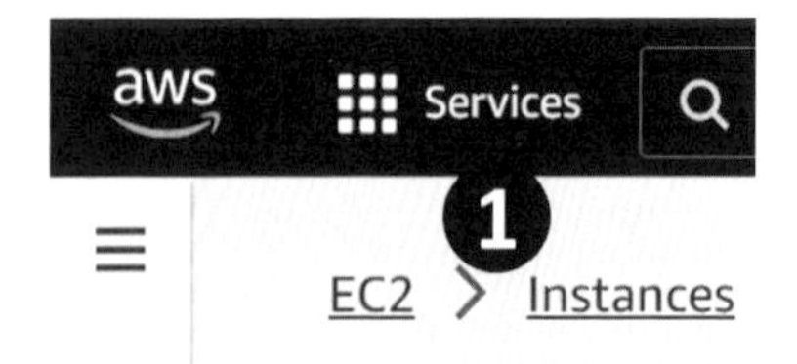

可以看到我們所新建立的 EC2，若沒看見則重新整理畫面即可。稍等大約一分鐘之後會變成 running 狀態（下圖 1 ），就代表創建成功了。

連線測試

接著我們來測試這個 EC2 Instance，我們將它勾選（下圖 1 ），點擊 Connect （下圖 2）。

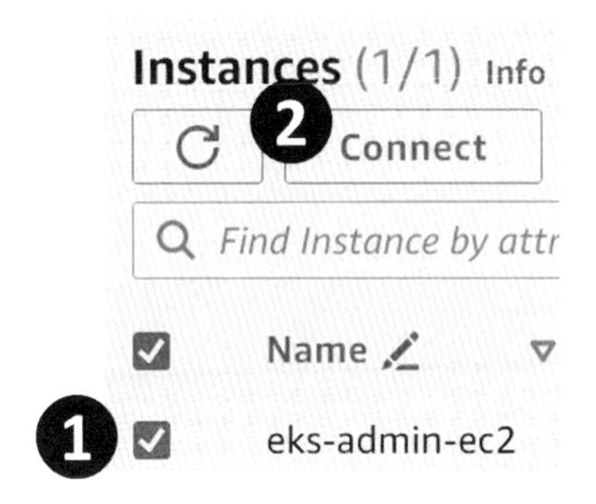

進到頁面後，再點擊一次右下方 Connect （下圖 1 ）。

成功進到 EC2 頁面 (如下圖) 後，就代表此次的系統建立沒有問題。

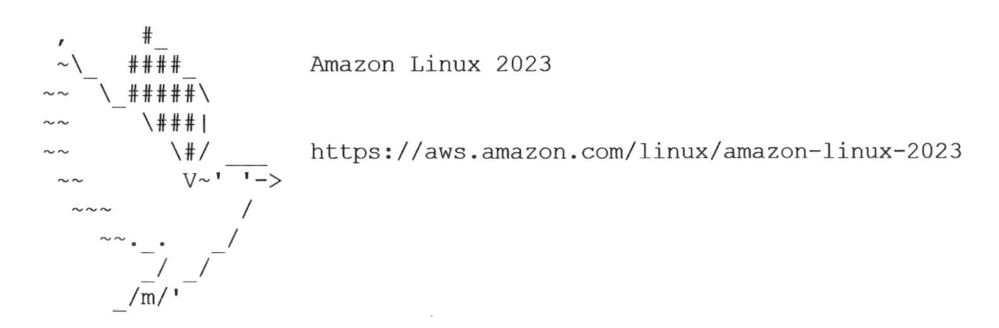

到這邊我們就完成初始的 EC2 建立，下個階段我們將繼續進行 Kubernetes 的前置安裝作業，將所需要的重要指令給安裝下來，本單元就到這邊結束，我們下次見！

AWS EKS 必要指令安裝

大家好，這個單元我們將進行使用 EKS 服務之前所需要的幾個重要指令安裝，那我們就開始吧！

kubectl 指令包安裝

首先，執行下方 kubectl 安裝指令們。

```
curl -o kubectl https://s3.us-west-2.amazonaws.com/amazon-eks/1.22.6/2022-03-09/bin/linux/amd64/kubectl
chmod +x ./kubectl
mkdir -p $HOME/bin
cp ./kubectl $HOME/bin/kubectl
export PATH=$PATH:$HOME/bin
echo 'export PATH=$PATH:$HOME/bin' >> ~/.bashrc
kubectl version --short --client
```

eksctl 指令包安裝

接著，執行下方 eksctl 的安裝指令們。eksctl 將幫助我們快速的建立起 kubernetes 相關以及所需要的資源，是一個非常方便使用的指令。

```
curl --silent --location "https://github.com/weaveworks/eksctl/releases/latest/download/eksctl_$(uname -s)_amd64.tar.gz" | tar xz -C /tmp
sudo mv /tmp/eksctl /usr/local/bin
eksctl version
```

helm 指令包安裝

再來，執行 helm 的安裝指令們。在 helm 之中有個概念叫做 chart，每一個 chart 會包含多個可進行部署的 kubernetes templates。也就是說，我們每次部署的是一個完整的服務，而其中每個服務可能包含多個 kubernetes templates，所以是一個非常方便進行完整部署的指令。

```
curl -o get_helm.sh https://raw.githubusercontent.com/helm/helm/master/scripts/
get-helm-3
chmod 700 get_helm.sh
./get_helm.sh
helm version --short
```

git 指令安裝

接著，我們執行 git 的安裝指令們。

```
sudo yum install -y git
```

AWS CLI 指令安裝

接著我們來安裝最新版 AWS 指令，執行下方 aws cli 安裝指令們（下圖 1），大概過了三分鐘後完成安裝。

```
sudo rm -rf /usr/bin/aws
curl -o "awscliv2.zip" "https://awscli.amazonaws.com/awscli-exe-linux-x86_64.zip"
unzip awscliv2.zip
sudo ./aws/install
```

再來，打上指令「aws --version」（下圖 2），如果發現出現 No such file 的錯誤訊息的話（下圖 3），就先重新整理一次網頁。

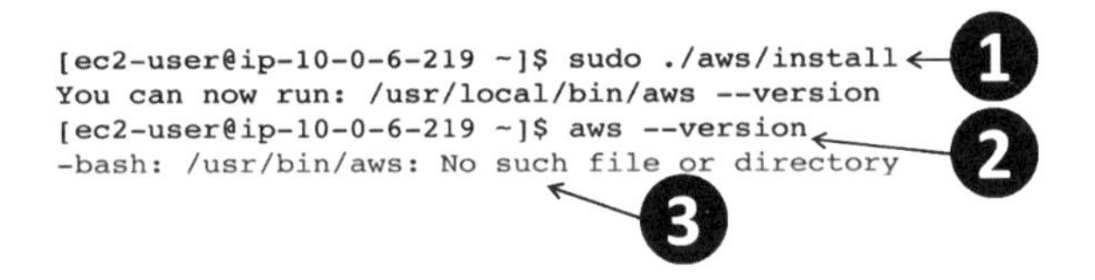

重新整理網頁後，再一次打上指令「aws --version」（下圖 1 ），就會看到最新的版本號（下圖 2）。

```
[ec2-user@ip-10-0-11-235 ~]$ aws --version
aws-cli/2.9.19 Python/3.9.16 Linux/6.1.61-85.141.amzn2023.x86_64 source/x86_64.amzn.2023 prompt/off
```

AWS CLI 權限設定

再來我們要設定 AWS 的相關權限，首先打上指令「aws configure」（下圖 1 ），這邊會要我們輸入一個 AWS Access Key （下圖 2）。

```
[ec2-user@ip-10-0-11-235 ~]$ aws configure
AWS Access Key ID [None]:
```

因此我們要先在上方搜尋另外一個服務 IAM （下圖 1 ），並開啟一個新分頁過去（下圖 2）。

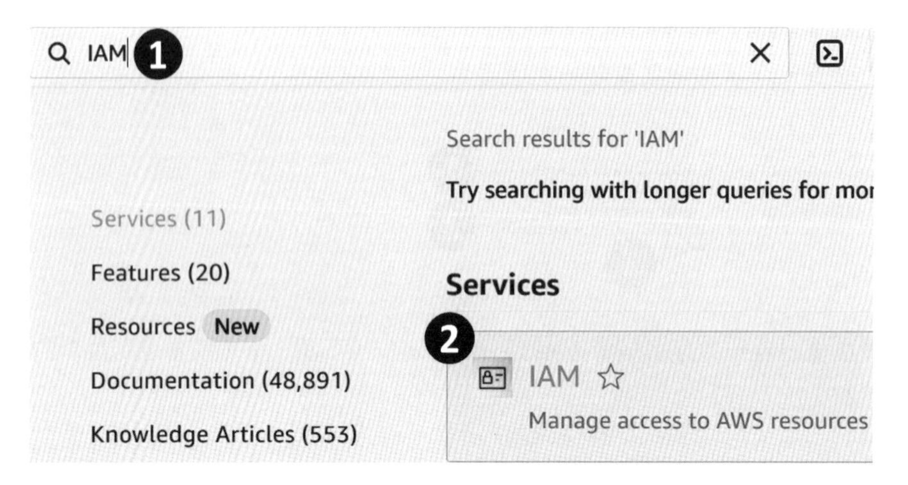

IAM 服務是 AWS 管理權限的主要服務，到了這個介面之後，我們點擊左側的 Users（下圖 1）。

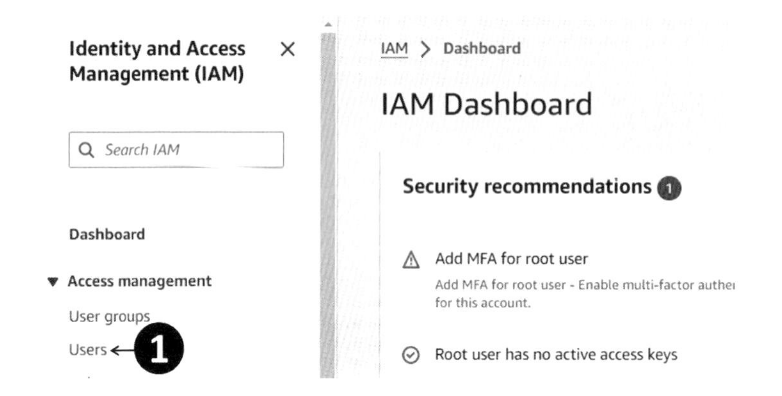

接著點進我們之前所創建的 Admin User（下圖 1），它擁有 AdministratorAcess 權限，可以去創造任何資源。

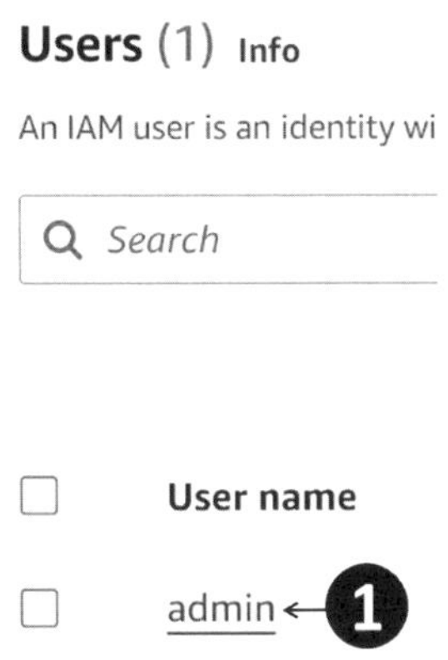

Users (1) Info

An IAM user is an identity wi

Search

User name

admin ← 1

進去之後我們點到 Security credentials 的頁面（下圖 1 ）。

Permissions | Groups | Tags | 1 Security credentials

之後下拉，點擊 Create access key （下圖 1 ）。

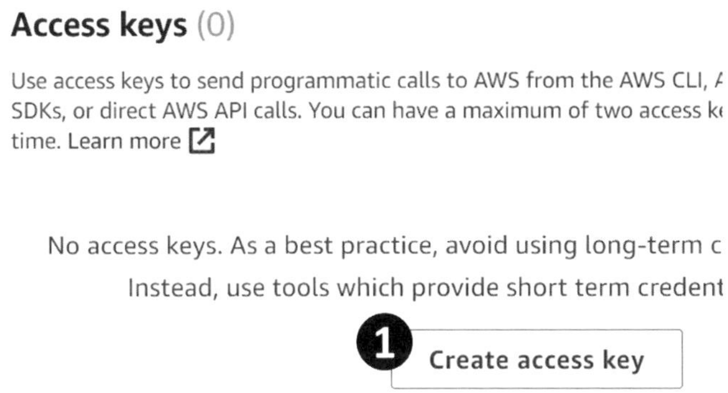

Access keys (0)

Use access keys to send programmatic calls to AWS from the AWS CLI, A
SDKs, or direct AWS API calls. You can have a maximum of two access ke
time. Learn more

No access keys. As a best practice, avoid using long-term c
Instead, use tools which provide short term credent

1 Create access key

選擇 Command Line Interface (CLI)（下圖 1 ）。

Access key best practices & alternatives Info

Avoid using long-term credentials like access keys to improve your security. Consider the following use cases and alternatives.

下拉，勾選 I understand …（下圖 1），最後點擊 Next（下圖 2）。

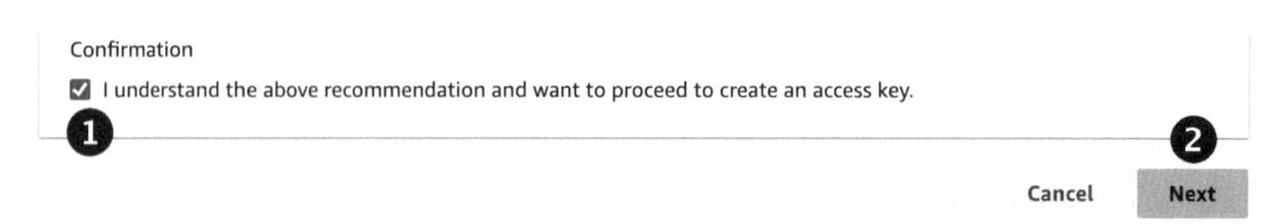

接著，直接點擊 Create access key（下圖 1）。

Set description tag - *optional* Info

The description for this access key will be attached to this user as a tag and shown alongside the access key.

Description tag value

Describe the purpose of this access key and where it will be used. A good description will help you rotate this access key confidently later.

Maximum 256 characters. Allowed characters are letters, numbers, spaces representable in UTF-8, and: _ . : / = + - @

1

Cancel Previous Create access key

就會產生一組 Access key（下圖 1）以及 Secret access key（下圖 2）給我們使用。

Retrieve access keys Info

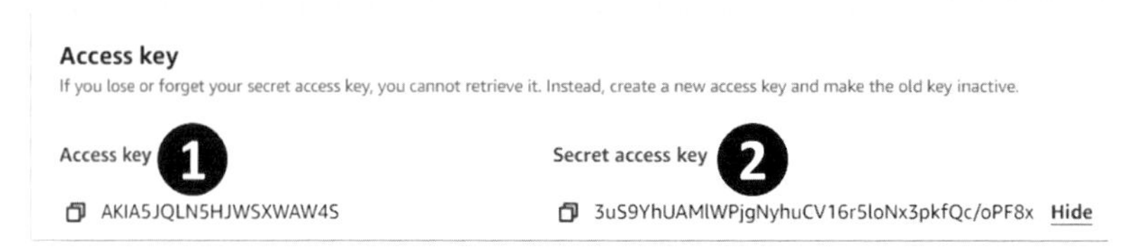

我們就將這個 Access Key 以及 Secret access key 複製起來，依序貼回 EC2 中（下圖 1）、（下圖 2）。然後是 region 的部分，我們這邊輸入「us-west-2」（下圖 3）。最後一行使用預設即可（下圖 4）。這樣就完成我們的 AWS CLI 權限設定。

```
[ec2-user@ip-10-0-11-235 ~]$ aws configure
AWS Access Key ID [None]: AKIA5JQLN5HJWSXWAW4S  ← 1
AWS Secret Access Key [None]: 3uS9YhUAMlWPjgNyhuCV16r5loNx3pkfQc/oPF8x  ← 2
Default region name [None]: us-west-2  ← 3
Default output format [None]:_  ← 4
```

環境參數設定

最後我們來進行環境參數的設定，首先我們要定義 cluster name 我們設為 my-cluster001，輸入指令「CLUSTER_NAME=my-cluster-001」（下圖 1）。好了之後，輸入指令「echo ${CLUSTER_NAME}」（下圖 2），來確定我們的環境參數有成功設定。執行之後，就能成功看到這個 cluster name 變數，已經有我們要的值（下圖 3）。

```
[ec2-user@ip-10-0-11-235 ~]$ CLUSTER_NAME=my-cluster-001  ← 1
[ec2-user@ip-10-0-11-235 ~]$ echo ${CLUSTER_NAME}  ← 2
my-cluster-001  ← 3
```

接著，下一個變數我們要設定的是 aws region（下圖 1）。我們要設為 us-west-2，輸入指令「AWS_REGION=us-west-2」再輸入指令「echo ${AWS_REGION}」確認一下（下圖 2），可以看到我們已經成功設定（下圖 3）。

```
[ec2-user@ip-10-0-11-235 ~]$ AWS_REGION=us-west-2  ← 1
[ec2-user@ip-10-0-11-235 ~]$ echo ${AWS_REGION}  ← 2
us-west-2  ← 3
```

最後我們要設定的是 aws account，首先我們會需要點開右上角複製 Acount ID（下圖 1）。

之後輸入指令「AWS_ACCOUNT={Account ID}」（下圖 1），大家記得輸入自己的 Account ID。好了之後，再輸入指令「echo ${AWS_ACCOUNT}」確認一下（下圖 2)，如果有成功顯示（下圖 3) 就代表設定成功。

```
[ec2-user@ip-10-0-11-235 ~]$ AWS_ACCOUNT=913778272723  ← 1
[ec2-user@ip-10-0-11-235 ~]$ echo ${AWS_ACCOUNT}  ← 2
913778272723  ← 3
```

這樣我們就完成建立 AWS EKS Cluster 之前，所需要的各種重要指令的安裝。大家務必特別注意，此單元所設定的環境參數，會在後面單元大量被使用到。因此如果有重新啟動瀏覽器頁面，或是重新連進 EC2 Terminal，務必記得再次設定相同的環境參數，以確保後續指令可正常執行。下個單元我們將進行實際的 Cluster 的建立，本單元先到這邊結束！

AWS EKS Fargate Cluster 架構介紹

大家好，這個單元我們將利用圖解的方式去介紹 AWS EKS（ Elastic Kubernetes Service）的一個實際專案部署演練流程，那我們就開始吧！

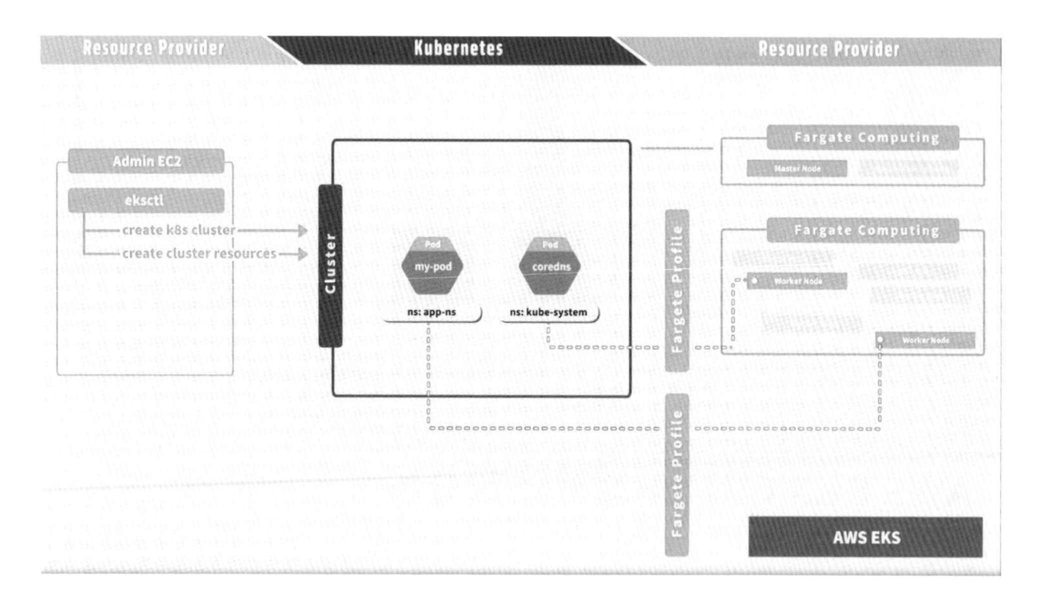

AWS EKS Cluster 創建

首先，我們要創建一個 AWS EC2 （下圖 1 ），來作為我們 Admin 管理者所使用的一個操作環境。接著，我們會去安裝 AWS 所提供的 EKS CTL 這個指令（下圖 2)。我們將透過它，去幫我們在 AWS EKS 這個服務之中，創建出 Cluster （下圖 3)，以及去管理 Cluster 相關資源的處理（下圖 4 ），比如説對跨越多個 AWS 服務的相關權限進行管理的操作。

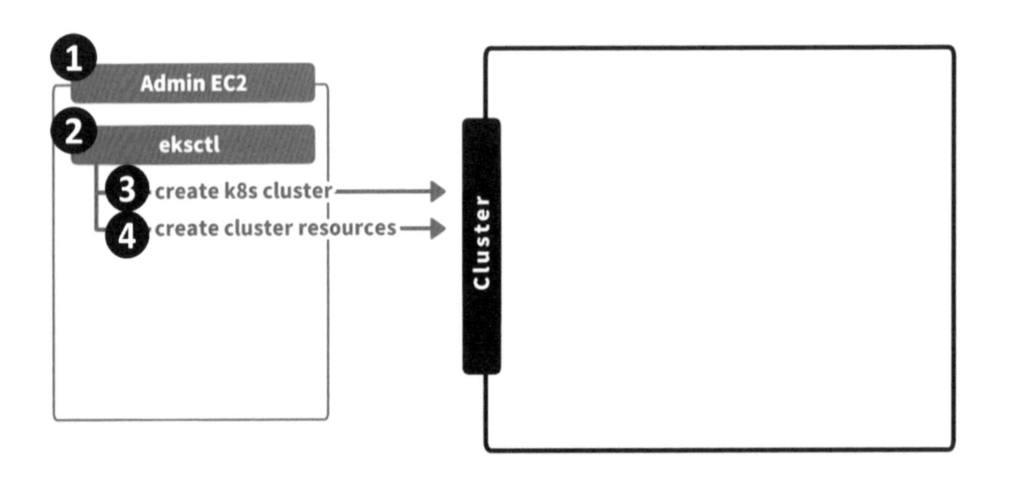

AWS EKS Cluster 部署位置分析

在我們將要進行的實作之中，我們將會利用 AWS EKS Fargate 的方式進行部署 Cluster 。使用 EKS Fargate 的話，所有的運算資源都會交由 AWS 平台幫我們全權處理。而我們的 Cluster 將會被部署到一個自動建立的 Master Node 之中（下圖 1 ）。而 AWS 在背後，也會幫我們建造一個 Master Replica Node 的備援機制（下圖 2)，這樣我們就部署完成一個 AWS EKS Fargate 模式底下的 Cluster。

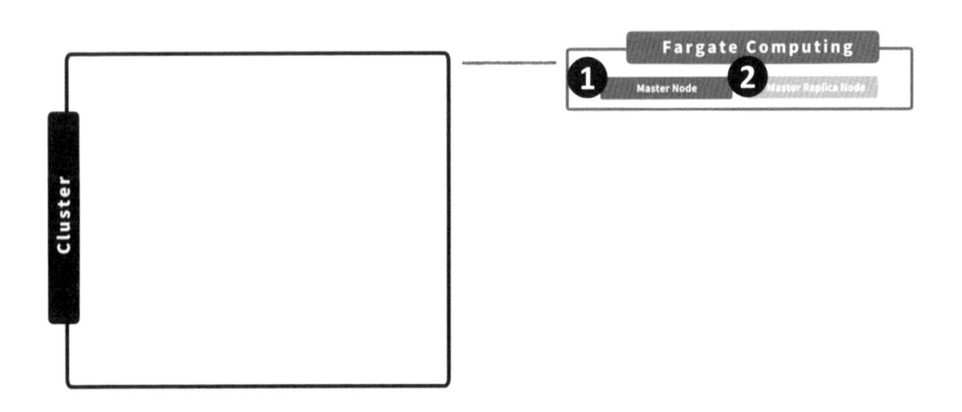

AWS EKS Fargate Profile 功能介紹

在我們 Cluster 建立的同時，Cluster 會自動地部署幾個 Pod，來維持它的基本運作。其中一個就叫做 coredns （下圖 1 ），並且歸類在一個叫做 kube-system 的 Namespace (簡稱為 ns) 之中 (下圖 2)。

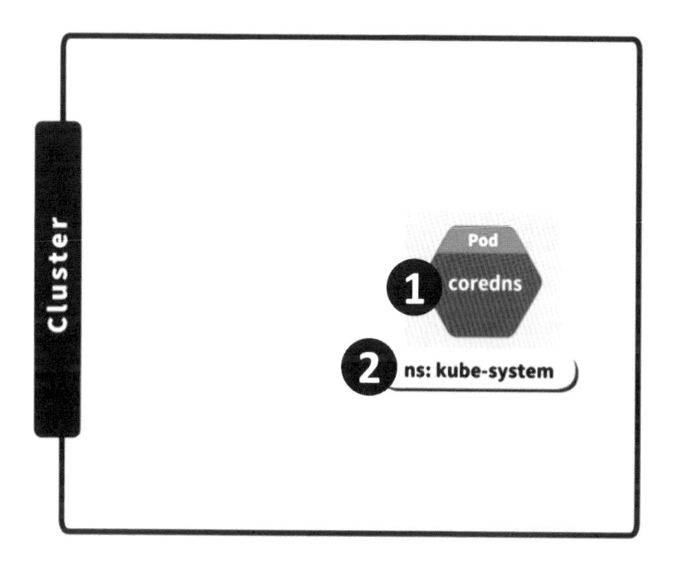

在 AWS EKS Fargate 這個模式之中，有一個特別的概念叫做 Fargate Profile，它會去找哪些 Pod 符合它的條件。符合的話，Fargate Profile 就會自動把對應到的 Pod，部署到 Fargate 後面所自動起來的運算節點上面。而其中一個篩選條件，就是每一個 Pod 所歸屬到的 Namespace。比如說，我們現在所看到的這個 Fargate Profile （下圖 1 ），就是一個特定去尋找所有屬於 kube-system Namespace 底下的 Pod 們。如果符合的話，它就會把這個 Pod 部署到由 Fargate 服務本身所需建造的某個 Worker Node 運算節點 (下圖 2)。在這個 Fargate 底下的運算資源，我們是看不到他是怎麼實際建立的，唯一可以確定的是，他同樣會有 Kubernetes Worker Node 的概念，他就會根據他內部的邏輯，把我們這個 Pod 部署到其中一個 Worker Node 上面。

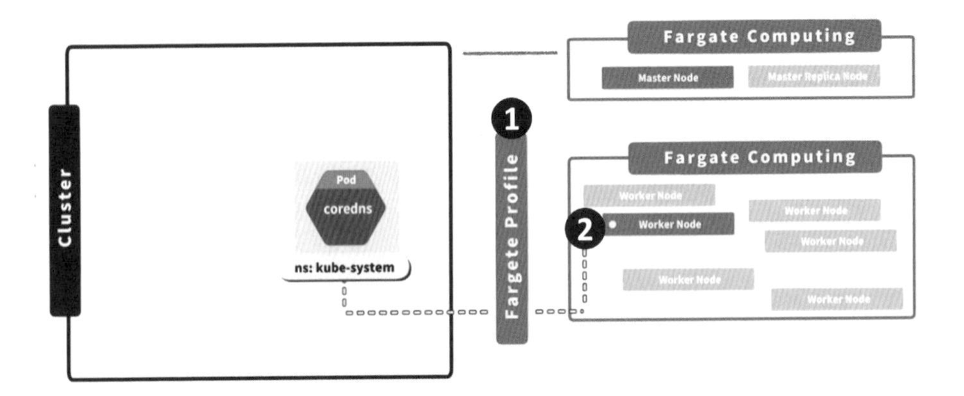

除了 Cluster 本身自動所創建的 Pod 之外，我們一樣可以根據我們客製化的專案，去部署我們相關的 Pod。例如說，我們部署了一個 Pod 叫做 my-pod（下圖 1），並且把它歸屬於一個叫做 app-ns 的 Namespace 之中（下圖 2）。如果我們要利用 AWS EKS Fargate 的模式的話，就要去創建一個相對應的 Fargate Profile （下圖 3），並且設定它去找尋 app-ns 這個 Name space 之中所有的 Pod。找到的話，這個 Fargate Profile 將會幫我們把這個 Pod，部署到 Fargate 的所有運算資源之中的其中一個 Worker Node 上去運行（下圖 4）。

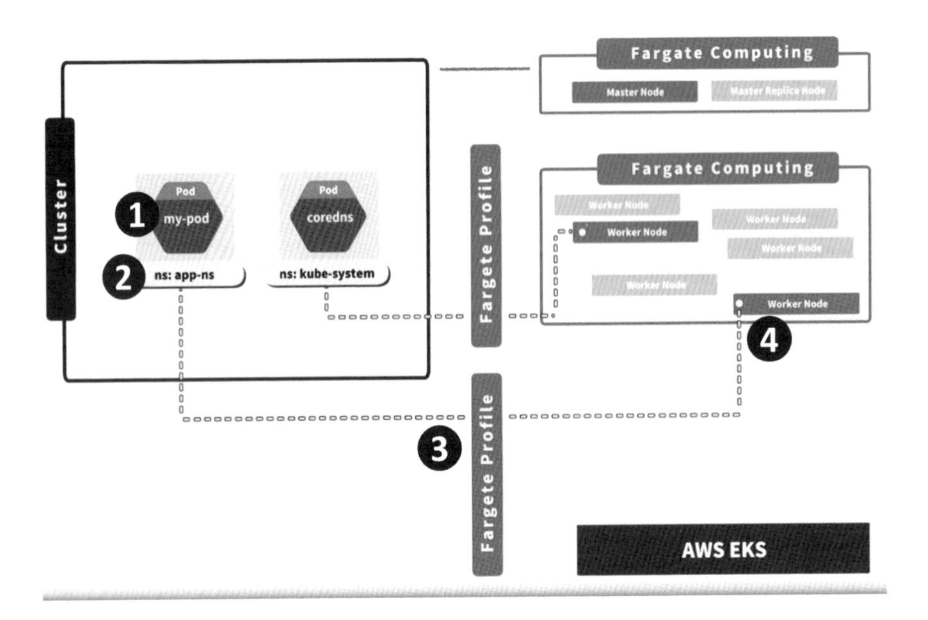

到這邊我們就完成對 AWS EKS Fargate 的模式下，Cluster 部署所展現出來的一個圖解架構的介紹。接下來我們就可以進行到實作部分，本單元就先到這邊結束！

AWS EKS Fargate Cluster 建立

大家好，上個單元我們已經完成使用 AWS EKS 之前所需要的各種重要指令安裝這個單元我們將來實際建立我們的 AWS EKS Cluster，那我們就開始吧！

AWS EKS Cluster 創建

首先我們打上指令「eksctl create cluster --name ${CLUSTER_NAME} --version 1.28 --fargate」，如下圖。eksctl create cluster：創建 EKS Cluster 指令；--name ${CLUSTER_NAME}：指定 clustername 名稱，並且直接使用我們之前所建立好的 clustername 變數；-- version 1.28：指令只用 1.28 這個 EKS 版本；--fargate：指令使用 fargate 模式。在這個執行之中，會創造出非常多的資源，請保持網路暢通，並且不要讓電腦進入待機模式，過程大約為 20 分鐘。

```
eksctl create cluster --name ${CLUSTER NAME} --version 1.28 --fargate
```

這邊我們也了解一下，在 AWS EKS 之中有兩種模式，一種是你要自己去管理後面的運算資源 Node 的建立，而另外一種是 Fargate，它會幫我們完全管理 Node 的建立，我們只需要關注在 Kubernetes 層面的部署即可，是個方便且強大的服務。

大概過了 20 分鐘之後，就會完成 EKS Cluster 的創建，如下圖。

```
[✔]  EKS cluster "my-cluster-001" in "us-west-2" region is ready
```

接著我們打上指令「cat .kube/config」，如下圖。會可以看到我們所建立的 cluster 的相關建立資訊，但我們目前還不用細看，可以直接進行下一步驟。

```
[ec2-user@ip-10-0-2-68 ~]$ cat .kube/config
```

接著，去查看目前部署的資源，打上指令「 kubectl get all -n kube-system」，如下圖。

```
kubectl get all -n kube-system
```

這樣我們就會看到 AWS EKS Cluster 建立之後，所擁有的基本執行資源們，其中最重要的是 core-dns，如下圖。core-dns 會去幫我們進行 domain name 的相關處理。

```
NAME                        READY   UP-TO-DATE   AVAILABLE   AGE
deployment.apps/coredns     2/2     2            2           23m
```

AWS EKS OIDC 建立

有了 AWS EKS Cluster 之後，我們要為這個 Cluster 建立一個 OIDC 作為身份權限管理的相關使用，我們打上指令「eksctl utils associate-iam-oidc-provider --cluster ${CLUSTER_NAME} --approve」（下圖 1），就可以快速安裝完成我們的 OIDC（下圖 2）。

```
[ec2-user@ip-10-0-2-68 ~]$ eksctl utils associate-iam-oidc-provider --cluster ${CLUSTER_NAME} --approve   ❶
2023-12-09 14:05:44 [ℹ]  will create IAM Open ID Connect provider for cluster "my-cluster-001" in "us-west-2"
2023-12-09 14:05:45 [✓]  created IAM Open ID Connect provider for cluster "my-cluster-001" in "us-west-2"
                          ❷
```

到這邊我們就完成 EKS Cluster 的建置，在下個單元我們將會進行實際的專案部署，那本單元就先到這邊結束！

AWS EKS 永久資料儲存 (PV, PVC) 架構介紹

大家好，在這個單元我們將進行 AWS EKS 與 Kubernetes Cluster 之中，進行「儲存資源」的部署時，所產生的圖解架構介紹，那我們就開始吧！

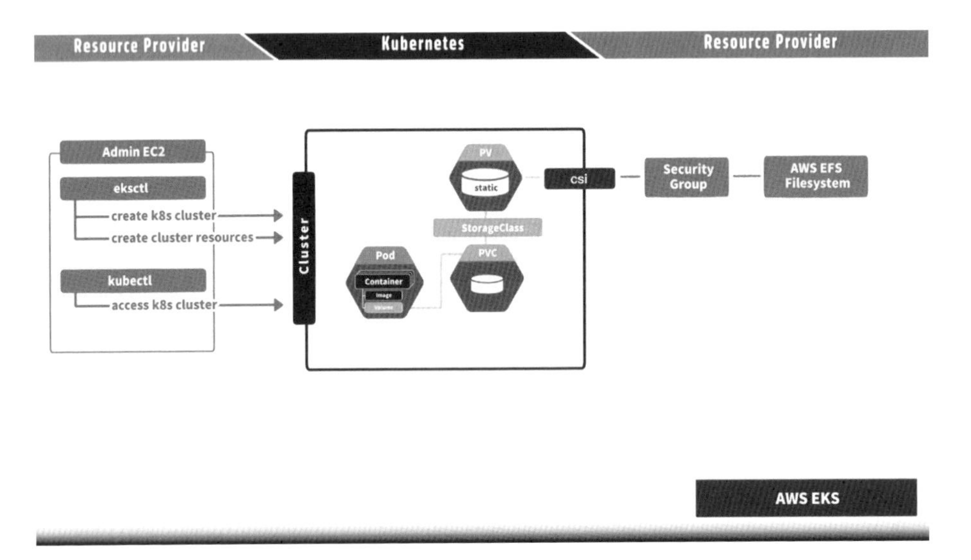

AWS EFS 儲存資源建立

在前面單元，我們建立了基礎的 Cluster。我們會接續利用 kubectl 這個指令（下圖 1），去對我們的 Cluster（下圖 2) 進行更進一步的資源部署操作。

第一個案例是在「儲存資源」上面的部署。在這次的示範中，我們要用的儲存空間是 AWS EFS（Elastic File System）（下圖 3)。我們將手動的去建立一個 File System 的儲存資源。並且在 AWS 上面，幾乎所有的服務都有網路安全管理的功能，而這個細部設定叫做 Security Group （下圖 4)，它將會去管理哪些來源的 IP 可以去使用 AWS EFS Filesystem。因此我們在創建完 EFS 的資源之後，我們也會相對應去創建一個 Security Group，來管理哪些網路可以進哪些網路可以出。

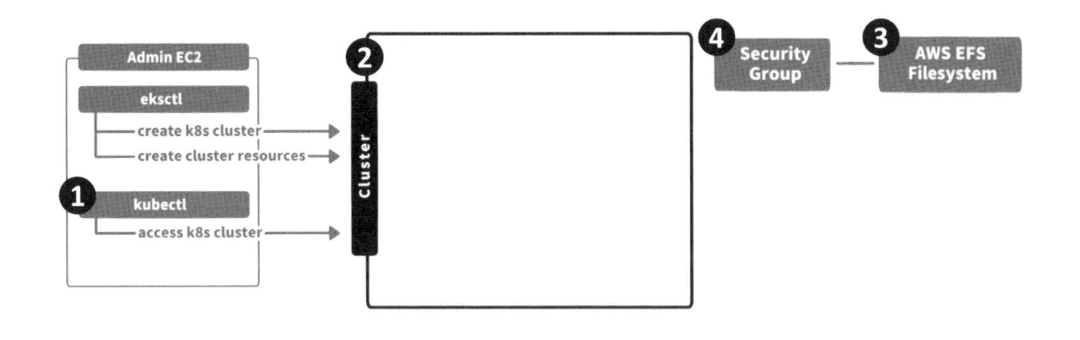

AWS EFS 與 AWS EKS 的結合使用

接下來，我們來看要如何將我們 AWS EKS Cluster 之中的 Pod，與最後的儲存空間這個 AWS EFS Filesystem 服務進行連結。我們這邊 Kubernetes 上面的核心概念將完全不動，大家可以透過這個案例去看看，我們在本地 MiniKube 中的部署，以及我們在 AWS EKS 上面的部署有什麼地方是非常相似，有什麼地方又是不同的。首先假設我們這邊要部署一個 Pod （下圖 1 ），這個 Pod 會去使用 Volume 這個空間。這個 Volume 將會被連結到一個我們所創建的 PVC （下圖 2)，而這個 PVC 會去找尋特定的 StorageClass（下圖 3)，去看看有沒有相對應的 PV 資源（下圖 4 ）被創建出來。在這個情況之下，我們將會需要去使用到一個叫做 CSI（Container Storage Interface）（下圖 5 ）的插件規格，去細部設定我們 PV 這個 Kubernetes 資源與我們 AWS EFS Filesystem 的連結。

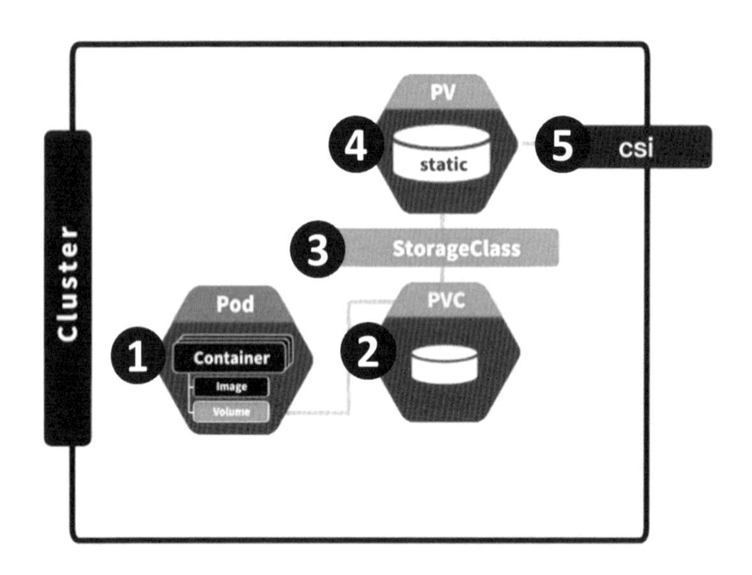

這樣就完成我們對 AWS EKS 之中所進行的架構圖解介紹，大家特別可以注意到 Kubernetes 的相關資源，簡直跟 MiniKube 的架構圖一模一樣。唯一不同的，是對於外界所要去連接的儲存資源要使用不同的插件規格。更精確的來說，我們要在 PV 的 YAML 檔案之中，對於不同插件規格，進行相對應的語法撰寫，就可以完成整個永久儲存資源的部署。

到這邊就完成 AWS EKS、Kubernetes PV、Kubernetes PVC 以及 AWS EFS 的概念介紹，接下來就可以進行到實作部分，本單元就先到這邊結束！

AWS EKS 永久資料儲存 (PV, PVC) 建立

大家好，在我們創建完 EKS Cluster 之後，我們就要來進行 EFS Persistent Volume 的示範，那我們就開始吧！

AWS EFS Security Group 建立

首先，我們在上方搜尋 VPC（下圖 1），開啟一個新分頁過去（下圖 2)。

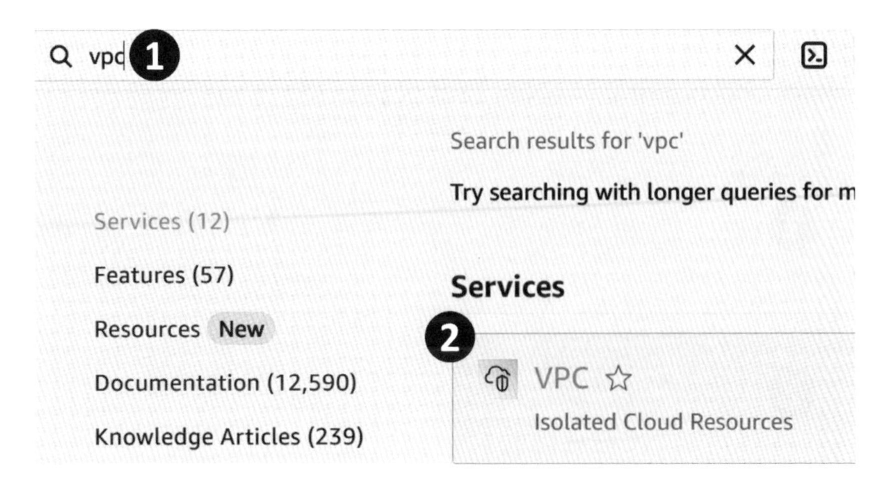

進到 VPC 介面之後，我們 Ctrl + F 搜尋 “security group”（下圖 1）。

然後點擊進去（下圖 1）。

接著點擊 Create Security Group （下圖 1 ）。

名稱我們設為 eks-efs-sg （下圖 1 ），Description 的部分一樣即可（下圖 2），VPC 這邊要特別注意，我們要選擇的是透過 AWS EKS CLI 指令所創造出來給 Cluster 使用的那個 VPC “eksctl-my-cluster-001-cluster/VPC”（下圖 3）。

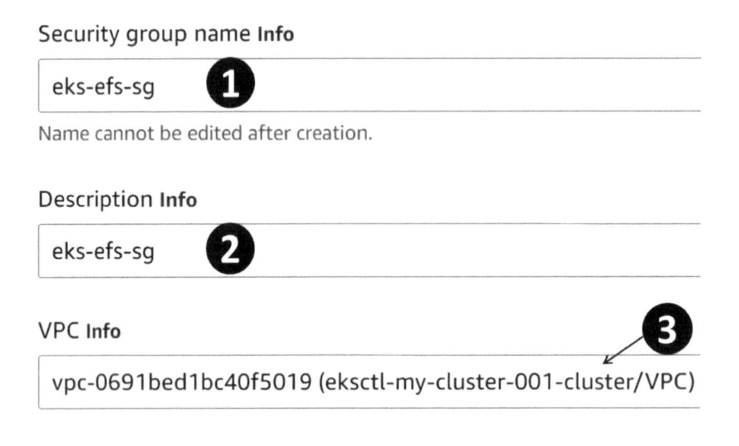

接下來 Inbound rules 這邊點擊 Add rule（下圖 1 ）。

選擇允許所有 All traffic （下圖 1 ），以及所有的來源進來 Anywhere-IPv4（下圖 2)，透過這樣簡化我們 AWS 這方面的實作，讓我們可以專注在 Kubernetes 相關服務的建造。

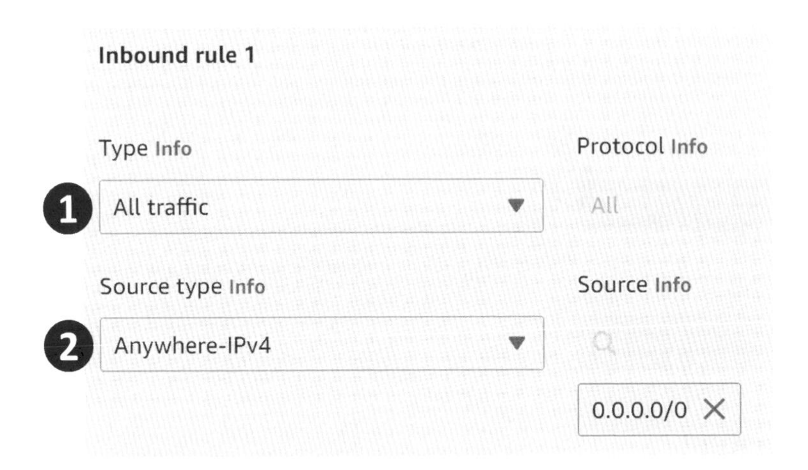

之後下拉點擊 Create security group（下圖 1 ）。

AWS EFS File system 建立

完成 Security Group 的建造之後，我們上方搜尋 EFS （下圖 1 ），點擊過去 （下圖 2)。

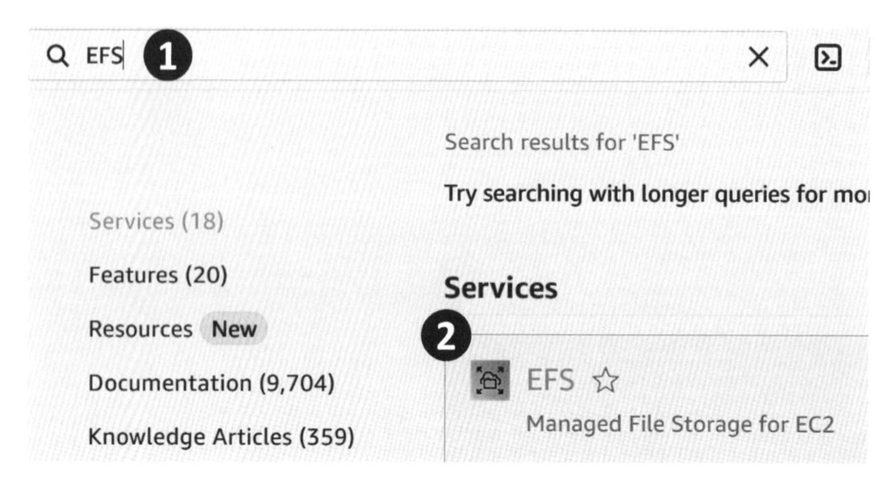

進到 EFS 介面之後，我們點擊左側 File systems （下圖 1 ）。

Elastic File System

File systems 1

我們要創建一個新的，所以點擊 Create file system （下圖 1 ）。

好了之後點擊 Customize（下圖 1 ）。

名稱我們設為 eks-efs（下圖 1 ）。

其他設定預設即可，點擊下一步（下圖 1）。

在 Network Access 這邊，VPC 要選擇 AWS EKS CLI 指令所創造出來，也就是 Cluster 所使用的 VPC "eksctl-my-cluster-001-cluster/VPC"（下圖 1）。

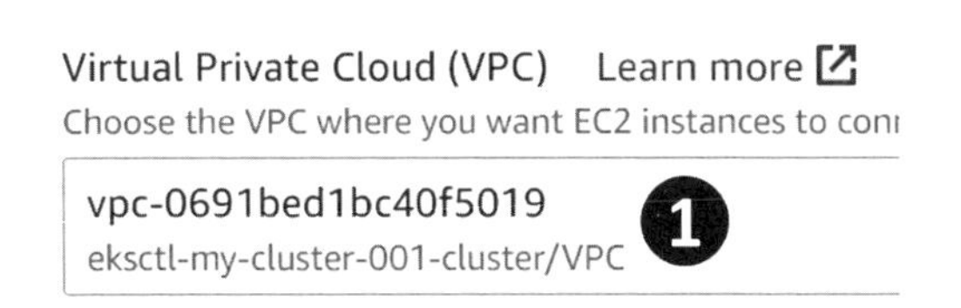

再來看到 Mount Target 這邊，在我們的 EKS Cluster 之中，它所使用的 Node 運算節點，是分佈在不同的 Availability Zone （下圖 1）。而每一個 Availability Zone 都要有一個 Mount Target，才可以讓裡面的 Pod 連接到這邊的 EFS Filesystem。

而這個介面會自動把所有資源都選上，我們要做個更動就是把下方三個預設的 Security Group 給拿掉，然後放上我們剛剛所新創的 EKS EFS SG "eks-efs-sg"（下圖 2）。

Availability zone	Subnet ID	IP address	Security groups
us-west-2b	subnet-07303fe91...	Automatic	Choose security gro... sg-0c5107b10bbf646dc eks-efs-sg
us-west-2c	subnet-0408ddd57...	Automatic	Choose security gro... sg-0c5107b10bbf646dc eks-efs-sg
us-west-2d	subnet-0c99f2380...	Automatic	Choose security gro... sg-0c5107b10bbf646dc eks-efs-sg

好了之後下拉點擊 Next（下圖 1）。

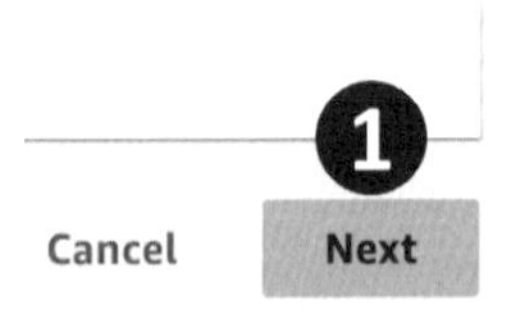

再按一次 Next（如下圖）。

全部檢查一下，沒問題的話點擊 Create（如下圖）。

好了之後，我們馬上點進去 eks-efs EFS 資源（下圖 1）。

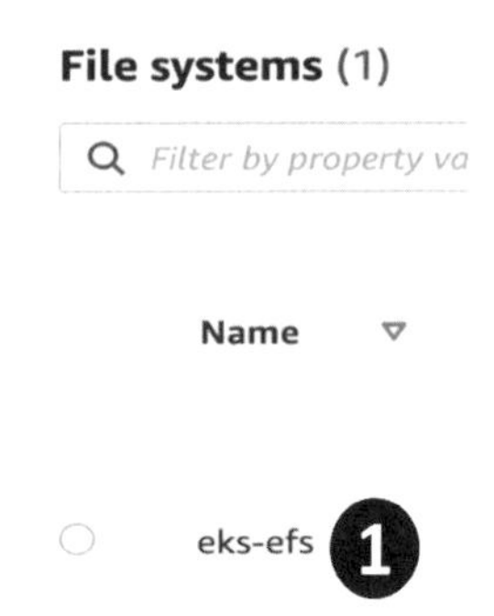

之後下拉，再點到 Network（下圖 1），就會看到我們的 Mount Target 還在 Creating（下圖 2）。

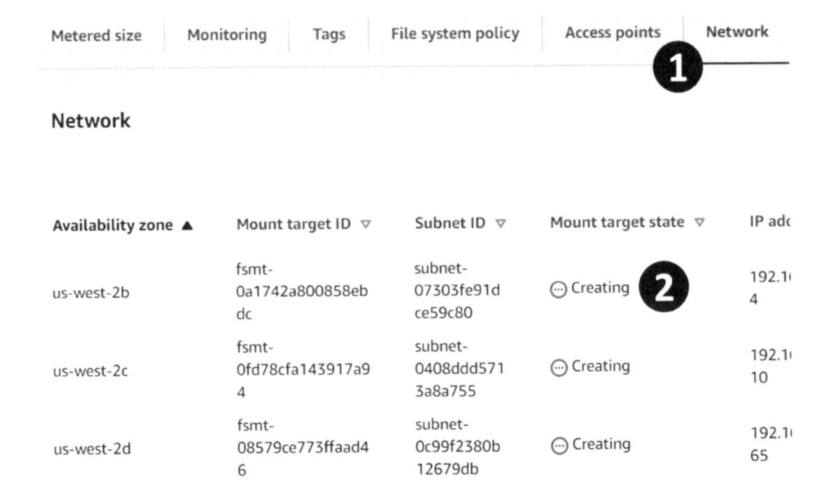

Availability zone ▲	Mount target ID ▽	Subnet ID ▽	Mount target state ▽	IP adc
us-west-2b	fsmt-0a1742a800858ebdc	subnet-07303fe91dce59c80	Creating	192.1 4
us-west-2c	fsmt-0fd78cfa143917a94	subnet-0408ddd5713a8a755	Creating	192.1 10
us-west-2d	fsmt-08579ce773ffaad46	subnet-0c99f2380b12679db	Creating	192.1 65

那我們就稍等約兩分鐘，重新整理後就會看到所有的 Mount Target 狀態變成 Available（下圖 1），這樣就代表這整個 EFS Filesystem 已經可以使用。

Network

Availability zone ▲	Mount target ID ▽	Subnet ID ▽	Mount target state
us-west-2b	fsmt-0a1742a800858ebdc	subnet-07303fe91dce59c80	Available 1
us-west-2c	fsmt-0fd78cfa143917a94	subnet-0408ddd5713a8a755	Available
us-west-2d	fsmt-08579ce773ffaad46	subnet-0c99f2380b12679db	Available

Kubernetes CSI 資源建立

好了之後，我們回到 EC2 Terminal （下圖 1 ）。

接下來，我們要為 Cluster 創建一個 CSI Driver。CSI Driver 是另外一種讓我們的 PV (Persistent Volume)，去拿到實際的儲存資源的 Plugin 插件。而在 AWS EKS Fargate Mode 的模式下，我們可以打上指令「kubectl apply -f https://raw.githubusercontent.com/kubernetes-sigs/aws-efs-csi-driver/master/deploy/kubernetes/base/csidriver.yaml」去部署此 CSI Driver 資源（下圖 1 ）。

```
[ec2-user@ip-10-0-22-219 ~]$ kubectl apply -f https://raw.githubusercontent.com/kubernetes-sigs/aws-efs-csi-driver/master/deploy/ku
bernetes/base/csidriver.yaml
csidriver.storage.k8s.io/efs.csi.aws.com configured
```

完成之後，打上指令「kubectl get csidriver」 （下圖 2)，就會看到這個名稱為 efs.csi.aws.com 的 CSI 資源被創建起來（下圖 3)，這樣我們就可以進行到下一步。

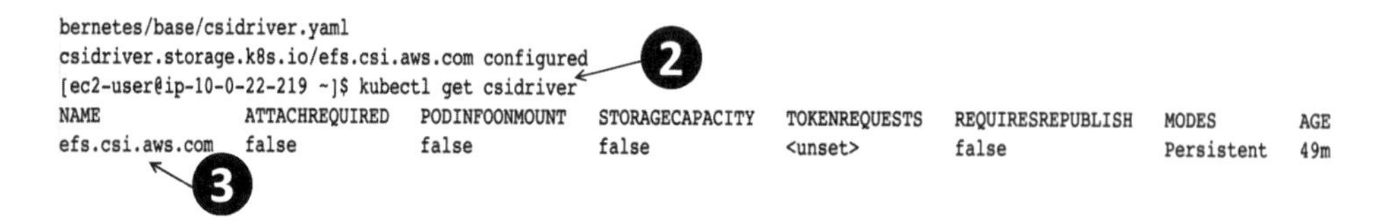

由於 AWS EKS Cluster Fargate Mode 在目前的版本中，只支援靜態的 PV 創建，因此我們這次的示範，也就是透過靜態的方式手動創造出 PV 資源。那我們這邊會沿用之前在本地所做好的部署模板，來進行進一步修改。我們這邊打上指令：「git clone https://github.com/uopsdod/k8sOnCloud_hiskio.git」（下圖 1 ），顯示完成之後即可進行下一步（下圖 2)。

```
[ec2-user@ip-10-0-2-68 ~]$ git clone https://github.com/uopsdod/k8sOnCloud_hiskio.git
Cloning into 'k8sOnCloud_hiskio'...
remote: Enumerating objects: 132, done.
remote: Counting objects: 100% (132/132), done.
remote: Compressing objects: 100% (87/87), done.
remote: Total 132 (delta 63), reused 106 (delta 42), pack-reused 0
Receiving objects: 100% (132/132), 21.69 KiB | 2.71 MiB/s, done.
Resolving deltas: 100% (63/63), done.
```

我們輸入指令：「cd ~/k8sOnCloud_hiskio/aws_eks/initial」（下圖 1 ），進入到裡面的專案目錄下的這個特定目錄。

```
cd ~/k8sOnCloud_hiskio/aws_eks/initial
```

首先我們打上指令：「cp simple-volume-pv.yaml aws-efs-volume-pv.yaml」（下圖 1 ），來複製我們之前所做好的 simple-volume-pv.yaml 檔案。接著打上指令：「vi aws-efs-volume-pv.yaml」（下圖 2），前往編輯畫面。

```
[ec2-user@ip-10-0-2-68 initial]$ cp simple-volume-pv.yaml aws-efs-volume-pv.yaml
[ec2-user@ip-10-0-2-68 initial]$ vi aws-efs-volume-pv.yaml
```

進去之後，我們輸入小寫「a」進入編輯模式。由於我們要使用的是一個靜態的 PV 創建，所以我們的 storageClassName 只要跟稍後的 PVC 對到即可，所以這邊可以都不用修改。我們唯一要修改的部分，是將 HostPath 原本使用的 plugin 的三行指令刪除（下圖 1 ）。

```
apiVersion: v1
kind: PersistentVolume
metadata:
  name: app-pv
spec:
  storageClassName: sc-001
  volumeMode: Filesystem
  capacity:
    storage: 2Gi
  accessModes:
    - ReadWriteMany
  hostPath:          ← 1 Remove 3 Lines
    path: /data
    type: DirectoryOrCreate
```

好了之後，我們加上新的 plugin 方式，首先打上「csi:」（下圖 1 ）。再來我們要指定 csi 的 driver ，打上「driver: efs.csi.aws.com」（下圖 2)。之後，先打上「volumeHandle:」（下圖 3)，去設定指定 volumeHandle，也就是我們剛剛所創建的 EFS。再來，我們要去找出這個值。

```
accessModes:
  - ReadWriteMany
csi:         ← 1
  driver: efs.csi.aws.com   ← 2
  volumHandle:   ← 3
```

為此我們需要先回到 EFS 介面（如下圖。)

向上拉，複製上面這一段，也就是所謂的 File System ID （下圖 1 ）。

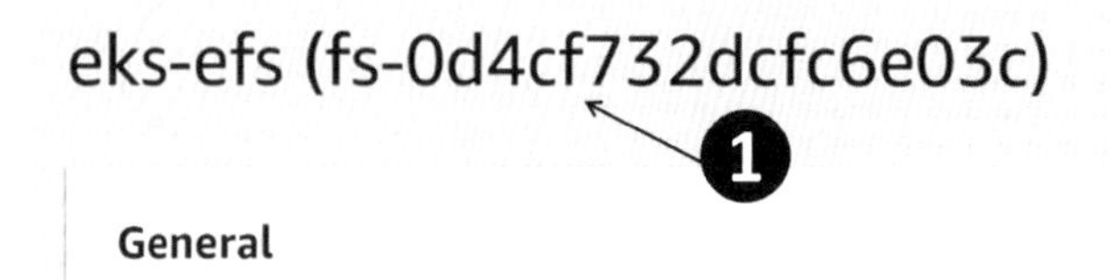

回到 EC2 Terminal 貼上（下圖 3）。

```
accessModes:
  - ReadWriteMany
csi:  ← 1
 driver: efs.csi.aws.com   ← 2
 volumHandle: fs-0d4cf732dcfc6e03c   ← 3
```

這樣我們就完成 PV 這次的修改。最主要就是把我們的 plugin，換成 CSI 的插件方式，來去使用 AWS EFS 所提供的雲端硬碟儲存空間。好了之後按下 ESC，再輸入「:wq」存檔離開（下圖 1）。

```
csi:
  driver: efs.csi.aws.com
  volumeHandle: fs-0d4cf732dcfc6e03c

:wq  ← 1
```

Kubernetes PV 及 PVC 資源建立

之後我們，就可以打上指令：「kubectl apply -f aws-efs-volume-pv.yaml」（如下圖），部署 PV 資源。

```
[ec2-user@ip-10-0-2-68 initial]$ kubectl apply -f aws-efs-volume-pv.yaml
persistentvolume/app-pv created
```

接著打上指令「kubectl get pv」（下圖 1），就會看到我們剛剛所創建的 app-pv 這個資源（下圖 2）。

```
[ec2-user@ip-10-0-22-219 initial]$ kubectl get pv  ← 1
NAME     CAPACITY   ACCESS MODES   RECLAIM POLICY
app-pv   2Gi        RWX            Retain
  ↑ 2
```

我們可以打上指令「kubectl describe pv app-pv」（下圖 1），看到更多相關資訊。

```
[ec2-user@ip-10-0-2-68 initial]$ kubectl describe pv app-pv
Name:            app-pv
Labels:          <none>
Annotations:     <none>
Finalizers:      [kubernetes.io/pv-protection]
```

1

其中最重要的，是確認 Events 這邊沒有顯示任何錯誤訊息。（下圖 1）。

```
Source:
    Type:              CSI (a Container Stor
    Driver:            efs.csi.aws.com
    FSType:
    VolumeHandle:      fs-0d4cf732dcfc6e03c
    ReadOnly:          false
    VolumeAttributes:  <none>
Events:                <none>
```

1

再來我們看到 PVC 的部分，我們會直接沿用之前所做的，輸入指令「cat simple-volume-pvc.yaml」（下圖 1），即可看到它的部署模板。

```
[ec2-user@ip-10-0-2-68 initial]$ cat simple-volume-pvc.yaml
apiVersion: v1
kind: PersistentVolumeClaim
metadata:
  name: app-pvc
spec:
  storageClassName: sc-001
  accessModes:
    - ReadWriteMany
  resources:
    requests:
      storage: 2Gi
```

1

我們不需要做任何的修改，可以直接再打上指令「kubectl apply -f simple-volume-pvc.yaml」進行部署（下圖 1）。好了後打上指令「kubectl get pvc」（下圖 2），就會看到我們剛剛所創建的 app-pvc 這個資源（下圖 3）。再來我們可以打上指令「kubectl describe pvc app-pvc」，看得更詳細一點（下圖 4）。

```
[ec2-user@ip-10-0-2-68 initial]$ kubectl apply -f simple-volume-pvc.yaml
persistentvolumeclaim/app-pvc created
[ec2-user@ip-10-0-2-68 initial]$ kubectl get pvc
NAME      STATUS   VOLUME   CAPACITY   ACCESS MODES   STORAGECLASS   AGE
app-pvc   Bound    app-pv   2Gi        RWX            sc-001         7s
[ec2-user@ip-10-0-2-68 initial]$ kubectl describe pvc app-pvc
Name:          app-pvc
Namespace:     default
```

我們會看到更多詳細的資訊，其中最重要的一樣是確認 Events 這邊沒有任何錯誤訊息（下圖 1）。

```
VolumeMode:    Filesystem
Used By:       <none>
Events:        <none>
```

Kubernetes Deployment 資源建立

到現在我們就有所謂的 PV 以及 PVC 資源。接著就能來實際進行運算資源的部署，那一樣我們直接打上指令「cat simple-deployment-volume.yaml」（下圖 1），快速查看之前寫好的 Deployment 部署模板。

```
[ec2-user@ip-10-0-2-68 initial]$ cat simple-deployment-volume.yaml
apiVersion: apps/v1
kind: Deployment
metadata:
  name: app-deployment
```

我們這邊也不需要做任何修改。大家可以慢慢體會到，Kubernetes 在連接外界儲存資源上面，設計的巧妙之處。我們唯一這次有改動的，就只有我們 PV 的部署模板，而 PVC 以及我們現在要部署的 Deployment 資源，都是不需要任何修改的。

接下來我們一樣，可以直接打上指令「kubectl apply -f simple-deployment-volume.yaml」進行部署（下圖 1）。創建完成後，再來打上指令「kubectl get deployments」（下圖 2），來確認一下，可以看到我們已經正在部署中（下圖 3）。

```
[ec2-user@ip-10-0-2-68 initial]$ kubectl apply -f simple-deployment-volume.yaml
deployment.apps/app-deployment created
[ec2-user@ip-10-0-2-68 initial]$ kubectl get deployments
NAME             READY   UP-TO-DATE   AVAILABLE   AGE
app-deployment   0/3     3            0           7s
```

接著我們再打上指令「kubectl get pods -w」持續觀察（下圖 1 ）。那這邊我們稍等大概四分鐘，就可以看到三個 pod 都是在 running 的狀態 （下圖 2）。這樣我們就可以按下 Ctrl + C 停止掉它，到這邊我們就完成 pod 運算資源的部署。

```
[ec2-user@ip-10-0-2-68 initial]$ kubectl get pods -w
NAME                              READY   STATUS    RESTARTS   AGE
app-deployment-6789f88895-4zsxq   0/1     Pending   0          36s
app-deployment-6789f88895-k5d9h   0/1     Pending   0          36s
app-deployment-6789f88895-pfr7k   0/1     Pending   0          36s
app-deployment-6789f88895-k5d9h   0/1     Pending   0          51s
app-deployment-6789f88895-k5d9h   0/1     ContainerCreating   0          52s
app-deployment-6789f88895-4zsxq   0/1     Pending             0          58s
app-deployment-6789f88895-4zsxq   0/1     ContainerCreating   0          59s
app-deployment-6789f88895-pfr7k   0/1     Pending             0          66s
app-deployment-6789f88895-pfr7k   0/1     ContainerCreating   0          66s
app-deployment-6789f88895-4zsxq   1/1     Running             0          88s
app-deployment-6789f88895-k5d9h   1/1     Running             0          89s
app-deployment-6789f88895-pfr7k   1/1     Running             0          96s
```

AWS EFS 功能測試

接著我們來測試一下，Volume 的生命週期是不是真的跟 Pod 隔開，打上指令「kubectl get pods」（下圖 1 ）。

```
[ec2-user@ip-10-0-2-68 initial]$ kubectl get pods
NAME                              READY   STATUS    RESTARTS   AGE
app-deployment-6789f88895-4zsxq   1/1     Running   0          16m
app-deployment-6789f88895-k5d9h   1/1     Running   0          16m
app-deployment-6789f88895-pfr7k   1/1     Running   0          16m
```

再打上指令「kubectl exec -it {pod_name} -- touch /app/data/file003.txt」創建一個 File003.txt 檔案。舉例來說，這邊使用的 pod_name 為 "app-deployment-6789f88895-pfr7k"（下圖 2）。好了之後，再打上指令「kubectl exec -it [pod_name] -- ls /app/data」（下圖 3），確認在這個目錄中，有沒有我們創建的檔案，結果是有的（下圖 4）。

```
[ec2-user@ip-10-0-2-68 initial]$ kubectl exec -it app-deployment-6789f88895-pfr7k -- touch /app/data/file003.txt
[ec2-user@ip-10-0-2-68 initial]$ kubectl exec -it app-deployment-6789f88895-pfr7k -- ls /app/data
file003.txt
```

好了之後，我們再來做個有趣的測試。打上指令「kubectl delete pods --all」（下圖 1）。大約過一分鐘，所有的 Pods 就會全部被刪除（下圖 2）。

```
[ec2-user@ip-10-0-2-68 initial]$ kubectl delete pods --all
pod "app-deployment-6789f88895-4zsxq" deleted
pod "app-deployment-6789f88895-k5d9h" deleted
pod "app-deployment-6789f88895-pfr7k" deleted
```

那我們再打上指令「kubectl get pods」，會看到新一輪的 Pod 開始創建中，如下圖。

```
[ec2-user@ip-10-0-3-247 initial]$ kubectl get pods
NAME                              READY   STATUS    RESTARTS   AGE
app-deployment-6789f88895-2pjcp   0/1     Pending   0          37s
app-deployment-6789f88895-ksrjj   0/1     Pending   0          37s
app-deployment-6789f88895-lvbxw   0/1     Pending   0          36s
```

那我們輸入指令「kubectl get pods -w」持續觀察（下圖 1）。大約三分鐘之後，所有的 Pod 都會啟動起來變成 Running 狀態（下圖 2）。

```
^[[A^[[A^C[ec2-user@ip-10-0-2-68 initial]$ kubectl get pods -w
NAME                              READY   STATUS              RESTARTS   AGE
app-deployment-6789f88895-kjllh   0/1     ContainerCreating   0          63s
app-deployment-6789f88895-nnstx   0/1     ContainerCreating   0          63s
app-deployment-6789f88895-wds2k   0/1     ContainerCreating   0          64s
app-deployment-6789f88895-nnstx   1/1     Running             0          71s
app-deployment-6789f88895-kjllh   1/1     Running             0          78s
app-deployment-6789f88895-wds2k   1/1     Running             0          81s
```

我們 Ctrl + C 停掉。再打上指令「kubectl exec -it [pod_name] -- ls /app/data」（下圖 1），挑選任一個新的 pod 去看一下，比如說這邊的 "app-deployment-6789f88895-wds2k"。去查看這新的一批 Pod 們，是不是還是可以拿到上一批 Pod 所儲存下來的檔案。我們會很順利的看到 file003.txt 這個檔案（下圖 2），也證實了我們的檔案的生命週期是與 Pod 隔開的。

```
^C[ec2-user@ip-10-0-2-68 initial]kubectl exec -it app-deployment-6789f88895-wds2k -- ls /app/data
file003.txt
```

到這邊也就完成我們這一次，透過 AWS EFS file system 來作為 PV 以及 PVC 為最終儲存空間的來源示範。其中最重要的一個改變，是我們在 PV 上面的更動：將原本的 host path 改成 CSI 的插件，並且把 EFS 的 driver 以及我們的 file system id 放到部署模板中，也就完成這次全部的部署。從中我們可以體會到，Kubernetes 在設計外接硬碟上的巧思，只需要根據不同儲存空間種類，調整 PV 中的插件，其他模板都可繼續沿用，非常方便，那本單元就先到這邊結束！

AWS EKS L7 網路分流管理 (Ingress) 架構介紹

大家好，在這個單元我們將看到使用 AWS EKS 去進行 KubernetesIngress 資源的部署時，最後的部署架構會長什麼樣子，那我們就開始吧！

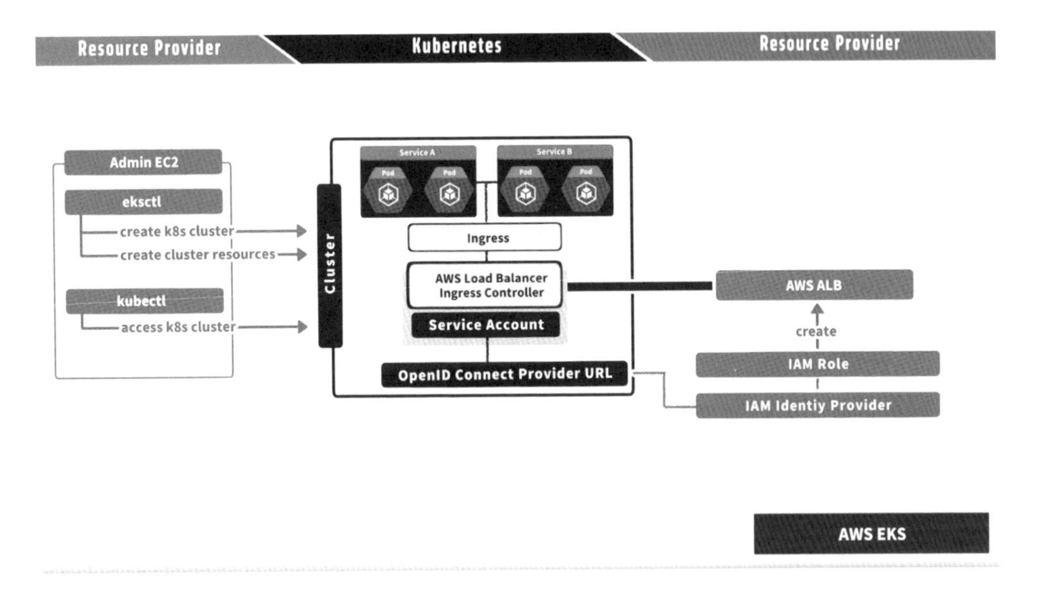

AWS EKS Load Balancer Ingress Controller 權限設定

要了解這整個部署的概念，我們首先要了解，在 AWS EKS Cluster 之中，有一個叫做 OpenID Connect Provide URL 的功能（下圖 1）。它可以讓 Cluster 拿到一個 ID，並且可以根據這個 ID，去跟 AWS 的其他服務進行互動。這個 ID 是特別設計給「權限管理」相關的服務使用的，因此我們首先要去連結的是一個叫做 AWS IAM 的服務。在 IAM 服務之中，有一個叫做 Identity Provider 的功能（下圖 2），它可以將其他服務的 ID，去跟 IAM 中的某種 ID 進行連結。換句話說，當我們使用 OpenID Connect Provide URL 的時候，有了這個 URL 連結，我們就可以把它當作是 IAM 的其中一個 ID 來使用。有了在 IAM 中的 ID 之後，我們就可以用這個 ID 去進行 IAM 服務下更細部的設定。

在 IAM 服務下有許多跟權限相關的設定，為了我們的 Ingress 可以正常運作，我們需要去創建一個 IAM Role，並且擁有建立 Load Balancer 資源的權限（下圖 3）。而大家要特別注意的是，這邊只是權限上的設定，我們還沒有實際去創建任何 Load Balancer（下圖 4）。那到這邊就完成對於 AWS EKS 之中，部署 Ingress 的前置權限設定作業。

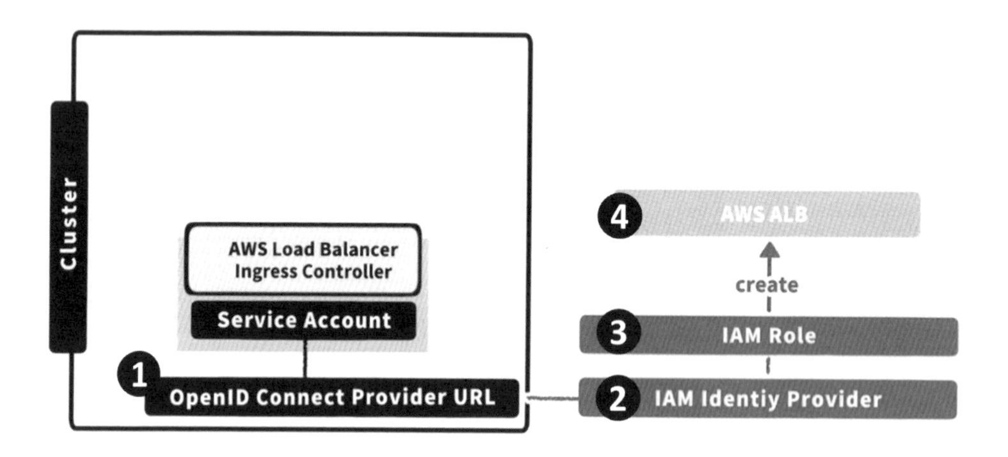

AWS EKS Load Balancer Ingress Controller 建立

接著我們看回 Cluster 的部分。跟我們之前在本地部署的概念一樣，要進行 Ingress 的部署，首先必須要有一個 Ingress Controller。在 AWS 的環境之中，它提供給我們一個 AWS Load Balancer Ingress Controller 來讓我們使用（下圖 1 ）。我們一樣會透過相關指令把它部署起來，特別的是在這個 Ingress Controller 之中，我們將會把它連結到一個 Service Account （下圖 2）。此 Service Account 可以跟我們剛剛所提到的 OpenID 進行連結（下圖 3），從這邊我們就打通了整條部署路徑。

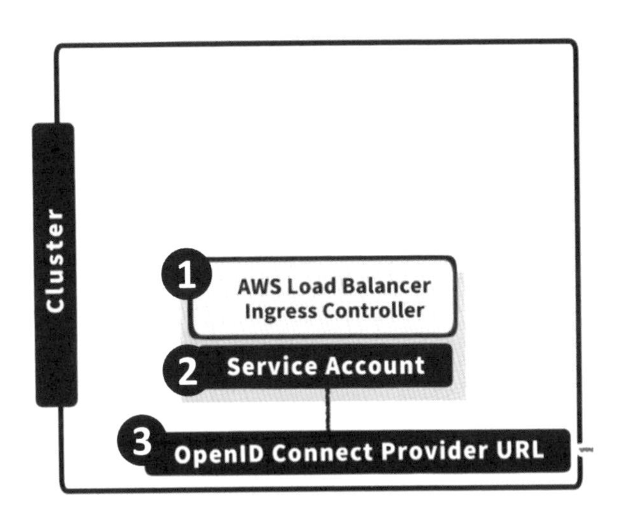

我們這邊快速地再複習一次，當 Ingress Controller 部署完成之後 （下圖 1 ），它會去連結到一個 Service Account （下圖 2)，而 Service Account 將會去連結到一個 OpenID （下圖 3)，我們的 Cluster 將會透過這個 OpenID URL 去跟 AWS 的另外一個服務 IAM 進行連結 (下圖 4)。在 IAM 權限之中，創建一個 ID 叫做 IAM Identity Provider；好了之後我們會給它一個 IAM Role （下圖 5)，其中一個最重要的權限，是允許我們的 Ingress Controller （下圖 1 ），去擁有創建 AWS Load Balancer 資源的權限 (下圖 6)。

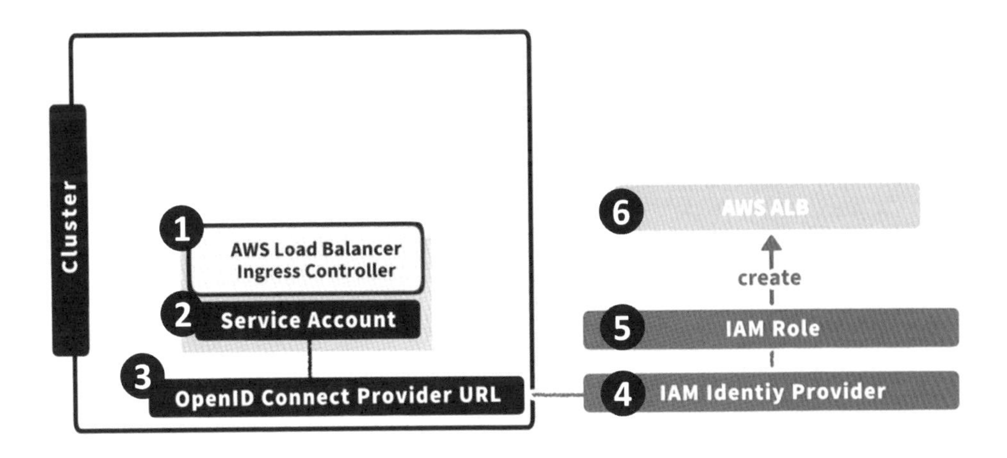

Kubernetes Ingress 建立

接著，我們就可以實際的去部署 Kubernetes 上面的 Ingress 資源（下圖 1）。當我們部署了一個 Ingress 資源之後，它將會根據 Ingress 的相關設定，觸發我們的 Ingress Controller（下圖 2）。比如說，在我們的 Ingress Controller 指定到我們的 AWS Load Balancer Ingress Controller 之後，它就會被觸發去實際創建出 AWS Load Balancer。在這個情況下，我們會去創造一個叫做 ALB（Application Load Balancer)（下圖 1），也就是一個可以去進行 OSI L7 層級設定的 Load Balancer。

這邊大家其實也可以很直觀的理解，我們的 Ingress 需要可以進行 Hostname 以及 Path 的相關分流的設定，因此我們必須要有一個 OSI L7 Load Balancer 作為基礎實際運作。在 Kubernetes Ingress 資源部署完之後，我們就可以做相對應的設定，不論你是透過 Hostname 或者透過 Path 的方式，都可以將不同的請求交由不同的 Service 去進行請求處理，比如說這邊有左邊的 Service A（下圖 4），以及右邊的 Service B（下圖 4），可各自處理不同狀況的分流。

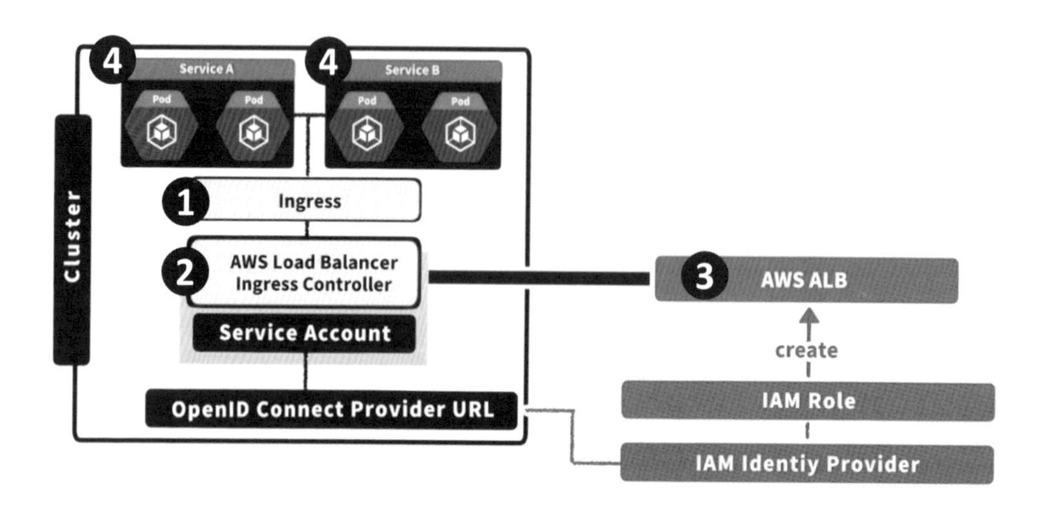

到這邊就完成我們對 AWS EKS Ingress 的整體部署圖解架構介紹。大家可以注意到，與 Minikube 本地部署的不同處，就是多了許多權限的設定。因為 AWS EKS 本身與其他 AWS 相關服務，比如說 Load Balancer、IAM，都是一個個相互獨立的服務。因此，在所有的跨服務資源的創建之中，第一步都是把權限部分給設定好；設定好之後，我們就能實際創造出一個 Load Balancer。

這個方式的優勢是可以去讓我們的 Cluster 的 Ingress，去使用到所有 AWS ALB 這個服務所提供的各種強效的服務，不論是 High Availability 或者是它在背後幫你管理好所有的運算資源的處理等等，讓我們可以專注在 Kubernetes 相關資源的部署上，並且同時擁有整個 AWS 這個跨國公司所建造的穩健的機房維護品質。

到這邊我們完成 Ingress 部分的介紹，接下來就可以進行到實作部分，那本單元就先到這邊結束！

AWS EKS L7 網路分流管理（Ingress）建立

大家好，這個單元我們將進行 AWS Load Balancer Controller 以及 multi-stage 的專案部署示範。我們將透過這次的例子來展現在 AWS EKS 這個雲端服務上，我們要如何部署 Kubernetes 之中 Ingress 的相關資源，那我們就開始吧！

AWS EKS Load Balancer Ingress Controller 權限設定

首先，執行下方指令，它將會幫我們下載一個 IAM policy 的檔案下來。

curl -o iam_policy.json https://raw.githubusercontent.com/kubernetes-sigs/aws-load-balancer-controller/main/docs/install/iam_policy.json

接下來執行下方指令，實際創造出一個 IAM Policy（下圖 1）。

```
aws iam create-policy \
  --policy-name AWSLoadBalancerControllerIAMPolicy \
  --policy-document file://iam_policy.json
```

```
[ec2-user@ip-10-0-2-68 ~]$ aws iam create-policy \
   --policy-name AWSLoadBalancerControllerIAMPolicy \  ❶
   --policy-document file://iam_policy.json
{
    "Policy": {
        "PolicyName": "AWSLoadBalancerControllerIAMPolicy",
        "PolicyId": "ANPA23A3R55CEI4I7TF6E",
        "Arn": "arn:aws:iam::745234624324:policy/AWSLoadBalancerControllerIAMPolicy"
        "Path": "/",
        "DefaultVersionId": "v1",
        "AttachmentCount": 0,
        "PermissionsBoundaryUsageCount": 0,
        "IsAttachable": true,
        "CreateDate": "2023-12-10T03:38:10+00:00",
```

之後我們就可以透過這個 Policy，去建立 AWS 中的 Service Account。此 Serviece Account 將會讓我們的 AWS Load Balancer Controller ，去擁有需要的相關部署權限。

接著我們打上下方指令，建立起 Service Account，如下圖。

eksctl create iamserviceaccount \
  --cluster=${CLUSTER_NAME} \
  --namespace=kube-system \
  --name=aws-load-balancer-controller \
--attach-policy-arn=arn:aws:iam::${AWS_ACCOUNT}:policy/AWSLoadBalancerControll
erIAMPolicy \
  --override-existing-serviceaccounts \
  --approve

```
[ec2-user@ip-10-0-6-219 ~]$ eksctl create iamserviceaccount \
>   --cluster=${CLUSTER_NAME} \
>   --namespace=kube-system \
>   --name=aws-load-balancer-controller \
>   --attach-policy-arn=arn:aws:iam::${AWS_ACCOUNT}:policy/AWSLoadBalancerControllerIAMPolicy \
>   --override-existing-serviceaccounts \
>   --approve
```

好了之後，再打上下方指令，查看建立結果（下圖 1）。

eksctl get iamserviceaccount --cluster ${CLUSTER_NAME} --name aws-load-balancer-controller --namespace kube-system

```
[ec2-user@ip-10-0-2-68 ~]$ eksctl get iamserviceaccount --cluster ${CLUSTER_NAME} --name aws-load-balancer-controller --namespa
ce kube-system
```

如果可以成功看到我們的 kube-system （下圖 1），就代表 Service Account 創建成功。

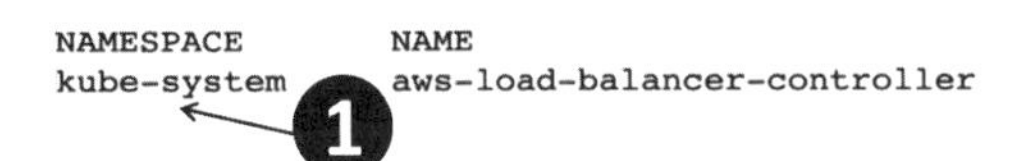

AWS EKS Load Balancer Ingress Controller 建立

接著我們來進行 AWS Load Balancer Controller 的實際建立，執行 HELM 的指令「helm repo add eks https://aws.github.io/eks-charts」（下圖 1），下載相關的套件下來。有了我們 EKS 這個套件之後，我們再打上指令「kubectl apply -k "github.com/aws/eks-charts/stable/aws-load-balancer-controller//crds?ref=master"」（下圖 2），來進行整包的部署。

```
[ec2-user@ip-10-0-2-68 ~]$ helm repo add eks https://aws.github.io/eks-charts   ❶
"eks" has been added to your repositories
[ec2-user@ip-10-0-2-68 ~]$ kubectl apply -k "github.com/aws/eks-charts/stable/aws-load-balancer-controller//crds
?ref=master"   ❷
customresourcedefinition.apiextensions.k8s.io/ingressclassparams.elbv2.k8s.aws created
customresourcedefinition.apiextensions.k8s.io/targetgroupbindings.elbv2.k8s.aws created
```

再來我們打上指令「aws eks describe-cluster --name ${CLUSTER_NAME} --query "cluster.resourcesVpcConfig.vpcId" --output text」（下圖 1），找出其中的 VPC ID 資訊（下圖 2），也就是它的網路空間 ID，比如說這邊的 "vpc-0a2d57ac4ac75f99a"。

```
[ec2-user@ip-10-0-2-68 ~]$ aws eks describe-cluster --name ${CLUSTER_NAME} --query "cluster.resourcesVpcConfig.v
pcId" --output text   ❶
vpc-0a2d57ac4ac75f99a   ❷
```

拿到這個 VPC ID 之後，我們來建立一個環境變數，輸入指令：「VPC_ID={ 實際 VPC ID}」（下圖 1）放上剛剛獲得的值。

好了之後輸入指令「echo ${VPC_ID}」（下圖 2），確認一下是否設定成功（下圖 3）。

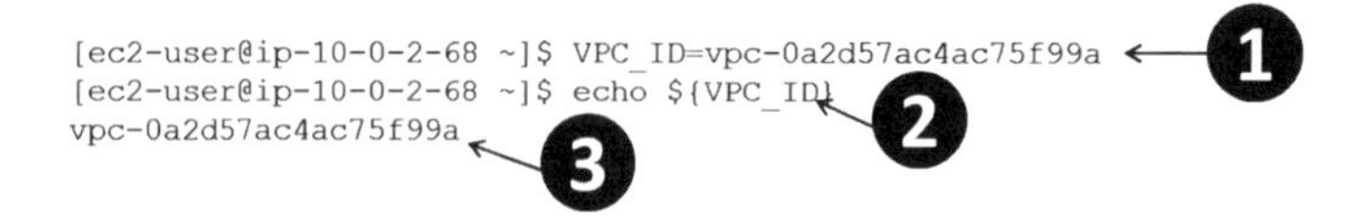

再來最後一步，我們將把我們之前所建立的所有東西都一次用上，來實際建立我們的 AWS Load Balancer Controller，輸入下方指令，如下圖。

helm install aws-load-balancer-controller eks/aws-load-balancer-controller \
  --set clusterName=${CLUSTER_NAME} \
  --set serviceAccount.create=false \
  --set region=${AWS_REGION} \
  --set vpcId=${VPC_ID} \
  --set serviceAccount.name=aws-load-balancer-controller \
  -n kube-system

```
2-user@ip-10-0-2-68 ~]$ helm install aws-load-balancer-controller eks/aws-load-balancer-controller \
 --set clusterName=${CLUSTER_NAME} \
 --set serviceAccount.create=false \
 --set region=${AWS_REGION} \
 --set vpcId=${VPC_ID} \
 --set serviceAccount.name=aws-load-balancer-controller \
 -n kube-system
```

完成之後，就會看到我們的 AWS Load Balancer Controller 建立完成 ，如下圖。

```
NOTES:
AWS Load Balancer controller installed!
```

Multistage 專案部署

有了一個 AWS 雲端環境所需要使用的 Load Balancer Controller 之後，我們就可以順利的使用 Kubernetes Ingress 部署資源。那麼，我們就來進行 Multistage 的專案部署，首先我們打上指令「eksctl create fargateprofile --cluster ${CLUSTER_NAME} --region ${AWS_REGION} --name app-fp --namespace app-ns」（下圖1），創建一個新的 Fargate Profile。 Fargate Profile 是 AWS EKS 上面的特有概念，它其實就是一個統整的概念，幫我們去統一管理運算支援、網路設置，以及要怎麼樣配合 AWS 雲端環境進行 Kubernetes 的相關部署。大概過五分鐘之後，就會創建完成（下圖 2）。

```
                eksctl create fargateprofile --cluster ${CLUSTER_NAME} --region ${AWS_REGION} --name
app-fp --namespace app-ns
2023-12-10 05:34:51 [ℹ]  creating Fargate profile "app-fp" on EKS cluster "my-cluster-003"
2023-12-10 05:39:09 [ℹ]  created Fargate profile "app-fp" on EKS cluster "my-cluster-003"
```

接著打上指令「git clone https://github.com/uopsdod/k8sOnCloud_hiskio.git」下載老師所準備好的 github 專案，如下圖。

```
[ec2-user@ip-10-0-2-68 ~]$ git clone https://github.com/uopsdod/k8sOnCloud_hiskio.git
```

好了之後輸入指令「cd k8sOnCloud_hiskio/aws_eks/initial」，進去目錄底下的這個特定目錄 ，如下圖。

```
cd k8sOnCloud_hiskio/aws_eks/initial
```

接著，我們將會沿用之前我們在本地環境寫出來的部署檔案，來直接進行這次的示範。大家可以觀察看看，我們在本地的部署以及在雲端上的部署，兩者的差異處有哪些。首先，我們打上指令「kubectl apply -f beta-app-all-hpa.yaml」，建立 beta service 的資源，如下圖。

```
[ec2-user@ip-10-0-2-68 initial]$ kubectl apply -f beta-app-all-hpa.yaml
namespace/app-ns created                                     ❶
deployment.apps/beta-app-deployment created
```

接著我們再輸入指令「kubectl apply -f prod-app-all.yaml」，建立 prod service 的資源，如下圖。

```
[ec2-user@ip-10-0-2-68 initial]$ kubectl apply -f prod-app-all.yaml
namespace/app-ns unchanged                                   ❶
deployment.apps/prod-app-deployment created
```

然後輸入指令「kubectl get all -n app-ns」（下圖 1 ），就可以看到我們成功的建立了 deployment.apps/beta-app-deployment，以及我們的 deployment.apps/prod-app-deployment （下圖 2）兩個 Deployments 資源。

```
[ec2-user@ip-10-0-2-68 initial]$ kubectl get all -n app-ns   ❶
NAME                                        READY   STATUS
pod/beta-app-deployment-56c8df9f86-tmb2j    0/1     Pending
pod/prod-app-deployment-6f74cbdb9-4hkcf     0/1     Pending
pod/prod-app-deployment-6f74cbdb9-bmz9r     0/1     Pending
pod/prod-app-deployment-6f74cbdb9-hn26l     0/1     Pending

NAME                   ❷                  READY   UP-TO-DATE
deployment.apps/beta-app-deployment       0/1     1
deployment.apps/prod-app-deployment       0/3     3
```

Kubernetes Ingress 建立

完成我們基礎的兩個 Deployments 的部署之後，我們把焦點放回 Ingress 上面。我們這邊打上指令「cp ingress-path.yaml ingress-path-aws-eks.yaml」（下圖1），複製一份新的檔案，並且輸入指令「vi ingress-path-aws-eks.yaml」（下圖2)，進入修改畫面。

```
cp ingress-path.yaml ingress-path-aws-eks.yaml   ❶
vi ingress-path-aws-eks.yaml   ❷
```

進去之後，我們輸入小寫「a」進入編輯模式 ，如下圖。第一個我們要看到的是 ingressClassName，我們要將它從原本的「nginx」，改成 AWS EKS 所使用的「alb」（下圖 1 ）。我們要能讓這一個 Ingress 運作起來的先決條件，是在我們的 cluster 之中，有一個 load balancer controller 在運作。而我們在本地的時候不需要特別的建置，是因為在 minikube 之中，就已經有預設一個 nginx load balancer controller，可以讓我們直接使用。完成這個修改之後，我們往上拉，看到 metadata 部分，在這邊新增一行，打上「annotations:」（下圖 2)。在這邊需要根據不同雲端上的 load balancer 所提供的規格，來進行客製化設定，比如說在 AWS Application Load Balancer，也就是 ALB 之中，我們可以去調整它的 scheme 是要對內，還是對外的 (Internet-facing)，這邊我們使用「alb.ingress.kubernetes.io/scheme: internet-facing」（下圖 3)。

好了之後，我們來進行最後一個調整。我們要去指定 alb 上面的 target type，要使用的是「ip」這個 type，因此打上「alb.ingress.kubernetes.io/target-type: ip」（下圖 4）。而這邊我們只用兩個設定作為示範，如果大家的專案有更客製化的需求，都可以遵循同樣的概念，去看看 AWS ALB 這邊還提供什麼相關的 annotation 可供設定。

```
apiVersion: networking.k8s.io/v1
kind: Ingress
metadata:
  name: ingress-path
  namespace: app-ns
  annotations:          ← 2
    alb.ingress.kubernetes.io/scheme: internet-facing   ← 3
    alb.ingress.kubernetes.io/target-type: ip           ← 4
spec:
  ingressClassName: alb ← 1
```

好了之後，我們就按下 ESC，打上「:wq 」存檔離開 （下圖 1 ）。

```
:wq ← 1
```

之後我們打上指令「kubectl apply -f ingress-path-aws-eks.yaml」進行部署（下圖 1 ）。

```
[ec2-user@ip-10-0-2-68 initial]$ kubectl apply -f ingre
ss-path-aws-eks.yaml
```

好了之後，輸入指令「kubectl get ingress -n app-ns」（下圖 1 ），來看一下部署狀態。如果有成功看到在 address 這邊拿到了一個 dns name （下圖 2），就代表你的 AWS ALB 已經正在部署。

```
[ec2-user@ip-10-0-6-219 initial]$ kubectl get ingress -n app-ns
NAME           CLASS   HOSTS          ADDRESS
ingress-path   alb     all.demo.com   k8s-appns-ingressp-943bcaf159-450980881.us-west-2.elb.amazonaws.com
```

而如果想要確認 ingress load balancer 是不是真的完整建立，可以輸指令「dig +short {address_hostname}」（下圖 3），比如說這邊 address_hostname 為 “k8s-appns-ingressp-10f878a9e8-1234487730.us-west-2.elb.amazonaws.com”。執行下去如果可以成功的拿到一個 ip address 的話（下圖 4)，就代表已經成功部署。如果還沒，則再多等待五分鐘。

```
[ec2-user@ip-10-0-6-219 initial]$ dig +short k8s-appns-ingressp-943bcaf159-450980881.us-west-2.elb.amazonaws.com
44.233.247.196 <- 4                                        3
```

那我們下一步就來建立 ingress ip 的環境參數，輸入指令：「INGRESS_IP={address_hostname}」，比如說這次的 “k8s-appns-ingressp-10f878a9e8-1234487730.us-west-2.elb.amazonaws.com”（下圖 1）。

接著輸入指令「echo ${INGRESS_IP}」確認一下（下圖 2)。如果有成功顯示你所建立的 ingress hostname（下圖 3)，就代表設定成功。

```
[ec2-user@ip-10-0-6-219 initial]$ INGRESS_IP=k8s-appns-ingressp-943bcaf159-450980881.us-west-2.elb.amazonaws.com
[ec2-user@ip-10-0-6-219 initial]$ echo ${INGRESS_IP} <- 2          1
k8s-appns-ingressp-943bcaf159-450980881.us-west-2.elb.amazonaws.com <- 3
```

再來，我們這邊就可以輸入指令「curl ${INGRESS_IP}:80/beta -H 'Host: all.demo.com'」去模擬請求（下圖 1），我們會看到請求成功被其中一個 pod 進行處理，並且得到回應（下圖 2)。

```
[ec2-user@ip-10-0-6-219 initial]$ curl ${INGRESS_IP}:80/beta -H 'Host: all.demo.com'
[beta] served by: beta-app-deployment-7584ff46f7-st79q <- 2        1
```

那我們再輸入指令「curl ${INGRESS_IP}:80/prod -H 'Host: all.demo.com'」（下圖 1），這邊我們把 /beta 路徑改成 /prod 路徑，一樣可以成功拿到一個，改由 prod pod 所進行處理的請求回應 （下圖 2)。

```
[ec2-user@ip-10-0-6-219 initial]$ curl ${INGRESS_IP}:80/prod -H 'Host: all.demo.com'
[prod] served by: prod-app-deployment-76dcf8fdc4-xvplv <- 2        1
```

這樣就驗證了我們的部署是成功的，而如果我們繼續進行多次的請求，就會看到我們的請求，有可能會交給後面不同的 pod 進行處理（下圖 1）。

```
[prod] served by: prod-app-deployment-76dcf8fdc4-xvplv ← 1
[ec2-user@ip-10-0-6-219 initial]$ curl ${INGRESS_IP}:80/prod -H 'Host: all.demo.com'
[prod] served by: prod-app-deployment-76dcf8fdc4-mxvhn ← 1
[ec2-user@ip-10-0-6-219 initial]$ curl ${INGRESS_IP}:80/prod -H 'Host: all.demo.com'
```

那這樣我們就成功的利用了 AWS 的 load balancer，進行 multistage 的專案部署。

最後，我們來統整在 AWS 這邊所學到的觀念。首先第一個，是我們使用了一模一樣的 Kubernete 模板們進行部署。而我們為了配合 AWS EKS 環境所進行的更動，只有在 ingress-path-aws-eks.yaml 模板之中，做了其中三行的改動。其中最重要的，是我們在 ingressClassName 這個欄位的更動，根據 AWS 的環境去使用 ALB (Application Load Balancer)。並且根據 ALB 的規格，我們挑選了兩個 annotations 進行修改。那到這邊我們就完成 AWS EKS ingress 相關部署的示範，本單元就先到這邊結束！

AWS EKS 自動化｜運算部署 (HPA) 架構介紹

大家好，在這個單元我們將介紹在 AWS EKS 上面，去進行 HPA （Horizontal Pod Autoscaling）所產生出來的架構會長什麼樣子，那我們就開始吧！

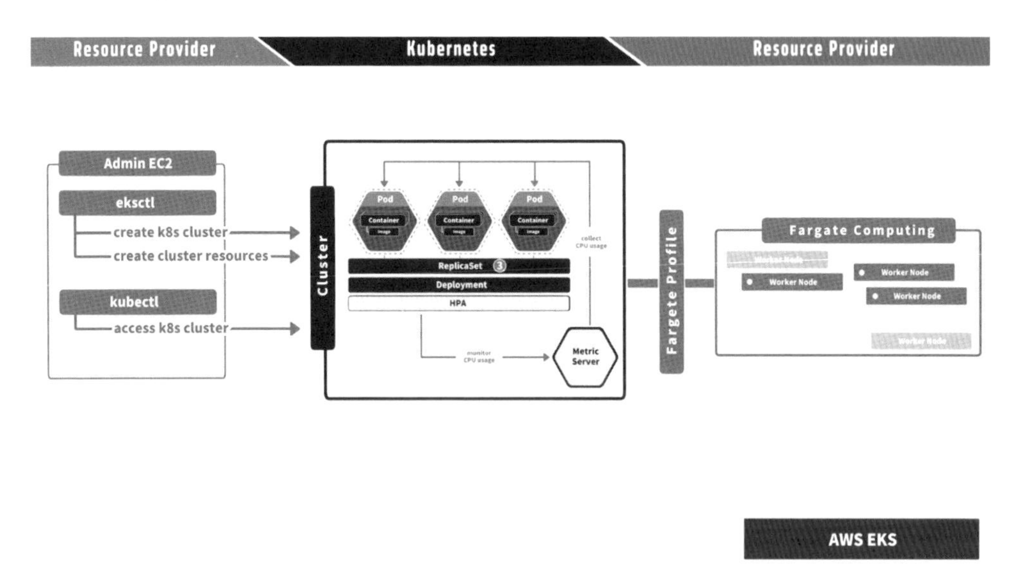

Kubernetes HPA 使用架構

在創建 HPA 這個資源之前，我們有一個前置條件：就是必須有一個 Metric Server（下圖 1 ），去收集我們 Pod 運作時所擁有的各種數值（下圖 2 ），比如說 CPU 的使用量。有了這個監控的數值之後，我們就可以去創建 Kubernetes 中的 HPA 資源（下圖 3 ），並且持續的去監控目前的 CPU 使用量使用到多少，如果超過我們的預期數量，我們的 HPA 就會根據狀況新增或縮減 Pod 的數量。

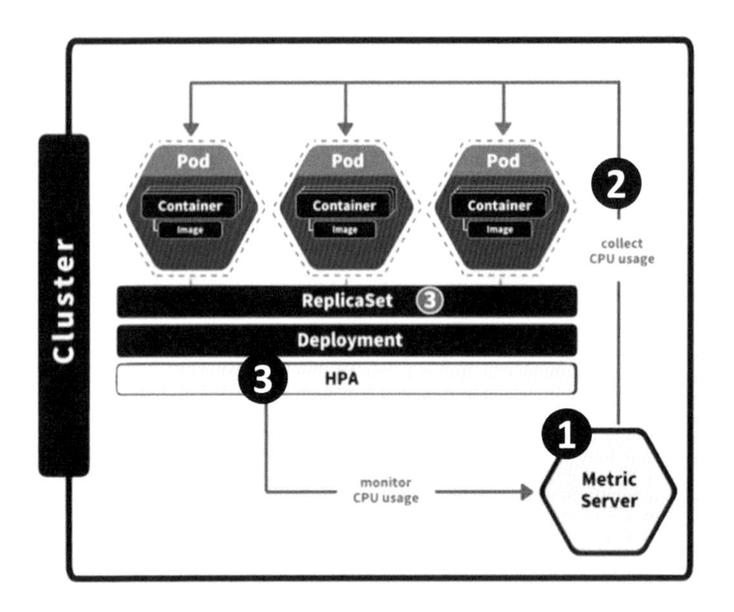

Kubernetes Pod 運算節點分配

那麼在這個架構中，Pod 最後要部署到哪邊呢？如同我們之前在 EKS 所介紹過的，我們會使用 AWS EKS Fargate 這個模式。首先我們要去創建一個 Fargate Profile（下圖 1 ），如果我們的 Pod 所歸類到的 Namespace 與 Fargate Profile 的篩選條件相互符合的話，這個 Fargate Profile 將會把這些 Pod，部署到由 Fargate 本身所創建的運算資源中的 Worker Node 上面，比如說我們這邊看到的三個 Pod （下圖 2 ），各自被部署到這三台不同的 Worker Node 之上 （下圖 3)。

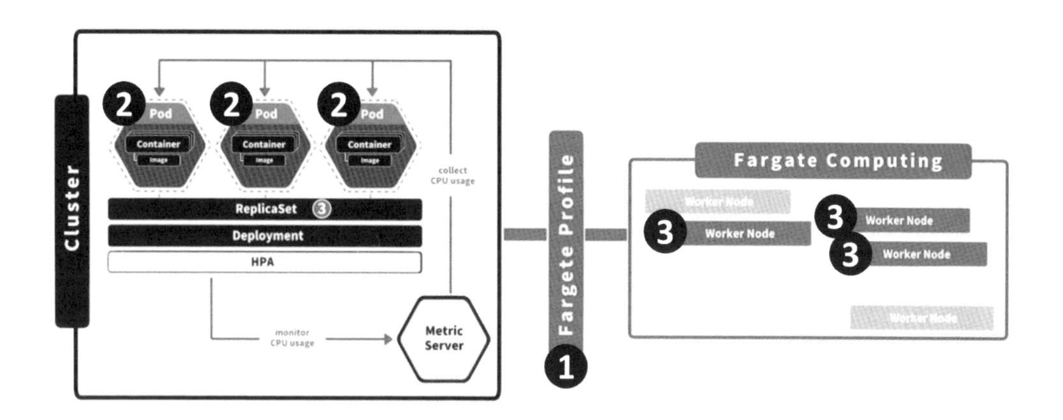

到這邊就完成我們對 AWS EKS 進行 Kubernetes HPA 資源部署的一個圖解架構總覽，我們接下來就可以進行到實作部分，本單元就先到這邊結束！

AWS EKS 自動化｜運算部署 (HPA) 建立

大家好，這個單元我們將進行 AWS EKS 運算資源自動化部署的示範，對應到 Kubernetes 的相關概念就是 HPA (Horizontal Pod Autoscaling)，那我們就開始吧！

監控環境建立

首先，我們複製上方的 EC2 Terminal 網址 ，並且開啟另外兩個新視窗，各自都貼上此網址，如下圖。這邊我們將定義此三個 EC2 Terminal 的目的為：

- 第一個 EC2 Terminal：模擬大量請求情境
- 第二個 EC2 Terminal：監控 Node 增減狀態
- 第三個 EC2 Terminal：部署 HPA 資源部署與機制監控

進去之後，我們先到第二個 EC2 Terminal，打上指令「kubectl get pod --all-namespaces」，查看所有的 namespace 下面的 pod。於是我們就可以看到一串列表，包含在 Kubernetes 預設所部署的 coredns（下圖 1）、Load Balancer Controller （下圖 2），還有我們 Multi-Stage 專案之中的 prod Pod （下圖 3）以及 beta Pod （下圖 4）。

```
app-ns          beta-app-deployment-7584ff46f7-st79q
app-ns          prod-app-deployment-76dcf8fdc4-mqttq
app-ns          prod-app-deployment-76dcf8fdc4-mxvhn
app-ns          prod-app-deployment-76dcf8fdc4-xvplv
kube-system     aws-load-balancer-controller-fd6db5fc9-2zstw
kube-system     aws-load-balancer-controller-fd6db5fc9-9qwxk
kube-system     coredns-78dc6df955-6pnh7
kube-system     coredns-78dc6df955-cvs8d
```

大家可以發現在這些資訊之中，我們無法看到 Pod 實際是建立在哪一台 Node 運算節點上的。為了要拿到相關的資訊，我們要再打上指令「kubectl get pod -o wide --all-namespaces」，如下圖。

```
kubectl get pod -o wide --all-namespaces
```

這樣就可以看到，我們的 Pod 現在各自是放到哪一個 Node 上面的，如下圖。

```
NODE

fargate-ip-192-168-143-173.us-west-2.

fargate-ip-192-168-167-108.us-west-2.
```

接下來，我們再輸入指令「kubectl get pod -o wide -n app-ns」（下圖 1），可以看到第一個 beta Pod 是放在 IP 173 結尾的 Node （下圖 2)，而第二個 prod Pod 是放在 IP 108 結尾的 Node （下圖 3)。

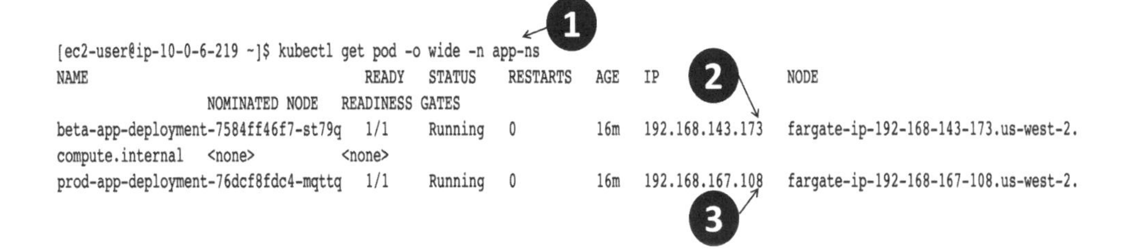

這代表在這個雲端環境上面，每個 Pod 會分佈到不同的 Node 上面，不同於 Minikube 的環境，所有的 Pod 都存在在同一個 Node 之中。

在進行大流量的請求服務時，這個特點會非常有用，因為我們不需要去擔心後面的 Node 要怎麼創建，或後面的 Instance 要怎麼維護，AWS EKS Fargate 會全部幫我們處理完成。而我們這次的實作目的，就是要觀察 beta Pod 以及它所處在的 Node，是不是會根據我們的流量來自動進行增加或減少。

我們再輸入指令「kubectl get pod -o wide -n app-ns -w | grep beta-app」（下圖 1），持續觀察 Beta pod 的相關資訊（下圖 2）。

```
[ec2-user@ip-10-0-2-68 ~]$ kubectl get pod -o wide -n app-ns -w | grep beta-app   ← 1
beta-app-deployment-56c8df9f86-tmb2j   0/1     Pending    0          30m    <none>
↑ 2
```

好了之後，我們切換視窗到第三個的 EC2 Terminal（如下圖）。

打上指令「cd ~/k8sOnCloud_hiskio/aws_eks/initial/」（下圖 1），進去之前我們下載的專案裡面的 initial 目錄。好了之後，我們打上指令「kubectl apply -f metrics-server.yaml」（下圖 2），執行之前所建好的 Metrics Server 部署模板，創建 metric server 相關資源。

```
[ec2-user@ip-10-0-2-68 ~]$ cd ~/k8sOnCloud_hiskio/aws_eks/initial/ ← 1
[ec2-user@ip-10-0-2-68 initial]$ kubectl apply -f metrics-server.yaml ← 2
serviceaccount/metrics-server created
clusterrole.rbac.authorization.k8s.io/system:aggregated-metrics-reader created
clusterrole.rbac.authorization.k8s.io/system:metrics-server created
rolebinding.rbac.authorization.k8s.io/metrics-server-auth-reader created
clusterrolebinding.rbac.authorization.k8s.io/metrics-server:system:auth-delegator created
clusterrolebinding.rbac.authorization.k8s.io/system:metrics-server created
deployment.apps/metrics-server created
apiservice.apiregistration.k8s.io/v1beta1.metrics.k8s.io created
```

好了之後，再打上指令「kubectl get deployment metrics-server -n kube-system」（下圖 1），會看到它正在部署中。那我們使用指令「kubectl get deployment metrics-server -n kube-system -w」持續觀察（下圖 2）。大概兩分鐘之後，就會看到 Metric Server 已經完成部署 1/1（下圖 3），那我們就按 Ctrl + C 停止它。有了 Metric Server 後，就可以提供我們稍後要部署的 HPA 中，每個 Pod 的 CPU 動態使用資訊。

```
[ec2-user@ip-10-0-2-68 initial]$ kubectl get deployment metrics-server -n kube-system
NAME             READY   UP-TO-DATE   AVAILABLE   AGE
metrics-server   0/1     1            0           61s
[ec2-user@ip-10-0-2-68 initial]$ kubectl get deployment metrics-server -n kube-system -w
NAME             READY   UP-TO-DATE   AVAILABLE   AGE
metrics-server   0/1     1            0           77s
metrics-server   1/1     1            1           80s
```

接著我們來進行我們 HPA 的實際部署，打上指令「kubectl autoscale deployment beta-app-deployment --cpu-percent=10 --min=1 --max=10 -n app-ns」（下圖 1），代表我們設定 CPU 要維持在 10 % 以下運作，以及我們的 Pod 至少要有一個，並且最多只能部署 10 個。

```
[ec2-user@ip-10-0-2-68 initial]$ kubectl autoscale deployment beta-app-deployment --cpu-percent=10 --min=1 --max=
10 -n app-ns
horizontalpodautoscaler.autoscaling/beta-app-deployment autoscaled
```

完成之後，輸入指令「kubectl get hpa -n app-ns」（下圖 1），可以看到目前的 Target 是 unknown 或是 0%。我們再輸入指令「kubectl get hpa -n app-ns -w」持續觀察（下圖 2），我們可以就讓這個 EC2 Terminal 視窗停在這個畫面。

```
[ec2-user@ip-10-0-2-68 initial]$ kubectl get hpa -n app-ns
NAME                  REFERENCE                        TARGETS         MINPODS   MAXPODS   REPLICAS   AGE
beta-app-deployment   Deployment/beta-app-deployment   <unknown>/10%   1         10        1          31s
[ec2-user@ip-10-0-2-68 initial]$ kubectl get hpa -n app-ns -w
NAME                  REFERENCE                        TARGETS         MINPODS   MAXPODS   REPLICAS   AGE
beta-app-deployment   Deployment/beta-app-deployment   <unknown>/10%   1         10        1          40s
```

大量請求的模擬環境建立

都完成之後，我們回到第一個 EC2 Terminal（如下圖）。

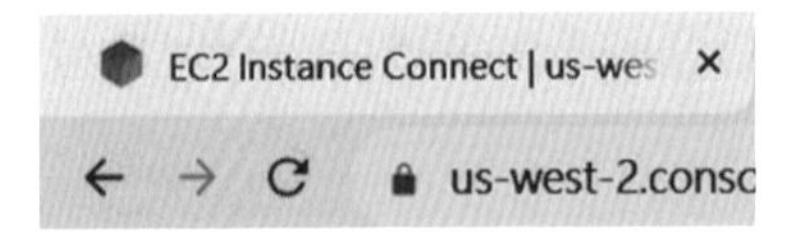

我們再次打上指令「kubectl get ingress -n app-ns」，就會看到我們之前所部署好的 Ingress address（如下圖）。

```
NAME           CLASS   HOSTS          ADDRESS
ingress-path   alb     all.demo.com   k8s-appns-ingressp-943bcaf159-450980881.us-west-2.elb.amazonaws.com
```

為了保險起見，我們再把 Ingress IP 環境變數重新設置一次，輸入指令「INGRESS_IP={ingress_address_hostname}」（下圖 1）。好了之後，輸入指令「echo ${INGRESS_IP}」確認一下（下圖 2）。

```
[ec2-user@ip-10-0-2-68 ~]$ INGRESS_IP=k8s-appns-ingressp-10f878a9e8-1234487730.us-west-2.elb.amazonaws.com
[ec2-user@ip-10-0-2-68 ~]$ echo ${INGRESS_IP}
k8s-appns-ingressp-10f878a9e8-1234487730.us-west-2.elb.amazonaws.com
```

接下來，我們再打上之前所進行的 curl 測試指令「curl ${INGRESS_IP}:80/beta -H 'Host: all.demo.com'」，有收到回應就代表沒有問題，如下圖。

```
[beta] served by: beta-app-deployment-7584ff46f7-st79q
```

接著我們來模擬一個大流量的狀況，我們輸入指令「while sleep 0.005; do curl -s ${INGRESS_IP}:80/beta -H 'Host: all.demo.com'; done」，讓它每過 0.005 秒就做出我們上方同一個請求的送出。我們可以看到非常多的請求來到我們的 Ingress 的進入點，而我們的 Ingress 則會交由 beta Pod 來進行處理，如下圖。

```
[beta] served by: beta-app-deployment-7584ff46f7-st79q
[beta] served by: beta-app-deployment-7584ff46f7-st79q
[beta] served by: beta-app-deployment-7584ff46f7-st79q
```

Kubernetes HPA 監測狀態分析：動態新增運算資源

接著我們回到第三個 EC2 Termianl，看看目前監測狀況，如下圖。

可以看到我們的 Target 這邊的流量正在慢慢的增加（下圖 1），從原本的 0%，一路增加到 15% 甚至 28%。而且我們也可以看到 Replica 這邊也從 1 變成 2 再來變成 3（下圖 2）。整體大概過 8 分鐘之後，我們可以看到 Replica 維持在 3 的數量（下圖 3），而我們的 Target CPU 使用量則從原本最高的 28 %，降到我們的目標 10 % 以下 （下圖 4）。

```
NAME                  REFERENCE                        TARGETS   MINPODS   MAXPODS   REPLICAS
beta-app-deployment   Deployment/beta-app-deployment   0%/10%    1         10        1
beta-app-deployment   Deployment/beta-app-deployment   3%/10%    1         10        1
beta-app-deployment   Deployment/beta-app-deployment   0%/10%    1         10        1
beta-app-deployment   Deployment/beta-app-deployment   15%/10%   1         10        1
beta-app-deployment   Deployment/beta-app-deployment   28%/10%   1         10        2
beta-app-deployment   Deployment/beta-app-deployment   25%/10%   1         10        3
beta-app-deployment   Deployment/beta-app-deployment   21%/10%   1         10        3
beta-app-deployment   Deployment/beta-app-deployment   22%/10%   1         10        3
beta-app-deployment   Deployment/beta-app-deployment   18%/10%   1         10        3
beta-app-deployment   Deployment/beta-app-deployment   20%/10%   1         10        3
beta-app-deployment   Deployment/beta-app-deployment   16%/10%   1         10        3
beta-app-deployment   Deployment/beta-app-deployment   17%/10%   1         10        3
beta-app-deployment   Deployment/beta-app-deployment   17%/10%   1         10        3
beta-app-deployment   Deployment/beta-app-deployment   17%/10%   1         10        3
beta-app-deployment   Deployment/beta-app-deployment   17%/10%   1         10        3
beta-app-deployment   Deployment/beta-app-deployment   12%/10%   1         10        3
beta-app-deployment   Deployment/beta-app-deployment   14%/10%   1         10        3
beta-app-deployment   Deployment/beta-app-deployment   10%/10%   1         10        3
beta-app-deployment   Deployment/beta-app-deployment   9%/10%    1         10        3
```

到這個階段，我們先回到第二個 EC2 Terminal，如下圖。

會看到我們的 Pod 是有所變動的，已經有幾個新的進行 Running，下圖 1，我們先按 Ctrl+C，將它們停掉。

```
beta-app-deployment-7584ff46f7-vfgtw    0/1      Pending
.us-west-2.compute.internal     f6b7935f36-ec6737861bd643ed9a3741
beta-app-deployment-7584ff46f7-vfgtw    0/1      ContainerCreating
.us-west-2.compute.internal     <none>
beta-app-deployment-7584ff46f7-w4tvm    1/1      Running
6.us-west-2.compute.internal    <none>
beta-app-deployment-7584ff46f7-vfgtw    1/1      Running      ❶
.us-west-2.compute.internal     <none>
^C
[ec2-user@ip-10-0-6-219 ~]$
```

再執行一次指令「kubectl get pod -o wide -n app-ns -w | grep beta-app」，如下圖。

```
kubectl get pod -o wide -n app-ns -w | grep beta-app
```

就會看到，我們的 beta-app 這個 Pod 數量從原本的 1 個變成 3 個（下圖 1）。並且在雲端上可以注意到的是，我們的 Node 全部都是不同的（下圖 2），例如這邊的 IP 結尾有 173 結尾、10 結尾、156 結尾。這代表 AWS EKS 這個服務自動幫我們在後面啟動了幾台實際運作的 Node 運算節點，並且把我們的 Pod 放到上面進行處理。

```
❶                                                                                  ❷
beta-app-deployment-7584ff46f7-st79q   1/1   Running   0   34m    192.168.143.173   fargate-ip-192-168-143-173.
2.compute.internal   <none>   <none>
beta-app-deployment-7584ff46f7-vfgtw   1/1   Running   0   5m5s   192.168.125.10    fargate-ip-192-168-125-10.u
.compute.internal    <none>   <none>
beta-app-deployment-7584ff46f7-w4tvm   1/1   Running   0   4m50s  192.168.134.156   fargate-ip-192-168-134-156.
```

少量請求的模擬環境建立

接著我們回到第一個 EC2 Terminal （如下圖）。

按下 Ctrl+C 停掉這一個大流量的模擬情境（如下圖）。

```
[beta] served by: beta-app-deployment-7584ff46f7-w4tvm
[beta] served by: beta-app-deployment-7584ff46f7-vfgtw
[beta] served by: beta-app-deployment-7584ff46f7-vfgtw
[beta] served by: beta-app-deployment-7584ff46f7-st79q
[beta] served by: beta-app-deployment-7584ff46f7-vfgtw
[beta] served by: beta-app-deployment-7584ff46f7-st79q
^C
[ec2-user@ip-10-0-6-219 initial]$
```

Kubernetes HPA 監測狀態分析：動態減少運算資源

再來回到我們第三個 EC2 Terminal（如下圖）。

首先可以觀察到的是我們 CPU 使用量馬上降為 0 %（下圖 1），而 replica 數量，大概過 10 分鐘之後就會看到數量從 3 變回 1（下圖 2）。

```
NAME                  REFERENCE                        TARGETS   MINPODS   MAXPODS   REPLICAS   AGE
beta-app-deployment   Deployment/beta-app-deployment   0%/10%    1         10        1          17s
beta-app-deployment   Deployment/beta-app-deployment   3%/10%    1         10        1          3m46s
beta-app-deployment   Deployment/beta-app-deployment   0%/10%    1         10        1          4m1s
beta-app-deployment   Deployment/beta-app-deployment   15%/10%   1         10        1          4m16s
beta-app-deployment   Deployment/beta-app-deployment   28%/10%   1         10        2          4m31s
beta-app-deployment   Deployment/beta-app-deployment   25%/10%   1         10        3          4m46s
beta-app-deployment   Deployment/beta-app-deployment   21%/10%   1         10        3          5m1s
beta-app-deployment   Deployment/beta-app-deployment   22%/10%   1         10        3          5m16s
beta-app-deployment   Deployment/beta-app-deployment   18%/10%   1         10        3          5m31s
beta-app-deployment   Deployment/beta-app-deployment   20%/10%   1         10        3          6m16s
beta-app-deployment   Deployment/beta-app-deployment   16%/10%   1         10        3          6m46s
beta-app-deployment   Deployment/beta-app-deployment   17%/10%   1         10        3          7m1s
beta-app-deployment   Deployment/beta-app-deployment   17%/10%   1         10        3          7m16s
beta-app-deployment   Deployment/beta-app-deployment   17%/10%   1         10        3          7m31s
beta-app-deployment   Deployment/beta-app-deployment   17%/10%   1         10        3          7m47s
beta-app-deployment   Deployment/beta-app-deployment   12%/10%   1         10        3          8m2s
beta-app-deployment   Deployment/beta-app-deployment   14%/10%   1         10        3          8m17s
beta-app-deployment   Deployment/beta-app-deployment   10%/10%   1         10        3          8m32s
beta-app-deployment   Deployment/beta-app-deployment   9%/10%    1         10        3          8m47s
beta-app-deployment   Deployment/beta-app-deployment   8%/10%    1         10        3          9m32s
beta-app-deployment   Deployment/beta-app-deployment   8%/10%    1         10        3          10m
beta-app-deployment   Deployment/beta-app-deployment   3%/10%    1         10        3          10m
beta-app-deployment   Deployment/beta-app-deployment   0%/10%    1         10        3          10m
beta-app-deployment   Deployment/beta-app-deployment   0%/10%    1         10        3          15m
beta-app-deployment   Deployment/beta-app-deployment   0%/10%    1         10        1          15m
```

接著我們來觀察第二個 EC2 Terminal（如下圖）。

會看到有許多 Node 出現 Terminating 的狀態（下圖 1），我們按下 Ctrl+C 暫停。

```
beta-app-deployment-7584ff46f7-w4tvm    0/1     Terminating   0
est-2.compute.internal    <none>              <none>
beta-app-deployment-7584ff46f7-w4tvm    0/1     Terminating   0
est-2.compute.internal    <none>              <none>
^C
[ec2-user@ip-10-0-6-219 ~]$
```

再執行一次指令「kubectl get pod -o wide -n app-ns -w | grep beta-app」（下圖 1），可以看到我們的 beta-app 的 Pod 數量，也從 3 個又退回成 1 個（下圖 2）。

```
[ec2-user@ip-10-0-2-68 ~]$ kubectl get pod -o wide -n app-ns -w | grep beta-app
beta-app-deployment-56c8df9f86-tmb2j   0/1     Pending   0          44m   <none>
```

到這邊完成了我們在 AWS EKS 雲端這個服務之中，HPA 的實際部署示範，本單元就先到這邊結束！

AWS EKS 資源清理

大家好，在這個單元我們將把我們創建的資源逐一刪除掉，那我們就開始吧！

AWS EKS Cluster 資源刪除

首先，上方搜尋 EKS（下圖 1），點擊進去（下圖 2）。

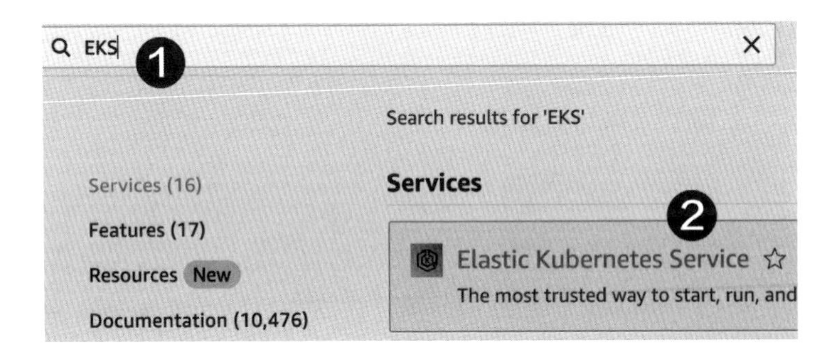

再來點擊左方 Clusters，如下圖。

Clusters

接著，點擊我們所創建的 "my-cluster-001" EKS Cluster，如下圖。

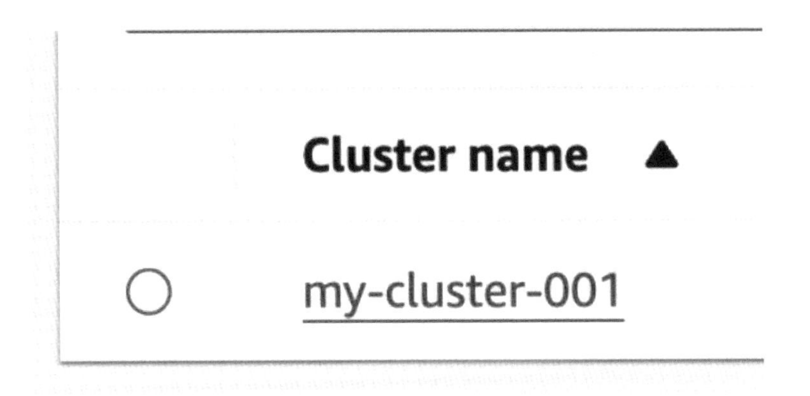

接著點到 Compute 這個部分（下圖 1）。

拉到最下面的 Fargate Profiles，勾選 "fp-default" 這個 Fargate Profile（下圖 1），之後點擊 Delete（下圖 2）。

打上 Fargate Profiles 的名稱（下圖 1），點擊 Delete（下圖 2）。

大概過了三分鐘後，剛剛的 Fargate Profiles 就會被成功刪除。事實上，我們還有第二個由 Load Balancer 所創造的 Fargate Profile "app-fp"，我們將它勾選（下圖 1），並點擊 Delete（下圖 2）。

打上 Fargate Profiles 的名稱 "app-fp"（下圖 1 ），點擊 Delete （下圖 2）。

To confirm deletion, type the Fargate profile name in the field.

app-fp

Cancel Delete

一樣我們五分鐘之後，我們再重新整理一次，就可以看到我們已經把兩個 Fargate Profiles 都清空了，如下圖。

No Fargate profiles

This cluster does not have any Fargate profiles.

Add Fargate profile

當我們刪完 Fargate Profiles 之後，我們就可以點擊回到上一層 Cluster 頁面 （下圖 1 ）。

Clusters 這邊勾選我們的 Cluster （下圖 1 ），並且點擊 Delete （下圖 2）。

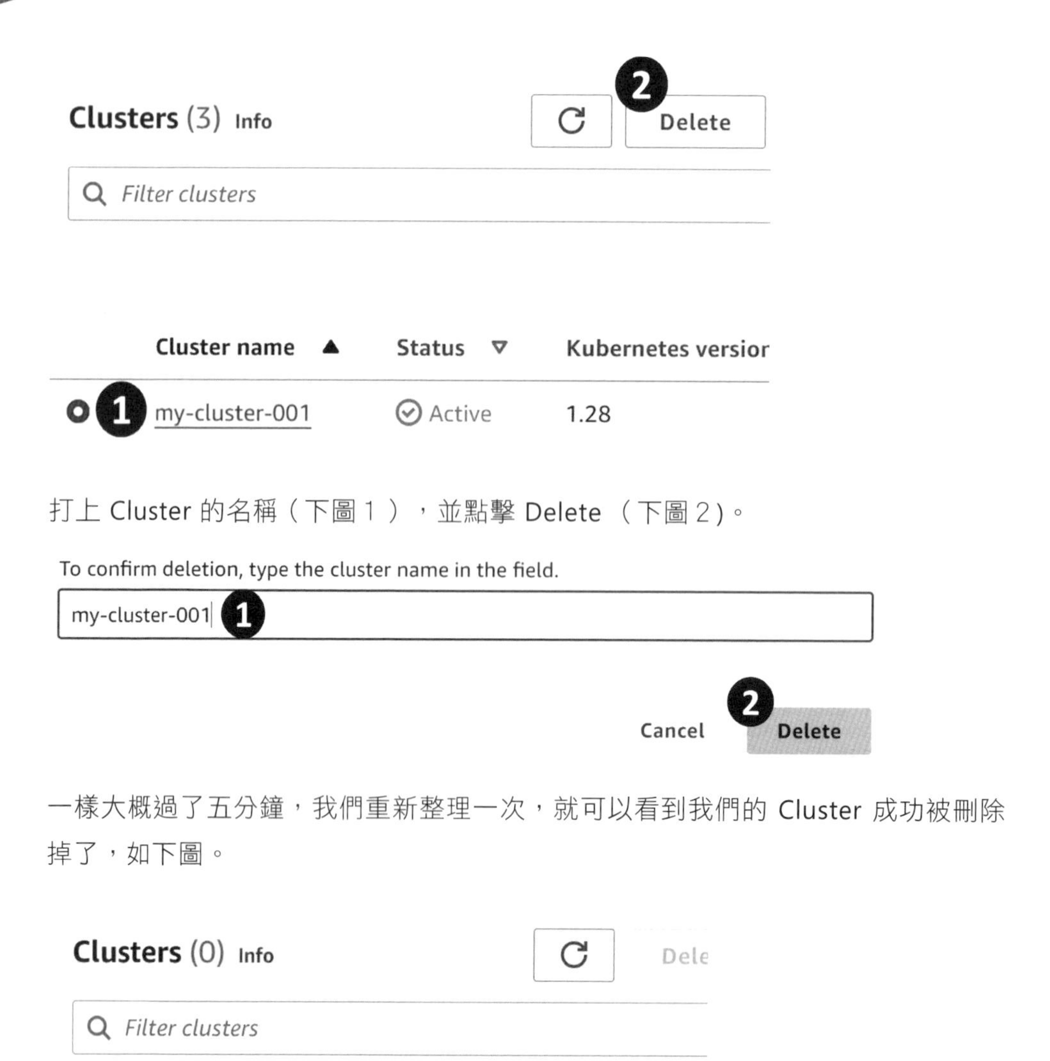

打上 Cluster 的名稱（下圖 1 ），並點擊 Delete （下圖 2）。

一樣大概過了五分鐘，我們重新整理一次，就可以看到我們的 Cluster 成功被刪除掉了，如下圖。

再來，我們上方搜尋 EFS （下圖 1 ），點進去（下圖 2)。

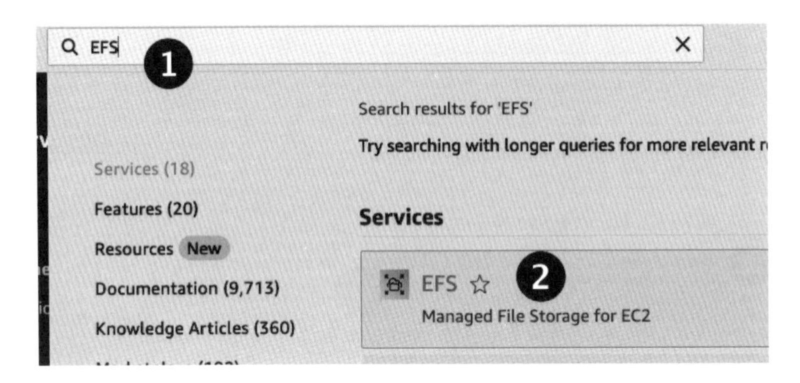

點擊之前所創建的 “eks-efs” EFS Filesystem（下圖 1 ），再點擊 Delete（下圖 2)。

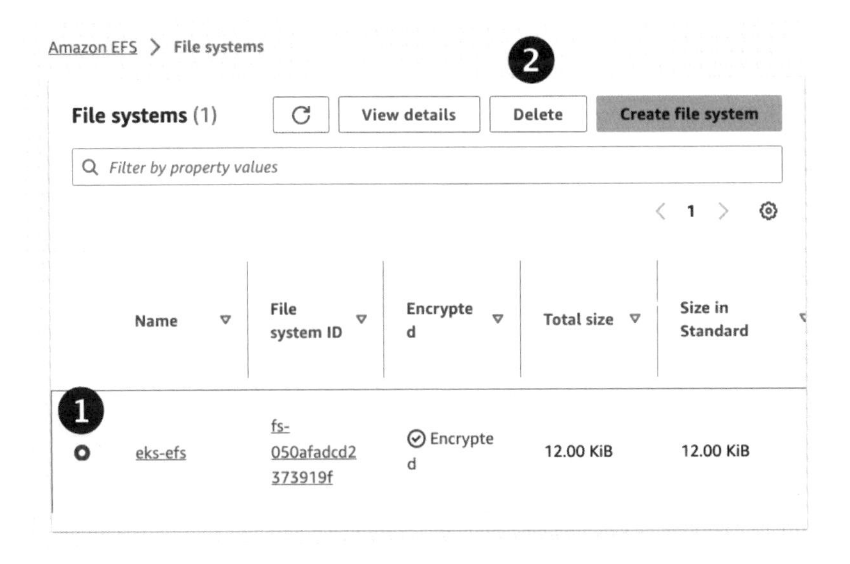

接著，填上你的 filesystem id（下圖 1 ），並點擊 Confirm（下圖 2)，確認刪除。大約過了兩分鐘後，就能成功刪除。

Delete file system ×

⚠ This is a destructive action that cannot be undone.

This action will permanently delete the file system. The file system's related resources will also be deleted.

Confirm the deletion by entering the file system's ID: fs-050afadcd2373919f

fs-050afadcd2373919f ❶

❷

Cancel Confirm

接下來我們上方搜尋 EC2（下圖 1），點擊進去（下圖 2）。

我們按下 Ctrl + F 直接搜尋 "Load Balancers"，如下圖。

Load Balancing 1/1

之後直接點進去（下圖 1）。

▼ Load Balancing

Load Balancers ❶

勾選我們的 Load Balancer （下圖 1 ），點擊 Action （下圖 2)， 點擊 Delete load balancer（下圖 3）。

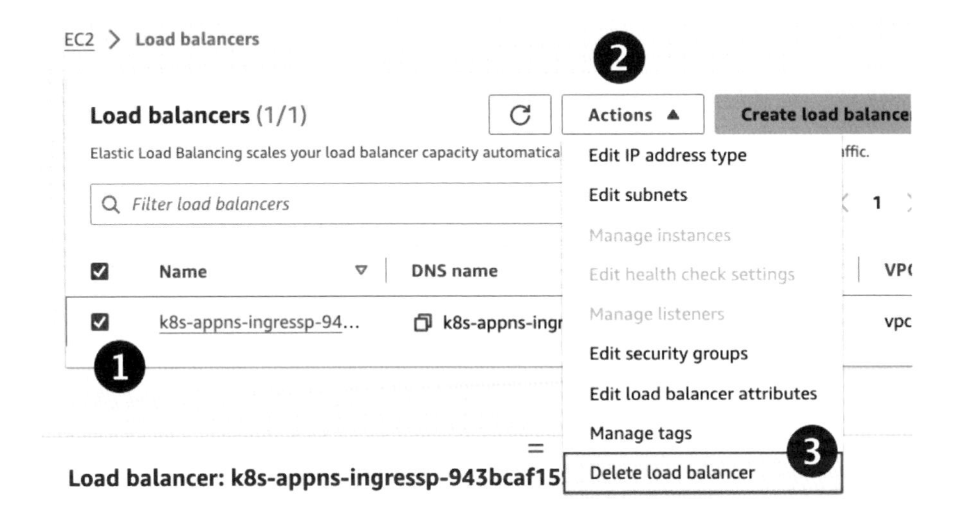

再來，打上 confirm，按下 Delete （下圖 1 ）。

Delete load balancer ×

Delete load balancer **k8s-appns-ingressp-943bcaf159** permanently? This action can't be undone.

 Proceeding with this action deletes the load balancer and its listeners. Target groups associated to this load balancer will become available for association to another load balancer and their registered targets remain unaffected.

To avoid accidental deletion we ask you to provide additional written consent.

Type **confirm** to agree.

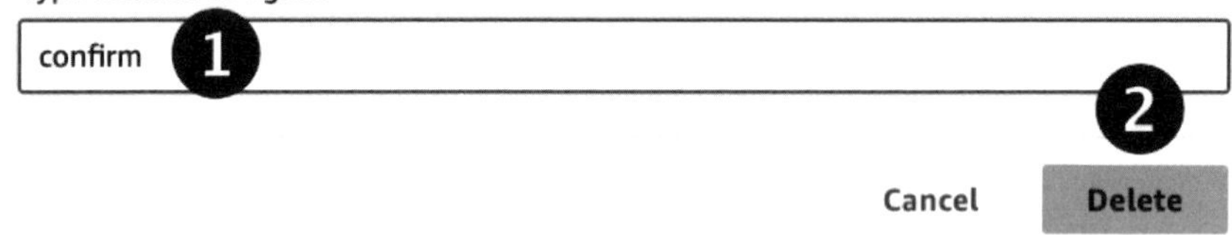

好了之後，上方搜尋 VPC（下圖 1），點擊進去（下圖 2）。

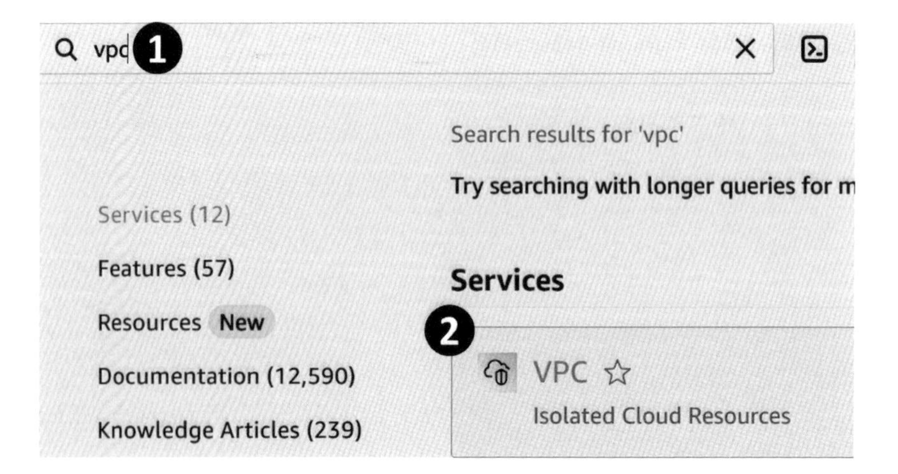

到了 VPC 介面之後，我們點擊到左方的 NAT Gateways （下圖 1 ）。

Endpoint services

NAT gateways 1

Peering connections

選擇我們之前自動建立的 NAT Gateway （下圖 1 ），點擊 Actions （下圖 2），點擊 Delete NAT gateway（下圖 3）。

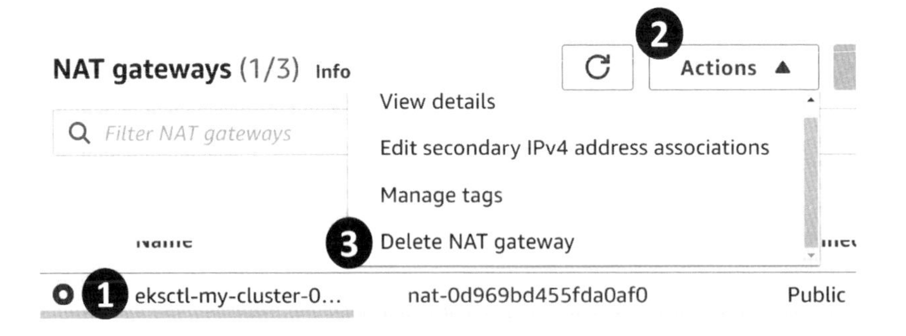

輸入 delete（下圖 1 ），點擊 Delete（下圖 2）。

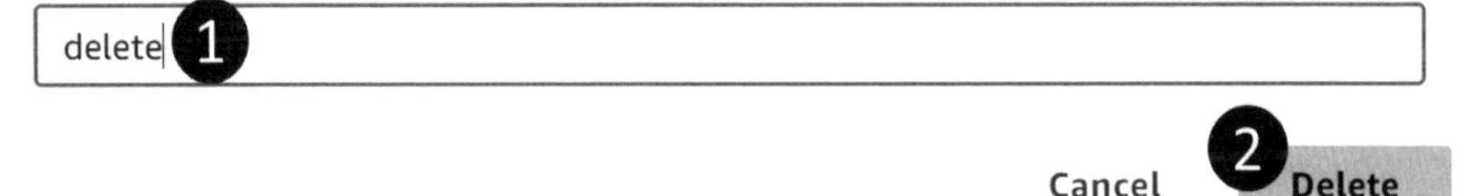

稍等大概三分鐘後，我們重新整理，就會看到狀態變成 Deleted （下圖 1 ）。

好了之後，回到 Your VPCs 這邊 （下圖 1 ）。

▼ Virtual private cloud

Your VPCs 1

點擊 "eksctl-my-cluster-001-cluster/VPC"（下圖 1 ），點擊 Actions （下圖 2），點擊 Delete VPC（下圖 3）。

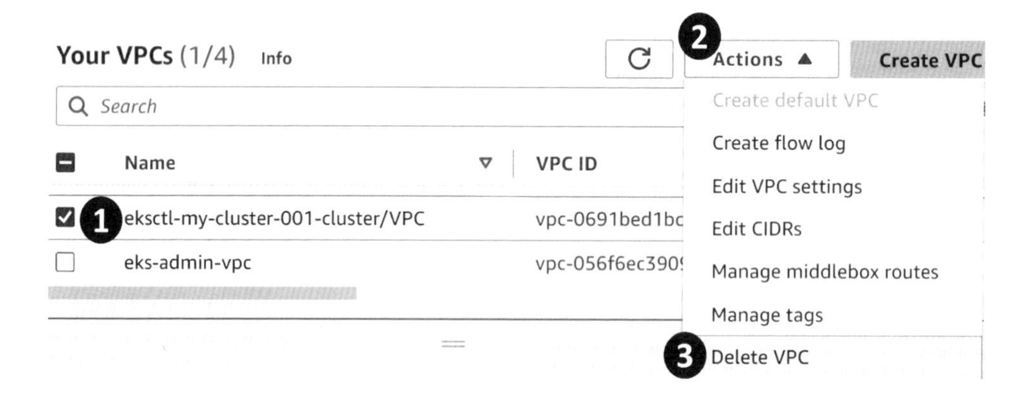

之後打上 delete （下圖 1 ），點擊 Delete （下圖 2）。

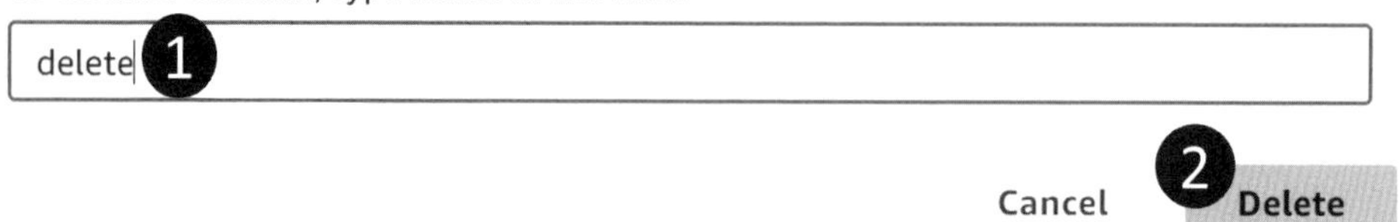

之後上方可以搜尋 CloudFormation （下圖 1 ），點進去 （下圖 2）。

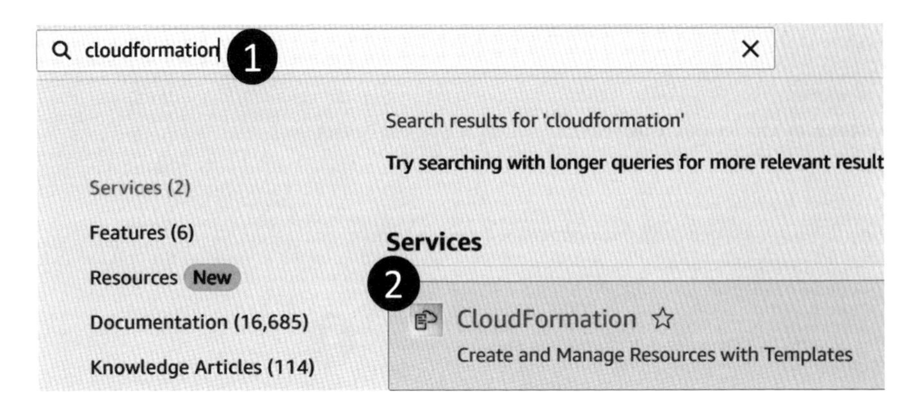

首先把 Load Balancer 相關的 eksctl-my-cluster-001-addon… Stack 先行刪除（下圖 1 ）、再將 eksctl-my-cluster-001-cluster Stack 給刪除掉（下圖 3），點擊 Delete （下圖 2）。

Stacks (2)
2 Delete
Filter by stack name
Stack name
Status
1 eksctl-my-cluster-001-addon-iamserviceaccount-kube-system-aws-load-balancer-controller CRE
3 eksctl-my-cluster-001-cluster CRE

兩者都點擊 Delete （下圖 1 ）。

Delete stack? ×

Delete stack **eksctl-my-cluster-002-cluster** permanently? This action cannot be undone.

ⓘ Deleting this stack will delete all stack resources. Resources will be deleted according to their DeletionPolicy. Learn more

那一樣我們稍等大概過了一分鐘之後，我們重新整理一次，就會看到成功刪除了 ，如下圖。

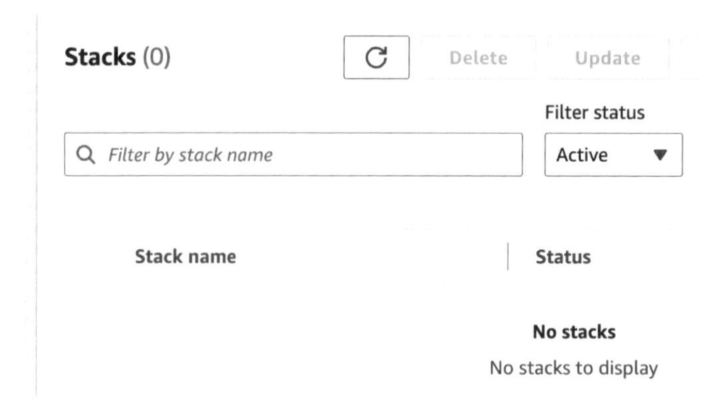

AWS Admin EC2 資源刪除

再來我們要刪除 Admin 相關的資源，上方搜尋 EC2（下圖 1 ）點進去（下圖 2)。

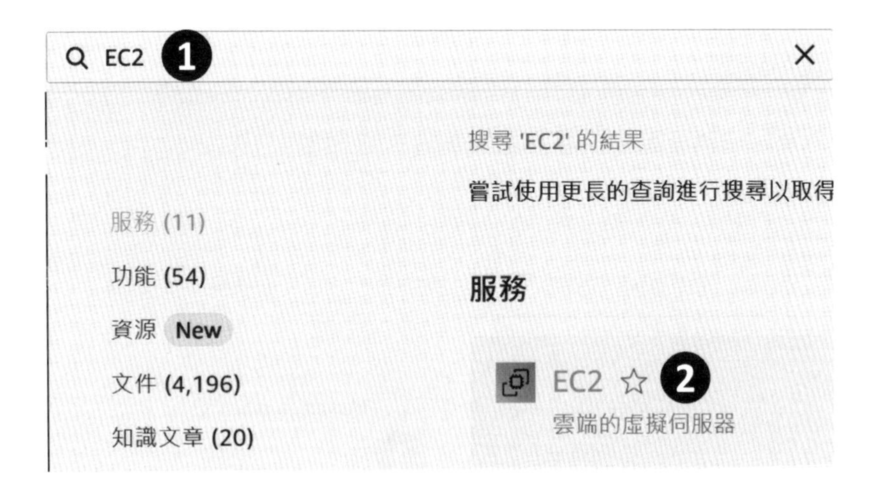

點擊左側的 Instances （下圖 1 ）。

▼ Instances

Instances 1

勾選 “eks-admin-ec2” EC2 Instance （下圖 1 ），點開 Instance State （下圖 2），點擊 Terminate （下圖 3）。

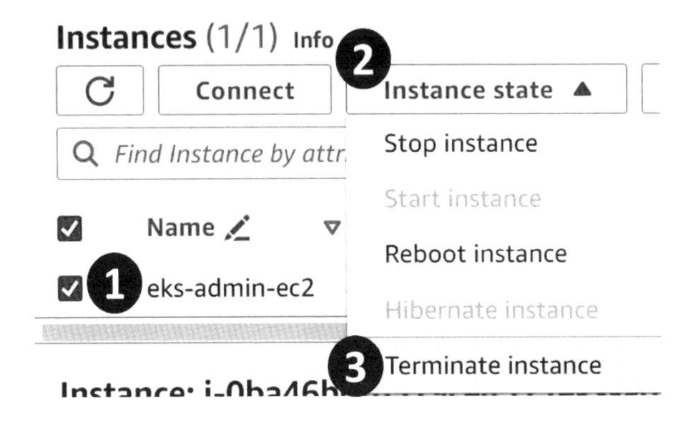

再點擊 Terminate （下圖 1 ）。

稍等大概一分鐘之後，狀態變成 Terminated 就完成了（下圖 1）。

最後回到 Your VPCs 點進去（下圖 1）。

Virtual private cloud

Your VPCs ❶

勾選我們的 "eks-admin-vpc" VPC（下圖 1），展開 Actions（下圖 2），點擊 Delete VPC（下圖 3）。

打上 delete（下圖 1），點擊 Delete（下圖 2）。

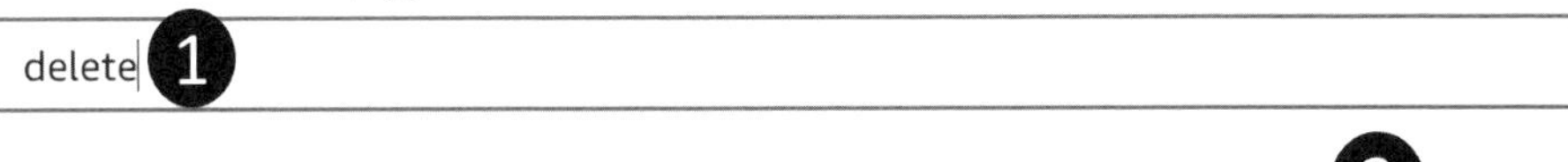

刪除之後，就完成我們這次 AWS EKS（Elastic Kubernetes Service）的資源清理。

大家會看到在 AWS 的 EKS 上，我們用到了很多 AWS 這個雲端商所提供的專屬指令，比如說我們常用到的 eksctl。透過這些打包過後的指令，我們可以用精簡的指令，達到最後所想要的部署效果。那麼以上就是我們針對 AWS EKS 的完整示範，本單元就先到這邊結束！

老師的話 & What's Next?

老師的話

恭喜大家完成這本書的學習，相信到這邊大家已經對 Kuberbenetes 有了深入的認識，能確實掌握 Docker、Minikube、以及 Kubernetes 各種核心模板的撰寫與部署，並在 AWS 雲端上進行完整部署，最終將所學運用在實務工作上。但這仍是一個開頭而已，因為如同開頭所說，Kuberbenetes 涵蓋的內容非常廣而深，還有許多進階且實用的模板，等著大家繼續鑽研。因此，這邊老師放上後續學習資源，幫助大家繼續 Kuberbenetes 學習規劃。

「用圖片高效學程式」教學品牌

「用圖片高效學程式」為老師長期經營的教學品牌，擅長將複雜的概念，轉換為簡單易懂的圖解動畫。大家可到下方臉書專頁與 Youtube QR Code 獲取最新教學資源，老師會陸續放上最新的學習資源，還會涵蓋 Kubernetes 延伸主題，比如 Podman、CI/CD Pipeline 等相關教學文章與影片，歡迎有興趣的人加入！

用圖片高效學程式

Note

Note